高等学校“十二五”计算机规划精品教材
四川省精品课程重点教材

Visual Basic

程序设计及系统开发教程

（第二版）

主　编◎匡　松　甘嵘静　李自力　李玉斗
副主编◎缪春池　薛　飞　蒋义军　喻　敏

西南财经大学出版社
Southwestern University of Finance & Economics Press

编 委 会

主　编： 匡　松　甘嵘静　李自力　李玉斗

副主编： 缪春池　薛　飞　蒋义军　喻　敏

参　编： 林　珣　郭黎明　李世佳　陈德伟

陈　蓓　涂　宏　张义刚　韩延明

陈　斌　谢志龙　周　峰　余宗健

前 言

Visual Basic（简称 VB）是一种可视化、面向对象、事件驱动的编程语言，摆脱了面向过程语言的许多细节，以其可视化的应用界面开发方法、良好的数据库应用支持，极大地提高了应用程序开发的效率。VB 不但简单易学，而且功能强大，深得广大程序开发人员和编程爱好者的喜爱。

本书主要介绍 Visual Basic 6.0 面向对象可视化程序设计的方法与技术，共分 11 章，内容包括：Visual Basic 编程初步；数据类型与常用内部函数；数据的输入输出；程序的控制结构；构造数据类型；过程与作用域；控件的应用与键盘及鼠标事件；绘制图形、图像与动画；界面设计；文件操作；数据库应用开发。

书中各章案例丰富，步骤清晰，图文并茂，强化应用，注重实践，引导计算思维训练，激发学习兴趣，可作为高等学校学生学习 Visual Basic 程序设计及系统开发的教材，也可供计算机应用和软件开发的各类人员使用，还可作为参加全国计算机等级考试二级 Visual Basic 考试人员的参考用书。

通过对本书的学习，可以熟练掌握 Visual Basic 面向对象可视化程序设计的方法与开发技术，增强分析程序和调试程序的能力，得心应手地解决实际问题。

本书由匡松、甘嵘静、李自力、李玉斗担任主编，缪春池、薛飞、蒋义军、喻敏担任副主编，匡松、甘嵘静、李自力、李玉斗、缪春池、薛飞、蒋义军、喻敏、林珣、郭黎明、李世佳、陈德伟、陈蓓、涂宏、张义刚、韩延明、陈斌、谢志龙、周峰、余宗健参加编写。

编　者

2014. 11

前言

目 录

1　Visual Basic 编程初步

【学习目标】

1. 了解 Visual Basic 面向对象编程的基本步骤。
2. 熟悉 Visual Basic 集成开发环境及其组成元素。
3. 初步掌握 Visual Basic 可视化编程基础。
4. 理解 Visual Basic 应用程序的结构与工作方式。
5. 理解和熟悉 Visual Basic 窗体的使用。
6. 掌握“标签”、“命令按钮”、“文本框”和“计时器”四种控件的使用。

1.1　Visual Basic 面向对象编程的基本步骤

Visual Basic（本教程主要介绍 Visual Basic 6.0，以下简称 Visual Basic，或 VB）是 Microsoft 公司推出的一种通用程序设计语言。Visual Basic 提供了可视化的设计工具，具有可视化、面向对象、事件驱动编程机制等特点，编程人员只需按设计要求进行界面布局、运行环节设置并编写功能代码，由系统自动生成界面设计代码，提高了程序设计的效率。

在 Microsoft Excel、Microsoft Access 等众多 Windows 应用软件中的 VBA 都使用 Visual Basic 语言，以供用户进行二次开发；目前制作网页使用较多的 VBScript 脚本语言也是 Visual Basic 的子集。

Visual Basic 可通过 ODBC（Open DataBase Connectivity，开放数据库连接）访问包括 Microsoft Access、Microsoft SQL Server、Oracle 等大型数据库在内的各种数据库。Visual Basic 提供了大量支持数据库功能的控件，利用这些控件可以开发出功能强大的数据库应用程序。

下面先通过两个简单实例了解 Visual Basic 应用程序开发的过程，同时初步熟悉 Visual Basic 集成环境的使用。

1.1.1　设计“Hello World!”小程序

【例 1-1】设计“Hello World!”小程序，其运行效果如图 1-1 所示。

操作步骤如下：

(1) 启动 Visual Basic，进入 Visual Basic 集成开发环境。

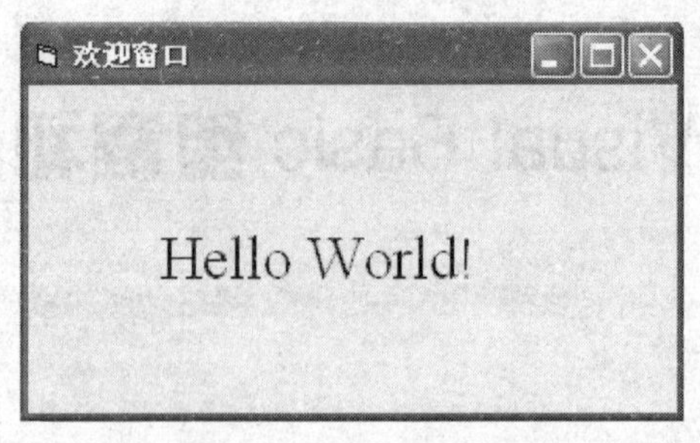

图 1-1 “欢迎”窗口

（2）选择“文件”菜单中的“新建工程”命令，打开“新建工程”对话框，如图 1-2 所示。

（3）选择“标准 EXE”图标，单击“确定”按钮，出现窗体 Form1，如图 1-3 所示。

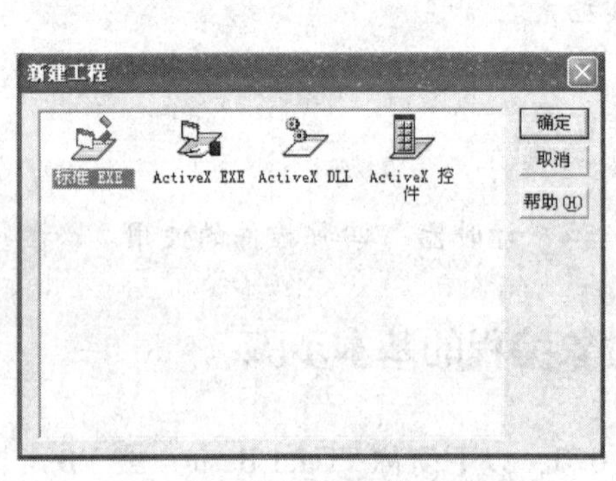

图 1-2 “新建工程”对话框

图 1-3 窗体 Form1

（4）在窗体 Form1 中，添加 1 个“标签”控件（Label1），调整其大小和位置（可通过拖动鼠标来进行调整）。

（5）在“属性”窗口中，对窗体 Form1 和“标签”控件（Label1）的属性进行设置，如表 1-1 所示。对标签中的文字“Hello World!”的字体与字号的设置如图 1-4 所示：在“字体”对话框的“字体”选择框中选择“Times New Roman”，在“大小”选择框中选择“二号”，单击“确定”按钮。

表 1-1 窗体 Form1 和“标签”控件（Label1）的属性设置

对象	属性	属性值
Form1	Caption	欢迎窗口
Label1	Caption	Hello World!
	Font	字体为“Times New Roman”，字号为“二号”

（6）选择“运行”菜单中的“启动”命令，或者按 F5 键，运行程序。

1.1.2 设计“显示系统当前日期”程序

【例 1-2】设计界面，编写程序，单击“显示日期”按钮，显示系统当前日期，显示效果如图 1－5 所示。

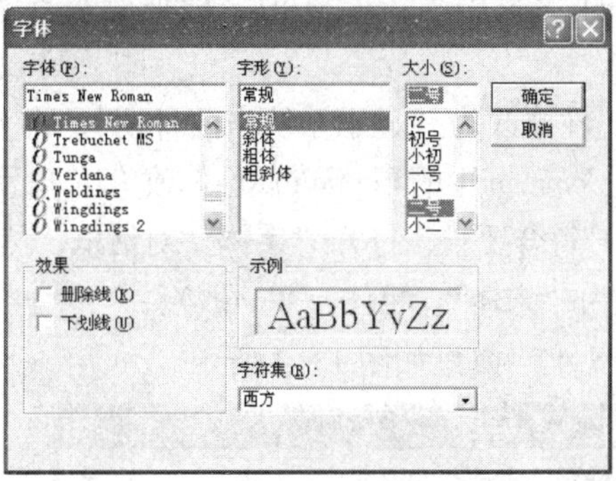

图 1－4　字体与字号的设置

图 1－5　显示系统当前日期

建立应用程序的步骤为：新建工程、添加控件（设计界面）、设置属性、编写事件代码、运行工程、修改工程、保存工程和编译工程。

1. 新建工程

编写的程序在 Visual Basic 中被称为工程，“工程资源管理器”将用户创建和使用的各类文件和程序集中进行管理。

新建一个工程有两种途径：

(1) 启动 Visual Basic，进入集成环境，打开“新建工程”对话框。选择“标准 EXE”图标，单击“确定”按钮，新建一个工程，打开“窗体设计器”窗口。

(2) 在 Visual Basic 集成环境中，选择“文件”菜单中的“新建工程”命令，打开“新建工程”对话框，其后的步骤同上。

2. 添加控件

根据功能设计的要求，在窗体中添加所需要的控件，构成程序运行后的界面，体现“可视化”和“所见即所得”的特点。

进入工程，屏幕上出现“窗体设计器”窗口，内部有一个窗体对象，窗体的标题默认为 Form1。窗体是设计界面的“底板”，用户可在上面添加所需要的控件，并调整窗体和控件的大小和位置。

在窗体 Form1 中添加 1 个“标签”控件（Label1）、1 个“文本框”控件（Text1）和 1 个“命令按钮”控件（Command1），分别调整它们的大小和位置，如图 1－6 所示。

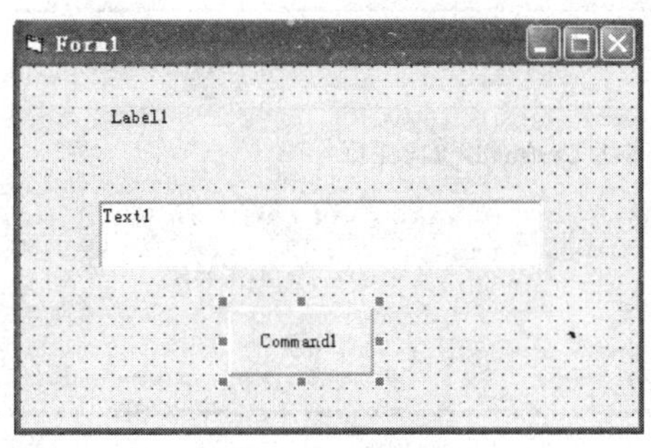

图 1－6　添加控件

3. 设置属性

添加对象后，窗体和几个控件的标题等属性均采用系统默认值。根据题目要求，需要对窗体和3个控件的标题进行修改。

在“属性”窗口，将窗体Form1的Caption属性修改为“显示系统当前日期”，将Label1的Caption属性修改为“今天的日期是:”，将Command1的Caption属性修改为“显示日期”。为了使标签上的显示内容的字体、字型、字号符合要求，打开“字体”对话框，然后对标签的Font属性进行设置（将其Font属性设置为“宋体”、粗体、“二号”）。

设置窗体Form1和标签Label1的属性的“属性”窗口如图1-7所示。

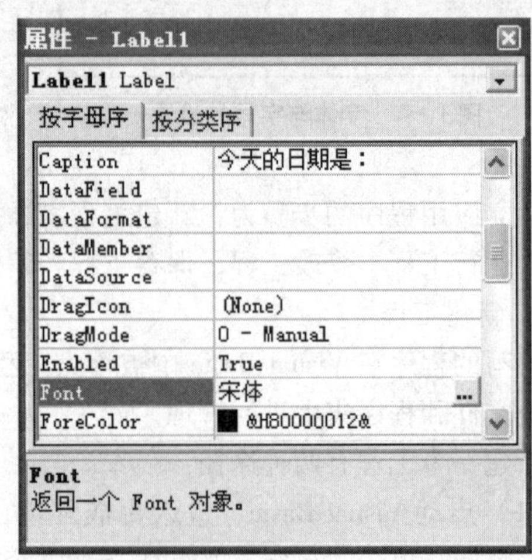

图1-7 设置属性

4. 编写事件代码

界面设计完成后，需要编写各对象的事件过程代码。打开“代码”窗口，在“代码”窗口的两个列表框中，选择操作对象，在代码区自动生成事件过程的过程头，然后分别编写事件过程代码。

本例中，需要对窗体Form1进行Load操作，对命令按钮Command1进行Click操作，分别在对象列表框和过程列表框中进行选择。选择完毕，在“代码”窗口自动生成2个事件过程的过程头，如图1-8所示。

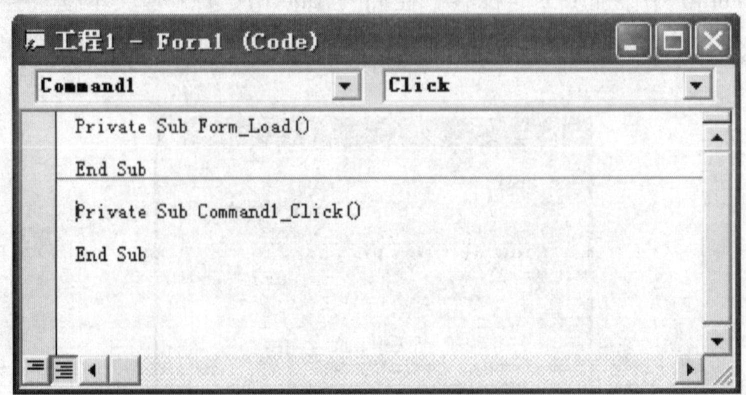

图1-8 选择事件

分别在 2 个过程中编写实现所需功能的事件代码，如图 1 -9 所示。

① 窗体 Form1 的事件代码

```
Private Sub Form_Load( )
  Text1. Text  =  ""
End Sub
```

② 命令按钮 Command1 的 Click 事件过程代码

```
Private Sub Command1_Click( )
    Text1. Text  =  Date
    Text1. FontSize  =  24
    Text1. Alignment  =  2
End Sub
```

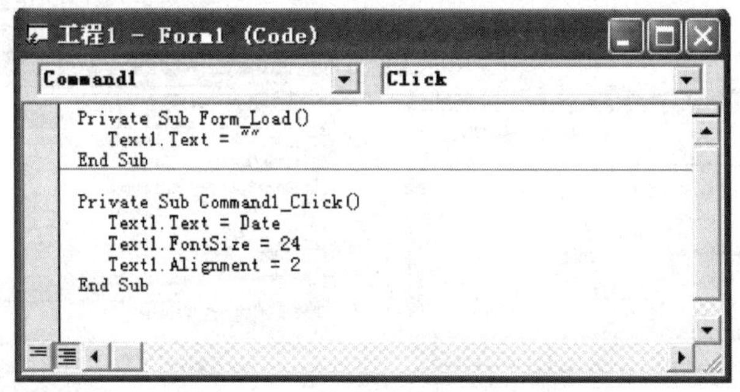

图 1 -9　编写事件代码

5. 运行工程

代码编写完毕，即可运行工程，获得运行结果。可用以下三种方法启动运行（如图 1 -10 所示）：

（1）单击工具栏中的“运行”按钮。

（2）选择“运行”菜单中的“启动”命令。

（3）按 F5 键。

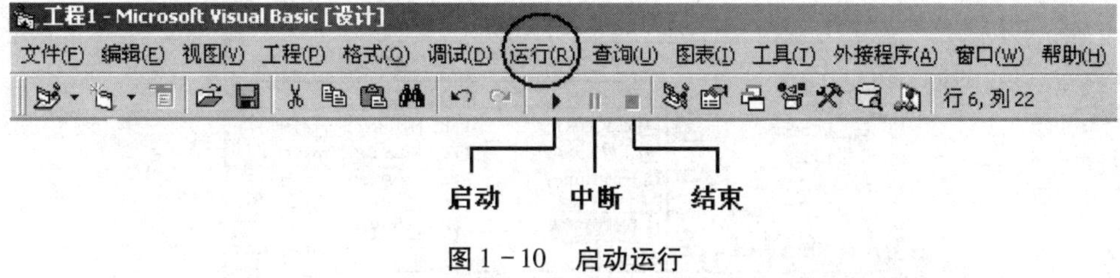

图 1 -10　启动运行

6. 修改工程

在程序运行中，可单击工具栏中的“中断”或“结束”按钮，暂停或停止工程的运行，返回到“窗体设计器”窗口和“代码”窗口，对界面和程序进行修改，直到符合要求为止。

7. 保存工程

程序调试并运行通过后，可以以文件的方式保存。单击工具栏中的“保存工程”

按钮，或者选择“文件”菜单中的“保存工程”（或“工程另存为”）命令，打开“工程另存为”对话框，如图 1－11 所示。在该对话框中选择文件保存的路径和文件名。一个工程包含有多种文件，将逐一保存该工程所涉及的文件，一定要注意文件的类型以及与文件扩展名的对应关系。

本例只涉及窗体文件和工程文件，先保存窗体文件（扩展名为 . frm），然后保存工程文件（扩展名为 . vbp）。一般默认工程文件名为“工程 1. vbp”，用户可以根据实际需要改变工程文件名。

8. 编译工程

当所有工作完成后，可将工程进行编译，生成 EXE 可执行文件。

操作步骤如下：

（1）选择“文件”菜单中的“生成工程 1. exe”命令，打开“生成工程”对话框，如图 1－12 所示。

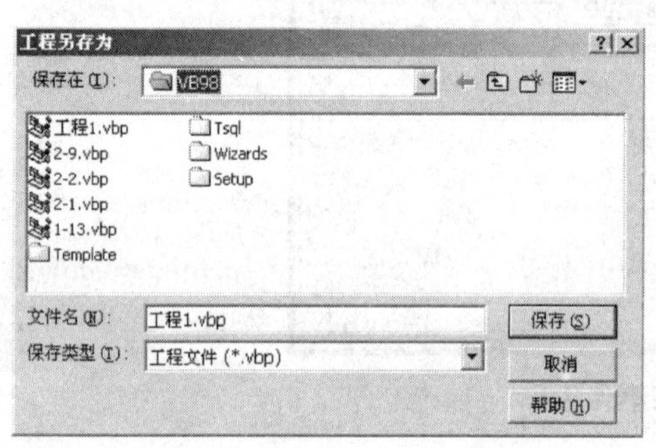

图 1－11 “工程另存为”对话框

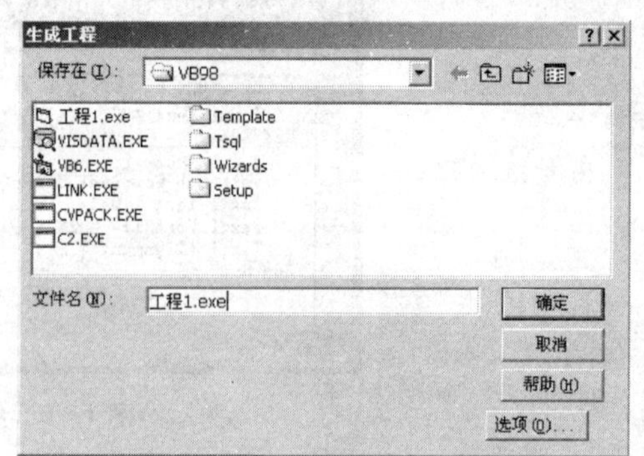

图 1－12 “生成工程”对话框

（2）选择可执行文件的路径。

（3）单击“确定”按钮，自动生成在 Windows 中可直接执行的可执行文件，如图 1－13 所示。

图 1－13 运行生成文件

1.2 Visual Basic 集成开发环境

启动 Visual Basic，屏幕上出现的窗口有“应用程序”主窗口、“窗体设计器”窗口、“工程资源管理器”窗口、“工具箱”窗口、“属性”窗口、“代码”窗口、“窗体布局”窗口、“立即”窗口、“本地”窗口和“监视”窗口等。“应用程序”主窗口是 Visual Basic 的背景窗口，其他窗口都包含在主窗口内。各窗口的分布如图 1－14 所示。

图 1－14 Visual Basic 集成开发环境

1. “应用程序”主窗口

Visual Basic 的“应用程序”主窗口位于集成环境的顶部，是用户设计应用程序的界面，主要包括常规的标题栏、菜单栏和工具栏。

（1）标题栏

标题栏位于窗口顶部，显示应用程序名称和当前工程名称。标题栏最右边是“最小化”、“最大化”和“关闭”按钮。标题的方括号中指出了当前项目的工作模式（设计模式、运行模式或中断模式），根据当前项目工作阶段的不同而发生变化。

① 设计模式：进行界面设计和代码编制的阶段。

② 运行模式：运行应用程序的阶段。在此阶段，不能编辑、修改代码和窗体界面。

③ 中断模式：应用程序运行过程中暂时中断的阶段。在此阶段，可以进行代码的修改，但不能修改窗体界面。编辑修改完成后，单击“继续”按钮，继续运行程序；单击“结束”按钮，则退出程序的运行。

（2）菜单栏

菜单栏位于标题栏下面，是启动菜单命令的入口，Visual Basic 的菜单栏包括 13 类主菜单，即：“文件”、“编辑”、“视图”、“工程”、“格式”、“调试”、“运行”、“查询”、“图表”、“工具”、“外接程序”、“窗口”和“帮助”，如表 1－2 所示。

表 1－2 Visual Basic 主菜单的功能

菜单项	功能介绍
文件	用于工程的创建、打开、保存和生成可执行文件等操作
编辑	用于程序代码的编辑操作

表1－2(续)

菜单项	功能介绍
视图	用于各种窗口的打开、查看和编辑等操作
工程	用于对控件、窗体和模块等对象的处理操作
格式	用于对窗体和控件在格式化方面的操作
调试	用于程序执行过程中的调试并检查错误等操作
运行	用于程序执行的启动、中断和停止等操作
查询	用于设计数据库应用程序时设置 SQL 属性
图表	用于设计数据库应用程序时编辑数据库的操作
工具	用于集成开发环境下工具的扩充和菜单的编辑等操作
外接程序	用于增加或删除外接程序操作
窗口	用于对窗口排列方式的设置操作
帮助	用于提示 Visual Basic 的使用方法，帮助用户学习和使用

每一项主菜单包含有若干个菜单命令，以多级下拉菜单的方式展开。如果某个菜单命令后面带有省略号，执行该命令时，打开一个对话框；如果某个菜单命令后面带有热键信息，表示除了可以用鼠标启动执行该命令外，还可以通过键盘上的组合键直接启动，而不必打开菜单。

打开菜单并执行菜单命令的方式有：

① 按 F10 或 Alt 键，激活菜单栏，键入菜单项后的字母，打开相应的下拉菜单，接着键入需要执行的菜单命令后面的字母。

② 按 F10 或 Alt 键，激活菜单栏，然后用上、下、左、右方向键选中菜单项中的菜单命令，按回车键执行。

③ 单击菜单项，打开菜单后，将鼠标移到相应命令并单击执行。

(3) 工具栏

工具栏中以快捷图标的形式提供了菜单中所包含的部分常用命令。单击图标，可快速执行相应的命令。

Visual Basic 提供了“编辑”、“标准”、“窗体编辑器”和“调试”四类工具栏，通常只显示标准工具栏。选择“视图”菜单中的“工具栏”命令，可打开其他工具栏。

每种工具栏都有固定和浮动两种形式。固定式工具栏位于菜单栏的下方，浮动式工具栏可以用鼠标选中并在屏幕上移动。两种形式可以相互转换：选中固定式工具栏并拖动，可变成浮动式；在浮动式工具栏的标题处双击鼠标，则变成固定式。

2. “窗体设计器”窗口

“窗体设计器”窗口又称“对象”窗口或窗体（Form），如图 1－15 所示。Visual Basic 可编程对象有窗体、控件和外部对象三种。

窗体对象是构成一个应用程序最基本的部分，是用户与应用程序之间进行人机对话的界面。用户在窗体中可以创建各种控件，并通过修改控件的属性值来改变该控件在窗体上的显示风格。窗体的左上角是窗体的标题。

激活“对象”窗口的方法有两种：按组合键 Shift + F7，或者选择“视图”菜单中的“对象窗口”命令。

3. “工程资源管理器”窗口

“工程资源管理器”窗口用于显示用户工程的层次以及工程中的所有文件，包括窗体、模块、类别模块、用户控件、用户文档、属性页、ActiveX 设计器、相关文档和资源等。工程资源管理器窗口中的文件分为六类，即：窗体文件（. frm）、程序模块文件（. bas）、类模块文件（. cls）、工程文件（. vbp）、工程组文件（. vbg）和资源文件（. res）。

“工程资源管理器”窗口的上方有三个图形按钮，分别为“查看代码”、“查看对象”和“切换文件夹”，如图 1 – 16 所示。单击“查看代码”按钮，打开所选对象的代码窗口；单击“查看对象”按钮，显示对象窗口；单击“切换文件夹”按钮，隐藏或显示包含在对象文件夹中的个别项目。

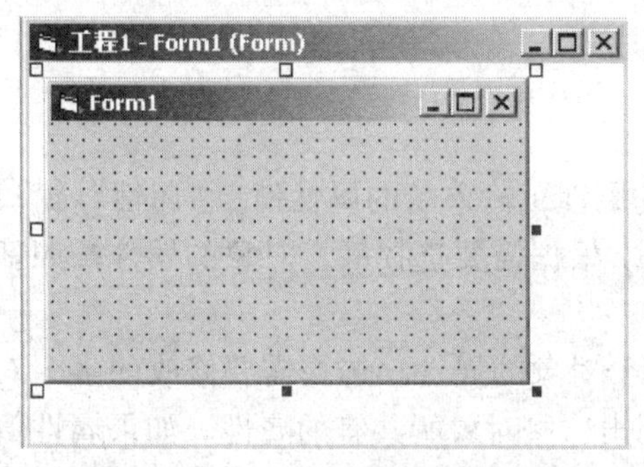

图 1 – 15　“窗体设计器”窗口

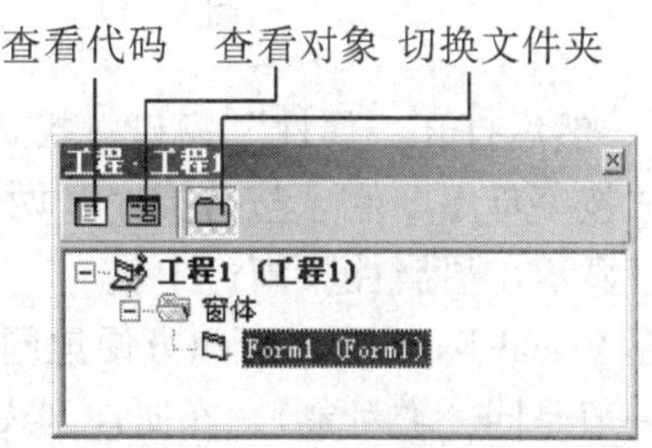

图 1 – 16　“工程资源管理器”窗口

在“工程资源管理器”窗口中单击鼠标右键，在弹出的快捷菜单中选择工程属性，打开一个对话框，其中包括当前工程的各种信息，例如工程名称、启动对象名、工程的版本信息、编译条件等。按组合键 Ctrl + R，或者选择“视图”菜单中的“工程资源管理器”命令，打开该窗口。初学者一般使用以下两个文件：

（1）窗体文件（. frm）

窗体文件用于存储窗体上所有对象及其属性、事件过程和程序代码。一个应用程序至少包含一个窗体文件。

（2）程序模块文件（. bas）

程序模块文件用于所有模块级变量和用户自定义类型的声明以及模块级过程的定义。在此声明的变量和类型，可以被同一模块中的所有过程使用。

4. “工具箱”窗口

“工具箱”窗口由工具图标组成，一般位于窗体的左侧，主要用于应用程序的界面设计，其中的工具分为两类，即内部控件（标准控件）和 ActiveX 控件。标准控件如图 1 – 17 所示。

5. “属性”窗口

利用“属性”窗口，可以修改可编程对象的属性值，其方法是：先选定要修改的对象（可以在对象窗口中选定对象，也可以在属性窗口上方的对象下拉列表框中进行

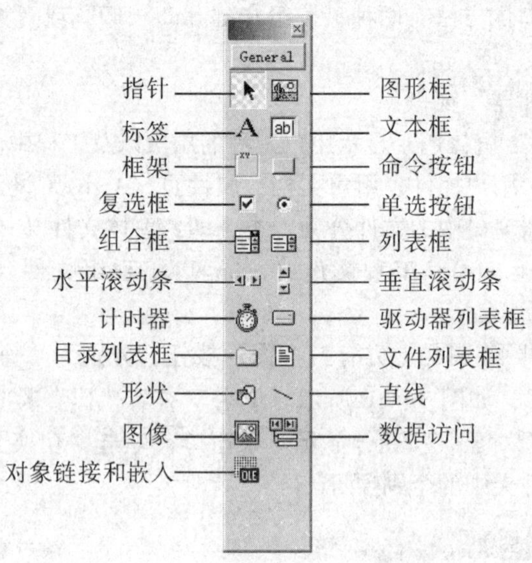

图 1-17 “工具箱”窗口中的标准控件

选择），然后打开“属性”窗口，找到要修改的属性，输入新的属性值。“属性”窗口中有“按字母序”和“按分类序”两个选项卡。根据需要选择后，对象的属性按照新的顺序显示在“属性”窗口中。

在 Visual Basic 中，可以方便地同时修改多个对象的属性。选择需要修改的多个对象（一般是同一类对象），在属性列表框中将列出这些对象所共有的属性。如果属性值为空，表明这些对象的该属性不完全相同，用户可以重新对其赋予相同的属性值。按 F4 键，或者选择“视图”菜单中的“属性窗口”命令，打开“属性”窗口，如图 1-18 所示。

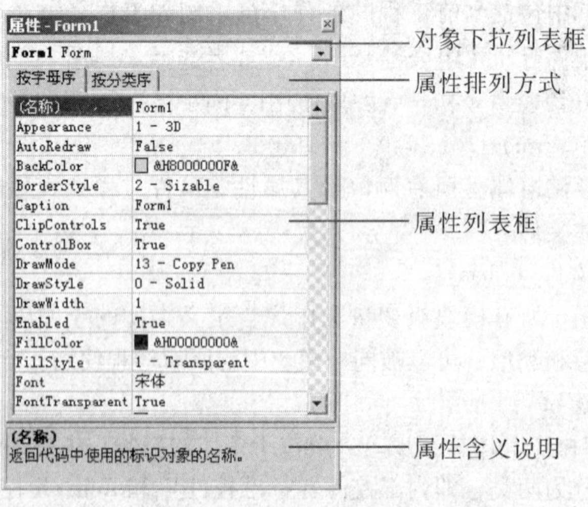

图 1-18 “属性”窗口

6. “代码”窗口

“代码”窗口是编写程序的窗口，如图 1-19 所示。用户可以在该窗口编写函数、过程、子程序等。“代码”窗口分为三部分：左上方的对象框是当前应用程序中的对象；右上方的过程框是所选对象的事件过程；位于两个下拉列表框下面的代码编辑区是编写代码的地方。如果在对象框中显示的是“通用”，过程框中则列出所有声明，以及为该窗体创建的常规过程；如果正在编辑模块中的代码，则过程框列出所有模块中的常规过程。

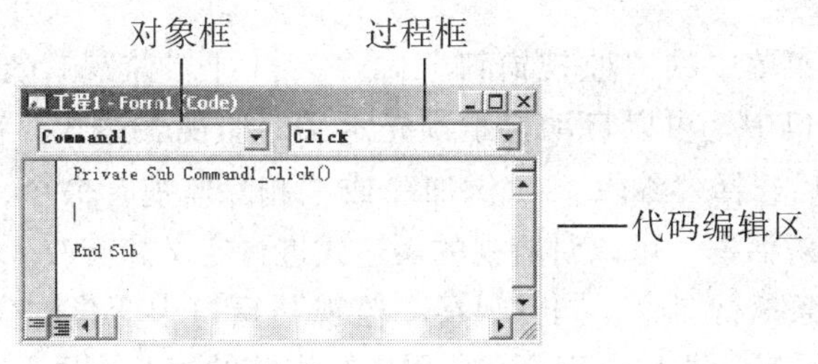

图 1－19　**“代码”窗口**

打开“代码”窗口有以下方法：

（1）双击窗体或控件。

（2）选择“视图”菜单中的“代码窗口”命令。

（3）在“工程资源管理器”窗口中，选择一个窗体或模块，单击“查看代码”按钮。

（4）按 F7 键。

7. “窗体布局”窗口

在设计时，可以利用“窗体布局”窗口来可视化地指定一个窗体运行时在屏幕中的位置，也可以通过改变“属性”窗口中窗体的高“TOP”和左边界“LEFT”属性达到同样的目的，但不如利用“窗体布局”窗口直接。例如，在“窗体布局”窗口中缩小的窗体上单击鼠标右键，在弹出的快捷菜单中，依次选择“启动位置”、“屏幕中心”命令，于是窗体运行时就会显示在屏幕的正中央。选择“视图”菜单中的“窗体布局窗口”命令，打开“窗体布局”窗口，如图 1－20 所示。

图 1－20　**“窗体布局”窗口**

8. “立即”窗口

可以在中断模式下向“立即”窗口输出运行的结果或查询对象的值。在程序运行过程中，按组合键 Ctrl + Break，或者选择“运行”菜单中的“中断”命令，进入中断模式。还可以在“立即”窗口中输入一行代码，然后按回车键执行该代码。“立即”

窗口中的代码是不能存储的。按组合键 Ctrl + G，或者选择“视图”菜单中的“立即窗口”命令，打开“立即”窗口。

9. “本地”窗口

“本地”窗口可以自动显示所有在当前过程中的变量声明及变量值。选择“视图”菜单中的“本地窗口”命令，打开“本地”窗口。

10. “监视”窗口

选择“视图”菜单中的“监视窗口”命令，打开“监视”窗口，如图 1-21 所示。在“监视”窗口中，可以自动显示预先定义的监视表达式。在“监视”窗口中，单击鼠标右键，然后选择“编辑”、“添加”或“删除监视”命令，打开如图 1-22 所示的“添加监视”对话框，可以对监视的表达式进行定义和修改。选择“调试/逐语句执行”命令，可逐条执行命令，同时观察“监视”窗口中变量的变化情况。如果在进入中断模式时，监视表达式的内容不在范围内，当前的值并不显示出来。

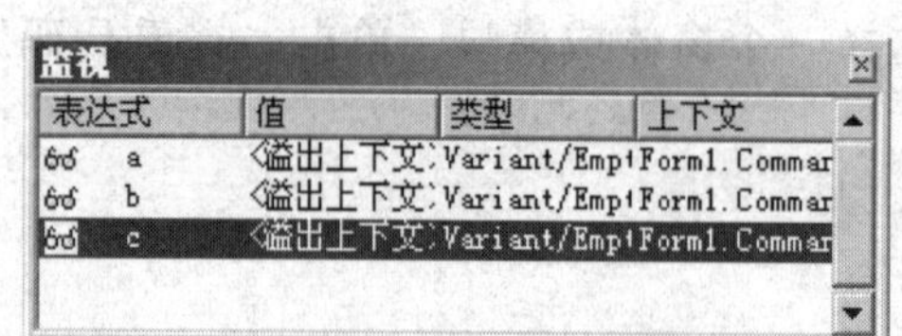

图 1-21　“监视”窗口

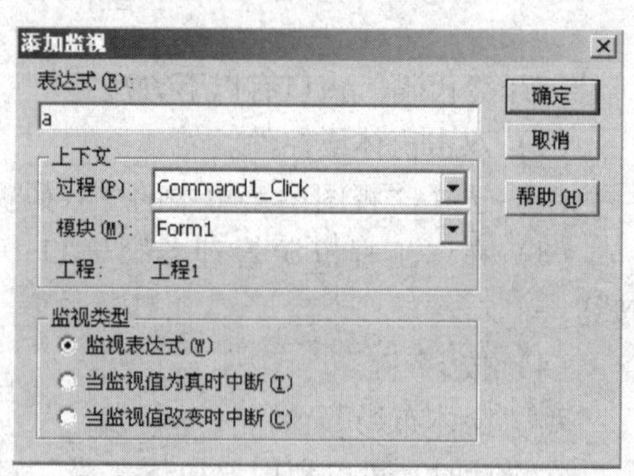

图 1-22　“添加监视”对话框

1.3　Visual Basic 可视化编程概述

Visual Basic 提供了面向对象程序设计的强大功能，其程序设计的核心是对象。对象是程序可以控制的运行实体，程序依靠对象的特定动作来完成特定的任务。对象具有属性、事件和方法三方面的特征。

Visual Basic 不仅提供了大量的控件对象，而且还提供了创建自定义对象的方法和工具，为开发应用程序带来了方便。

1.3.1　对象和类

1. 对象（Object）

Visual Basic 是一种面向对象的开发工具。什么是对象呢？在现实生活中，各种不同的物体都可以被看作不同的对象。例如，学校管理者的管理对象主要是学生，建筑师描述的对象主要是建筑物，工厂质检员的工作对象主要是生产出来的产品。

在面向对象的编程过程中，程序员只需按界面设计要求进行屏幕布局，把若干控件对象拖入到设计窗体中，由系统自动生成界面设计代码。然后，根据功能要求，针对相应的控件对象编写功能代码，这样通过编写若干面向不同对象和不同事件的小程序，使之相互配合完成设计目标，从而简化程序员的工作难度和强度。

Visual Basic 中的可编程对象有三种，即：窗体、控件和外部对象。每个对象以图形的方式出现在界面上，形象直观且减少了编写界面代码的繁琐，程序员只需要设置对象的操作类型以及编写操作发生后所运行的程序。

2. 类（Class）

对象可以是某个或某些具体的实体，比如某一个学生或某个学校的所有学生。把学生这一大类群体抽象出来，称为“类”。可以说，“类”是对同一种对象的抽象，是对既具有共性又具有个性的同种对象中共性的提取。例如，不同大小、不同使用范围的球（足球、排球、网球、乒乓球等）可以被列为“球体”这一类，其共性是球表面每一点到球心的距离均相等；不同区域、不同国家和地区、不同规模和名称的城市，可以列入“城市”这一类，城市的基本特征、基本功能、基本管理内容和手段都是相同的。

通过引入类的概念，可以对同一类对象共同或相似的属性、事件和方法进行统一的描述。这样，在建立和使用某个对象时，只需要关注具有个性方面的属性、事件和方法，省去大量重复的描述和操作，提高代码的可重复使用性，并便于程序的维护。

1.3.2 对象的属性、事件和方法

1. 属性（Property）

属性是指一个对象的某个方面的特征，通过数据来描述，改变对象的属性即改变对象的特征。一个对象往往具有多方面的属性。比如，学生具有姓名、学号、年龄、籍贯、所学专业、成绩及兴趣爱好等方面的属性；球体具有半径、颜色、质量、质地、弹性及用途等方面的属性；对话框中的按钮具有名称、左边界、上边界、高度、宽度、颜色、字体及字型等方面的属性。对象的属性一般分为外观、位置、数据、行为和其他方面几个大类。

程序员根据自己的需要去选择其中若干属性进行设置。一般来讲，对象的属性有几十个，罗列在属性窗口中，而程序员每次要进行设置的属性往往只占其中的一小部分。对象的属性可以在属性窗口中设置，也可以在程序中用代码来设置。

2. 事件（Event）

设置对象的属性后，这只是针对对象的静态特征进行了定义，但是程序总是通过在动态中（用户通过鼠标和键盘对程序界面进行动态操作）执行来实现其功能。因此，对界面中的某些对象进行何种操作，并且引发什么样的执行结果，则是程序员接下来要进行的设计工作。这项工作通过对事件的定义来完成。

事件是指能被对象识别的动作以及由该动作引发的结果。引发的结果需要编制代码来设定并执行，这段代码被称为事件过程。与事件密切相关的要素如下：

（1）发生事件的对象。窗体界面中有若干对象，并非每个对象都有事件发生，其中哪些对象需要定义事件过程，需要根据程序的功能要求进行分析和设计。

（2）引发事件的动作。选择事件对象后，需要何种操作去触发事件过程的执行，是下一步需要确定的事情。常见的触发事件过程的动作有单击（Click）、双击

(DblClick)、装入（Load）及鼠标移动（MouseMove）等。

（3）引发事件后执行的事件过程代码。触发特定对象后，会引发什么结果，需要通过编制事件过程代码来描述。

事件过程的一般格式如下：

【格式】Private Sub <对象名称>_<事件名称>( )

<事件响应程序代码>

End Sub

【说明】通过对事件过程的描述，可以知道是针对什么对象进行何种操作，将去执行哪一段程序。

例如，要求对一个命令按钮单击鼠标左键后显示当前的系统时间，事件过程描述为：

```
Private Sub Command1_Click( )
   Form1. Print "系统日期是", Date
End Sub
```

Command1 是命令按钮对象的名称，Click 表示对该按钮进行单击操作，而单击的结果是执行“Form1. Print "系统日期是", Date”语句，在窗体 Form1 中提示输出系统日期。

3. 方法（Method）

方法是指对象要执行的某些特定动作，可以把方法理解成对象的内置函数。用户可以直接调用，而不需提供其他的命令，这样可以省去用户为一些公共、常用功能频繁编程的麻烦，减轻了编程工作量。一部分方法由系统提供，而用户也可以根据需要定义方法。方法的操作与过程、函数的操作类似。其调用格式如下：

【格式】[对象名称.] 方法名称 [参数表]

1.3.3 对象属性的设置

对象的属性可在“属性”窗口中设置，也可以在程序中用赋值语句进行设置。

1. 激活“属性”窗口的方法

（1）单击“属性”窗口的任意位置。

（2）选择“视图”菜单中的“属性窗口”命令。

（3）单击工具栏上的“属性窗口”按钮。

（4）按 F4 键，或者按组合键 Ctrl + Page Up 或 Ctrl + Page Down。

2. 在“属性”窗口中设置对象属性的方法

（1）直接输入属性值

选中要修改的属性，把光标定位在其右半区的属性值处，直接输入属性值。例如，将命令按钮的 Caption 属性设置为“确定”，如图 1 - 23 所示。

（2）通过下拉列表框进行选择赋值

某些属性的取值比较有限，下拉列表框中把所有的取值列出，只需要打开下拉列表框，然后在多个选项中选择其中一个，其属性值就会出现在右栏中。例如，对命令按钮的 Enabled 属性进行设置，在 True 和 False 两个值中选择，如图 1 - 24 所示。

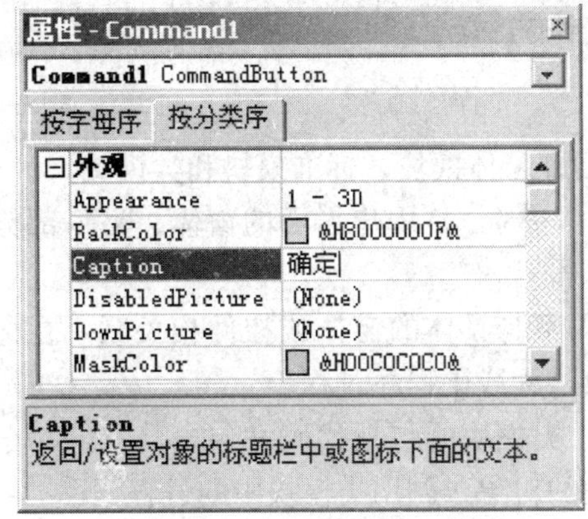

图 1 - 23　输入属性值

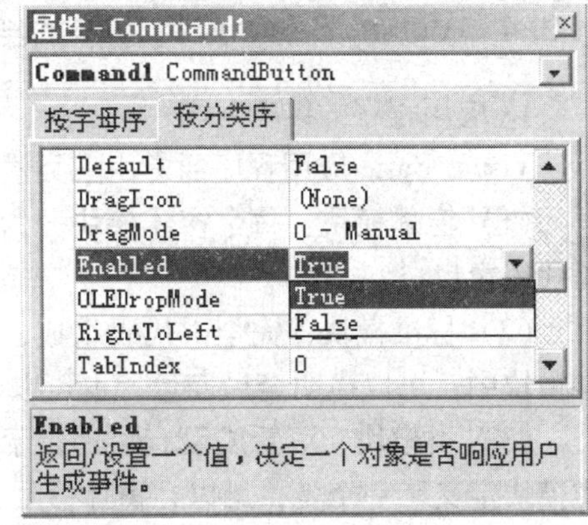

图 1 - 24　从下拉列表框选择属性值

(3) 使用对话框设置属性值

有些属性的设置包括多方面内容，比如字体的设置包括字体、字型、字号等。一旦选中该属性，属性值区域的最右边出现一个小按钮，上面有“...”符号，如图 1 - 25 所示。

单击该按钮，打开一个对话框，即可在此对话框中对该属性的不同方面进行设置。例如，在“字体”对话框中，对命令按钮的 Font 属性进行设置，如图 1 - 26 所示。

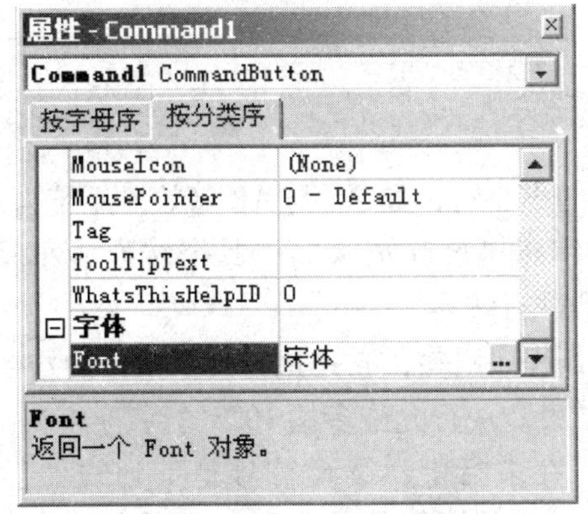

图 1 - 25　“属性”窗口

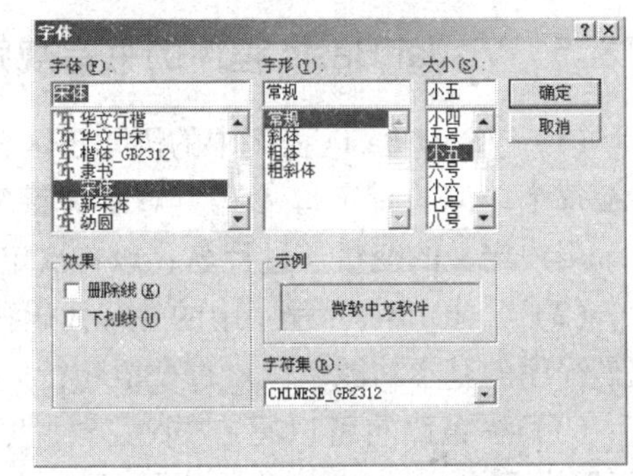

图 1 - 26　“字体”对话框

属性的设置不仅可以在“属性”窗口中进行，还可以在程序中通过赋值语句进行设置，格式如下：

【格式】 <对象名称>. <属性名称> = <属性值>

例如：Timer1. Enabled = False

该语句将“计时器”控件的 Enabled 属性设置为 False。

【说明】在对语句的语法描述中，通常使用尖括号 < > 和方括号 [ ]，但它们并不是语句中的组成字符，只表示被它们括起的内容是必选项或可选项。用尖括号括起的内容是语句的必选项，即必须出现在语句中；用方括号括起的内容是可选项，该内容可以出现在语句中，也可以不出现在语句中，根据编程者的需要决定。

1.3.4 Visual Basic 应用程序的结构与工作方式

1. 应用程序的结构

Visual Basic 应用程序通常由三类模块组成，即窗体模块、标准模块和类模块。

（1）窗体模块：每个窗体模块分为两部分，一部分是用户界面的窗体，另一部分是代码窗口。

（2）标准模块：完全由代码组成，这些代码不与具体的窗体或控件相关联。在标准模块中，可以声明全局变量，也可以定义函数过程或子程序过程。

（3）类模块：可看成没有物理表示的控件。类模块既包括代码又包含数据，每个类模块定义了一个类，可以在窗体模块中定义类的对象，调用类模块中的过程。

2. 应用程序的工作方式

Visual Basic 应用程序以事件驱动的方式工作。事件是可以由窗体或控件识别的操作。在事件驱动应用程序中，代码不是按预定的顺序执行，而是在响应不同的事件时执行不同的代码段。事件驱动应用程序的典型操作序列为：

（1）启动应用程序，加载和显示窗体。

（2）窗体或窗体上的控件接收事件。事件可以由用户引发（如键盘操作），或由系统引发（如定时器事件），也可以由代码间接引发（如当代码加载窗体时的 Load 事件）。

（3）如果相应的事件过程中存在代码，则执行该代码。

（4）应用程序等待下一次事件。

1.3.5 Visual Basic 程序的书写规则

（1）Visual Basic 程序中的语句不区分字母的大小写，如 Ab 与 AB 等效。系统自动转换每个单词的首字母大写。对于关键字，首字母被转换成大写，其余转换成小写。对于用户定义的变量、过程名，以首次定义为准进行转换。

（2）Visual Basic 程序中的一行代码称为一条程序语句，它是执行具体操作的指令，也是程序的基本功能单位。每个语句行以回车结束。一行允许多达 1023 个字符。

（3）一条语句可以写在同一行，也可以写在多行上，续行符号是下划线“_”（下划线之前有一个空格）。语句的续行一般在语句的运算符处断开，不要在对象名、属性名、方法名、变量名、常量名以及关键字的中间断开。同一条语句被续行后，各行之间不能有空行。

（4）一行中可书写多个语句，语句之间用冒号“:”分隔。

（5）在程序转向时需要用到标号，标号是以字母开始且以冒号结束的字符串。

（6）以半角的单引号“'”或者“Rem”开头的语句是注释语句。程序运行过程中，注释内容不被执行。注释内容可以单独占一行，也可以写在语句后面，但续行符后面不能跟注释内容。

例如：

```
' This is a VB
Rem This is a VB
```

1.3.6 Visual Basic 提供的调试功能

在 Visual Basic 集成环境下，利用“调试”菜单中提供的“逐句运行（F8）”、“运行到光标处（Ctrl + F8）”、“切换断点（Ctrl + F9）”等功能，有助于排除程序中的错误。

1. 逐句运行（F8）

选择“调试”菜单中的“逐语句”命令，或者按 F8 键，可以逐条语句执行程序，一句一停。每按一次 F8 键，执行一条语句，这样用户可以方便地观察程序的执行过程。将要执行的语句加黄色底纹，同时可以使用鼠标指针指向执行过语句的变量或将要执行语句表达式中的变量，系统会给出变量的值，也可以从立即窗口输出变量或表达式的值，要注意观察变量当时存储数据的类型和值，比如存储的是字符串，则有定界符；存储的是数字，则无定界符。

2. 运行到光标处（Ctrl + F8）

在调试程序时，若要重点观察的只有一处，可将光标设置在代码窗口需要观察的语句处，按组合键 Ctrl + F8，程序执行完光标前的代码，暂停在被观察的语句处，同时为该语句加黄色底纹。此方法可用于检查变量的值。分析后，可接着使用逐语句（F8）、运行到光标处（Ctrl + F8）等功能从断点处继续运行程序，也可以按工具栏中的停止按钮来结束程序的执行。

3. 切换断点（Ctrl + F9）

调试程序时，若要重点观察的是多处，可以通过设置断点来实现。将光标设置在代码窗口要观察的语句处，按组合键 Ctrl + F9，或者在该语句前的调试带上单击鼠标，该语句被加上暗红色的底纹，同时在该语句前的调试带出现一个暗红色圆点。启动程序后，程序执行完第一个设置断点前的代码，暂停在设置断点的语句处，同时为该语句加黄色底纹。断点可以设置多处。用鼠标单击语句前的暗红色圆点，可清除一个断点；按组合键 Ctrl + Shift + F9，可清除所有断点。

1.4 窗体

窗体是构成一个应用程序的最基本单元，是用户与应用程序之间进行人机对话的界面。窗体也是 Visual Basic 应用程序中的对象。在窗体对象中可以创建各种控件对象，并可以通过修改控件的属性值来改变该控件在窗体上的显示风格。可以说，窗体是程序员进行界面设计的场所。

1.4.1 窗体的结构与属性

打开“窗体设计器”窗体的方法有两种：按组合键 Shift + F7，或者选择“视图”菜单中的“对象窗口”命令，在“窗体设计器”窗体中即可进行窗体的设计，如图 1 - 27 所示。

窗体的左上角是窗体的标题，系统自动将窗体标题设置为 Form1，可以通过修改窗体的 Caption 属性修改窗体的标题。

窗体的常用属性如表 1 - 3 所示。

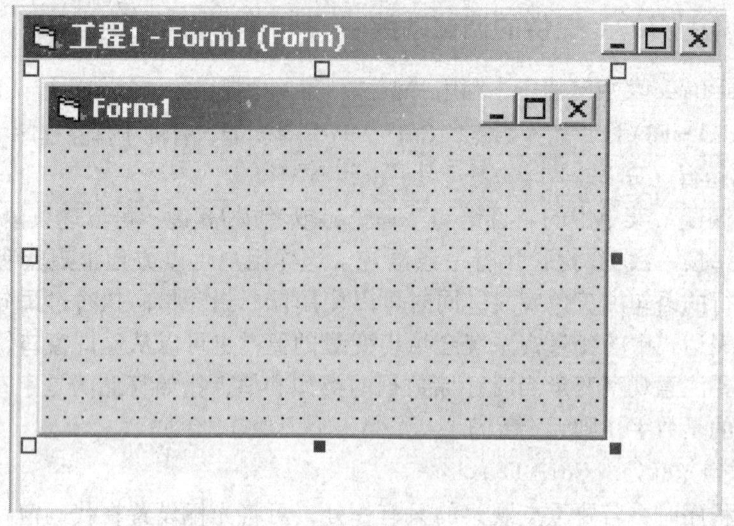

图 1－27 “窗体设计器”中的窗体

表 1－3 窗体的常用属性

属性	功能	属性	功能
AutoRedraw	控制窗体内图像的重画	MaxButton	显示窗体右上角的“最大化”按钮
BackColor	设置窗体的背景颜色	Name	定义对象的名称
BorderStyle	确定边框的类型	Picture	在对象中显示图形文件
Caption	定义窗体的标题	Top、Left	设置对象上边和左边的坐标值
ControlBox	设置控制框的状态	Height、Width	设置窗体的高度和宽度
Enabled	激活或禁止对象	Visible	设置对象的可见性
ForeColor	定义文本或图形的前景颜色	WindowState	设置窗体启动后的初始状态
Icon	设置窗体最小化时的图标	Font	设置窗体内对象的字体

1.4.2 窗体的相关方法和事件

与窗体有关的方法较多，常用的方法有：

(1) Print 方法

【格式】[对象名.] Print 表达式表 [，/ ；]

【功能】用于在窗体上输出文本字符串或表达式的值。

(2) Cls 方法

【格式】[对象名.] Cls

【功能】用于清除程序运行时在窗体或图形中显示的文本或图形。

(3) Move 方法

【格式】[对象名.] Move 左边距 [，上边距 [，宽度 [，高度]]]

【功能】用于移动窗体或控件对象，同时可以改变其大小。

对于窗体，左边距和上边距分别以屏幕的左边界和上边界为准。Move 方法实质是改变窗体的 Left 和 Top 属性值。

与窗体有关的事件较多，常用的事件如表 1－4 所示。

表 1－4　　窗体常用事件

事件名称	中文含义
Click	单击事件。单击鼠标左键时发生
DblClick	双击事件。连续快速按两次鼠标左键时发生
KeyDown	按下某键时发生
KeyUp	松开某键时发生
KeyPress	按某些特定的键（字母、数字、符号键）时发生
Load	装入事件。在装入窗体时发生，可以用于在启动程序时进行初始化
Unload	卸载事件。在内存中清除一个窗体或对象时发生
Activate	激活事件。当窗体变成活动窗体时发生
Deactivate	非激活事件。当另一个窗体变成活动窗体时发生
Paint	绘画事件。当窗体被移动、被放大，或在移动时覆盖了一个窗体时发生
Initialize	创建事件。在创建窗体对象的一个实例时发生

【例 1－3】实现功能：按住鼠标左键，在窗体中显示系统日期；松开鼠标左键，则清除显示。

分析：按下鼠标左键，激活窗体的 MouseDown 事件；松开鼠标左键，激活窗体的 MouseUp 事件。在这两个事件的事件过程中应分别使用显示系统日期和清除显示的语句，即分别调用窗体的 Print 方法和 Cls 方法。

操作步骤如下：

（1）选择“文件”菜单中的“新建工程”命令，打开“新建工程”对话框。

（2）选择“标准 EXE”图标，单击“确定”按钮，出现窗体 Form1。

（3）在“属性”窗口中，将窗体 Form1 的 Caption 属性修改为“日期显示”。

（4）双击窗体，打开“代码”窗口，编写程序代码。

程序如下：

```
Private Sub Form_MouseDown(Button As Integer, Shift As Integer, X As Single, Y As Single)
    Form1. Print "系统日期是", Date
End Sub
Private Sub Form_MouseUp(Button As Integer, Shift As Integer, X As Single, Y As Single)
    Form1. Cls
End Sub
```

（5）选择“运行”菜单中的“启动”命令，或者按 F5 键，运行程序。按住鼠标左键，在窗体中显示系统日期，如图 1－28（a）所示；松开鼠标左键，则清除显示，如图 1－28（b）所示。

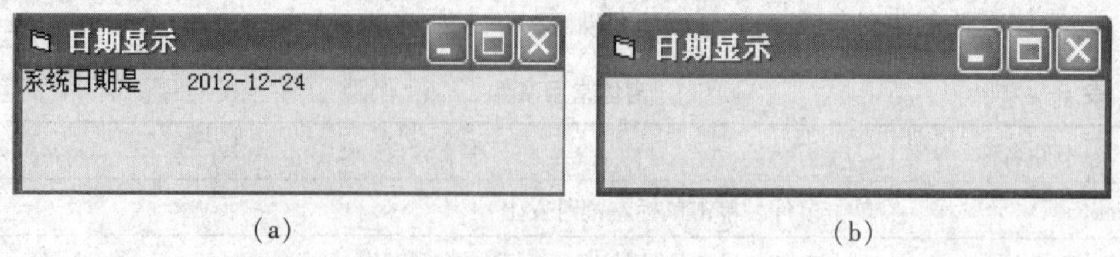

（a）　　（b）

图 1－28　程序执行结果

1.5　基本控件的使用

控件是 Visual Basic 中三种可编程的对象之一，是完成各种编程任务的重要组成部分。Visual Basic 中的控件和窗体都可以看成对象，是程序中具有一定功能的元素。用户通过在窗体中添加各种控件，并对其属性、事件和方法进行定义和修改，组合起来相互配合可以实现设计的功能。下面介绍几个基本控件的使用。

1.5.1　控件的基本操作

1. 控件的命名和控件值

每个控件都有名字，即控件的 Name 属性值。一般控件都有默认值，如窗体的默认名称为 Form1、命令按钮的默认名称为 Command1 等。如果用户给对象取名字，最好在名称中反映对象的类型，比如用 3 个小写字母作为名称的前缀，并在后面的字符中反映其用途，以增强可读性。例如，Form 窗体类取名为 frmStartUp，Label 标签类取名为 lblOptions，ListBox 列表类取名为 lstSound。

通过对控件的属性进行定义可以设置控件的值。其可以通过控件的属性窗口来定义，也可以在程序中定义，其格式为：

【格式】 <控件名>.<属性名> = <设置值>

【说明】Name 属性是用来定义对象名称的，该属性是“只读”的，也就是说在程序运行时，对象的名称不能通过赋值语句来改变。若要改变，则只能在程序执行之前在“属性”窗口中进行改变。不要把 Name 属性和 Caption 属性混为一谈。

Visual Basic 为每个控件设置了一个默认属性值，该属性的值即为控件的值。在设置控件的默认属性时，只需给出控件名即可。不同控件的默认属性有所不同。

2. 添加控件

添加控件是指把需要的控件添加到窗体中，并调整其大小和位置，方法如下：

（1）单击“工具箱”中需要添加的某个控件，使其反向显示。然后把光标移到窗体中，光标变成“+”号，把“+”号定位到某点后，按下鼠标左键不放，并向右下角拖动鼠标，拖到某点松手后，则在矩形区域出现该控件。

（2）双击“工具箱”中需要添加的控件图标，在窗体中央出现位置和大小固定的该窗体。

如果需要连续添加多个相同类型的控件，可在单击控件图标的同时按住 Ctrl 键，再把光标移动到窗体上。添加完后，单击该控件的图标退出。

3. 选择控件

单击一个控件后，控件的边框上出现 8 个黑色小方块，此控件为活动控件或称为当前控件。对控件的所有操作都是针对活动控件进行的。当窗体中有多个控件时，只有一个控件为当前活动控件。

有时需要对多个控件同时进行操作，需要先选中多个控件，方法有两种：

（1）按住 Shift 键不放，分别单击所需控件，每个选中的控件的边框都有 8 个白色小方块，多个被选中的控件中只有边框为 8 个黑色小方块的那个为基准控件。对控件进行调整操作时，以基准控件为准。

（2）用鼠标在窗体中拖动出一个虚线的矩形区域，该区域内的控件全部被选中。此方法较快，但适用于要同时选中的控件集中位于一个矩形区域的情况。

4. 移动和缩放控件

若要移动活动控件，把光标移到活动控件内，按住鼠标左键不放并拖动鼠标到目标位置即可。若要改变活动控件的大小，用鼠标拖动 8 个黑色小方块中相应的一块，就能使控件在对应的方向上放大或缩小。

另外，也可以通过属性窗口改变控件的位置和大小，对控件的 Top 和 Left（左上角的坐标）、Width 和 Height（控件的宽度和高度）四种属性的值进行设置，从而达到调整的目的。

5. 复制和删除控件

控件的复制可以通过剪贴板进行。首先选中要复制的控件为活动控件，执行“复制”命令，再把光标定位到目标位置，执行“粘贴”命令。删除控件时，先选中要删除的控件为活动控件，然后按 Delete 键，即可删除。

1.5.2 “标签”控件（Label）

在“工具箱”中双击 Label 按钮，在窗体中添加“标签”控件（Label）。“标签”控件用于显示文字信息。“标签”控件和“文本框”控件的区别在于：“文本框”控件不仅可以显示文本，而且还能在程序运行中输入文本。

“标签”控件（Label）常用的属性有 Name、Caption、Alignment、Visible、Appearance、BackStyle、BorderStyle、FontSize、AutoSize 和 WordWrap。

（1）Name——唯一标识标签的名称。

（2）Caption——显示标签中的文本内容。

（3）Alignment——输入或者显示文本框内容的对齐格式，默认值为“0-左对齐”。

（4）Visible——设置标签是否可见，默认值为 True。若设置为 False，程序运行时，该标签不可见。

（5）Apperance——设置标签的显示类型，默认值为“1-3D 效果”。

（6）BorderStyle——设置标签的边框类型，默认值为“0-None 无边框”。选择为“1-有边框”时，出现凹凸的立体效果。

（7）BackStyle——设置标签的透明效果，默认值为“1-不透明”。

(8) FontSize——设置标签的字体大小，默认值为9。

(9) AutoSize——决定标签大小是否在水平方向根据标签标题的内容自动适应，默认值为False。

(10) WordWrap——决定标签大小是否在垂直方向根据标签的内容自动适应，默认值为False。只有当AutoSize为True时，WordWrap属性才有效。

【例1-4】“标签”控件的应用。界面显示效果如图1-29所示。

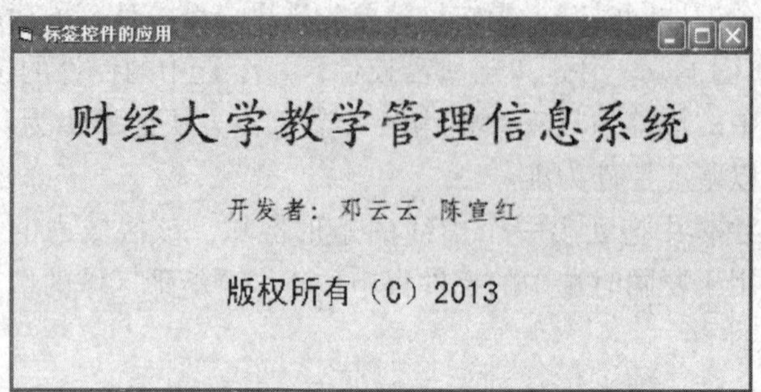

图1-29 “标签”控件的应用

操作步骤如下：

(1) 新建一个窗体，在窗体中添加3个“标签”控件（Label1、Label2、Label3），分别调整它们的大小和位置。设计的窗体如图1-30所示。

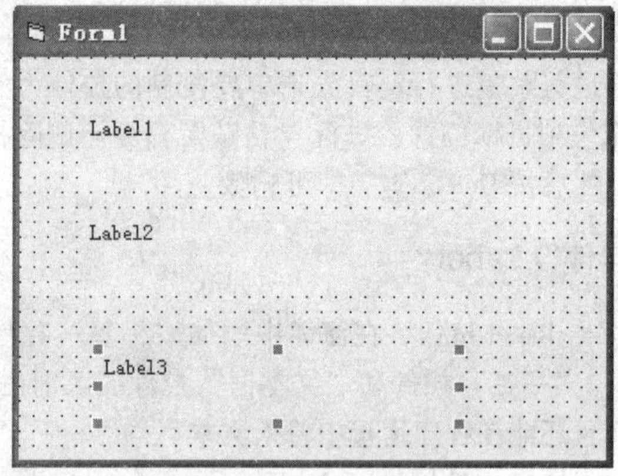

图1-30 窗体设置

(2) 在“属性”窗口中，设置各对象的属性，如表1-5所示。

表1-5 设置各对象的属性

对象	属性	属性值	说明
Form1	Caption	标签控件的应用	窗体的标题
Label1	Caption	财经大学教学管理信息系统	第一个标签的内容
	Font	楷体，28，粗体	第一个标签的字体名
	AutoSize	True	自动调整标签与字的大小一致

表1-5(续)

对象	属性	属性值	说明
Label2	Caption	开发者：邓云云 陈宣红	第二个标签的内容
	Font	仿宋，14	第二个标签的字体名
	AutoSize	True	自动调整标签与字的大小一致
Label3	Caption	版权所有（C）2013	第三个标签的内容
	Font	黑体，18	第三个标签的字体名
	AutoSize	True	自动调整标签与字的大小一致

（3）运行程序，显示结果。

1.5.3 “命令按钮”控件（CommandButton）

在“工具箱”中双击 CommandButton 按钮，在窗体中添加“命令按钮”控件（CommandButton）。大部分 Visual Basic 应用程序中都包含有 CommandButton 控件，通过单击命令按钮，调用命令按钮的 Click 事件过程。

“命令按钮”控件（CommandButton）常用的属性有 Name、Caption、Default、Cancel、Enabled、Visible 和 ToolTipText 等。

① Name——唯一标识命令按钮的名称，默认值是 CommandN（N=1，2，…）。建议以 Command 的缩写 cmd 作为前缀，再加上一个有意义的名称来命名程序中的按钮，如 cmdClose 可以表示执行关闭窗体的按钮，cmdSave 可以表示保存的按钮。

② Caption——与其他很多控件一样，Caption 属性显示的是命令按钮控件上的文字，默认值为 CommandN（N=1，2，…）。在 Caption 属性里输入一个“&”符号，可使它后面的字符成为该按钮的快捷键。程序执行时，在该字符下面加上下划线。将命令按钮的 Caption 属性设置为“取消（&C）”，按下 Alt 键的同时按 C 键，相当于用鼠标单击该按钮，执行该按钮的 Click 事件。

③ Default——设置按钮是否为当前窗体中的默认命令按钮，默认值为 False。即当设置该按钮的 Default 属性为 True 时，无论焦点在不在该按钮上面，只要用户按下回车键就会选中该按钮并执行其 Click 事件过程。

④ Cancel——设置按钮是否为当前窗体中默认的取消按钮，默认值为 False。当设置该按钮的 Cancel 属性为 True 时，无论焦点是否在该按钮上面，只要按下 Esc 键，选中该按钮并执行其 Click 事件过程。

⑤ Enabled——设置按钮是否可用，默认值为 True。设置为 False 时，按钮变灰，则不能单击该按钮，无法激活其 Click 事件。

⑥ Visible——设置按钮是否可见，默认值为 True。设置为 False，程序运行时，该按钮不可见。

⑦ ToolTipText——设置按钮的提示属性，默认值为空。设置该属性不为空时，程序运行时，鼠标若移动到该按钮上面，将出现一个提示。设置按钮“确认”的 ToolTipText 属性为“保存确认”，将鼠标移动到“确认”按钮上，将自动提示。

以上这些常用的属性除了 Name 属性外，其他的属性既可以在设计的时候直接通过属性窗口设置，也可以在程序中设置。

命令按钮的最常用的事件就是鼠标单击（Click）事件。当用鼠标单击按钮时，执行按钮的 Click 事件过程代码。

【例 1－5】“命令按钮”控件的应用。

操作步骤如下：

（1）新建一个窗体，在窗体中添加 5 个“命令按钮”控件（Command1、Command2、Command3、Command4、Command5），调整它们的大小和位置，如图 1－31 所示。

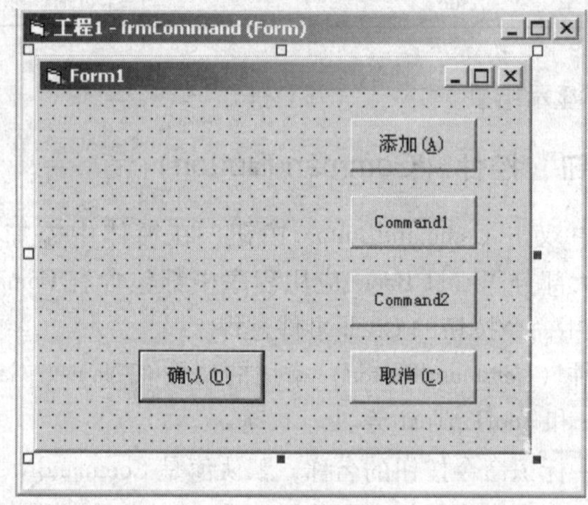

图 1－31　窗体设计

（2）在“属性”窗口中，设置各对象的属性，如表 1－6 所示。

表 1－6　各对象的属性设置

对象	属性	属性值	说明
Form1	Name	frmCommand	窗体名称
Command1	Name	cmdSave	“保存”按钮的名称
Command2	Name	cmdDelete	“删除”按钮的名称
Command3	Name	cmdAppend	“添加”按钮的名称
	Caption	添加（&A）	“添加”按钮的标题
Command4	Name	cmdOk	“确认”按钮的名称
	Caption	确认（&O）	“确认”按钮的标题
	Default	True	窗体的默认按钮
	ToolTipText	保存确认	窗体的默认按钮
Command5	Name	cmdCancel	“取消”按钮的名称
	Caption	取消（&C）	“取消”按钮的标题
	Cancel	True	窗体的默认取消按钮

(3) 在“代码”窗口，编写窗体的 Load 事件过程代码和“取消”命令按钮 cmdCancel 的 Click 事件过程代码，如图 1-32 所示。

(4) 程序运行后，不能看到“删除”命令按钮，也无法激活“添加”按钮。将鼠标移动到“确认”按钮上面时，出现“保存确认”的提示，如图 1-33 所示。

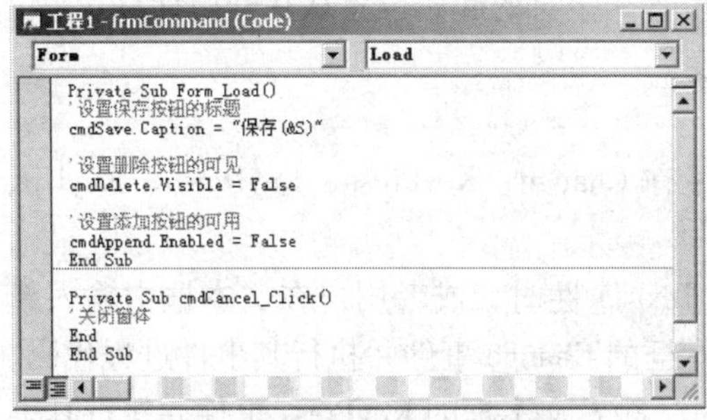

图 1-32 “代码”窗口

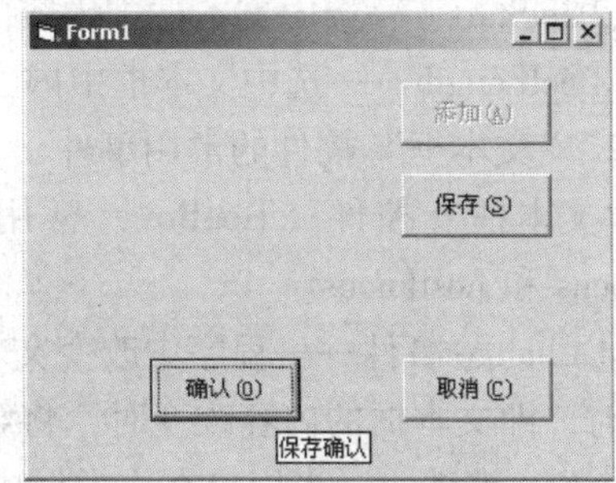

图 1-33 运行界面

1.5.4 “文本框”控件（TextBox）

在“工具箱”中双击 TextBox 按钮，在窗体中添加“文本框”控件（TextBox）。“文本框”控件用来显示文本或者输入文本。例如，启动 Windows 登录时用于输入用户名和密码的控件就是文本框。

1. “文本框”控件的常用属性

“文本框”控件（TextBox）常用的属性有 Name、Text、Alignment、Enabled、Locked、Visible、ToolTipText、PasswordChar、MaxLength、SelText、SelStart 和 SelLength。

①Name——唯一标识文本框的名称。

②Text——显示文本框中输入的文本内容。

③Alignment——输入或显示文本框内容的对齐格式。默认值为“0-左对齐”。

④Enabled——设置文本框是否可用，默认值为 True。设置为 False 时，文本框变灰，不能使用该文本框。

⑤Locked——设置文本框是否可以编辑，默认值为 False。设置为 False 时，文本框中的内容可以编辑；设置为 True 时，文本框中的内容不能编辑，只能查看。

⑥Visible——设置文本框是否可见，默认值为 True。当设置为 False，程序运行时，该文本框不可见。

⑦ToolTipText——设置文本框的提示属性，默认值为空。当设置不为空，程序运行时，鼠标移动到该文本框上面，将出现一个提示。

⑧PasswordChar——用于文本框作为输入或显示密码，默认值为空。通常用户希望在密码输入文本框中不显示明文，而是显示星号，那么设置文本框的 PasswordChar 属性为“*”即可。当然也可以指定其他字符，如“-”，甚至可以是空格字符，那么该密码文本框中将看不到任何字符的出现。

⑨MaxLength——设置文本框中可以输入字符/汉字个数的最大长度，默认为 0，表示该文本框输入长度没有限制。例如，当设置 MaxLength 为 8 时，表示该文本框只能接

收 8 个字符。一般来讲，文本框所能接收的字符长度不能超过 64KB。

上述文本框的属性既可以在设计时通过“属性”窗口设置，也可以在程序代码中设置。下面 3 个有关选中文本框中内容的属性只能在程序代码中设置：

①SelText——设置或得到文本框中所选中的内容，若没选中，该属性为空字符串。

②SelStart——选中文本框中内容的起始位置。字符的起始位置从 0 开始计算。

③SelLength——选中文本框中内容的长度。

2. “文本框”控件的常用事件

“文本框”控件（TextBox）常用的事件有 Change、KeyPress、KeyDown、KeyUp、GotFocus 和 LostFocus。

①Change 事件——程序中改变文本框的 Text 属性时，或者用户在文本框中输入新内容时，即文本框的内容改变时，将触发文本框的 Change 事件并执行其事件过程代码。

②Key 事件——当用户在文本框中输入时，触发文本框的 KeyPress 事件并执行其事件过程代码。当用户按下键时，触发文本框的 KeyDown 事件并执行其事件过程代码。当用户放开按下的键时，触发文本框的 KeyUp 事件并执行其事件过程代码。

③Focus 事件——当文本框得到焦点时，触发文本框的 GotFocus 事件并执行其事件过程代码；当文本框失去焦点时，触发文本框的 LostFocus 事件并执行其事件过程代码。

【例 1 -6】“文本框”控件的应用。输入正确的用户名“1001”和密码“hello”后，单击“确认”按钮，显示“登录成功”；否则，显示“登录失败”。

操作步骤如下：

（1）新建一个窗体，在窗体中添加 2 个“标签”控件（Label1、Label2，用于提示输入用户名和密码）、2 个“命令按钮”控件（Command1、Command2）和 2 个“文本框”控件（Text1、Text2，用于输入用户名和密码），分别调整它们的大小和位置。设计的窗体如图 1 -34 所示。

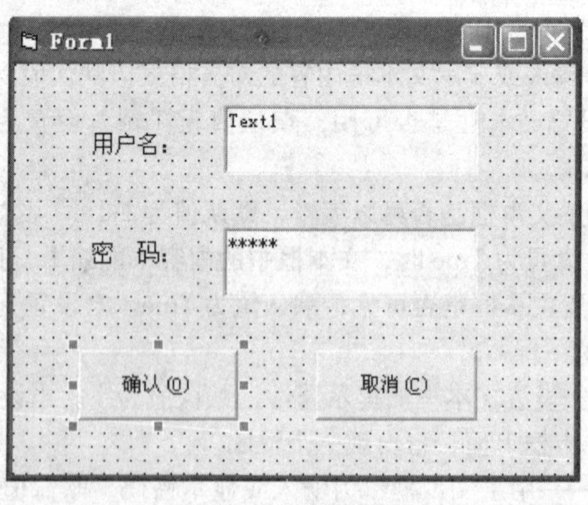

图 1 -34　窗体设计

（2）在“属性”窗口中，设置各对象的属性，如表 1 -7 所示。

表 1－7　　　　　　　　　　　　　**设置各对象的属性**

对象	属性	属性值	说明
Text1	Name	txtUserName	用户名文本框的名称
	MaxLength	8	用户名文本框允许的最大字符数
	ToolTipText	请输入用户名	用户名文本框的提示
Text2	Name	txtPassword	密码文本框的名称
	MaxLength	8	密码文本框允许的最大字符数
	ToolTipText	请输入密码	密码文本框的提示
	PasswordChar	*	密码文本框的密码字符
Label1	Caption	用户名:	标签 1 的标题
Label2	Caption	密码:	标签 2 的标题
Command1	Name	cmdOk	“确认”按钮的名称
	Caption	确认（&O）	“确认”按钮的标题
	Default	True	窗体的默认按钮
Command2	Name	cmdCancel	“取消”按钮的名称
	Caption	取消（&C）	“取消”按钮的标题
	Cancel	True	窗体的默认取消按钮

（3）在“代码”窗口中编写窗体的 Load 事件过程代码、文本框 txtUserName 的 GotFocus 事件过程代码、命令按钮 cmdOk 的 Click 事件过程代码，如图 1－35 所示。

（4）运行程序，输入用户名“1001”和密码“hello”，单击“确认”按钮，打开“登录成功”对话框，如图 1－36 所示。

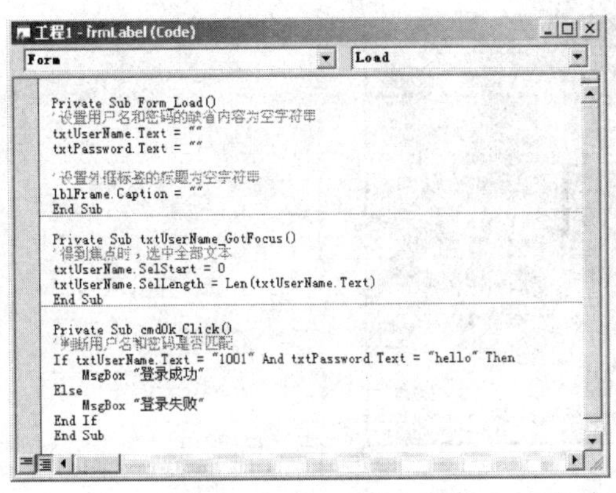

图 1－35　“代码”窗口

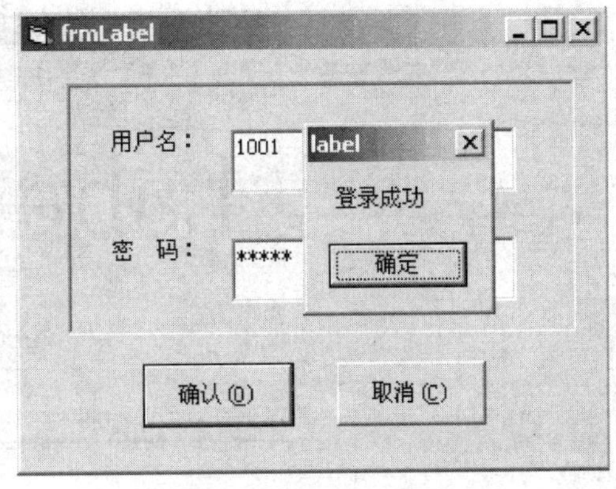

图 1－36　运行界面

1.5.5　“计时器”控件（Timer）

在“工具箱”中双击 Timer 按钮，在窗体中添加“计时器”控件（Timer）。Visual

Basic 中的“计时器”控件响应时间的流逝，用来在一定的时间间隔内周期性地执行某项操作。经常用于检查系统时间，判断是否应该执行某项任务等。该控件只是在程序设计过程时可见，在程序运行时对用户是不可见的，并且在设计时不能改变控件的大小。

1. “计时器”控件的常用属性

“计时器”控件（Timer）常用的属性有 Name、Interval 与 Enabled。

① Name——唯一标识计时器的名称，计时器名称默认值为 TimerN（N = 1，2，…），建议以 Timer 的缩写 tmr 作为前缀，再加上一个有意义的名称来命名程序中的计时器。

② Interval——是计时器中最重要的属性，设置计时器事件之间的间隔，以毫秒（ms）为单位，默认值为 0。其取值范围是 0 ~ 64 767，即最长时期间隔大约为 64. 8s。如果间隔为 1s，则设置 Interval 属性为 1000。

③ Enabled——设置是否激活计时器控件，默认值为 True。当设置为 False 时，即使设置了计时器的 Interval 属性大于 0，也不会触发 Timer 事件。

2. “计时器”控件的常用事件

“计时器”控件（Timer）的常用事件，也是唯一的事件为 Timer 事件。每经过由 Interval 指定的时间间隔，触发并执行计时器的 Timer 事件。

【例 1 -7】“计时器”控件的使用。

操作步骤如下：

（1）新建一个窗体，在窗体中添加 1 个“计时器”控件（Timer1）、1 个“标签”控件（Label1，显示时间）和 1 个“命令按钮”控件（Command1，停止和启动计时器），调整它们的大小和位置。要求每间隔 1 秒将当前系统时间显示在标签上。设计的窗体如图 1 -37 所示。

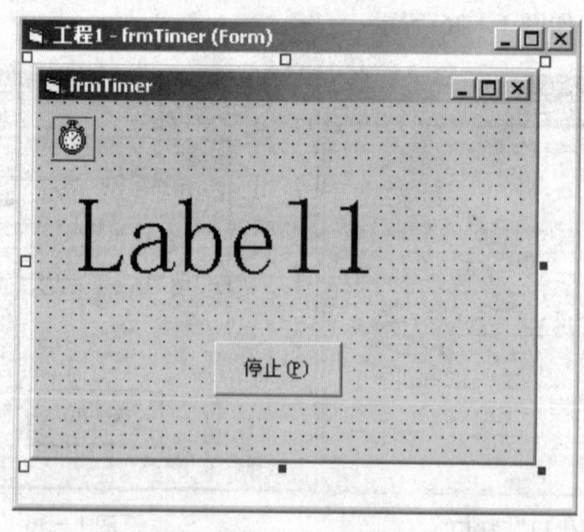

图 1 -37　窗体设计

（2）在“属性”窗口中，设置各对象的属性，如表 1 -8 所示。

表 1-8　　“计时器”各对象的属性设置

对象	属性	属性值	说明
Form1	Name	frmTimer	窗体名称
Label1	Name	lblNow	时间标签的名称
	AutoSize	True	时间标签自动调整尺寸
	FontSize	48	时间标签字体大小
Command1	Name	cmdTimer	“停止”按钮的名称
	Caption	停止（&P）	“停止”按钮的标题
Timer1	Name	tmrNow	计时器的名称

（3）在“代码”窗口中，编写命令按钮 cmdTimer 的 Click 事件过程代码，单击命令按钮时，当前计时器被激活，按钮标题显示为“停止”，否则显示为“开始”，如图 1-38 所示。

（4）运行程序，在标签中显示当前系统时钟时刻，如图 1-39 所示。

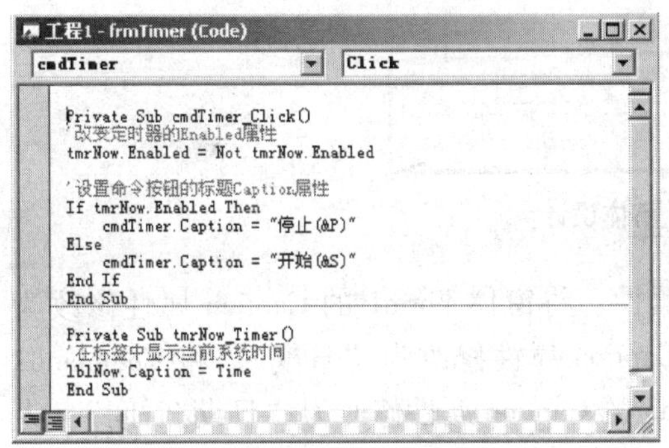

图 1-38　代码窗口

图 1-39　运行界面

1.6　综合应用案例

1.6.1　设计“交替显示系统日期和时间”程序

【例 1-8】在一个文本框中交替显示系统日期和时间，如图 1-40 所示。单击“日期”按钮，在文本框中显示系统当前日期；单击“时间”按钮，在文本框中显示系统当前时间；单击“日期/时间”按钮并按下不放，显示系统日期；松开鼠标，显示系统时间，如此交替显示。

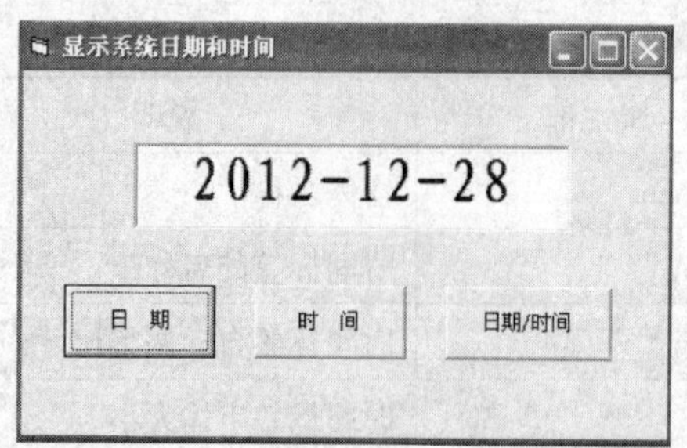

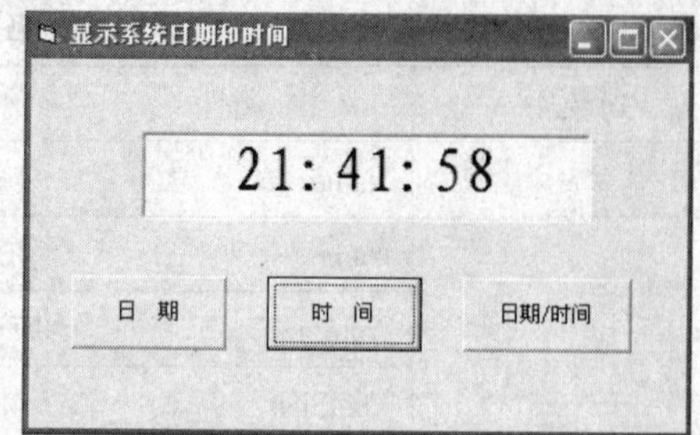

图 1-40　运行结果

操作步骤如下：

（1）新建一个窗体，在窗体中添加 1 个“文本框”控件（Text1）和 3 个“命令按钮”控件（Command1、Command2、Command3），调整它们的大小和位置，如图 1-41 所示。

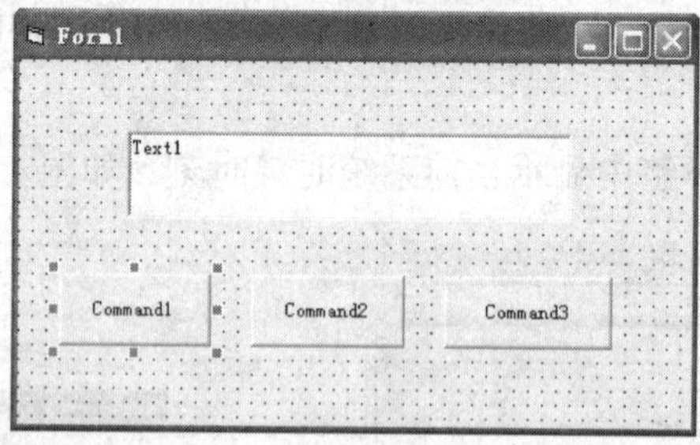

图 1-41　窗体设计

（2）在“属性”窗口，设置各对象的属性。将窗体 Form1 的 Caption 属性修改为“显示系统日期和时间”，将 Command1 的 Caption 属性修改为“日期”，将 Command2 的 Caption 属性修改为“时间”，将 Command3 的 Caption 属性修改为“日期/时间”。为了让文本框 Text1 中显示的字体、字号、字型符合要求，打开“字体”对话框，对文本框的 Font 属性进行设置（如：楷体、黑体、一号）。

（3）在“代码”窗口，分别编写各对象的事件过程代码，如图 1-42 所示。

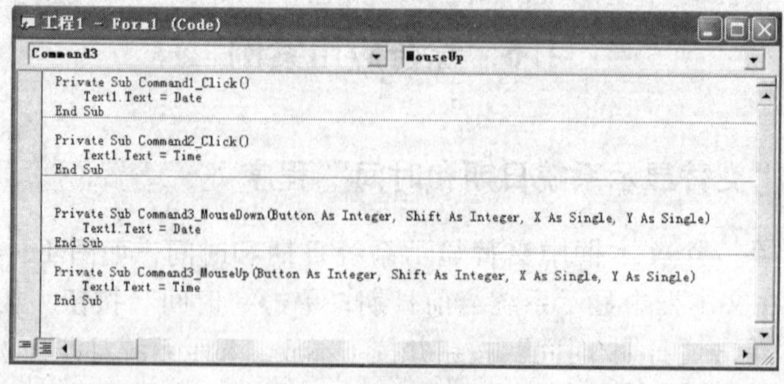

图 1-42　编写事件代码

① 编写 Command1 的 Click 事件过程代码。

```
Private Sub Command1_Click( )
    Text1. Text  =  Date
```

```
End Sub
```

② 编写 Command2 的 Click 事件过程代码。

```
Private Sub Command2_Click( )
    Text1. Text  =  Time
End Sub
```

③ 对 Command3 需要进行 MouseDown 和 MouseUp 操作。编写 Command3 的 MouseDown 和 MouseUp 事件过程代码。

```
Private Sub Command3_MouseDown( Button As Integer, Shift As Integer, X As Single, Y As Single)
    Text1. Text  =  Date
End Sub
Private Sub Command3_MouseUp( Button As Integer, Shift As Integer, X As Single, Y As Single)
    Text1. Text  = Time
End Sub
```

(4) 运行程序，单击“日期”按钮，显示系统日期。单击“时间”按钮，显示系统时间。单击“日期/时间”按钮并按下不放，显示系统日期；松开鼠标，显示系统时间。

1. 6. 2　设计“加法器”程序

【例 1 -9】设计一个加法器，输入被加数与加数，计算两数之和。

操作步骤如下：

(1) 新建一个窗体，在窗体中添加 3 个“文本框”控件（Text1、Text2、Text3）、2 个“标签”控件（Label1、Label2）和 2 个“命令按钮”控件（Command1、Command2)，分别调整它们的大小和位置，如图 1 -43 所示。

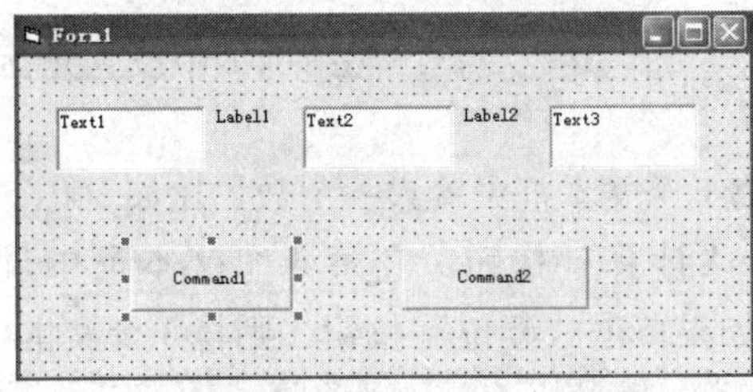

图 1 -43　添加控件

(2) 在“属性”窗口中，设置各对象的属性，如表 1 -9 所示。

表 1 -9　各对象的属性设置

对象	属性	属性值	说明
Form1	Caption	加法器	窗体标题
Label1	Caption	+	加号

表1-9(续)

对象	属性	属性值	说明
Label2	Caption	=	等号
Command1	Caption	计算	"计算"按钮的标题
Command2	Caption	复位	"复位"按钮的标题

(3) 分别编写窗体、命令按钮 Command1、Command2 的事件代码。

① 窗体的事件代码

```
Private Sub Form_Load()                    '窗体加载事件过程
    Text1. Text = ""
    Text2. Text = ""
    Text3. Text = ""
    Text1. TabIndex = 0                           '在 Text1 中设置光标
End Sub
```

② 命令按钮 Command1 的 Click 事件过程代码

```
Private Sub Command1_Click()               '计算按钮单击事件过程
'将运算数相加并展示与结果区
    Text3. Text = Val(Text1. Text) + Val(Text2. Text)
End Sub
```

③ 命令按钮 Command2 的 Click 事件过程代码

```
Private Sub Command2_Click()               '复位按钮单击事件过程
'清除运算数与结果区域
    Text1. Text = ""
    Text2. Text = ""
    Text3. Text = ""
    Text1. SetFocus                            '在 Text1 中设置光标
End Sub
```

(4) 运行程序，在第1个文本框中输入一个数，比如300，在第2个文本框中输入一个数，比如500，单击"计算"按钮，在第3个文本框中显示两个数相加的结果800，如图1-44所示。如果单击"复位"按钮，则将3个文本框中的信息清除。

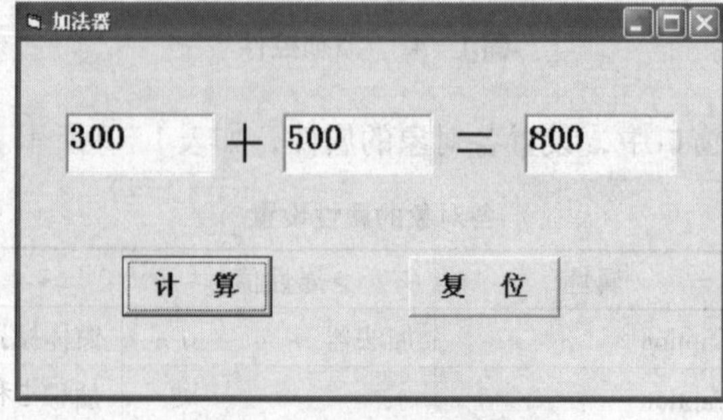

图1-44 加法器运算示例

【本章小结】

本章首先通过两个实例介绍工程设计的基本方法及实现过程，初步了解 Visual Basic 6.0 程序设计基本步骤。接着介绍了 Visual Basic 集成开发环境的组成元素以及各个窗口的功能和组成特点，熟悉 Visual Basic 集成开发环境及其基本操作，然后介绍了面向对象的可视化编程方法的基本特点和相关概念，为以后的学习奠定基础。

Visual Basic 程序设计的核心是对象。对象就是程序可以控制的运行实体，程序依靠对象的特定动作来完成特定的任务。对象具有属性、事件和方法三方面的特征：属性是指通过数据描述的对象的相关特征；事件是指能被对象识别的动作以及由动作引发的结果，需要通过编制代码来设定并完成；方法是指对象要执行的某些特定动作，也是通过编程执行来实现的。针对对象的操作可以通过与该对象有关的属性、事件和方法来描述，把对象和描述对象的属性数据以及描述对象行为的代码结合成为一个整体，完成对其功能的描述。多个对象相互配合，可实现相应程序的功能。

窗体是构成一个应用程序的最基本的部分，是用户与应用程序之间进行人机对话的界面；控件是具有一定外形特征和操作特点的界面组成元素，分为标准控件、ActiveX 控件和可插入控件三类。

习题 1

一、选择题

1. 在 Visual Basic 中，要把光标移到当前行的末尾，可使用键盘上的__________键。

   A. Home　　B. End　　C. PgUp　　D. PgDown

2. 可以打开“立即”窗口的组合键是__________。

   A. Ctrl + D　　B. Ctrl + E　　C. Ctrl + F　　D. Ctrl + G

3. 下列关于 Visual Basic 特点的叙述中，错误的是__________。

   A. Visual Basic 是采用事件驱动编程机制的语言
   B. Visual Basic 程序既可以编译运行，也可以解释运行
   C. 构成 Visual Basic 程序的多个过程没有固定的执行顺序
   D. Visual Basic 程序不是结构化程序，不具备结构化程序的三种基本结构

4. 下列叙述中，错误的是__________。

   A. 打开一个工程文件时，系统自动装入与该工程有关的窗体、标准模块等文件
   B. 当程序运行时，双击一个窗体，则触发该窗体的 DblClick 事件
   C. Visual Basic 应用程序只能以解释方式执行
   D. 事件可以由用户引发，也可以由系统引发

5. 下列叙述中，错误的是__________。

   A. 在 Visual Basic 中，对象所能响应的时间是由系统定义的
   B. 对象的任何属性既可以通过属性窗口设定，也可以通过程序语言设定
   C. Visual Basic 中允许不同对象使用相同名称的方法

D. Visual Basic 中的对象具有自己的属性和方法

6. 当使用鼠标操作选择了多个控件，如果要取消当前多个控件的选择，正确的操作方法是＿＿＿＿＿。

A. 用鼠标单击所选中的多个控件中的任意一个控件

B. 用鼠标双击所选中的多个控件中的任意一个控件

C. 用鼠标单击当前窗体的空白处

D. 用鼠标右键单击所选中的多个控件中的任意一个控件

7. 窗体的边框类型 BorderStyle 属性默认值为 Sizable，表示＿＿＿＿＿。

A. 窗体没有边框　　B. 窗体是固定单线框

C. 固定对话框　　D. 窗体边框是可调整的

8. 若要使窗体中的某一个控件变为活动控件，正确的操作方法是＿＿＿＿＿。

A. 用鼠标单击该控件　　B. 用鼠标双击该控件

C. 用鼠标单击该窗体　　D. 用鼠标双击该窗体

9. 下列关于窗体的描述中，错误的是＿＿＿＿＿。

A. 执行 Unload Form1 语句后，窗体 Form1 消失，但仍在内存中

B. 窗体的 Load 事件在加载窗体时发生

C. 当窗体的 Enabled 属性为 False 时，通过鼠标和键盘对窗体的操作都被禁止

D. 窗体的 Height、Width 属性用于设置窗体的高和宽

10. 为了使命令按钮（名称为 Command1）右移 200，应使用的语句是＿＿＿＿＿。

A. Command1. Move －200

B. Command1. Move 200

C. Command1. Left = Command1. Left + 200

D. Command1. Left = Command1. Left － 200

11. 为了清除窗体上的一个控件，正确的操作是＿＿＿＿＿。

A. 按回车键

B. 按 Esc 键

C. 选择（单击）要清除的控件，然后按 Del 键

D. 选择（单击）要清除的控件，然后按回车键

12. 下列叙述中，错误的是＿＿＿＿＿。

A. 在 Visual Basic 中，对象所能响应的时间是由系统定义的

B. 对象的任何属性既可以通过“属性”窗口设定，也可以通过程序语言设定

C. Visual Basic 中允许不同对象使用相同名称的方法

D. Visual Basic 中的对象具有自己的属性和方法

二、填空题

1. Visual Basic 的三种工作模式是设计模式、运行模式和＿＿＿＿＿。

2. Visual Basic 采用的是＿＿＿＿＿驱动的编程机制。

3. 一个工程可以包含多种类型的文件，其中，工程文件的扩展名是＿＿＿＿＿。

4. 按 F4 键，或者选择＿＿＿＿＿菜单中的“属性窗口”命令，打开“属性”窗口。

5. Visual Basic 的菜单栏有固定和__________两种形式。

6. Visual Basic 的标题栏可显示应用程序名称和__________。

7. Visual Basic 应用程序通常由三类模块组成，即：窗体模块、标准模块和__________。

8. 事件是指能被对象识别的动作以及由该动作引发的结果，引发的结果需要编制代码来设定并执行，这段代码被称为__________。

9. Visual Basic 控件分为标准控件、__________和可插入控件三种类型。

10. “文本框”控件主要用来显示文本或者输入文本。在“工具箱”中双击__________按钮，在窗体中添加“文本框”控件。

三、上机题

1. 掌握 Visual Basic 6.0 的安装、启动和退出的操作方法。

2. 熟悉 Visual Basic 6.0 集成开发环境，熟悉各个窗口的作用和基本操作。

(1) 熟悉 Visual Basic 6.0 集成开发环境中的主要操作窗口。

(2) 与建立对象相关的窗口：“窗体设计器”窗口和“工具箱”窗口。

(3) 对窗体中的对象属性进行设置的窗口：“属性”窗口。

(4) 编写对象的事件过程：“代码”窗口。

3. 设计一个学习 Visual Basic 6.0 的欢迎界面，如图 1-45 所示。

提示：设计窗体之后，选择“视图”菜单中的“代码窗口”命令，打开“代码”窗口。然后在“代码”窗口中输入下列代码：

```
Private SubForm_Click()
    Print"欢迎学习 Visual Basic6.0!"
End Sub
```

图 1-45　欢迎界面

4. 编写加减运算程序，实现的功能是：在两个文本框中任意输入两个数，然后单击“相加”按钮，计算并显示两数之和；单击“相减”按钮，计算并显示两数之差。程序的运行结果通过两个标签显示出来，如图 1-46 所示。

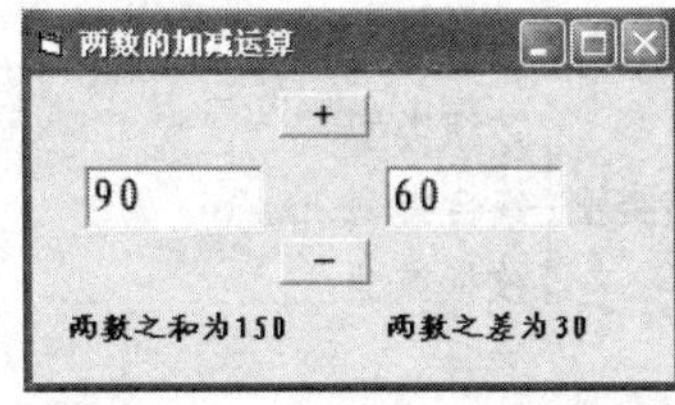

图 1-46　两数的加减运算

2　数据类型与常用内部函数

【学习目标】

1. 理解数据的基本类型（包括用户自定义数据类型的定义）及其应用范围。
2. 掌握直接常量和符号常量的定义和使用。
3. 掌握变量的特点、分类、声明和使用方法。
4. 理解并掌握 Visual Basic 运算符的使用。
5. 掌握算术运算、关系运算、逻辑运算、字符串运算及其优先级关系。
6. 掌握常用内部函数的使用。

2.1　数据的基本类型

程序中的数据有多种形式，就单个数据而言，有数字、字符串、日期时间值等形式。Visual Basic 的数据类型如表 2－1 所示。

表 2－1　Visual Basic 的数据类型

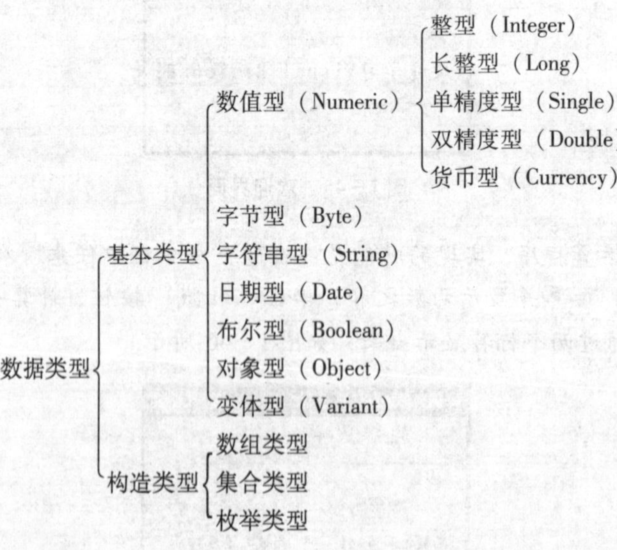

2.1.1　数值型数据

由于数值的范围跨度大，精度要求各异，为了满足不同层次的需要，Visual Basic

提供了六类数值型数据，分别是整型、长整型、单精度型、双精度型、货币型和字节型。

在 Visual Basic 中，整数数据是指不带小数点和指数符号的数。整数型是指不带小数点和指数符号的数。实数数据是指带有小数部分的数。例如，数 12 和数 12.0 对计算机来说是不同的，前者是整数（占 2 个字节），后者是浮点数（占 4 个字节）。浮点数可分为单精度型浮点数和双精度型浮点数。数值型数据的分类如表 2－2 所示。

表 2－2　数值型数据的分类

类型	关键字	变量后缀	存放字节数	范围	精度
整型	Integer	%	2	$-2^{15} \sim 2^{15}-1$	
长整型	Long	&	4	$-2^{31} \sim 2^{31}-1$	
单精度型	Single	!	4	－3. 402 823E38 ~ 3. 402 823E38	7 位有效数字
双精度型	Double	#	8	－1. 797 693 134 863 16D308 ~ 1. 797 693 134 863 16D308	15 位有效数字
货币型	Currency	@	4	－922 337 203 685 477. 580 8 ~ 922 337 203 685 477. 580 7	小数点前 15 位整数及保留小数点后 4 位小数

1. 整型（Integer）

整型由十进制、八进制和十六进制 3 种进制表示，在内存中占两个字节（16 位）。十进制数用 0 ~ 9 共 10 个数字组合而成，其取值范围为 －32 768 ~ 32 767，例如 300、－3 470 等；八进制数用 &O 或 &o 开头，由 0 ~ 7 共 8 个数字组合而成，例如 &O726、&O1 357 等；十六进制数用 &H 或 &h 开头，由 0 ~9 以及 A ~ F 或 a ~ f 共 16 个数字和字母组合而成，例如 &H3A7、&HB23E 等。

2. 长整型（Long）

长整型也有十进制、八进制和十六进制 3 种进制表示形式，在内存中占 4 个字节（32 位）。十进制长整型数的取值范围为 －2 147 483 648 ~214 748 364 7。多数情况下，Visual Basic 使用十进制数，也可以使用八进制数和十六进制数。八进制和十六进制长整型数要以 & 结尾。例如 123456&、45678& 都是长整数型。

3. 单精度型（Single）

单精度数在内存中占 4 个字节（32 位），最多出现 7 位小数，取值范围为 －3. 402 823E38 ~3. 402 823E38。浮点形式用字母 E 把基数和指数隔开，表示底数为 10 的数。例如 1. 401 298E －45 表示 1. 401 298 的 10 的负 45 次方。

4. 双精度型（Double）

双精度型数据在内存中占用 8 个字节（64 位），最多出现 15 位小数，取值范围为 －1. 797 693 134 863 16D308 ~1. 797 693 134 863 16D308。在科学计数法表示中，用字母 D 把基数和指数隔开，例如 17. 88D5 是一个双精度数，表示 17. 88 乘以 10 的 5 次方。

5. 货币型（Currency）

货币型数据是专门用来表示货币数量的数据类型，以8个字节存储。货币型常数的取值范围达到小数点前15位，小数点后保留4位小数，取值范围为-922 337 203 685 477.580 8～922 337 203 685 477.580 7。例如：3.56@、65.123 456@都是货币型。

6. 字节型（Byte）

字节型数据存放在一个字节中，可以表示0～255的正整数，适用于逐字节访问数据的需要，主要用于访问二进制文件、图形文件和声音文件等。

2.1.2 字符串型数据

字符串型数据（String）由标准的ASCII字符和扩展ASCII字符组成，是用双引号（""）作为定界符的一串字符。例如"ABCDE"、"北京"。一个英文字符占1个字节，一个汉字或全角字符占2个字节。Visual Basic字符串可分为变长字符串和定长字符串。

（1）变长字符串是指长度不固定的字符串，其长度可随着赋给它的新字符串的长度变化而变化，可以为0到20亿个字符。

（2）定长字符串是指在程序执行过程中长度始终保持不变的字符串，其最大长度不超过65 535个字符。对于定长字符串，当字符长度低于规定长度，即用空格填满；当字符长度多于规定长度，则截去多余的字符。

2.1.3 日期型数据

日期型数据（Date）表示由年、月、日组成的日期信息或由时、分、秒组成的时间信息。日期型数据占8个字节的内存，以浮点数形式存储。日期型数据的日期表示范围为：100年1月1日～9999年12月31日。日期型数据的时间表示范围为：00：00：00～23：59：59。

日期型数据允许用各种表示日期和时间的格式，但必须用#将日期或时间括起来。日期可以用"/"、","、"-"分隔开，可以是年、月、日，也可以是月、日、年的顺序。时间必须用"："分隔，顺序是：时、分、秒。例如：#09/10/2000#或#2000-09-12#、#08：30：00 AM#、#09/10/2000 08：30：00 AM#。

2.1.4 布尔型数据

布尔型数据（Boolean）也称为逻辑型数据，在内存中占2个字节。布尔型常量只有True和False两个值，分别表示"真"和"假"。True表示表达式成立，False表示表达式不成立。

布尔型数据与数值型数据之间转换的关系是：把布尔型数据转换为数值型数据时，True对应-1，False对应0；把数值型数据转换为布尔型数据时，非0值对应True，0对应False。

2.1.5 对象型数据

对象型数据（Object）用来表示图形、OLE对象或其他对象，在内存中占用4个字节。

2.1.6 变体型数据

变体型数据（Variant）是一种特殊数据类型，具有很大的灵活性，可以表示多种数据类型，包括数值、字符串、日期数据等。

2.2 常量

在程序的运行过程中被引用，其值不能被改变的数据称为常量。常量可分为直接常量和符号常量两种形式。

2.2.1 直接常量

直接常量是各种不同类型的具体数值，例如，整型常量150，浮点型常量3.14，字符串常量"computer"，日期常量#09/25/2003#，布尔常量 True 等。常量本身直接代表了一个唯一的所见即所得的数据。

根据数据类型的不同，常量主要有以下几种表现形式。

1. 字符串常量

字符串常量的特点是由一对双引号（""）定界，并由若干字符组成。字符串中不能包含双引号和回车符。如"abcdefgh"、"10 + 20 = 30"是正确的字符串常量。

2. 数值型常量

数值型常量包括整型、长整型、货币型和浮点型 4 种类型。

（1）整型常量

整型常量有十进制、八进制和十六进制 3 种进制表示。十进制数用0 ~ 9 共 10 个数字组合而成，取值范围是 −32 768 ~ 32 767，例如 300、 −3 470 等；八制数用 &O 或 &o 开头，由 0 ~ 7 共 8 个数字组合而成，例如 &O726、&O1 357 等；十六制数用 &H 或 &h 开头，由 0 ~ 9 以及 A ~ F 或 a ~ f 共 16 个数字和字母组合而成，例如 &H3A7、&HB23E 等。

（2）长整型常量

长整型常量有十进制、八进制和十六进制 3 种进制表示形式。与整型常量不同的是，各进制数的取值范围比整型有所扩大。十进制长整型数的取值范围是 −2 147 483 648 ~ 214 748 364 7。八进制和十六进制长整型数以 & 结尾。

（3）货币型常量

货币型常量的取值范围达到小数点前 15 位，小数点后保留 4 位小数，是为财务数据的表示和计算而设置的。

（4）浮点型常量

浮点型常量又分为单精度数和双精度数，都各有定点形式和浮点形式两种表示方法。定点形式即小数表示法，单精度数最多出现 7 位小数，双精度数最多出现 15 位小数，如果整数部分为 0，可以省略整数部分，例如 31.415 926 7、 −12.5、.031 4；浮点形式以科学计数法表示，用字母 E（表示单精度数）或 D（表示双精度数）把基数和指数隔开，表示底数 10，指数必须是整数，可带上正号或负号，例如，3.14E5 表示 3.14×10^5，0.618E −20 表示 0.618×10^{-20}。

3. 日期型常量

日期型常量是用一对双引号（""）或者一对（# #）号作为定界符，内部则以日期和时间的格式进行表达。日期的年、月、日的分隔符一般为“/”或“-”，顺序是年月日或月日年，例如"4/20/1899"、#12/05/1998#、"1999 - 7 - 1"、"2003 年 4 月 10 日"、#9：15：30 AM#、#1/1/1999 3：30：20 PM#等。

4. 布尔型常量

布尔型常量具有 True 和 False 两个值，分别表示“真”和“假”。

2.2.2 符号常量

符号常量用一个标识符来代表一个常量，是为常量取一个名字，但仍然保持常量的性质，其值在运行过程中不能被改变。

符号常量的优点在于见名知其意，其名称可以起到声明该常量性质、用途的作用，从而增强程序的可读性，有时也可以代替冗长的常量，简化输入，并且易于修改。符号常量分为系统内部定义常量和用户自定义符号常量两种。

1. 系统内部定义常量

系统内部定义常量是 Visual Basic 系统内部规定来方便系统和用户使用的常量，这些常量往往与应用程序的对象、方法、属性相结合使用，有确定的标识符和值。系统常量名一般都有一个前缀，表示定义常量的对象库名，来自 Visual Basic 和 Visual Basic for Application 对象库的常量都以“vb”开头；来自数据访问对象库的常量都以“db”开头，以此作为识别和区分标志。Visual Basic 中的符号常量常以前缀“vb”开头，例如，“vbAbortRetryIgnore”的值为 2，“vbDefaultButton1”的值为 0。

2. 用户自定义符号常量

虽然 Visual Basic 内部定义了许多常量，但有时还需要创建自己的符号常量。用户定义符号常量使用 Const 语句来给常量分配名字、值和类型。声明符号常量的语句格式是：

【格式】[Public | Private] Const <符号常量名> [As <类型名>] = <表达式>

【说明】用户自定义的符号常量由用户根据需要自行设置，为其取名和设定取值。

① 符号常量名的命名规则是：以字母开头，由字母、数字和下划线组成，不能超过 255 个字符。自定义的常量不要使用和系统常量相同的前缀。

② 等号右边的表达式可以是一个常量，也可以是由若干常量与运算符组成的表达式，可以计算出唯一确定的值，但表达式中不能出现变量和函数。

③ 可以在一行中声明若干个符号常量，使用逗号将每个符号常量的赋值分开。

④ 可选项 [Public | Private] 表示对符号常量的作用范围进行声明：Public 用于在模块级别中声明，定义的符号常量可以在所有模块中使用；Private 用于在模块级别中声明，表示只能在包含该声明的模块中使用。这两个关键字都不能用在过程中对常量进行声明。

⑤ 可选项 [As <类型名>] 表示对符号常量类型的声明。如果在声明常量时没有使用 As <类型名>子句，该常量的数据类型就是其表达式结果值的数据类型；否则，声明的<类型名>应该与表达式结果值的类型一致。

下面是声明符号常量的例子：

```
Const pi =3.141 592 6              '声明一个浮点型常量
Const flag = True                  '声明一个布尔型常量
Const day = #10/21/99#             '声明一个日期型常量，也可用" "代替##
Const name  ="李小平"              '声明一个字符串常量
Const m = &O27                     '声明一个整型常量，八进制数用 &O 开头
Const n = &H9D                     '声明一个整型常量，十六进制数用 &H 开头
Const area  = 3.14 * 6 * 6         '用表达式声明一个浮点型常量
Const a = 10, b = 20, c = 30       '声明多个符号常量
```

2.3 变量

在程序的运行过程中，其值可以被改变的数据称为变量。变量由变量名和变量值两部分组成，使用前要先声明。变量一经声明，就会在内存中占据一定的存储单元，该存储单元存放变量的值，变量在一个时刻只拥有一个值，但该值可以被改变，即变量在不同的时刻取值可以不同，体现一个“变”字。

按照数据类型，变量可分为整型变量、长整型变量、单精度型变量、双精度型变量、字节型变量、日期变量、字符串变量、变体型变量、对象型变量等。

2.3.1 变量声明

一般来说，变量在使用前应先声明变量的名称和类型，以便系统按其类型分配适合的存储单元。变量名作为存储单元在程序中被引用。变量名的命名规则是：变量名必须以字母开头，由字母、数字和下划线组成，不能超过 255 个字符，不能用 Visual Basic 的保留字和末尾带有类型符的保留字作为变量名，也不能与符号常量名和过程名同名。在同一个范围内变量的声明必须是唯一的。这里的范围就是可以引用变量的变化域，例如一个过程或一个窗体等。

注意：Visual Basic 中对变量名、常量名、过程名的大小写字母不作区分。

变量的声明分为隐式声明和显式声明两种方式。

1. 隐式声明

隐式声明是指在需要使用变量前临时声明变量的类型并进行赋值，声明格式为：

【格式】 <变量名>［类型后缀］ = <表达式>

【说明】跟在变量名后的［类型后缀］可以声明变量的类型，由专门的字符代表不同的类型，默认为生成一个变体型变量（其值的类型可以变化）。各种数据类型和类型后缀字符的对应关系如表 2 - 3 所示。

表 2 - 3　　变量的隐式声明

数据类型	后缀字符	举例
整型	%	m% =5

表2-3(续)

数据类型	后缀字符	举例
长整型	&	l& =632 783
单精度型	!	s! =3. 14
双精度型	#	d# =3. 141 592 653 589 79
字符串型	$	name$ ="李小平"
货币型	@	money@ =18 705. 50

2. 显式声明

显式声明是指在程序的开始使用专门的语句对变量进行声明，然后才使用变量。

声明格式如下：

【格式】Dim <变量名> As <变量类型>

【说明】<变量类型>有：Integer（整型）、Long（长整型）、Single（单精度型）、Double（双精度型）、String（字符串型）、Date（日期型）、Boolean（布尔型）、Object（对象型）、Variant（变体型）、Currency（货币型）、Byte（字节型）。

如果不指定数据类型，则变量的默认设置是 Variant（变体型）类型。在对变量赋值之前，数值变量被初始化为0，变长字符串被初始化为一个零长度的字符串""，而定长字符串则用0填充，变体型变量被初始化为 Empty 值。

可以使用 Dim 语句在窗体/模块级别或过程级别中声明变量的数据类型。在窗体/模块级别中用 Dim 声明的变量，对该模块中的所有过程都是可用的。在过程级别中声明的变量，只在过程内可用，通常将 Dim 语句放在过程的开始处。注意，在过程中使用 Dim 语句时，可以在一个声明语句中声明多个类型相同或不同的变量。变量被声明后，可以进行赋值和引用。虽然 Visual Basic 允许对变量作隐式声明，但为了明确变量的类型和提高程序的纠错能力，最好进行显式声明。

【例2-1】声明并使用整型变量和单精度型变量。

程序示例如下：

```
Private Sub Command1_Click()
    Const N = 100
    Const PI = 3.14
    Dim a As Integer                '使用 Integer 对整型变量进行声明
    Dimb As Integer
    Dims As Single                  '使用 Single 对单精度型变量进行声明
    Dim c As Single
    c = 4.5
    a = N / c
    b = a + c
    s = PI * c * c
    Print "a =", a
```

```
  Print "b = ", b
  Print "s = ", s
End Sub
```

N 和 PI 是符号常量，a 和 b 是整型变量，s 和 c 是单精度型变量。

程序的运行结果如图 2 -1 所示。

```
a =          22
b =          26
s =          63.585
```

图 2 -1　运行结果

【例 2 -2】声明并使用单精度型变量、双精度型变量和货币型变量。

程序示例如下：

```
Private Sub Command1_Click( )
   Dim a3 As Single              '使用 Single 对单精度型变量进行声明
   Dim b3 As Double              '使用 Double 对双精度型变量进行声明
   Dim c3 As Currency            '使用 Currency 对货币型变量进行声明
   a3 = 3.14E+20
   b3 = 6.78D-159
   c3 = 123456.4567
End Sub
```

【例 2 -3】声明并使用字节型变量。

程序示例如下：

```
Private Sub Command1_Click( )
   Dim b1 As Byte                '使用 Byte 对字节型变量进行声明
   Dim b2 As Byte, b3 As Byte
   b2 = 200
   b3 = 85
   b1 = b2 - b3                  ' b1 的结果为 115
   b1 = b2 + b3                  '由于 285 >255，溢出
   Print b1
End Sub
```

【例 2 -4】声明并使用字符串型变量。

程序示例如下：

```
Private Sub Command1_Click( )
   Dim s1 As String              '使用 String 对字符串型变量进行声明
   s1 = "中华人民共和国"
   Print Len(s1)                 '输出 s1 中字符串的长度为 7
   s1 = "教育部"
   Print Len(s1)                 '输出 s1 中字符串的长度为 3
```

```
End Sub
```

程序的运行结果为 7 和 3。注意：在计算字符串长度时，一个英文字符和一个汉字都是作为一个字符来计算的。

【例 2 -5】声明并使用字符串型变量。

程序示例如下：

```
Private Sub Command1_Click( )
    Dim s1 As String * 8            '使用 String 对字符串型变量进行声明
    Dim s2 As String * 8
    S1 = " ABCDE"
    Print s1                        '输出 s1 中字符串的内容为" ABCDE"
    Print Len( s1)                  '输出 s1 中字符串的长度为 8
    S2 = " abcdefghijk"
    Print s2                        '输出 s2 中字符串的内容为" abcdefgh"
    Print Len( s2)                  '输出 s2 中字符串的长度为 8
End Sub
```

程序的运行结果如图 2 -2 所示。

```
ABCDE
 8
abcdefgh
 8
```

图 2 -2　运行结果

【例 2 -6】声明并使用日期型变量。

程序示例如下：

```
Private Sub Command1_Click( )
    Dim d1,d2,d3,d4,d5,d6,d7,d8 As Date    '使用 Date 对日期型变量进行声明
    d1 = "4/20/1999"
    d2 =#12/25/1998#
    d3 = "1997 -7 -1"
    d4 = "1996 年 4 月 10 日"
    d5 =#9：15：30 AM#
    d6 =#1/1/1999 3：30：20 PM#
    d7 = Date( )                    '将系统当前日期赋值给变量 d7
    d8 = Time( )                    '将系统当前时间赋值给变量 d8
End Sub
```

【例 2 -7】声明并使用布尔型变量。

程序示例如下：

```
Private Sub Command1_Click( )
    Dim flag1 As Boolean            '使用 Boolean 对布尔型变量进行声明
```

```
    Dim flag2 As Boolean
    Dim i As Integer, j As Integer
    flag1 = False
    flag2 = 30 > 10
    i = flag1
    j = flag2
    Print flag1, i                 '输出：False   0
    Print flag2, j                 '输出：True    -1
End Sub
```

3. 强制声明

在 Visual Basic 中可以设定强制声明，即只要遇到一个未经明确声明就作为变量的名字，Visual Basic 集成环境将发出错误警告。这样可以有效避免因写错变量名引起的麻烦。若要设定强制声明，可在类模块、窗体模块或标准模块的声明段中加入语句：

```
Option Explicit
```

或者选择“工具”菜单中的“选项”命令，单击“编辑器”选项卡，选中“要求变量声明”选项，于是在任何新模块中自动插入 Option Explicit 语句。在工程内部，只能用手工方法向现有模块添加 Option Explicit。

2.3.2 变量赋值

对变量进行声明后，在使用过程中往往要进行具体的赋值，通常使用赋值语句。变量的赋值语句格式为：

【格式】变量名 = 表达式

【说明】赋值语句的作用是先计算右边表达式的值，然后将值赋给左边的变量。在赋值语句中：

（1）赋值号“=”左边只能是变量，不能是常量、常数符号或表达式；赋值号右边的表达式可以是任何类型的表达式或常量值，一般其类型应与变量名的类型一致。

（2）一个赋值语句只能对一个变量赋值。如出现 a = b = c = 1 式的赋值是错误的。

（3）不能把字符串的值赋值给数值型变量。

（4）同为数值型时，右边的数值类型转换为左边的变量名的类型后赋值。

（5）赋值语句类似 B = B + X 的语句很常用，起累加作用。

例如：

```
Dim a As Integer, b As Integer
b = 8
b = b - 1
```

运行后，变量 b 的值为 7。

2.3.3 特殊类型变量

变量是用来存储值的，它有名字和数据类型。变量的数据类型决定了如何将代表这些值的位存储到计算机的内存中。所有变量都具有数据类型，以决定能够存储哪种数据。

根据缺省规定，如果在声明中没有说明数据类型，则令变量的数据类型为 Variant。Variant 数据类型可在不同场合代表不同数据类型。当指定变量为 Variant 变量时，不必在数据类型之间进行转换，Visual Basic 会自动完成各种必要的转换。

如果知道变量确实总是存储特定类型的数据，并且还声明了这种特定类型的变量，则 Visual Basic 会以更高的效率处理这个数据。例如，存储人名的变量最好表示成 String 数据类型，因为名字总是由字符组成。

按照数据类型，变量可分为整型变量、长整型变量、单精度型变量、双精度型变量、字节型变量、日期变量、字符串变量、变体型变量、对象型变量等。其中，对象型变量和变体型变量的使用较为特殊。

1. 对象型变量

对象型变量可以用来引用应用程序中的各种对象，对象型变量的使用分为声明、赋值、代表对象三步。

（1）声明对象型变量的类型。

【格式】Dim <对象型变量名> As <类名>

【说明】经声明后的变量将代表应用程序中的某一种类型的对象。

（2）用 Set 语句为对象变量赋值。

【格式】Set <对象型变量> = <对象名>

【说明】将应用程序的对象赋值给对象型变量。

（3）通过这个对象型变量来访问所代表的对象。

【例 2-8】声明一个对象型变量 cb1，代表窗体中的命令按钮 Command1，将命令按钮的 Caption 属性设置为“hello!”。执行时，单击命令按钮，按钮上的文字“Command1”变成“hello!”，如图 2-3 所示。

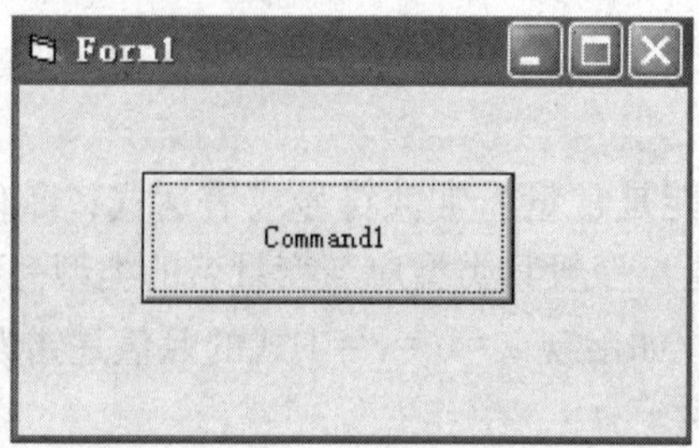

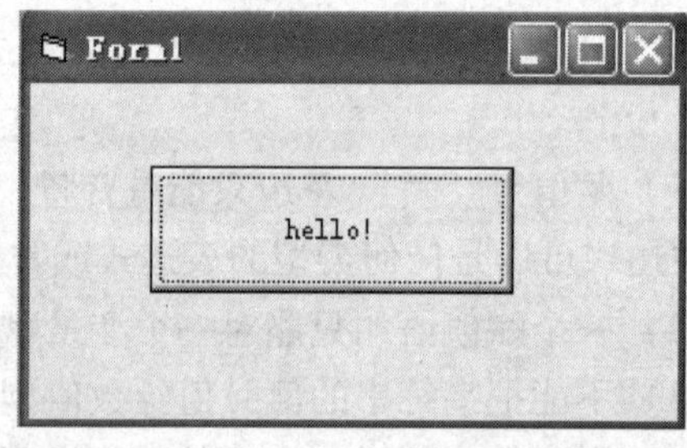

图 2-3　运行结果

操作步骤如下：

（1）新建一个窗体，在窗体中添加 1 个“命令按钮”控件（Command1），调整其大小和位置。

（2）双击命令按钮，打开“代码”窗口，编写 Command1 的 Click 事件过程代码。

程序如下：

```
Private Sub Command1_Click( )
  Dim cb1 As CommandButton
  Set cb1 = Command1
  cb1. Caption = "hello!"
```

End Sub

(3) 运行程序，单击“Command1”按钮，按钮上的文字“Command1”变成“hello!”。

2. 变体型变量

Visual Basic 可根据变量当前值的类型来决定变体型变量的当前数据类型。当赋给它不同类型的值时，变体型变量会自动进行类型之间的转换，并以最紧凑的格式记录该值。

变体型变量可以用 Variant 声明，也可以用默认类型声明。如果在对某个变量的声明中没有声明类型，该变量将被默认为变体型变量。

例如：

```
Dim  v              '或 Dim v As Variant
v  = "88"           ' v 代表字符串"88"
v  =v  + 10         '将自动把字符串"88"转换成整数 88，并算出结果为 98
v  = "Win" &v       '将整数 98 转换成字符串后与"Win"连接成"Win98"
```

注意：对两个变体型变量进行“+”运算时，可能出现下列情况：

(1) 当两个变量的值都是数值时，进行算术加法运算。

(2) 当两个变量的值都是字符串时，进行字符串连接运算。

(3) 当一个变量的值是数值，另一个变量的值是字符串时，Visual Basic 首先试图把字符串转换成数值，若转换成功，进行加法运算；若不成功，则产生“类型不匹配”的错误提示。

变体型变量包含一个特殊值：Empty。Empty 是在未对变体型变量赋值之前该变量的默认值，一旦变体型变量被赋值后，其值不再是 Empty，可用函数 IsEmpty( ) 来测试。如果变体型变量未被赋值，IsEmpty 函数返回 True；否则，返回 False。

Empty 也可对数值型、字符串型、日期型变量赋值，但该值不等同于 0、空字符串或 Null。如果用这 3 个值对变量赋值后，Empty 值将消失，同样可用 IsEmpty 函数来测试。因此 Empty 往往用于对变量初始成 Empty 后，再用 IsEmpty( ) 函数来测试程序执行过程中变量的值是否有变化。

变体型变量还包含一个特殊值：Null。Null 通常用于数据库应用程序中，表示未知的数据、丢失的数据或变量不含有效数据。一般只能将 Null 赋给变体型变量，并通过该变量来传递 Null 值。因为，对于包含 Null 的表达式，其结果总是 Null；将 Null 值、含有 Null 值的变体型变量或结果为 Null 的表达式作为参数传递给函数，会使函数的返回值为 Null；Null 值可以经过返回变体型类型值的内在函数来传递。另外，可以用函数 IsNull( ) 来测试变体型变量是否包含 Null 值。

注意：若将 Null 赋值给非变体型变量，将出现错误。

2.4 运算符与表达式

Visual Basic 提供了算术、关系、逻辑三种基本类型的运算符，还提供了字符串连接的运算符。表达式是由常量、变量、函数这些运算对象及运算符组合而成的式子。

同时，表达式又可以称为新的运算对象。运算符一般分为单目运算符（只对一个运算对象进行运算）和双目运算符（连接两个运算对象进行运算），格式分别为：

【格式 1】 <单目运算符> <表达式>

【格式 2】 <表达式 1> <双目运算符> <表达式 2>

2.4.1 算术运算符

Visual Basic 提供了 9 种算术运算符，表 2-4 中按照优先级由高到低的顺序列出每种运算符的名称和含义。

当一个表达式中出现若干个算术运算符时，应按照优先级关系及其相互位置来决定运算的先后顺序。一般先按优先级高低顺序运算，例如先乘除后加减。如果一个运算符优先级与相邻两侧运算符优先级相同，则按从左到右的顺序进行运算。

表 2-4 算术运算符

算术运算符	名称	说明
( )	圆括号	其中的表达式先运算，优先级最高
^	指数运算符	2^3 = 8，连续两个^相邻应从左到右结合，2^3^2 = 64
-	求负运算符	单目运算符
* 和/	乘法和除法运算符	两数相乘、相除
\	整除运算符	结果是相除后的整数部分
Mod	取模运算符	结果是相除后的余数部分
+ 和 -	加法和减法运算符	+ 号也可以用作字符串连接符

对于与除法有关的 3 种运算，被除数和除数可以是整数、浮点数及字节型数据，这 3 种运算符比较如表 2-5 所示。

表 2-5 除法运算符

符号	功能	举例
/	返回商数	23/5.8 = 3.965 5
\	返回商数中的整数部分，通常将被除数和除数的小数部分四舍五入后相除	23 \ 5.8 = 3 23 \ 5.2 = 4
Mod	返回商数中的余数部分，通常将被除数和除数的小数部分四舍五入后相除	23Mod5.8 = 5 23Mod5.2 = 3

2.4.2 关系运算符

Visual Basic 提供了 6 种关系运算符，它们的优先级相同，都是对其左右两边的表达式的大小关系进行判断。如果关系成立，返回 True；如果不成立，返回 False。6 种关系运算符如表 2-6 所示。

关系运算符两边的操作数除了可以是数值型的数据（整数、浮点数、日期型、字节型和布尔型数据），还可以是字符串甚至变体型。若进行字符串比较，是将两个字符串的字符从左到右一一对应逐个比较。对字符的大小按其 ASCII 码的大小来决定，对字母来说，排在字母表前面的字母的 ASCII 码值小于后面字母的 ASCII 码值，如大写字母的 ASCII 码值小于小写字母的 ASCII 码值。例如，"a" < "b"，"abf" > "abc"，"Z" < "a"。

表 2-6　　关系运算符

>	> =	<	< =	=	< >
大于号	大于等于号	小于号	小于等于号	等于号	不等于号

当关系运算符两边的操作数类型相同时，进行相同类型的比较；反之，则根据组合情况来决定比较方式，如表 2-7 所示。注意：可转换成数值类型的字符串型或变体型是指由纯数字和相关符号组成的字符串型或变体型数据，如"12.345"。

表 2-7　　比较方式组合

其中一个操作数	另一个操作数	比较方式
数值类型	可转换成数值类型的字符串型或变体型	进行数值类型比较
数值类型	不能转换成数值类型的字符串型或变体型	产生类型不匹配的错误
字符串型	除了 Null 以外的变体型	进行字符串比较
值为数值型的变体型	值为数值型的变体型	进行数值类型比较
值为字符串的变体型	值为字符串的变体型	进行字符串比较
值为数值型的变体型	值为字符串的变体型	数值类型值 < 字符串
值为数值型的变体型	值为 Empty 的变体型	进行数值类型比较
值为字符串的变体型	值为 Empty 的变体型	进行字符串比较

2.4.3　逻辑运算符

Visual Basic 提供了 6 种逻辑运算符。求反运算符 Not 是单目运算符，其余 5 个都是双目运算符。

Not　　And　　Or　　Xor　　Eqv　　Imp

求反　　与　　或　　异或　　等价　　蕴含

每一种逻辑运算符具有两种含义的运算：当操作数是逻辑值、关系表达式或逻辑表达式时，进行逻辑运算；当操作数是数值型数据，进行位运算。运算规则如表 2-8 所示。

表 2-8　　逻辑运算符的运算规则

X	Y	Not X	X And Y	X Or Y	X Xor Y	X Eqv Y	X Imp Y
True	True	False	True	True	False	True	True
True	False	False	False	True	True	False	False

表2-8(续)

X	Y	Not X	X And Y	X Or Y	X Xor Y	X Eqv Y	X Imp Y
False	True	True	False	True	True	False	True
False	False	True	False	False	False	True	True

1. 求反运算（Not）

例如：

```
Dim A, B, C
A = 10 : B = 8 : C = 6
Print Not (A>B)                    '结果是 False
Print Not (B<C)                    '结果是 True
```

2. 与运算（And）

例如：

```
Print 3 > 5 And 7 <> 0                    '输出是 False
Print "a" < "d" And "a" > "A"             '输出是 True
```

3. 或运算（Or）

例如：

```
Print 3 > 5 Or 7 <> 0                     '输出是 True
Print "a" > "d" Or "a" < "A"              '输出是 False
```

4. 异或运算（Xor）

例如：

```
Print 3 > 5 Xor 7 <> 0                    '输出是 True
Print "a" > "d" Xor "a" < "A"             '输出是 False
```

5. 等价运算（Eqv）

例如：

```
Print 3 > 5 Eqv 7 <> 0                    '输出是 False
Print "a" > "d" Eqv "a" < "A"             '输出是 True
```

6. 蕴含运算（Imp）

例如：

```
Print 3 > 5 Imp 7 <> 0                    '输出是 True
Print "a" < "d" Imp "a" < "A"             '输出是 False
```

2.4.4 字符串连接运算符

Visual Basic 提供了“+”和“&”号两种字符串连接运算符。这两种运算符都是将位于其右的字符串连接到位于其左的字符串后，成为一个新串。

1. 运算符“+”

“+”号同时也是算术运算符，遇到“+”号时到底进行什么样的运算，视其左右两边操作数的类型而定，如表 2-9 所示。例如，2+4.5 的运算结果是 6.5，

"56" +12的运算结果是68,"56" +"12"的运算结果是"5612"。

表2-9 "+"运算符的运算类型

组合情况	运算类型
两个操作数都是数值类型	加法运算
两个操作数都是字符串类型	字符串连接运算
一个是数值类型，另一个是除 Null 之外的变体型	加法运算
一个是数值类型，另一个是可以转换为数值的字符串	加法运算
一个是数值类型，另一个是不能转换为数值的字符串	类型不匹配错误
两个操作数都是变体型，且都为数值	加法运算
两个操作数都是变体型，且都为字符串	字符串连接运算
两个操作数都是变体型，一个是数值，一个是字符串	加法运算

2. 运算符“&”

由于“+”号的二义性，是否进行字符串连接操作，视情况而定。如果确定要进行字符串连接操作，采用“&”运算符比较明确，该符号仅作为字符串连接符使用，不会出现表3-8中的各种情况。即便某一个操作数不是字符串，在使用“&”进行连接时，将其转换成字符串后连接，结果就是字符串变体型。

例如:"Hello" & 586 & Empty & "Hello" 的结果是“Hello586Hello”。

在遇到混合运算时，应注意运算的先后顺序。以上4类运算符，优先级由高到低是:

算术运算符→字符串连接运算符→关系运算符→逻辑运算符

2.5 常用内部函数

Visual Basic 提供了大量内部函数，类型丰富，功能多样。

根据功能进行分类，内部函数可分为数学运算函数、字符串处理函数、日期和时间函数、类型转换函数以及其他函数。

内部函数的使用方法和自定义函数的使用相同，需要提供函数名和圆括号中的参数，调用后函数将结果返回到调用点，再对返回值进行相应的处理。熟悉内部函数的使用，将大大提高编程能力和编程效率。

2.5.1 数学运算函数

1. Abs 函数

【格式】Abs(<数值表达式>)

【功能】返回参数的绝对值。

【说明】如果数值表达式包含未被初始化的变量，则返回0。

例如：Abs(-5) 的返回值是5。

2. Int/Fix 函数

【格式】Int(<数值表达式>)

Fix(<数值表达式>)

【功能】截去参数的小数部分，返回参数的整数部分。

【说明】Int 和 Fix 的不同之处在于：当数值表达式的值为负数，Int 返回小于或等于参数值的第一个负整数，而 Fix 返回大于或等于参数值的第一个负整数。若为正数，都是简单地截除小数部分。

例如：

Int(-3.14) 返回 -4，Fix(-3.14) 返回 -3

Int(3.14) 返回 3，Fix(3.14) 返回 3

Int(3.8) 返回 3，Fix(3.8) 返回 3

3. Exp 函数

【格式】Exp(<数值表达式>)

【功能】返回 e(2.178 282) 的某次方。

【说明】<数值表达式>的值不能超过 709.78，否则发生错误。

4. Log

【格式】Log(<数值表达式>)

【功能】返回参数（>0）的自然对数值。自然对数是以 e(2.178 282) 为底的对数。

【说明】如果对任意底 n 计算数值 x 的对数值，可以利用以下公式，将 x 的自然对数值除以 n 的自然对数值：

Logn(x) = Log(x) / Log(n)

2.5.2 字符串处理函数

1. Len 函数

【格式】Len(<字符串表达式 | 变量>)

【功能】返回字符串包含的字符个数，或存储变量所需的字节数。

【说明】当参数是字符串表达式，该函数返回字符串包含的字符个数；当参数是变量名，则返回存储该变量所需的字节数。

【例 2-9】测试字符串的长度。

程序如下：

```
Dim s As String, i As Long, j As Integer
s = "abcdef"
i = Len(s)
j = Len(i)
Print i, j
```

程序运行时，输出 i 的值为 6（字符串变量 s 的字符串中包含 6 个字符，长度为 6）；j 的值为 4。变量 i 是长整型变量，需要 4 个字节存储，因此 Len(i) 返回值为 4。

2. Trim 函数

【格式】LTrim(<字符串表达式>)

RTrim(<字符串表达式>)

Trim(<字符串表达式>)

【功能】返回去掉字符串前导空白和尾部空白后的字符串。

【说明】函数 LTrim 去掉字符串左端的前导空格。函数 RTrim 去掉字符串右边的尾部空格。函数 Trim 去掉字符串的前导空白和尾部空白。

3. String 函数

【格式】String(<长度>，<字符串>)

【功能】返回指定长度、重复某个字符的字符串。

【说明】<长度>是数值表达式，表示返回字符串长度。<字符串>表示要重复并返回的字符或字符串。如果是字符串，仅对其第一个字符重复后返回。

例如：

String(4，"abcdef"）返回字符串"aaaa"。

4. LCase 函数

【格式】LCase(<字符串表达式>)

【功能】将字符串中的大写字母转换成小写字母。

【说明】字符串中的小写字母和非字母字符保持不变。

5. UCase 函数

【格式】UCase(<字符串表达式>)

【功能】将字符串中的小写字母转换成大写字母。

【说明】字符串中的大写字母和非字母字符保持不变。

6. Left 函数

【格式】Left(<字符串表达式>，<长度表达式>)

【功能】返回指定字符串的子串，该子串由字符串最左边的第一个字符算起指定个数的字符组成。

【说明】<长度表达式>是数值表达式，指从字符串最左边的第一个字符算起返回多少个字符。如果为0，返回空字符串（""）；如果其值大于或等于字符串参数的字符数，则返回整个字符串。

例如：

Left("abcdef"，3）返回字符串"abc"

Left("abcdef"，10）返回字符串"abcdef"

7. Right 函数

【格式】Right(<字符串表达式>，<长度表达式>)

【功能】返回指定字符串的子串，该子串由字符串最右边的最后一个字符算起往左数指定个数的字符组成。

【说明】<长度表达式>为数值表达式，指出需要返回多少字符，返回串从最后一个字符往左算起。如果为0，返回零长度字符串（""）；如果其值大于或等于字符串参数的字符数，则返回整个字符串。

例如：

Right("abcdef", 3) 返回字符串"def"

Right("abcdef", 10) 返回字符串"abcdef"

8. Mid 函数

【格式】Mid(<字符串表达式>, <起始位置>[,长度])

【功能】返回字符串中指定起始位置和个数的子串。

【说明】<起始位置>表示从字符串中取出子串的起始字符位置，如果其值超过字符串长度，返回零长度字符串（""）。可选项［长度］表示从起始位置开始要返回的字符数。如果默认或长度值超过字符串的字符数，返回字符串中从起始位置到串尾的所有字符。

例如：

Mid("abcdef", 3, 2) 返回字符串"cd"

Mid("abcdef", 2, 3) 返回字符串"bcd"

9. InStr 函数

【功能】返回指定字符串在另一字符串中最先出现的位置。

【格式】InStr([起始位置,] <字符串表达式1>, <字符串表达式2>)

【说明】<起始位置>表示从<字符串表达式1>中第几个字符开始，查找<字符串表达式2>在<字符串表达式1>中第一次出现的位置，如果找到，返回<字符串表达式2>中第一个字符在<字符串表达式1>中的位置编号；如果在指定范围内没有找到<字符串表达式2>，则返回0。

例如：

InStr(1,"abcdefg","de") 返回4，InStr(4,"abcdefg","bc") 返回0。

2.5.3 日期和时间函数

1. Date 函数

【格式】Date()

【功能】返回当前系统日期。

2. Time 函数

【格式】Time()

【功能】返回当前系统时间。

3. Now 函数

【格式】Now()

【功能】返回计算机系统日期和时间。

4. Year 函数

【格式】Year(<日期表达式>)

【功能】返回<日期表达式>中表示年份的整数。

5. Month 函数

【格式】Month(<日期表达式>)

【功能】返回<日期表达式>中表示月份的整数，取值范围为1~12。

6. Day 函数

【格式】Day(<日期表达式>)

【功能】返回 <日期表达式> 中表示日期的整数，取值范围为 1 ~ 31。

7. Hour 函数

【格式】Hour(<时间表达式>)

【功能】返回 <时间表达式> 中表示一天中的某一钟点的整数，取值范围为 0 ~ 23。

8. Minute 函数

【格式】Minute(<时间表达式>)

【功能】返回 <时间表达式> 中表示分钟的整数，取值范围为 0 ~ 59。

2.5.4 转换函数

1. Asc 函数

【格式】Asc(<字符串表达式>)

【功能】返回字符串中首字母的字符 ASCII 代码。

例如：

Asc("A") 的返回值是"65"

Asc("a") 的返回值是"97"

2. Chr 函数

【格式】Chr(<整型表达式>)

【功能】返回以参数值作为字符 ASCII 代码的字符。

【说明】一般来说，字符 ASCII 代码的范围为 0 ~ 255。该函数的功能与 Asc 函数的功能刚好相反。

例如：

Chr(65) 的返回值是"A"

Chr(97) 的返回值是"a"

3. Val 函数

【格式】Val(<字符串表达式>)

【功能】将字符串转换成数值。

【说明】一般字符串参数中要含有数字，且以数字开头，Val 函数才将其中的数字转换为适当的数值。它能够识别小数点和进位制符号 &O（八进制）和 &H（十六进制），但不能识别可能作为数值一部分的符号和字符，例如美元符号与逗号。参数中的空白符、制表符和换行符会被去掉。如果字符串不能转换为数值，返回 0。

例如：Val("23.45") 返回数值 23.45，Val("&o23") 返回数值 19（八进制数 &o23 转换为十进制数的结果），Val("s12") 的返回值是 0。

4. DateValue 函数

【格式】DateValue(<字符串表达式>)

【功能】将字符串转换成日期型数据。

【说明】如果字符串中没有提供年份，DateValue 使用系统日期中的当前年份。但 DateValue 不返回字符串参数中包含的时间信息。

例如：字符串参数的形式可以是"February 25，1970"、"Feb 25，1970"、"2/25/1970"、"2 - 25 - 1970"、"25 - 2 - 1970"等，返回的均为日期型数据#1970 - 2 - 25#。

5. 类型转换函数

【格式】类型转换函数名(<表达式>)

【功能】用于强制将一个表达式转换成某种特定的数据类型。

【说明】根据要转换的数据类型的不同，有以下几种类型转换函数：

(1) Cbool 函数：将表达式转成布尔值。如果表达式的值为非零值，返回 True；表达式的值为零，则返回 False。

(2) Cbyte 函数：将表达式的值转换为字节类型。

(3) CDate 函数：将表达式的值转换为日期类型。

(4) CInt 函数：将表达式的值转换为整型，小数部分四舍五入。

(5) CLng 函数：将表达式的值转换为长整型，小数部分四舍五入。

(6) CSng 函数：将表达式的值转换为单精度型。

(7) CDbl 函数：将表达式的值转换为双精度类型。

(8) CCur 函数：将表达式的值转换为货币类型。

(9) CVar 函数：将表达式的值转换为变体类型。

(10) CStr 函数：将表达式的值转换为字符串类型。

【例 2 - 10】转换函数的应用。

程序如下：

```
Private Sub Form_Click( )
    x  = "123"
    y  =  123
    a  =  Chr( Asc( x)  + 6)
    b  =  Str( Val( x)  + 6)
    c  =  Val( Str( y)  + "6")
    Print a, b, c
End Sub
```

运行程序时，单击窗体，在窗体中显示的结果如图 2 - 4 所示。

图 2 - 4　运行结果

当小数部分恰好为 0.5 时，CInt 和 CLng 函数将其转换为最接近的偶数值。例如，0.5 转换为 0，1.5 转换为 2。CInt 和 CLng 函数不同于 Fix 和 Int 函数。

2.5.5　其他函数

1. Rnd 函数

Rnd( )是产生随机数的函数，可产生介于 0 和 1 之间的随机数。

【例2-11】利用Rnd函数生成随机数，每单击“生成随机数”按钮一次，在窗体中显示一个随机数。多次单击后，可以看到每次生成的随机数都不相同。

操作步骤如下：

(1) 新建一个窗体，在窗体中添加1个“命令按钮”控件（Command1），调整其大小和位置。

(2) 在“属性”窗口中，将窗体的Caption属性修改为“随机函数”，将Command1的Caption属性修改为“生成随机数”。

(3) 双击命令按钮，打开“代码”窗口，编写Command1的Click事件过程代码。

程序如下：

```
Private Sub Command1_Click()
  Dim n As Single
  n = Rnd()
  Print n
End Sub
```

(4) 运行程序，单击“生成随机数”按钮，程序的运行结果如图2-5所示。

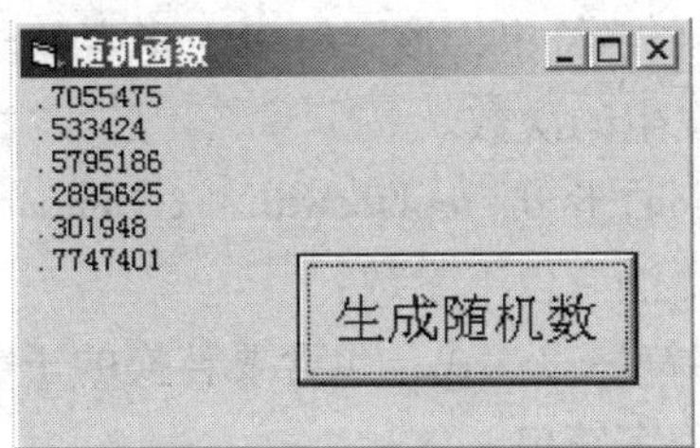

图2-5　生成随机数

2. IIf函数

【格式】IIf(<条件表达式>，<表达式1>，<表达式2>)

【功能】判断<条件表达式>的真假，决定返回两个参数中的哪一个。

【说明】<条件表达式>一般为关系表达式或逻辑表达式，如果其值为真，IIf函数返回<表达式1>的值，否则返回<表达式2>的值。

例如：Print IIf(a>b，a，b) 输出两个变量中的大者。

3. IsArray函数

【格式】IsArray(<变量名>)

【功能】判断变量是否为一个数组，如果是，返回True；否则，返回False。

4. IsDate函数

【格式】IsDate(<表达式>)

【功能】判断一个表达式是否可以转换成日期类型数据，若可以，返回真值。

【说明】如果<表达式>是日期类型，或者可以转换成有效日期，IsDate返回True；否则，返回False。

5. IsNumeric函数

【格式】IsNumeric(<表达式>)

【功能】判断<表达式>的值是否为数值表达式，或能够转换为数值的字符串表达式。

【说明】<表达式>为数值表达式或字符串表达式。如果<表达式>的运算结果为数值或能够转换为数值，返回 True；否则，返回 False。

6. IsObject 函数

【格式】IsObject(<变量名>)

【功能】判断变量是否表示对象变量。

【说明】如果变量是对象类型，返回 True；否则，返回 False。

7. LBound 函数

【格式】LBound(数组名［，维数序号］) 和 UBound（数组名［，维数序号］)

【功能】返回指定数组某维可用的最小和最大下标。

【说明】［维数序号］用于指定返回哪一维的下界。1 表示第一维，2 表示第二维，以此类推。如果省略则返回第一维的下界。注意：使用 Array 函数创建的数组的下界为 0。LBound 函数与 UBound 函数一起使用，确定一个数组的大小。

8. Replace 函数

Replace 函数用来返回一个字符串，该字符串中指定的子字符串已被替换成另一子字符串，并且可以指定替换发生的次数。

【格式】Replace(expression，find，replacewith［，compare［，count［，start］］］)

【说明】Replace 函数的语法有以下参数：

① expression 必选，为字符串表达式，包含要替换的子字符串。

② find 必选，被搜索的子字符串。

③ replacewith 必选，表示用于替换的子字符串。

④ start 可选，指出 expression 中开始搜索子字符串的位置。如果省略，默认值为 1。

⑤ count 可选，指出执行子字符串替换的数目。如果省略，默认值为 -1，表示进行所有可能的替换。

⑥ compare 可选，指示在计算子字符串时使用的比较类型的数值。compare 参数可以有以下值：

常数 vbBinaryCompare 或 0 用来进行二进制比较；常数 vbTextCompare 或 1 用来进行文本比较。常数 vbDatabaseCompare 或 2 用来进行基于数据库（在此数据库中执行比较）中包含的信息的比较。

Replace 函数的返回值如表 2-10 所示。

表 2-10　Replace 函数的返回值

条件	Replace 返回值
expression 长度为零	零长度字符串（"")
expression 为 Null	一个错误
find 长度为零	expression 的复本
replacewith 长度为零	expression 的复本，其中删除了所有出现 find 的字符串

表2－10(续)

条件	Replace 返回值
start > Len(expression)	长度为零的字符串
count is 0	expression 的复本

例如，设定变量 T1 的值为"123A456A789aBCDEA"，下面是使用 Replace 将 T1 中的“A”字符替换为“X”字符的方法。

无条件全部替换：T1 = Replace(T1t, "A", "x")

从第一位开始只替换 3 次：T1 = Replace(T1, "A", "x", , 3)

从前面第 5 位开始全部替换：T1 = Left(T1, startc - 1) & Replace(T1.Text, "A", "x", 5)

从前面算起第 6 位开始替换 2 次：T1 = Left(T1, startc - 1) & Replace(T1, "A", "x", 6, 2)

不分大小写的替换：T1 = Replace(T1, "a", "x", , , vbTextCompare)

9. Shell 函数

Visual Basic 不但提供了内部函数，还可以调用各种应用程序。凡是能在 Windows 下运行的可执行程序，也可以在 Visual Basic 中调用。可通过 Shell 函数来实现。

Shell 函数的语法如下：

【格式】Shell(pathname [, windowstyle])

【说明】如果 Shell 函数成功执行了所要执行的文件，返回程序的任务 ID。任务 ID 是一个唯一的数值，用来指明正在运行的程序。如果 Shell 函数不能打开命名的程序，则产生错误。

Shell 函数的语法有以下参数：

① pathname 必选，表示需要执行的程序名，包括目录或文件夹以及驱动器。该程序必须是可执行文件。

② windowstyle 可选，表示执行应用程序的窗口大小。如果 windowstyle 省略，则程序是以具有焦点的最小化窗口来执行的。windowstyle 命名参数有如表 2－11 所示的值。

表 2－11　　windowstyle 参数描述

常量	值	描述
VbHide	0	窗口被隐藏，且焦点会移到隐式窗口
VbNormalFocus	1	窗口具有焦点，且会还原到它原来的大小和位置
VbMinimizedFocus	2	窗口会以一个具有焦点的图标来显示
VbMaximizedFocus	3	窗口是一个具有焦点的最大化窗口
VbNormalNoFocus	4	窗口会被还原到最近使用的大小和位置，而当前活动的窗口仍然保持活动
VbMinimizedNoFocus	6	窗口会以一个图标来显示。而当前活动的的窗口仍然保持活动

例如，当程序运行时执行 Windows 的 Word 字处理程序，可在程序中调用 Shell 函数如下：

K = Shell("C：\ Program Files \ Microsoft Office \ OFFICE11 \ Winword. exe", 1)

其中，"C：\ Program Files \ Microsoft Office \ OFFICE11 \ " 是 Word 字处理程序所在的路径。

2.6 综合应用案例

2.6.1 设计"交换个位数和十位数的位置"程序

【例 2-12】给定一个两位正整数（如 36），交换个位数与十位数的位置，将处理后的数显示在窗体中。

操作步骤如下：

（1）新建一个窗体。

（2）双击窗体，打开"代码"窗口，编写窗体的事件过程代码。

```
Private Sub Form_Click()
        Dim x As Integer, a As Integer
        Dim b As Integer, c As Integer
        x = 36
        a = x \ 10                    '求十位数
        b = x - 10 * a                '求个位数
        c = b * 10 + a                '生成新的数
        Print "处理后的数："; c
End Sub
```

（3）运行程序，单击窗体，在窗体中显示运行结果，如图 2-6 所示。

图 2-6 个位数与十位数的位置交换结果

2.6.2 设计"查找与替换"程序

【例 2-13】模仿 Word 字处理软件中的"替换"功能，设计如图 2-7 所示的一个"查找与替换"应用程序。用户可在"原文"文本框中输入文字。单击"替换"按钮，在原文中寻找设定的查找文字，并替换为设定的替换文本。单击"退出"按钮，程序结束。

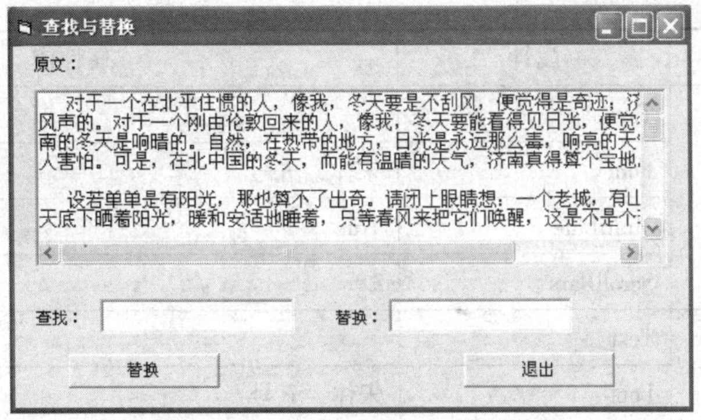

图 2-7　查找与替换

操作步骤如下：

（1）新建一个窗体，在窗体中添加 3 个“文本框”控件（Text1、Text2、Text3）、2 个“命令按钮”控件（Command1、Command2）和 3 个“标签”控件（Label1、Label2、Label3），分别调整它们的大小和位置，如图 2-8 所示。

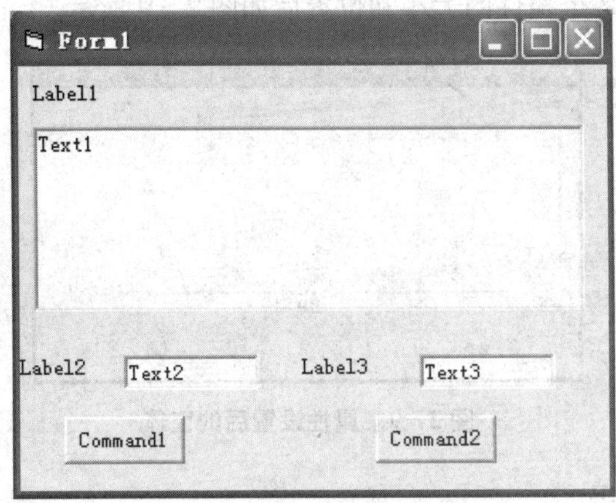

图 2-8　在窗体中添加控件

（2）在“属性”窗口中，设置各对象的属性，如表 2-12 所示。

表 2-12　各对象的属性设置

对象	属性	属性值
Form1	Caption	“查找与替换”
Label1	Caption	“原文：”
	Font	宋体，小五号
Label2	Caption	“查找：”
	Font	宋体，小五号
Label3	Caption	“替换：”
	Font	宋体，小五号

表2-12(续)

对象	属性	属性值
Text1	Text	
	Font	宋体，五号
	MultiLine	True
	ScrollBars	3
Text2	Text	
	Font	宋体，五号
Text3	Caption	"0"
	Font	Arial，粗体，二号
Command1	Caption	"替换"
Command2	Caption	"退出"

设置属性并调整各个控件的大小和位置后如图2-9所示。

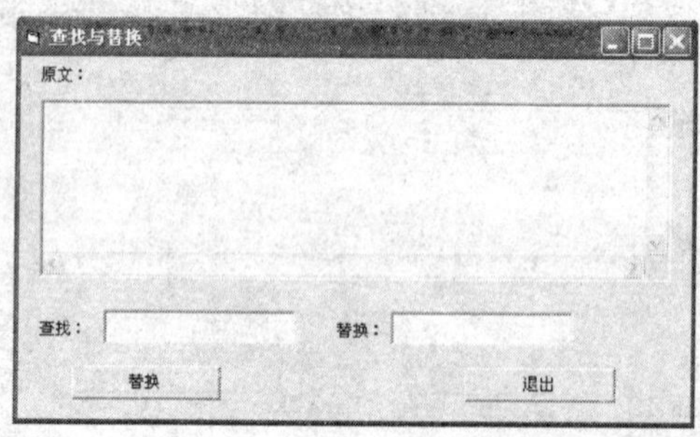

图2-9　属性设置后的窗体

（3）编写事件代码。

① 在窗体中，双击 Command1 控件，在其"代码"窗口中输入以下代码：

```
Private Sub Command1_Click( )
'在 Text1 中查找出现 Text2 内容的位置并保存在 j 变量中
    j = InStr(Text1.Text, Text2.Text)
    '若查找到设定字串，则替换
    If j <> 0 Then
    '取右子串的起始位置，存放在 k 变量中
    h = j + Len(Text2.Text)
    '取左字串，连接替换内容，再连接右子串，实现替换
    Text1 = Left(Text1.Text, j - 1) + Text3.Text + Mid(Text1.Text, h)
    Else
    '若未找到设定字串，则提示
    MsgBox "未找到!", vbOKOnly, "提示"
    End If
```

End Sub

也可利用 Replace 函数进行查找、替换，代码如下：

Text1. text = Replace(Text1. text，Text2. text，Text3. text)

② 在窗体内双击 Command2 控件，在其“代码”窗口中输入以下代码：

```
Private Sub Command2_Click( )
'退出程序
End
End Sub
```

(4) 选择“运行”菜单中的“启动”命令，运行“查找与替换”程序，出现“查找与替换”窗口。在“原文”文本框中输入老舍先生的“济南的冬天”一文，在“查找”文本框中输入“北平”，在“替换”文本框中输入“成都”，然后单击“替换”按钮，原文中的“北平”被替换为“成都”，如图 2－10 所示。

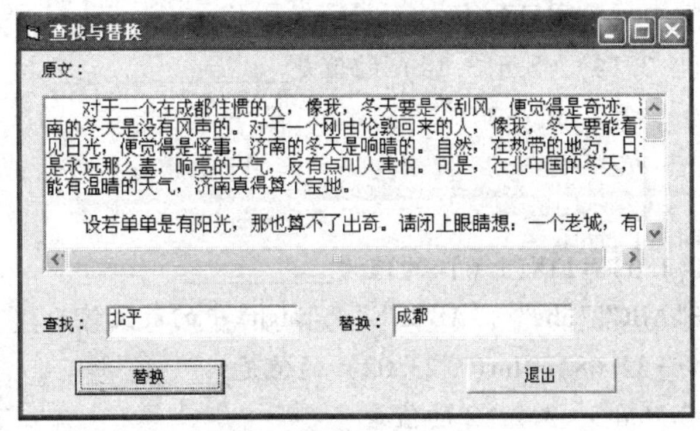

图 2－10　替换结果

(5) 选择“文件”菜单中的“保存工程”命令，将工程文件命名为“查找与替换”并保存在磁盘上。

【本章小结】

本章主要介绍了构成 Visual Basic 应用程序的基本元素，包括数据类型、常量与变量、表达式和运算符、常用内部函数，这些都是进行 Visual Basic 程序设计的基础。

注意理解常量和变量的特点、分类、声明和使用方法，掌握每种类型的常数格式、变量声明形式和使用特点。特别注意不同运算符之间的优先级关系。总之，数据是程序编制的基础和灵魂，是程序运行过程中流动的“血液”，数据以常量、变量、表达式和函数的形式存在，只有掌握了对数据的正确描述和使用，才能迈出正确编制程序的第一步。

习题 2

一、选择题

1. 在下列 4 个表达式中，非法的表达式形式是________。

A. A + B = C　　B. 0 = 1　　C. "345" & print　　D. 1/2 = 0. 5

2. 下面变量名不合法的是________。

A. Dim　　B. abcd　　C. ax　　D. CdE

3. 将数学表达式 $\cos^2(a+b)+5e^2$ 写成 Visual Basic 的表达式，其正确的形式是________。

A. Cos(a+b)^2+5*exp(2)　　B. Cos^2(a+b)+5*exp(2)

C. Cos(a+b)^2+5*ln(2)　　D. Cos^2(a+b)+5*ln(2)

4. 表达式 SQR(4)+ABS(-2)+INT(RND(2)) 的值是________。

A. 2　　B. 4　　C. 6　　D. 8

5. 如果变量 a=2、b=3、c=4、d=5，表达式 Not a > b And Not d <> c 的值是________。

A. True　　B. False　　C. 1　　D. 0

6. 表达式 Len("Hello"+Space(3) + "world!") 的值是________。

A. 11　　B. 12　　C. 13　　D. 14

7. 表达式 Int(-3.14)+Sgn(3.14) 的值是________。

A. -2　　B. -3　　C. -4　　D. 0

二、填空题

1. 表达式 INT(1.6)=FIX(1.6) 的值为________。
2. 4 个字符串"ABC"、"abc"、"ABCDE"及"afgh"中的最大值为________。
3. 表达式 Fix(-32.68)+Int(-23.02) 的值是________。
4. 表达式 4 ^ 3 Mod 3 ^ 3\2 ^ 2 的值是________。
5. 设 a="Visual Basic"，使 b="Basic"的语句是________。
6. 数学式 $5y+\ln|a|\ln|b|$ 可以用 Visual Basic 的表达式表示是________。
7. 以下程序执行的结果是________。

```
Private Sub Command1_Click()
    Dim a As Long
    a = 1234
    a& = 4567
    Print a; a&
End Sub
```

三、上机题

1. 设计一个窗体，输入四个字母，将其反向输出。例如，输入 ABCD，则输出 DCBA，运行界面如图 2-11 所示。

提示：

(1) 使用 Right 函数可得到结果串的首字符；

(2) 使用 Left 函数可得到结果串的尾字符；

(3) 使用 Mid 函数可得到结果串的中间两个字符；

(4) 将得到的各字符用 & 连接起来形成结果串。

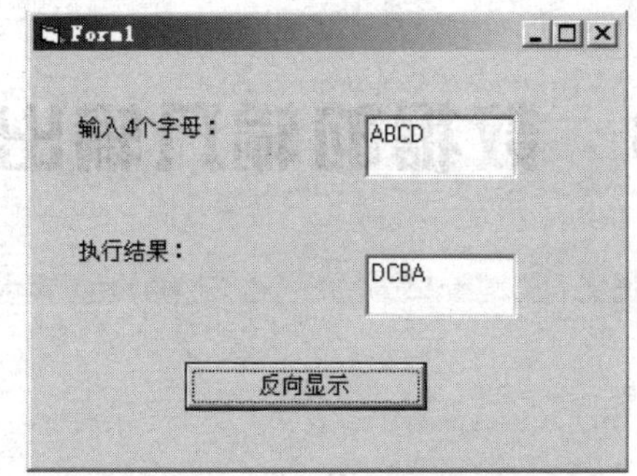

图 2-11　反向显示

2. 设计程序，计算球的体积和面积。程序运行如图 2-12 所示。

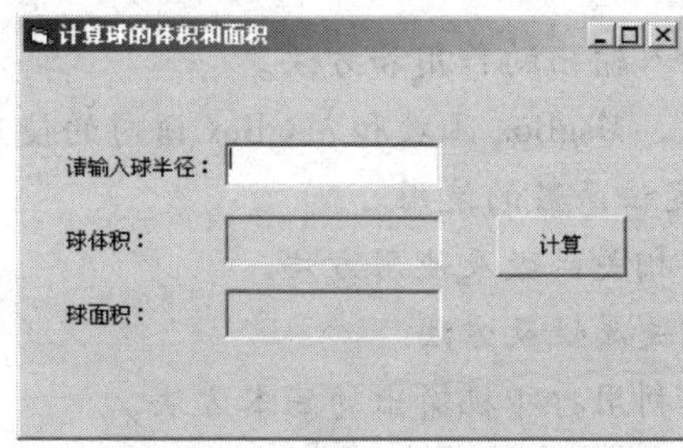

图 2-12　计算球的体积和面积

提示：

(1) 将输入的半径经 Val 函数转换成数值后存入变量中；

(2) 计算球体积显示在标签内；

(3) 计算球面积显示在标签内。

3. 设计程序计算某人至今生活了多少天。程序运行界面如图 2-13 所示。

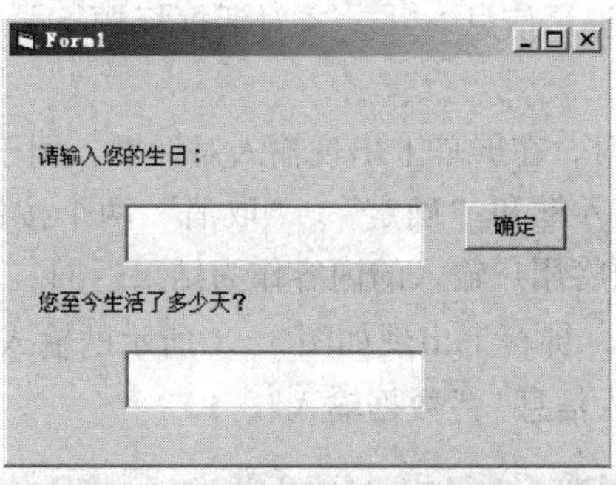

图 2-13　计算球的体积和面积

提示：

(1) 使用 Date 函数获取当前日期；

(2) 使用 Datevalue 函数将日期字符串转换成日期值；

(3) 将当前日期减去生日得到存活天数。

3　数据的输入输出

【学习目标】

1. 理解程序设计中输入输出的作用和方法。
2. 掌握 InputBox 函数、MsgBox 函数和 MsgBox 语句的使用。
3. 掌握 Print 方法与定位函数的使用。
4. 熟悉格式化输出的相关函数及使用方法。
5. 熟悉字型设置的相关属性及方法。
6. 了解在程序设计中利用打印机输出的基本方法。

3.1　数据输入

程序运行时，通常需要获取数据进行相应的处理。在 Visual Basic 中，可以利用 InputBox 函数、MsgBox 函数以及列表框、组合框、复选框等控件实现数据输入。

3.1.1　InputBox 函数

【格式】InputBox(<提示信息> [, <对话框标题>] [, <输入区的默认值>] [, <对话框坐标>])

【功能】执行该函数时，在屏幕上出现输入对话框，用于接收用户输入的数据。在对话框中有提示信息、输入框和“确定”、“取消”两个按钮。在输入框里输入信息，单击“确定”按钮，函数将用户输入的内容作为结果返回。

例如，执行以下函数，屏幕上出现如图 3 - 1 所示的输入对话框。

d = InputBox("请输入信息","数据输入", 1)

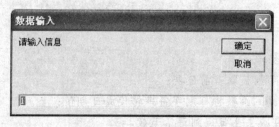

图 3 - 1　输入对话框

【说明】返回值默认为字符串，如果把返回值进行其他类型的处理，需事先声明返回值的类型，对返回的字符串进行类型转换。一个 InputBox 函数只接受一个值的输入。

<提示信息>：必选项，提示用户在输入框中输入信息，长度不能超过 1 024 个字节。

<对话框标题>：在对话框的标题栏中显示的标题信息，默认情况下标题为“工程 1”。

<输入区的默认值>：指用户在输入框输入信息之前在其中显示的内容。无论是否输入新的信息，单击“确定”按钮，返回输入框的当前值；单击“取消”按钮，则返回长度为零的字符串。

<对话框坐标>：确定对话框的位置，分别表示对话框的左上角到屏幕左边界和上边界的距离，必须成对出现。

【例 3 -1】利用 InputBox 函数编写程序，在如图 3 -2 所示的对话框中输入圆的半径，计算圆的面积，输出结果如图 3 -3 所示。

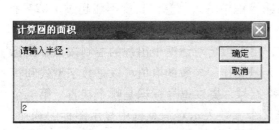

图 3 -2　输入圆的半径

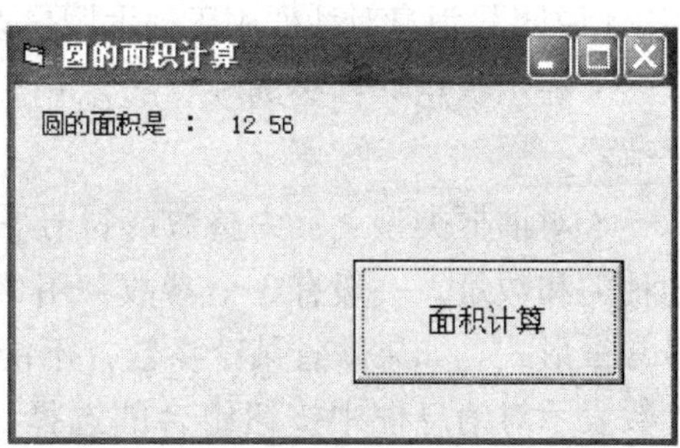

图 3 -3　计算并输出圆面积

操作步骤如下：

（1）新建一个窗体，在窗体中添加 1 个“命令按钮”控件（Command1），调整其大小和位置，如图 3 -4 所示。

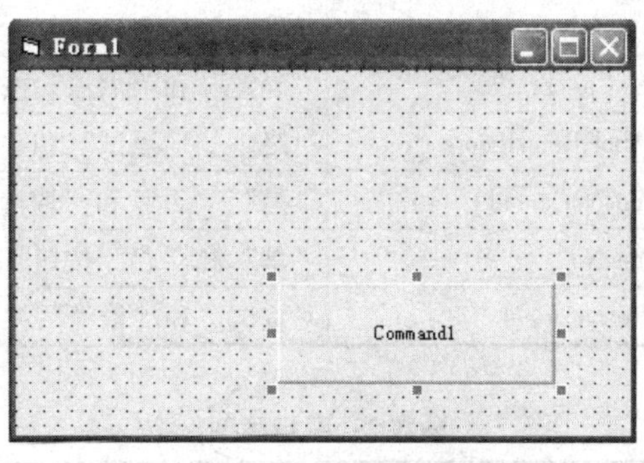

图 3 -4　新建窗体

（2）在“属性”窗口，将窗体的 Caption 属性修改为“圆的面积计算”，将“命令按钮”控件 Command1 的 Caption 属性修改为“面积计算”。

（3）双击 Command1 按钮，打开“代码”窗口，编写 Command1 的 Click 事件代码。

程序如下：

```
Private Sub Command1_Click()
    Dim r, s As Single
    r = InputBox("请输入半径:","计算圆的面积",1)
    s = 3.14 * r * r
    Print
    Print "圆的面积是 :"; s
End Sub
```

（4）运行程序，单击“面积计算”按钮，出现如图 3－2 所示的对话框，输入 2，单击“确定”按钮，计算结果显示如图 3－3 所示。

3.1.2　MsgBox 函数

【格式】MsgBox(<提示信息>[，<对话框类型>][，<对话框标题>])

【功能】用于在用户操作有误时，显示一个消息提示性的对话框。

【说明】消息对话框用于提示用户进行后面操作的选择，作为继续执行程序的依据。

<提示信息>：必选项，提示用户在输入框中输入信息，长度不能超过 1 024 个字节。

<对话框类型>：为整数或符号常量，用于指定对话框中出现的控制按钮和图标的种类和数量，一般有 3 个参数，用“＋”号相连，参数的取值可以是数字型式和符号常量形式。如果缺省某个参数，不能省略逗号，要以逗号标识是哪个缺省。第 1 个参数表示对消息框中按钮组合的选择，第 2 个参数表示对消息框中显示图标的选择，第 3 个参数表示对消息框中默认按钮的选择。参数的取值和含义分别如表 3－1、表 3－2 和表 3－3 所示。

表 3－1　　**参数 1：按钮类型**

取值	符号常量	意义
0	VbOkOnly	“确定”按钮
1	VbOkCancel	“确定”和“取消”按钮
2	VbAbortRetryIgnore	“终止”、“重试”和“忽略”按钮
3	VbYesNoCancel	“是”、“否”和“取消”按钮
4	VbYesNo	“是”和“否”按钮
5	VbRetryCancel	“重试“和“取消”按钮

表 3－2　　**参数 2：图标类型**

取值	符号常量	意义
16	VbCritical	停止图标
32	VbQuestion	问号图标
48	VbExclamation	感叹号图标
64	VbInformation	消息图标

表 3-3　　　　　　　　　　**参数 3：默认按钮**

取值	符号常量	意义
0	VbDefaultButton1	默认按钮为第一个按钮
256	VbDefaultButton2	默认按钮为第二个按钮
512	VbDefaultButton3	默认按钮为第三个按钮

<对话框标题>：在对话框的标题栏显示的标题信息，如果缺省，则标题为“工程 1”。

MsgBox 函数的返回值反映了用户选择的按钮，返回值与按钮类型的对应情况如表 3-4 所示。

表 3-4　　　　　　　　　　**返回值与按钮类型的对应情况**

取值	符号常量	意义
1	VbOk	“确定”按钮
2	VbCancel	“取消”按钮
3	VbAbort	“终止”按钮
4	VbRetry	“重试”按钮
5	VbIgnore	“忽略”按钮
6	VbYes	“是”按钮
7	VbNo	“否”按钮

【例 3-2】显示如图 3-5(a) 所示的提示信息对话框，提示信息“数据已经修改，是否保存?”，对话框中有“是（Y）”、“否（N）”和“取消”3 个命令按钮，默认按钮为“是（Y）”按钮。单击“是（Y）”按钮，显示如图 3-5(b) 所示的信息框，提示信息为“正在保存”；单击“否（N）”按钮，显示如图 3-5(c) 所示的信息框，提示信息为“不保存退出”；单击“取消”按钮，则直接退出。

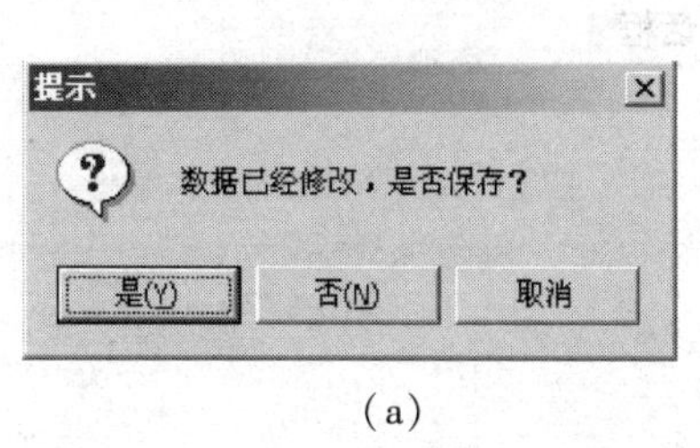

(a)

(b)

(c)

图 3-5　提示信息对话框

程序如下：

```
Private Sub Form_Click()
    choice = MsgBox("数据已经修改，是否保存?", _
    vbYesNoCancel + vbQuestion + vbDefaultButton1, "提示")
```

```
    If choice = vbYes Then
        MsgBox"正在保存..."
    Else
    If choice = vbNo Then
        MsgBox "不保存退出"
    End If
    End If
End Sub
```

说明：程序中的第2、3行是同一条语句，因为太长可分行书写，在前一行的末尾用下划线“_”作为续行连接。

系统常量vbYesNoCancel指定给出“是（Y）”、“否（N）”和“取消”3个按钮，vbQuestion代表问号图标，vbDefaultButton1指定第一个按钮“是（Y）”为默认按钮。

3.1.3 MsgBox语句

【格式】MsgBox <提示信息>[，<对话框类型>][，<对话框标题>]

【功能】MsgBox语句与MsgBox函数的作用相似，各参数的含义与MsgBox函数相同。如果MsgBox函数不需要返回值，可以省略圆括号，则变形为MsgBox语句。

【说明】执行MsgBox语句时，打开一个对话框，用户必须按回车键或单击对话框中的某个按钮，才能继续进行后面的操作。与MsgBox函数不同的是，MsgBox语句没有返回值，通常适合用来显示较简单的信息。

【例3-3】利用MsgBox语句编写程序，显示对话框，运行结果如图3-6所示。

图3-6 提示信息对话框

程序如下：

```
Private Sub Form_Click()
  msg = "欢迎学习 Visual Basic!"
  Title = "MsgBox 语句示例"
  MsgBox msg, 0, Title
End Sub
```

3.2 数据输出

数据输出指数据以完整有效的形式由输出设备提供给用户。Visual Basic中可以将数据输出在窗体、打印机上等。常用的输出方式有：Print 方法、格式输出函数、“文本框”控件、“标签框”控件等。

3.2.1 Print 方法

【格式】[对象名.] Print 表达式表 [, | ;]

【功能】Print 方法用于在窗体上显示文本字符串和表达式的值，并在其他图形对象或打印机上输出结果。

【说明】对象名可以是窗体、图片框、打印机和立即窗口，如果省略，在当前窗体上显示。表达式表可以包含一个或多个表达式，各表达式之间要用逗号、空格或分号相隔。如果用逗号分隔，以 14 个字符为一个输出区域输出各表达式的值；其他两种符号相隔，则按顺序紧凑地输出。表达式类型为数值型或字符串，如果省略表达式，则输出一空行。

一般 Print 方法执行一次会自动换行，但相邻的两个 Print 输出的内容想要在同一行输出，则可在前面的 Print 的末尾加上逗号或分号。

【例 3-4】编写窗体的 Click 事件过程。

操作步骤如下：

(1) 新建一个窗体。

(2) 在“属性”窗口，将窗体的 Caption 属性修改为“Print 方法示例”。

(3) 双击窗体，打开“代码”窗口，编写窗体的 Click 事件过程。

```
Private Sub Form_Click()
  x = 5
  y = 6
  Print "x = ", x
  Print "y = ", y
  Print
  Print "x 乘 y 的结果是:"; x * y
End Sub
```

说明：用单独的 Print 可以输出一个空行，起到间隔的作用。多个数据要在同一行输出，相互之间用分号“;”或逗号“,”连接。

(4) 运行程序，单击窗体，窗体中的输出结果如图 3-7 所示。

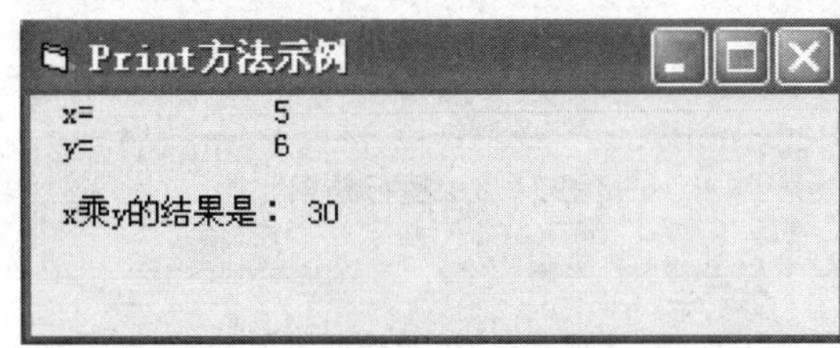

图 3-7 使用 Print 语句

3.2.2 定位函数

从例3－4的输出结果可以看到，输出内容显示在窗体的最左端。可以在Print语句中加一些空格来确定内容的输出位置，例如：

```
Print "              x乘y的结果是:"; x * y
```

但这并不是一个好办法。Visual Basic提供了3个专门函数：Tab、Spc和Space。将这3个函数与Print方法一起使用，可以在指定的位置输出内容。

1. Tab函数

将光标向后移动n个字符的位置，与输出的内容要用分号隔开。如果n大于行宽，显示位置为：n Mod 行宽；如果n小于0，从第一列输出；如果当前光标的位置超过了n，光标下移一行。

【例3－5】用Print方法，结合使用Tab函数，在窗体中输出如图3－8所示的商品信息。“商品名称”一列从窗体的第二行第10列开始输出，每列的起始字符之间相差10列，每行之间间隔一空行，利用Tab函数进行控制。

操作步骤如下：

（1）新建一个窗体，在“属性”窗口中，将窗体的Caption属性修改为“Print方法与Tab函数应用”。

（2）双击窗体，打开“代码”窗口，编写窗体的Click事件过程。

```
Private Sub Form_Click()
    Print
    Print Tab(10); "商品名称"; Tab(20); "单价"; Tab(30); "数量"
    Print
    Print Tab(10); "电视机"; Tab(20); "2568"; Tab(30); "150"
    Print
    Print Tab(10); "电冰箱"; Tab(20); "1600"; Tab(30); "85"
End Sub
```

（3）运行程序，单击窗体，窗体中的输出结果如图3－8所示。

图3－8 运行结果

2. Spc(n)

与Tab函数类似，Spc函数用于跳过n个空格输出。与Tab函数不同的是：Tab函数从第一列开始计数，n是绝对偏移量；Spc函数从前面的输出项后开始计数，n是相对偏移量。

【例3－6】利用函数Spc进行控制显示位置。

程序代码如下:

```
Private Sub Form_Click()
  Print
  Print Spc(10); "商品名称"; Spc(2); "单价"; Spc(6); "数量"
  Print
  Print Spc(10); "电视机"; Spc(4); "2568"; Spc(6); "150"
  Print
  Print Spc(10); "电冰箱"; Spc(4); "1600"; Spc(6); "85"
End Sub
```

3. Space(n)

Space 函数用来返回 n 个空格组成的字符串。在进行格式化输出时非常有用。

【例 3 -7】编写窗体的 Click 事件过程。

操作步骤如下:

(1) 新建一个窗体,在"属性"窗口中,将窗体的 Caption 属性修改为"Space 函数示例"。

(2) 双击窗体,打开"代码"窗口,编写窗体的 Click 事件过程。

程序如下:

```
Private Sub Form_Click()
  Dim MyString
  '返回 10 个空格的字符串
  MyString = Space(10)
  Print
  '将 10 个空格插入两个字符串中间
  MyString = Space(5) & "Hello" & MyString & "World"
  Print MyString
End Sub
```

使用 Space 函数生成一个字符串,字符串的内容为空格,为指定的长度。

(3) 运行程序,单击窗体,窗体中的输出结果如图 3 -9 所示。

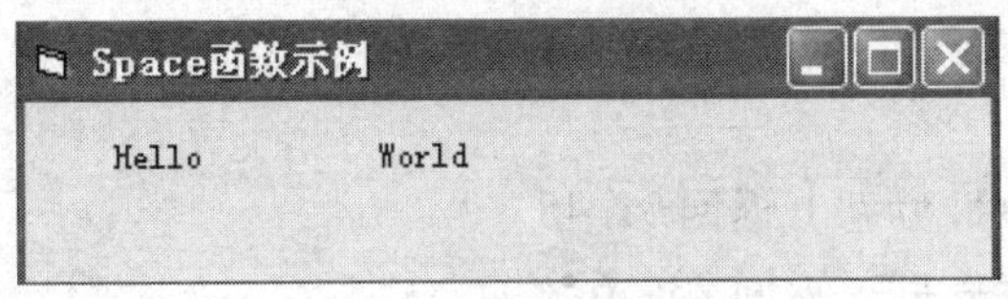

图 3 -9 使用 Space 函数

3.2.3 格式化输出

用格式输出函数 Format 可以使数值或日期按指定的格式输出。一般格式为:

【格式】Format(<表达式>, <格式字符串>)

【功能】使数值按格式字符串指定的格式输出,包括在输出字符串前加 $、字符串前或后补充 0 及加千位分隔符等。

【说明】格式字符串是一个字符串常量或变量，由专门的格式说明符组成，指定输出数据的显示格式和长度。格式字符串一般分为数值型说明符、字符型说明符和日期型说明符三类。常用的格式说明符如表 3－5 所示。

如果省略“格式字符串”，Format 函数的功能与 Str 函数基本相同，即把数值表达式的值转换成字符串。唯一的差别是当把正数转换成字符串时，Str 函数在字符串前面留有一个空格，而 Format 函数不留空格。

表 3－5　格式说明符

格式说明符	功能
#	数字占位符，实际数值少于符号位数则数值前后不加 0
0	数字占位符，实际数字少于符号位数则数字前后加 0
.	小数点占位符，与其他字符结合表示小数点位置
,	指定千位分隔符的位置
%	百分号占位符，以百分比形式显示
$	在数值前加 $
－、+	指定正号和负号的位置
E+、E－	指定指数符号的位置
@	字符占位符，有则显示，无则左补空格
&	字符占位符，有则显示，无则不补空格
!	强制右补空格
dddddd	以完整的日期格式显示
yyyy	显示 4 位年份
ttttt	以完整的时间格式显示

（1）# —— 数字占位符，用来表示一个数字位。“#”的个数决定了显示区段的长度。如果要显示数值的位数小于格式字符串指定的区段长度，该数值靠区段的左端显示，多余的位不补 0；如果显示的数值的位数大于指定的区段长度，则数值照原样显示。

例如：

Format(31.45,"###.###") 返回 31.45

Format(234.56,"##.#") 返回 234.6

（2）0 —— 数字占位符，与“#”的功能相同，只是多余的位以 0 补齐。

例如：

Format(234.56,"0000.000") 返回 0234.560

Format(25634,"##") 返回 25634

（3）. —— 小数点占位符，表示小数点位置。小数点与“#”或 0 结合使用，可以放在显示区段的任何位置。根据格式字符串的位置，小数部分多余的数字按四舍五入处理。

例如:

Format(31.45,"###.#") 返回 31.5

Format(7.876,"000.00") 返回 007.88

(4), —— 逗号。在格式字符串中插入逗号起到“分位”的作用,即从小数点左边一位开始,每3位用一个逗号分开。逗号可以放在格式字符中小数点左边除头部和尾部的任何位置。

例如:

Format(314567,"#,###") 返回 314,567

Format(12345.67,"#,###.##") 返回 12,345.67

(5)% —— 百分号。通常放在格式字符串的尾部,用来输出百分号。

例如:

Format(0.314,"0.00%") 返回 31.40%

Format(0.257,"00.0%") 返回 25.7%

(6) $ —— 美元符号。通常作为格式字符串的起始字符,在所显示的数值前加上一个“$”。

例如:

Format(234.56,"$ ##.#") 返回 $234.6

Format$ (348.2,"$ ###0.00") 返回 $348.20

(7) + —— 正号。使显示的正数带上符号,“+”通常放在格式字符串的头部。

- —— 负号。用来显示负数。

例如:

Format(314567,"+#,###") 返回 +314,567

Format(-348.52,"-###0.00") 返回 - -348.52

由此可以看到,“+”和“-”在要显示的数值前面强制加上一个正号或负号。

(8) E+(E-) —— 用指数形式显示数值。两者作用基本相同。

例如:

Format(314567,"#.###E+") 返回 3.146E+5

Format(314567,"#.###E-") 返回 3.146E5

(9) @ —— 字符占位符。若有,则显示;若无,则左补空格。

例如:

Format("AB","@@@@@@") 返回"   AB"

(10) & —— 字符占位符。若有,则显示;若无,则不补空格。

例如:

Format("AB","&&&&&&") 返回"AB"。

(11)! —— 强制右补空格。

例如:

Format("AB","@@@@@@") 返回"AB   "。

(12) dddddd —— 以完整的日期格式显示。

例如:

Format(Date,"dddddd") 返回形如 2009 年 8 月 8 日的当前日期。

(13) yyyy —— 显示 4 位年份。

例如:

Format(Date,"yyyy") 返回形如 2009 的当前年份。

(14) ttttt —— 以完整的时间格式显示。

例如:

Format(Time,"ttttt") 返回形如 13:27:30 的当前时间值。

【例 3 -8】将数据进行格式化输出。

程序如下:

```
Private Sub Form_Click()
    Print Format(12345.6,"000,000.00")
    Print Format(12345.678,"###,###.##")
    Print Format(12345.6,"###,##0.00")
    Print Format(12345.6,"###,#0.00")
    Print Format(12345.6," -###, ##0.00")
    Print Format(12345.6,"0.00%")
    Print Format(12345.6,"0.00E+00")
    Print Format(0.1234567,"0.00E-00")
End Sub
```

运行程序，然后单击窗体，输出结果如图 3 -10 所示。

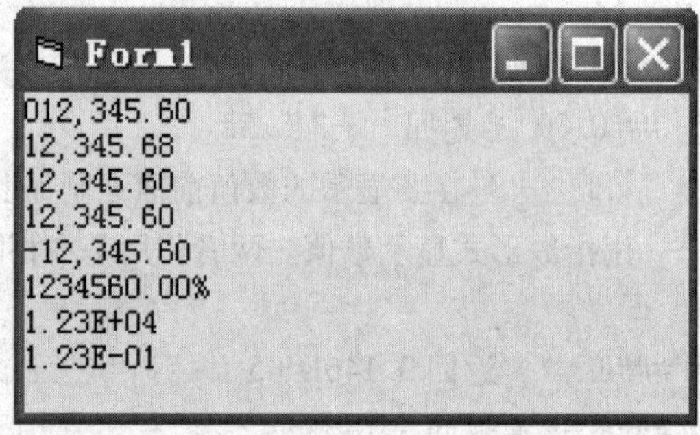

图 3 -10　格式化输出

3.3　字型设置

Visual Basic 可以输出各种英文字体和汉字字体，并可通过设置字型的属性改变字体的大小、笔划的粗细和显示方向，以及加删除线、下划线、重叠等。这些属性包括 FontName、FontSize、FontBold、FontItalic、FontStrikethru、FontUnderline 等。

在 Visual Basic 中，可以在设计阶段通过字体对话框设置字型。其方法是：选择需要设置字体的窗体或控件，然后激活属性窗口，单击其中的 Font，并单击右端的“...”，打开“字体”对话框，可在此对话框中对所选择对象的字型进行如下设置:

(1) 字体：相当于 FontName 属性，可在该栏中选择所需要的字体。

(2) 字型：显示粗体或斜体。如果选择“斜体”，相当于 FontItalic 属性；如果选择“粗体”，则相当于 FontBold 属性。

(3) 大小：相当于 FontSize 属性。

(4) 加删除线：相当于 FontStrikethru 属性。

(5) 加下划线：相当于 FontUnderline 属性。

3.3.1 字体类型

字体类型通过 FontNarne 属性设置。该属性可用来返回或设置在控件或打印操作中显示文本所用的字体。一般格式为：

【格式】object. FontName [= font]

【说明】FontName 可作为窗体、控件或打印机的属性，用来设置在这些对象上输出的字体类型。这里的字体类型指的是可以在 VisualBasic 中使用的英文字体或中文字体。对于中文来说，可以使用的字体数量取决于 Windows 的汉字环境。该属性的默认值取决于系统，Visual Basic 中可用的字体取决于系统的配置、显示设备和打印设备。与字体相关的属性只能设置为真正存在的字体的值。

例如：

```
Form1. FontName = "System"
Picture1. FontName = "Times New Roman"
Printer. FontName = "长城粗隶书""
```

使用语句 FontName = "字体类型"，设置当前对象上输出的英文或中文的字体类型，如果省略 [= font]，只给出 FontName，返回当前正在使用的字体类型。

例如，以下语句输出当前窗体正在使用的字体名：

```
Print form1. fontname
```

一般来说，利用 FontSize、FontBold、FontItalic、FontStrikethru 和 FontUnderline 等属性来设置大小和样式之前，要先改变 FontName 属性。

3.3.2 字体大小

字体大小可通过 FontSize 属性设置或获取，一般格式为：

【格式】object. FontSize [= points]

【说明】通常用磅为单位指定所用字体的大小。默认情况下，系统使用最小字体，“points” 为 9。FontSize 的最大值为 2 160 磅。如果省略 [= points]，返回当前字体的大小。

在下面的例子中，每单击一次鼠标，使用两种不同大小的字体在窗体中输出文本。

```
Private Sub Form_Click( )
    FontSize = 24                        '设置字体大小（FontSize）
    Print "This is 24 - point type. "    '使用大字体输出
    FontSize = 8                         '设置 FontSize
    Print "This is 8 - point type. "     '使用小字体输出
End Sub
```

【例3-9】编写程序，在窗体上输出各种英文和中文字体，在每种字体的前面都有该字体类型的名称。英文字体大小设置为20，中文字体大小设置为24。程序运行时，单击窗体，输出结果如图3-11所示。

程序如下：

```
Private Sub Form_Click( )
Dim str1  As String,str2  As String
    str1  = "Microsoft Visual Basic 6 0"
            str2  = "程序设计技巧"
            FontSize  =  20
            FontName  =  "system"
            Print "system: "; str1
            FontName  =  "Times New Roman"
            Print "Times New Roman: "; str1
            FontName  =  "helv"
            Print "hele: "; str1
            FontNatne  =  "courier"
            Print "courier: "; str1
            FontName  =  "Tahoma"
            Print "Tahoma: "; str1
            FontSize  =  24
            FontName  =  "宋体"
            Print "宋体: "; str2
            FontName  =  "隶书"
            Print "隶书: "; str2
            FontName  =  "黑体"
            Print "黑体: "; str2
            FontName  =  "楷体_GB2312"
            Print "楷体: "; str2
End Sub
```

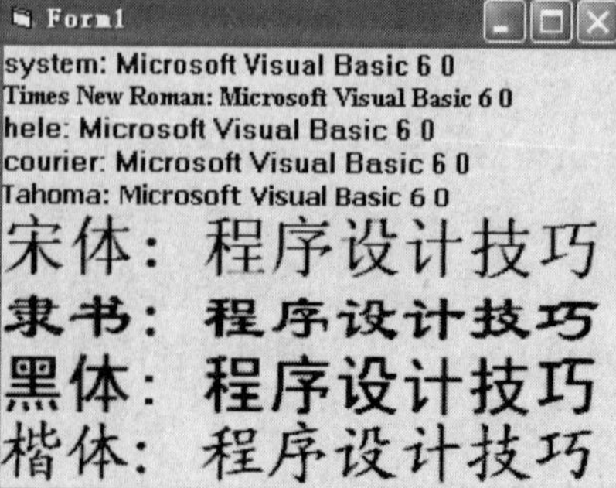

图3-11　各种字体输出

图中输出了4种中文字体，要求系统必须预先安装有这4种字体，否则看不到图中的输出结果。

3.3.3 其他属性

除字体类型和大小外，Visual Basic 还提供了其他一些属性，使文字的输出丰富多采。

1. 粗体字

粗体字由 FontBold 属性设置，一般格式为：

【格式】object. FontBold[= boolean]

【说明】该属性可以取两个值，即 True 和 False。当 FontBold 属性为 True 时，文本以粗体字输出；否则，按正常字输出。默认为 False。

2. 斜体字

斜体字通过 FontItalic 属性设置，其格式为：

【格式】object. FontItalic[= Boolean]

【说明】当 FontItalic 属性被设置为 True 时，文本以斜体字输出。该属性的默认值为 False。

3. 加删除线

在文本上加删除线可通过设置 FontStrikethru FontStrikethru 属性来实现，其格式为：

【格式】object. FontStrikethru[= Boolean]

【说明】如果将 FontStrikethru 属性设置为 True，在输出的文本中部画一条直线，直线的长度与文本的长度相同。该属性的默认值为 False。

4. 加下划线

下划线即底线。利用 FontUnderline 属性可以给输出的文本加上底线。其格式为：

【格式】object. FontUnderline[= Boolean]

【说明】如果 FontUnderline 属性被设置为 True，使输出的文本加下划线。该属性的默认值为 False。

5. 重叠显示

当以图形或文本作为背景显示新的信息时，有时需要保留原来的背景，使新显示的信息与背景重叠，可以通过设置 FontTransparent 属性来实现。格式如下：

【格式】object. FontTransParent[= Boolean]

【说明】如果该属性被设置为 True，前景的图形或文本可以与背景重叠显示；如果设置为 False，则背景被前景的图形或文本覆盖。

在使用以上字型属性时，注意以下两点：

（1）除 FontTransParent 属性只适用于窗体和图片框控件外，其他属性都适用于窗体和各种控件及打印机。如果省略对象名，指的是当前窗体；否则，应加上对象名。例如：

```
Text1. FontSize = 20              '设置文本框中的字体大小
Printer. FontBold = True          '在打印机上以粗体字输出
```

（2）设置一种属性后，该属性开始起作用，且不会自动撤销，只有在显式地重新设置后，才能改变该属性的值。

3.4 打印机输出

前面介绍的输出操作基本上是在屏幕（窗体）上输出信息，也就是说，是以窗体作为输出对象。实际上，只要把输出对象改为打印机（Printer），就可以在打印机上输出信息。

Visual Basic 使用在 Windows 中设置的打印机，其分辨率、字体等与 Windows 下完全一致。

3.4.1 直接输出

如果要把信息直接送到打印机输出，仍然使用 Print 方法，只是把 Print 方法的对象改为 Printer，其格式为：

【格式】Printer. Print[表达式表]

【说明】这里的 Print 及其“表达式表”的含义同前面一样。执行该语句时，将“表达式表”的值送到打印机上打印出来。

【例 3 - 10】编写程序，在打印机上输出文本信息“打印机输出测试”。字体类型设置为“隶书”，字体大小设置为24。

程序如下：

```
Private Sub Form_Click( )
        PrinterFontName = "隶书"
        Printer. FontSize = 24
        Printer. FontItalic = True
        Printer. FontUnderline = True
        Printer. Print "打印机输出测试"
        Printer. EndDoc
End Sub
```

上述代码中的属性、方法在前面已出现过，这里只是加上了对象名 Printer。字体相关属性的设置针对的是打印机，而 Print 方法中的字符串也是送往打印机的。

代码中的最后一行，即“Printer. EndDoc”方法用来结束文件打印。除 EndDoc 方法外，在打印机对象中还会用到其他一些方法和属性。

3.4.2 窗体输出

如果通过窗体打印信息，先将输出信息显示在窗体上，然后把窗体上的信息打印出来（包括文本信息和任何其他窗体上的可见信息）。

【格式】[窗体 .] PrintForm

【说明】窗体输出的好处是：可以在屏幕上观察并调整输出格式和效果，满意后才打印输出，这样可以提高效率，节约纸张。利用 PrintForm 方法不仅可以打印窗体上的文本，还可以打印出窗体上任何可见的控件及图形。

格式中的“窗体”是要打印的窗体名，如果打印当前窗体的内容，或者只对一个窗体操作，则窗体名可以省略。

注意：如果要进行窗体输出，先将输出窗体的 AutoReddraw 属性设置为 True，以便保存窗体上的信息。

【例 3 - 11】编写程序，在打印机上输出窗体中的文本信息“Happy New Year!”，字体类型设置为“Courier”，字体大小设置为 20。

程序如下：

```
Private Sub Form_Click( )
        FontName = "Courier"
        FontSize = 20
        CurrentX = 800
        CurrentY = 500
        Print "Happy New Year!"
End Sub
```

首先将英文信息输出到窗体上的指定位置，最后一行 PrintForm 把窗体上的信息输出到打印机。

3.5 综合应用案例

3.5.1 设计“计算圆周长和圆面积”程序

【例 3 - 12】输入圆半径 R 的值，分别计算圆周长和圆面积，结果保留小数后两位，程序运行结果如图 3 - 12 所示。

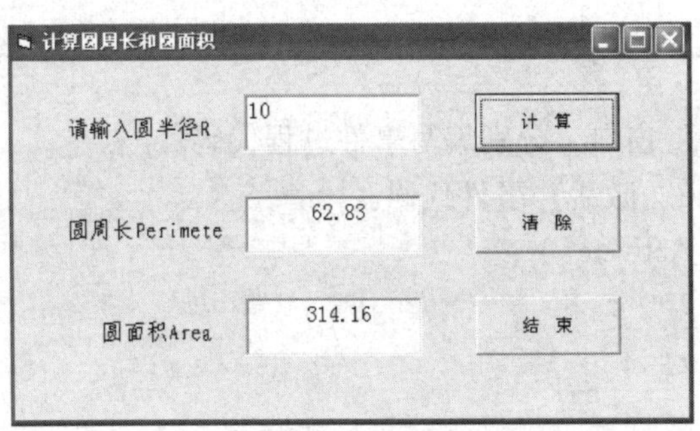

图 3 - 12 运行结果

分析：设圆半径为 R，则圆周长 Perimete = $2\pi R$，圆面积 Area = πR^2，需要定义 3 个单精度变量。π 在计算中多次出现，可以将其定义为符号常量 pi。由于文本框的 Text 属性为字符型，计算时应使用 Val 函数进行转换。

操作步骤如下：

(1) 新建一个窗体，在窗体中添加 3 个“标签”控件（Label1、Label2、Label3）、3 个“文本框”控件（Text1、Text2、Text3）和 3 个“命令按钮”控件（Command1、

Command2、Command3），分别调整它们的大小和位置，如图 3－13 所示。

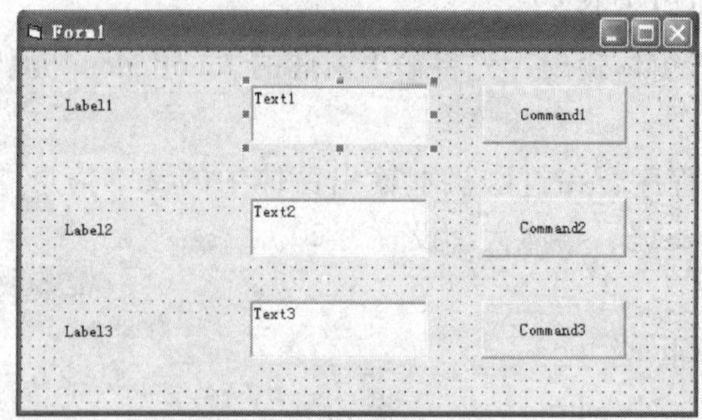

图 3－13　窗体设计

（2）在“属性”窗口中，设置各对象的属性，如表 3－6 所示。

表 3－6　各控件的属性设置

对象	属性	属性值
Form1	Caption	计算圆周长和圆面积
Label1	Caption	请输入圆半径 R
Label2	Caption	圆周长 Perimete
Label3	Caption	圆面积 Area
Text2	Locked	True
Text3	Locked	True
Command1	Caption	计算
Command2	Caption	清除
Command3	Caption	结束

（3）打开“代码”窗口，分别编写事件过程代码。

① 窗体的 Activate（激活）事件代码。

```
Private Sub Form_Activate( )
    Text1. Text = ""
    Text2. Text = ""
    Text3. Text = ""
    Text1. SetFocus
End Sub
```

②“计算”命令按钮（Command1）的 Click 事件代码。

```
Option Explicit                        '变量强制说明
Private Sub Command1_Click( )
    Dim R As Single, Perimete As Single, Area As Single
    Const pi As Single = 3. 141 593
    R = Val(Text1. Text)
```

```
    Perimete = 2 * pi * R
    Area = pi * R ^ 2
    Text2.Text = Str(Round(Perimete, 2))
    Text3.Text = Str(Round(Area, 2))
End Sub
```

③“清除”命令按钮（Command2）的 Click 事件代码。

```
Private Sub Command2_Click()
    Text1.Text = ""
    Text2.Text = ""
    Text3.Text = ""
    Text1.SetFocus
End Sub
```

④“结束”命令按钮（Command3）的 Click 事件代码。

```
Private Sub Command3_Click()
    End
End Sub
```

（4）运行程序，输入圆半径 R 的值，单击“计算”按钮，计算并显示出圆周长和圆面积的值。

3.5.2 设计“生肖与星座”程序

【例 3－13】根据用户输入的身份证信息自动计算此人的生肖与星座，其界面设计如图 3－14 所示。其他功能要求如下：

（1）单击“身份证录入”按钮，输入身份证信息。若录入文字非数字或位数不满 18 位，弹出错误信息提示对话框；若输入无误，则显示正确信息。

（2）单击“星座”按钮，计算此人所属星座。

（3）单击“生肖”按钮，计算此人所属生肖。

（4）单击“打印”按钮，联机打印此人的生日、生肖和星座。

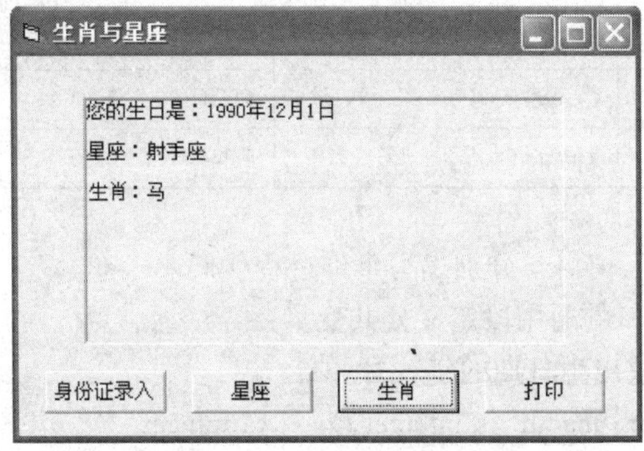

图 3－14　计算生肖与星座

操作步骤如下：

（1）新建一个窗体，在窗体中添加 1 个“图片框”控件（Picture1）和 4 个“命令按钮”控件（Command1 ~ Command4），分别调整它们的大小及位置，如图 3 - 15 所示。

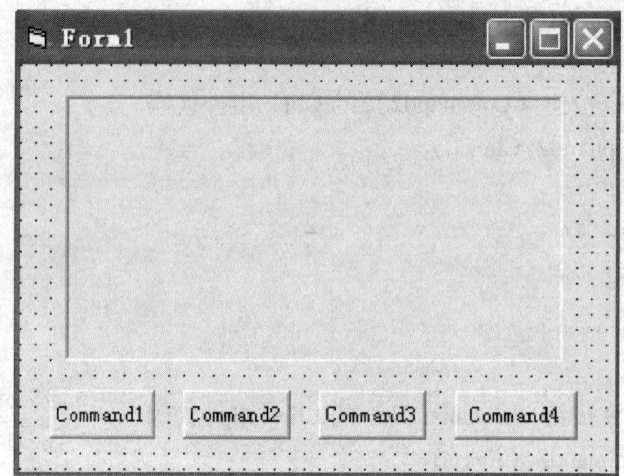

图 3 - 15　在窗体中添加控件

（2）在“属性”窗口中，设置各对象的属性，如表 3 - 7 所示。

表 3 - 7　各控件的属性设置

对象	属性	属性值
Form1	Caption	生肖与星座
Picture1	Height	2175
	Width	4335
Command1	Caption	身份证录入
Command2	Caption	星座
	Enabled	False
Command3	Caption	生肖
	Enabled	False
Command4	Caption	打印
	Enabled	False

（3）打开“代码”窗口，分别编写事件过程代码。

① 在“代码”窗口的通用段定义公共变量：

```
'定义三个变量存放出生日期的年、月、日
Dim year As Integer, month As interger, day As Integer
'定义变量存放输出信息
Dim info As String
```

② 双击 Command1 控件，在“代码”窗口中输入以下代码：

```
Private Sub Command1_Click( )
    Picture1. Cls                    '清空图片框
    h = InputBox("请输入18位身份证号码","数据录入","")
    '判断身份证号码合法性
    If IsNumeric(h) = False Or Len(h) < > 18 Then
     MsgBox "输入无效", vbOKOnly, "提示"
    Else
     Command2. Enabled = True        '设置按钮2的有效性
     Command3. Enabled = True        '设置按钮3的有效性
     Command4. Enabled = True        '设置按钮4的有效性
    '获取年、月、日
     year = Val(Mid(h, 7, 4))
     month = Val(Mid(h, 11, 2))
     day = Val(Mid(h, 13, 2))
     info = "您的生日是:" & year & "年" & month & "月" & day & "日" & vbCrLf
    '在图片框输出出生日期
     Picture1. Print info
    End If
End Sub
```

③ 双击 Command2 控件，在“代码”窗口中输入以下代码：

```
Private Sub Command2_Click( )
    Picture1. Cls
    '判断所属星座
    xz = month * 100 + day
    If xz > 112 And xz < 221 Then
        info = info & vbCrLf & "星座：水瓶座" & vbCrLf
    ElseIf xz < = 321 Then
        info = info & vbCrLf & "星座：双鱼座" & vbCrLf
    ElseIf xz < = 420 Then
        info = info & vbCrLf & "星座：白羊座" & vbCrLf
    ElseIf xz < = 521 Then
        info = info & vbCrLf & "星座：金牛座" & vbCrLf
    ElseIf xz < = 621 Then
        info = info & vbCrLf & "星座：双子座" & vbCrLf
    ElseIf xz < = 721 Then
        info = info & vbCrLf & "星座：巨蟹座" & vbCrLf
    ElseIf xz < = 821 Then
        info = info & vbCrLf & "星座：狮子座" & vbCrLf
```

```
        ElseIf xz < = 921 Then
            info = info & vbCrLf & "星座：处女座" & vbCrLf
        ElseIf xz < = 1021 Then
            info = info & vbCrLf & "星座：天秤座" & vbCrLf
        ElseIf xz < = 1121 Then
            info = info & vbCrLf & "星座：天蝎座" & vbCrLf
        ElseIf xz < = 1221 Then
            info = info & vbCrLf & "星座：射手座" & vbCrLf
        ElseIf xz < = 111 Then
            info = info & vbCrLf & "星座：摩羯座" & vbCrLf
        End If
        Picture1. Print info
End Sub
```

④ 双击 Command3 控件，在“代码”窗口中输入以下代码：

```
Private Sub Command3_Click( )
        Picture1. Cls
        '判断所属生肖
        sx = year Mod 12
        Select Case sx
        Case 0
            info = info & vbCrLf & "生肖：猴"
        Case 1
            info = info & vbCrLf & "生肖：鸡"
        Case 2
            info = info & vbCrLf & "生肖：狗"
        Case 3
            info = info & vbCrLf & "生肖：猪"
        Case 4
            info = info & vbCrLf & "生肖：鼠"
        Case 5
            info = info & vbCrLf & "生肖：牛"
        Case 6
            info = info & vbCrLf & "生肖：虎"
        Case 7
            info = info & vbCrLf & "生肖：兔"
        Case 8
            info = info & vbCrLf & "生肖：龙"
        Case 9
```

```
            info = info & vbCrLf & "生肖：蛇"
        Case 10
            info = info & vbCrLf & "生肖：马"
        Case 11
            info = info & vbCrLf & "生肖：羊"
        End Select
        Picture1. Print info
    End Sub
```

⑤ 双击 Command4 控件，在“代码”窗口中输入以下代码：

```
Private Sub Command4_Click( )
'打印输出出生日期、星座及生肖
Printer. Print info
End Sub
```

(4) 选择“运行”菜单中的“启动”命令，运行“生肖与星座”程序，屏幕上出现“数据录入”对话框，如图 3-16 所示。

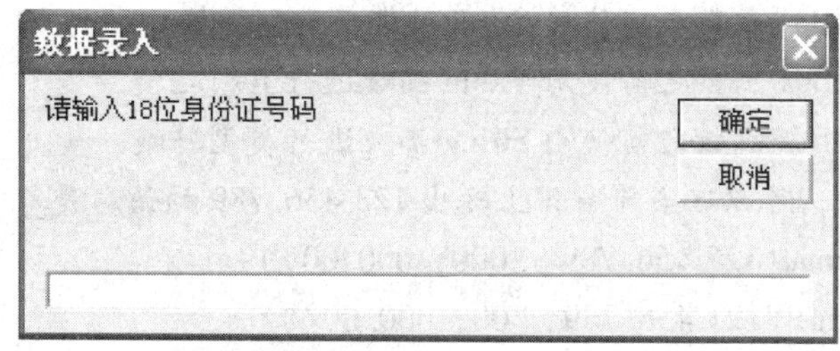

图 3-16 “数据录入”对话框

(5) 输入正确的身份证号，单击“确定”按钮，出生日期被输出到图片框中；单击“星座”按钮，将所属星座添加到图片框；单击“打印”按钮，联机打印出生日期、星座及生肖信息。

(6) 选择“文件”菜单中的“保存工程”命令，将工程文件命名为“生肖与星座”，并保存在磁盘上。

【本章小结】

一个计算机程序通常可分为 3 部分，即输入、处理和输出。数据的输入输出是程序设计不可缺少的重要组成部分，是与用户进行交互的基本途径。Visual Basic 的输入输出有着十分丰富的内容和形式，它提供了多种手段，并可通过各种控件实现输入输出操作，使输入输出灵活、多样、方便、形象直观。

本章主要介绍 Visual Basic 程序设计中数据输入输出的作用、主要途径、方式和分类。具体介绍数据输入的实现，包括 InputBox 函数、MsgBox 函数、MsgBox 语句；数据输出的实现包括 Print 方法、与 Print 方法相关的定位函数、格式化函数以及使用标签与文本框对数据进行输出。本章的重点是要掌握用 Print 方法输出文本或表达式的值，用 InputBox 函数接收用户输入的数据，用 MsgBox 函数来返回用户的选择。这些是程序设计中实现与用户交互的基础。

习题3

一、选择题

1. 当 MsgBox 函数返回值为 1，对应的符号常量是 vbOk，表示用户做的操作是__________。

A. 单击了对话框中的“确定”按钮

B. 单击了对话框中的“取消”按钮

C. 单击了对话框中的“是”按钮

D. 单击了对话框中的“否”按钮

2. InputBox 函数的默认返回值类型为字符串，当用 InputBox 函数作为数值型数据输入时，可以有效防止程序出错的操作是__________。

A. 事先把要接收的变量定义为数值型

B. 在 InputBox 函数之前使用 Str 函数进行类型转换

C. 在 InputBox 函数之前使用 Value 函数进行类型转换

D. 在 InputBox 函数之前使用 String 函数进行类型转换

3. 下列语句中，可以在当前窗体上输出 123 456. 789 的语句是__________。

A. Print Format(123 456. 789，"000，000. 00")

B. Print Format(123 456. 789，"00，000. 00")

C. Print Format(123 456. 789，"######. ###")

D. Print Left("123 456. 789", 9)

4. 下列关于 InputBox 函数的说法中，不正确的是__________。

A. InputBox 函数的第一个参数是 Prompt，在对话框中显示信息提示用户输入

B. InputBox 函数第二个参数是 Title，表示对话框的标题，显示在对话框窗口顶部的标题栏区

C. InputBox 函数必须有 Prompt 参数

D. InputBox 函数必须有 Title 参数

5. 下列关于 MsgBox 函数的说法中，不正确的是__________。

A. MsgBox 函数的第一个参数是 Prompt，表示在对话框中显示提示信息

B. MsgBox 函数的第二个参数是 Title，表示对话框的标题，显示在对话框窗口顶部的标题栏区

C. MsgBox 函数必须有 Prompt 参数

D. MsgBox 函数可以不要 Title 参数

6. Print 方法可以输出多个表达式值，若使用标准格式输出，各表达式的分隔符号是__________。

A. 空格　　B. 逗号　　C. 冒号　　D. 分号

7. 有下列事件过程：

```
Private Sub Command1_Click( )
    a = 3: b = 4
    Print a = b
End Sub
```

运行后的输出结果是＿＿＿＿＿。

A. False　　B. 3　　C. 4　　D. 显示出错信息

8. 有下列事件过程：

```
Private Sub Command1_Click( )
    MsgBox Str(123 + 123)
End Sub
```

运行后的输出结果是＿＿＿＿＿。

A. 123 +123　　B. "246"　　C. 246　　D. 显示出错信息

9. 有下列事件过程：

```
Private Sub Command1_Click( )
    X = InputBox("please input")
    Print X & "123"
End Sub
```

运行时，若输入123，输出的结果是＿＿＿＿＿。

A. 123123　　B. 246　　C. 123　　D. 显示出错信息

二、填空题

1. Printer. print " * "中的星号将输出到＿＿＿＿＿。

2. PrintForm 将打印＿＿＿＿＿。

3. InputBox 函数用于产生＿＿＿＿＿对话框。

4. InputBox 函数的类型是＿＿＿＿＿。

5. 利用＿＿＿＿＿函数，可将 InputBox 函数的值转化为数值类型。

6. 补充程序，实现的功能是：已知直线 y = kx + b，当 k = 3、b = 1 时，输入任意的 x，求出 y 的值。

```
Private Sub Command1_Click( )
    Dim x As Single
    k = 3
    b = 1
    x = ＿＿＿＿＿ ("请输入一个数:")
    Print x * 3 + 1
End Sub
```

7. 执行语句 Print Format (0. 12345, "00. 00%") 的输出结果是＿＿＿＿＿。

8. 下面程序段的输出结果是＿＿＿＿＿。

```
Private Sub Command1_Click( )
    a = 23
```

```
    b = a \ 5
    c = a Mod 10
    Print a + b + c
End Sub
```

9. 运行以下程序，单击命令按钮 Command1，输入"117"，对话框中的输出结果为__________。

```
Private Sub Command1_Click( )
    a = InputBox("")
    If a Mod 2 = 1 Then
        MsgBox "奇数"
Else
        MsgBox "偶数"
    End If
End Sub
```

三、上机题

1. 编写程序，实现在两个文本框中的同步输入。要求当用户在第一个文本框中输入时，在第二个文本框中同步显示用户输入的内容，如图 3－17 所示。

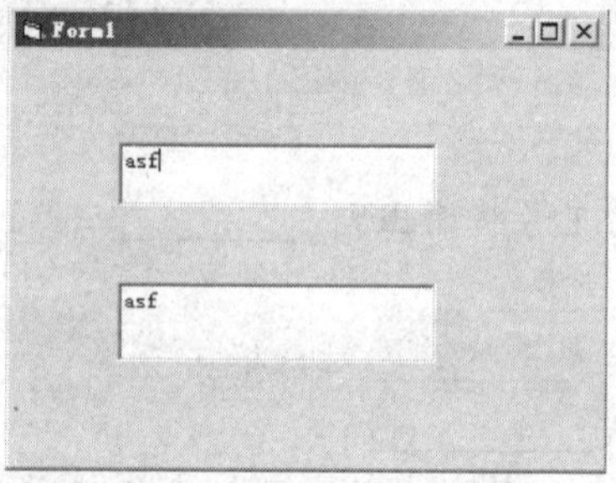

图 3－17 同步显示

2. 编写程序，输入矩形的长和宽，计算并输出矩形的面积。要求如下：

(1) 采用文本框和 Print 方法结合的方式进行输入和输出。

(2) 采用 InputBox 函数和 MsgBox 函数结合的方式进行输入和输出。

3. 设计一个窗体，单击窗体后，通过 InputBox 函数输入两个数字，并将其显示在窗体中，同时使用 print 方法在窗体中显示两数之和及其平均值。

4 程序的控制结构

【学习目标】

1. 理解程序控制的三种基本结构。
2. 掌握 Visual Basic 常用基本语句的使用。
3. 掌握单分支和多分支控制结构的 If 语句的使用。
4. 熟悉嵌套的 If 语句和 Select Case 语句之间的转换。
5. 理解并掌握 For... Next 型循环语句的格式及用法。
6. 理解并掌握 While 型循环语句的格式及用法。
7. 理解并掌握 Do 型循环语句的格式及用法。

4.1 常用基本语句的使用

语句又称为指令，程序就是按照功能要求编写而成的语句序列。语句中包含识别语句的关键字，以及需要处理的常量、变量、函数、表达式和属性等。语句中的各种成分应该按照各自的特点和原则描述，即遵守语句的格式规则。

下面介绍 Visual Basic 中一些常用的基本语句。

1. Let 语句

【格式】[Let] <变量名> = <表达式>

【功能】将表达式的值赋给变量或属性。

【说明】Let 关键字通常可缺省。注意：表达式值的类型应与变量声明的数据类型一致；否则，在编译时会出现错误。如果把一种数值类型的表达式赋给另一种数值类型的变量，系统强制把该表达式的值转换为结果变量的数值类型。可以用字符串或数值表达式赋值给变体型变量，但反过来不一定：任何除 Null 之外的变体型变量都可以赋给字符串变量，但只有当变体型变量的值可以转换为某个数值时才能赋给数值变量。

【例 4 -1】对变量赋值的实例。

程序如下：

```
Private Sub Form_Click( )
    Dim a As Variant
    Dim c As String
    Dim b As Single
```

```
    Let c = "efg"
    Let b = 0.000 314
    a = c                          '将字符串变量赋值给变体型变量
    Print a                        '输出 efg
    a = b                          '将数值变量赋值给变体型变量
    Print a + 1                    '输出 1.000314
    c = a                          '将变体型变量赋值给字符串变量
    Print c + "abc"                '输出 1.000314abc
    a = "abc"
    b = a                          '将不能转换成数的变体型变量赋值给数值变量，
                                   错误
    Print b                        '显示“类型不匹配”，错误
End Sub
```

2. Rem 语句

【格式】Rem <注释内容>

【功能】用于在程序中进行注释。

【说明】Rem 及其引出的注释内容只是起到说明和解释程序（或命令功能）的作用，不参与程序的编译和执行。在 Rem 与 <注释内容>之间要有一个空格。如果在其他语句行后使用 Rem 关键字，必须使用冒号将两条语句隔开。常常使用一个单引号“'”来代替 Rem 关键字。使用单引号引出的注释可以直接跟在其他语句行后，而不必使用冒号分隔。正确的注释语句在代码窗口中以绿色文字显示。

例如，以下语句中的三种注释方式都是正确的。

```
Rem 定义变体变量
Dim a As Variant
Dim c As String                : Rem 定义字符串变量
Dim b As Single                '定义单精度型变量
```

3. Load 语句

【格式】Load <对象名>

【功能】把窗体或控件加载到内存中。

【说明】<对象名>是要加载的 Form 对象、MDIForm 对象或控件数组元素的名称。在窗体还未被加载时，对窗体的任何引用（在 Set 或 If...TypeOf 语句以外）将自动加载该窗体。例如，Show 方法在显示窗体前先加载它。一旦窗体被加载，无论是否可见，其属性及控件都可以被应用程序改变。

当加载 Form 对象时，将窗体属性设置为初始值，然后执行 Load 事件过程。当应用程序开始运行，Visual Basic 自动加载并显示应用程序的启动窗体。

由 Visual Basic 函数产生的标准对话框（如 MsgBox 函数和 InputBox 函数），不需要加载、显示或卸载，可直接调用。

4. Unload 语句

【格式】Unload <对象名>

【功能】从内存中卸载窗体或控件。

【说明】当程序执行结束，可使用 Unload 命令从内存中卸载窗体或控件。

5. Date 语句

【格式】Date = <日期表达式>

【功能】设置系统日期。

【说明】<日期表达式>可以是日期型的常量、变量、函数以及表达式。

【例 4-2】系统日期的相关操作。

程序如下：

```
Private Sub Form_Click()
    Print Date              '输出当前系统日期 2012-12-24，此处的 Date
                            是函数
    Date = "06/20/2012"     '重新设置系统日期
    Print Date              '输出当前系统日期 2012-6-20
    Date = date + 30        '再次设置系统日期
    Print Date              '输出当前系统日期 2012-7-20
End Sub
```

程序运行的输出结果如图 4-1 所示。

图 4-1　运行结果

6. Time 语句

【格式】Time = <系统时间>

【功能】设置系统时间。

【说明】<系统时间>可以是任何能表示时刻的数值表达式、字符串表达式或及其组合。如果<系统时间>是字符串，系统根据指定的时间，利用时间分隔符将其转换成一个时间。如果无法转换成一个有效的时间，则导致错误发生。

【例 4-3】设置系统时间。

```
Time = #9：49：20 PM#     '设置当前的系统时间为下午 9：49：20，
                          即 21：49：20
Time = #9：49：20 AM#     '设置当前的系统时间为上午 9：49：20
```

7. Stop 语句

【格式】Stop

【功能】暂停执行。

【说明】Stop 语句可以在过程中的任何地方使用，其作用相当于在程序代码中设置断点。Stop 语句可暂停程序的执行，但不同于 End 语句。Stop 语句不关闭任何文件或清除变量，除非它是以编译后的可执行文件（.EXE）方式来执行。程序员可以在断点处观察相关变量和结果，以便发现问题，调试程序。

8. End 语句

【格式】End 语句根据其所在的位置，有以下几种形式：

```
End              '表示停止执行，可以放在过程中的任何位置关闭代码执行
                 '关闭以 Open 语句打开的文件并清除变量
End Function     '结束一个 Function 语句
End If           '结束一个 If 语句
End Property     '结束一个 Property Let、Property Get 或 Property Set 过程
End Select       '结束一个 Select Case 语句
End Sub          '结束一个 Sub 语句
End Type         '结束一个用户自定义类型的定义（Type 语句）
End With         '结束一个 With 语句
```

【功能】结束一个过程或块。

【说明】在执行程序时，End 语句重置所有模块级别的变量和所有模块的静态局部变量。若要保留这些变量的值，改为使用 Stop 语句，则可以在保留这些变量值的基础上恢复执行。End 语句提供了一种强迫中止程序的功能，Visual Basic 程序正常结束时卸载所有的窗体。

9. Exit 语句

【格式】Exit 语句根据其所在位置，有以下几种形式：

```
Exit Do          '在 Do...Loop 型循环中使用，强制退出 Do...Loop 型循环
Exit For         '在 For...Next 型循环中使用，强制退出 For 型循环
Exit Function    '立即从包含该语句的 Function 过程中退出
Exit Property    '立即从包含该语句的 Property 过程中退出
Exit Sub         '立即从包含该语句的 Sub 过程中退出
```

【功能】退出 Do...Loop、For...Next、Function、Sub 或 Property 代码块。

4.2 控制结构的类型

程序是由若干个基本控制结构组成的实体，每一个基本结构又包含一个或多个语句，用于控制局部范围内的程序流向。Visual Basic 提供了三种基本结构，即顺序结构、选择结构和循环结构。

4.2.1 顺序结构

顺序结构是最常用的一种基本控制结构，这种控制结构按照语句的先后排列顺序逐条执行。顺序结构的流程图如图 4-2 所示，其工作过程是：先执行程序段 A，接着执行程序段 B。程序段由一条或多条语句组成。顺序结构可以看成系统默认的控制结构，不需要专门的语句来控制。

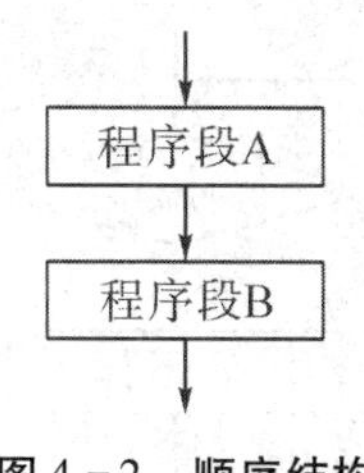

图4-2 顺序结构

4.2.2 选择结构

顾名思义，程序进入选择结构时，面临走哪一条路、执行哪一条分支的选择。选择是通过对某一个条件进行测试后做出的，条件一般由关系表达式来描述。选择结构的流程图如图4-3所示，其工作过程是：先进行条件判断，如果条件成立，执行程序段A，执行完后转向出口；如果条件不成立，则执行程序段B，执行完后转向出口。A、B两个程序段处于平行的地位，不可能同时被执行，只可能执行其中的一个程序段，然后退出选择结构，转向共同的出口。在实际使用中，可能会出现程序段B为空的情况，即条件不成立时什么也不做，只是跳过程序段A的执行。A、B两个程序段也被称为两路分支。Visual Basic的选择结构由条件选择语句（If）和多路分支语句（Select Case）来描述。

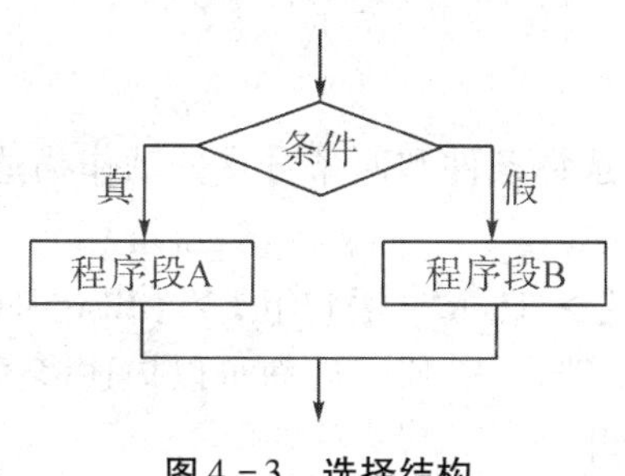

图4-3 选择结构

4.2.3 循环结构

在程序设计中，有时需要重复执行某一个程序段，因此引入循环控制结构。循环控制结构的流程图如图4-4所示，其工作过程是：先进行循环条件的测试，当循环条件成立时，进入循环体（需要重复执行的程序段）。执行完一遍循环体后，再次进行循环条件的判断。如此不断重复“判断—执行—再判断”的过程，直到某一次循环条件测试为不成立，才退出循环结构，去执行循环语句后面的语句。Visual Basic的循环控制语句有三个：While型循环语句、Do型循环语句、For型循环语句。这些循环语句在具体格式和使用特点上有所不同。选择结构和循环结构需要专门的语句来控制，这些控制语句和一般的基本语句不太相同。基本语句往往书写在一行内，但控制语句则要分行书写。语句关键字同时又起到一个语句括号的作用，将该控制语句内的程序段括起来。

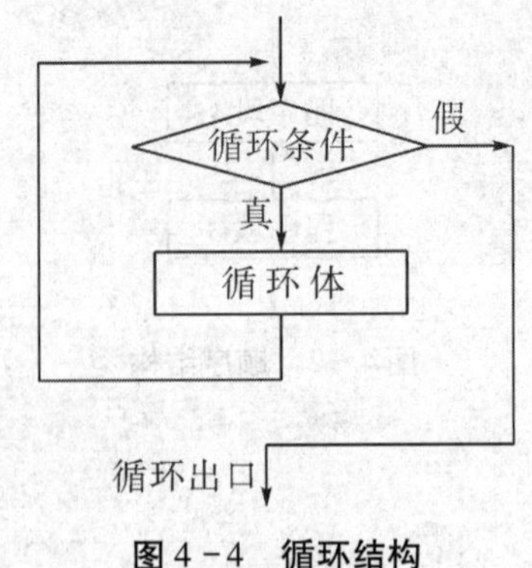

图 4-4 循环结构

4.3 选择结构程序设计

顺序结构是最普遍使用的一种基本结构，按照命令从前到后的排列顺序逐条执行。选择结构则是通过对某一个条件测试的结果来决定执行流向。

4.3.1 If 语句

Visual Basic 中的选择结构主要是由 If 语句来实现。If 语句根据格式和分支情况的不同，有四种表现形式。

1. 单行结构条件语句

单行结构条件语句把对选择条件和两条分支的动作描述都集中在一行中，短小精悍，适于简单选择结构的表达。

【格式】If <条件表达式> Then <语句组 1> [Else <语句组 2>]

【说明】在单行结构中，Then 和 Else 后面可以描述多条语句，但所有语句必须在同一行上，并且用冒号分隔开。

例如，当变量 a 的值大于 10 时，分别对变量 a、b、c 进行赋值：

```
If a > 10 Then a = a + 1 : b = b + a : c = c + b
```

又例如，求两个数中的最大值：

```
If a > b Then max = a Else max = b
```

2. 块结构条件语句

单行形式适用于短小简单的判断和操作。下面的块结构条件语句提供了更强的结构化与适应性，格式如下：

```
【格式】If <条件表达式> Then
            <程序段 1>
        [Else
            <程序段 2 >]
        EndIf
```

【说明】<条件表达式>一般是比较表达式或关系表达式，描述判断条件。可以把 If 语句理解成一个两路分支结构，执行哪一路分支完全依据条件表达式的结果而定：

当<条件表达式>的值为 True 时，执行<程序段 1>；当<条件表达式>的值为 False 时，执行<程序段 2>。子句 Else 作为两路分支的分隔符。不管执行哪一路分支，执行完后都将跳出 If 语句，去执行子句 End If 后面相邻的语句。用方括号括起来的 Else 及<程序段 2>可以缺省。当<条件表达式>不成立时，程序什么也不做，直接跳出 If 语句。

例如，求两个数中的最大值也可以表达成以下形式：

```
If a > b Then
   max = a
Else
   max = b
End if
```

【例 4-4】任意输入 3 个整数，比较大小，输出其中最大值。需要在界面中设置 4 个标签、4 个文本框和 1 个命令按钮，如图 4-5（a）所示。执行结果如图 4-5（b）所示。

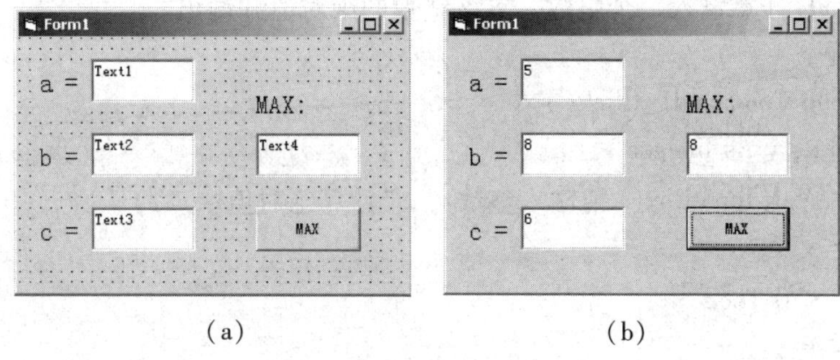

（a）　　（b）

图 4-5　界面设计和执行结果

操作步骤如下：

（1）新建一个窗体，在窗体中添加 4 个“标签”控件（Label1 ~ Label4）、4 个“文本框”控件（Text1 ~ Text4）和 1 个“命令按钮”控件（Command1），分别调整这些控件的大小和位置。

（2）在“属性”窗口中，设置各对象的属性。

（3）打开“代码”窗口，编写事件过程。

程序如下：

```
Private Sub Form_Load()
      Text1.Text = "" : Text2.Text = "" : Text3.Text = ""
End Sub
      Private Sub Command1_Click()
      Dim a As Integer, b As Integer, c As Integer, max As Integer
      a = Val(Text1.Text)
      b = Val(Text2.Text)
      c = Val(Text3.Text)
```

```
        If a > b Then
        max = a
        Else
            max = b
        End If
        If c > max Then
            max = c
        End If
        Text4.Text = max
    End Sub
```

在事件过程 Form_Load() 中设置 4 个文本框显示空字符串，然后在事件过程 Command1_Click() 中比较 3 个数的大小。程序中使用了两个 If 语句，第一个 If 语句判断变量 a 和 b 的大小，将其中较大的数赋值给变量 max；第二个 If 语句比较变量 c 和 max 的大小，将其中较大的数赋值给变量 max，则 max 中保存 3 个数中的最大数。

【例 4-5】任意输入一个整数，求该整数的绝对值并输出。

程序如下：

```
Private Sub Command1_Click()
    Dim x, y As Integer
    x = Val(InputBox("请输入整数:","计算绝对值",1))
    y = x
    if x < 0 Then
    y = -x
    End If
    MsgBox "绝对值是" + Str(y), , "绝对值"
End Sub
```

程序中设置了一个变量 y，用于记录输入变量 x 的绝对值并输出。程序不含 Else 分支，当 x 值小于 0 时，才对 y 值进行修改；当 x 值大于 0 时，y 值不变，什么都不做。因此，省略 Else 分支。

程序运行时，出现数据输入提示对话框，如果输入“-956”，单击“确定”按钮，显示结果为“绝对值是 956”，如图 4-6 所示。

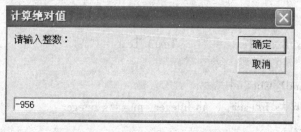

图 4-6　程序运行示例

3. 多分支 If 语句

当面临多种不同的情况，需要进行各自不同的处理时，需要使用多分支结构。下面的多分支结构是 If 语句的多分支变形，通过增加 ElseIf 语句来实现对多种条件的判断和选择。

【格式】If <条件表达式 1 > Then

<语句段 1 >

[ElseIf <条件表达式 2 > Then

<语句段 2 >]

[ElseIf <条件表达式 3 > Then

<语句段 3 >]

……

[Else

<语句段 n >]]

EndIf

【说明】在多分支结构中，注意语句的完整性。使用多层嵌套时，更要注意分清层次，最好采用分层递进的书写格式，使层次清晰，避免错误。If 语句必须是 If 块的第一行语句，最后以一个 End If 语句结束。Else 和 ElseIf 子句都是可选的。在 If 块中，可以放置任意多个 ElseIf 子句，无论其中有多少个 ElseIf 子句，都必须用在 Else 子句和 EndIf 子句之前。多分支结构的流程图如图 4 -7 所示。

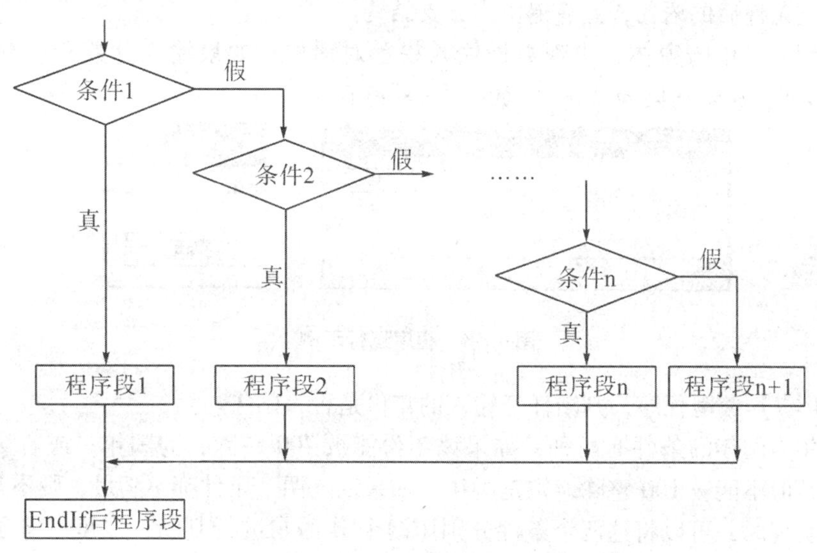

图 4 -7　多分支结构

【例 4 -6】任意输入一个百分制成绩，输出该分数对应的级别：90≤分数≤100，输出“优”；80≤分数 <90，输出“良”；70≤分数 <80，输出“中”；60≤分数 <70，输出“差”；分数 <60，输出“不及格”；分数 <0 或分数 >100，则输出“输入有误”。

这是一个典型的多路分支的选择问题，将分数段分成 5 个区间，再加上超出范围的区间，实际上是 6 个区间。分数的值在不同的区间，则输出不同的结果信息。

程序如下：

```
Private Sub Form_Click( )
  Dim score As Integer
  score = InputBox("score = ", "input")
  If score < 0 or score > 100 Then
      MsgBox("输入有误")
  ElseIf score < 60 Then
      MsgBox("不及格")
  ElseIf score < 70 Then
      MsgBox("差")
  ElseIf score < 80 Then
      MsgBox("中")
  ElseIf score < 90 Then
      MsgBox("良")
  Else
      MsgBox("优")
  End If
End Sub
```

虽然有多路分支，但是对于一个分数来讲，只可能满足其中一路分支的条件，去执行该分支条件后的语句，然后退出多分支结构。

运行程序，单击窗体，出现数据输入提示对话框，如果输入分数 95，然后单击“确定”按钮，显示结果为“优”，如图 4-8 所示。

图 4-8　程序运行示例

【例 4-7】编写程序，判断任意输入的年份是否为闰年。

某一年为闰年的条件有两种：如果该年份能被 400 整除，为闰年；或者该年份能被 4 整除，但不能被 100 整除，则是闰年。如果以上两个条件都不满足，则不是闰年。

编程实现时，可以将这两个条件分别用两个 If 语句进行判断，也可以将条件描述在一个 If 语句中。

程序如下：

```
Private Sub Command1_Click( )
    Dim year, leap As Integer
        year = Val(InputBox("输入年份:", , ""))
    If year Mod 400 = 0 Then
    leap = 1
```

```
    ElseIf year Mod 4 = 0 And year Mod 100 < > 0 Then
    leap = 1
    Else
    leap = 0
    End If
    If leap = 1 Then
        MsgBox Str(year) + "年是闰年!"
    Else
        MsgBox Str(year) + "年不是闰年!"
    End If
End Sub
```

程序中使用了多分支 If 语句进行闰年条件的判断，如果 year 能整除 400，将闰年标志 leap 置为 1；否则，进一步在内层 If 语句中判断 year 是否能被 4 整除但不能被 100 整除，如果满足该条件，置闰年标志 leap 为 1，否则置闰年标志 leap 为 0，表示非闰年。

退出多分支 If 语句后，再对闰年标志 leap 的值进行判断，条件表达式只是 leap 变量，如果其值为 1，条件成立，输出“是闰年”的信息；如果其值为 0，则条件不成立，输出 else 分支“不是闰年”的信息。

当然，也可以通过条件的组合，把两个 If 语句合二为一：

```
If year Mod 400 = 0 Or year Mod 4 = 0 And year Mod 100 < > 0 Then
    MsgBox Str(year) + "年是闰年!"
Else
    MsgBox Str(year) + "年不是闰年!"
End If
```

显然这种形式更为简洁，但是用第一种形式表达，主要目的是为了熟悉多分支 If 语句，并理解设置闰年标志 leap 的目的和使用方法。

运行程序，出现数据输入提示对话框，如果输入 2012，单击“确定”按钮，显示结果为“2012 年是闰年”，如图 4 -9 所示。

图 4 -9 程序运行示例

4. If 语句的嵌套

If 语句允许嵌套。所谓嵌套，就是指 If 语句的分支程序段中又可以出现 If 语句，甚至重重嵌套下去。

对 3 个数大小的判断也可用下面的结构来表达。核心控制语句部分如下：

```
If a > b Then
```

```
If a > c Then
    max = a
Else
    max = c
End If
Else
If b > c Then
    max = b
Else
    max = c
End If
End If
```

在If语句嵌套的表达中，最好采用分层递进的书写方式，即同一层的If... Then... Else... End If应该从同一列开始输入，其内部两个分支的程序段各自往右缩进几个字符，做到层次清晰，对应正确，增加程序的可读性。

4.3.2 Select Case语句

如果根据某个表达式的值来判断执行哪一种操作，选择Select Case语句更为合适。Select Case语句又称为多分支语句，可以看作对多分支If语句的一种替代。多分支If语句实质上也是一种多分支结构，无论进行多少次条件判断，只可能由于其中一个条件的满足而去执行唯一一路分支，然后退出，分支之间相互平行且独立。但多分支If语句使用多重ElseIf子句这种形式来表达，繁琐的层次使得各分支间平行独立的关系不太明确。当条件表达式是依据某一个表达式的不同值来进行判断，从而选择进入对应的分支时，就可以用Select Case语句替代If语句变体结构。

【格式】Select Case <数值|字符串表达式>

```
Case <值的列表1>
[<程序段1>]
Case <值的列表2>
[<程序段2>]
……
[Case <值的列表n>
[<程序段n>]]
[Case Else
<程序段n+1>]
EndSelect
```

【说明】进入Select Case语句后，先计算<数值|字符串表达式>的值，然后将该值与第1个Case子句后的<值的列表1>中的值进行比较，若不相等，继续往下比较；如果与某一个Case子句中列表的值相等，就去执行该子句下的程序段，执行完毕，跳

出 Select Case 语句子句，而不管下面的 Case 子句中是否还有匹配的值。

多分支语句的流程图如图 4－10 所示。

例如，在下面的语句中，3 个分支的条件有重复的部分。思考：当 n 取不同的整数值时，结果会是怎样的？

```
Select Case n
    Case 1, 2
    Print "A"
    Case 2 To 5
    Print "B"
    Case Is  > 2
    Print "C"
End Select
```

当 n＝1 时，只满足第 1 个分支的条件，输出 A。

当 n＝2 时，满足第 1 个和第 2 个分支的条件，但只执行排在前面的第 1 个分支的语句，输出 A。

当 n＝3 或 4 或 5 时，满足第 2 个和第 3 个分支的条件，但只执行排在前面的第 2 个分支的语句，输出 B。

当 n≥6 时，只满足第 3 个分支的条件，输出 C。

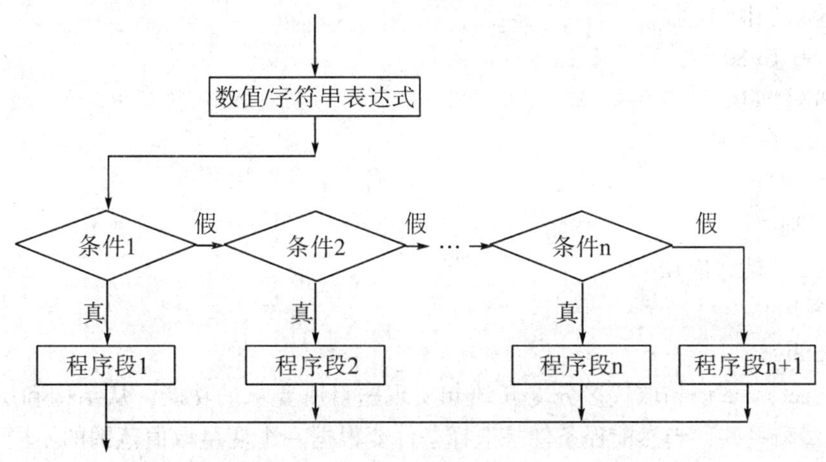

图 4－10　多分支结构流程图

表达式必须是数值表达式或字符串表达式，其值为数字或者字符串。与此对应，Case 子句后列表中的值的类型也必须与表达式结果的类型一致。列表有三种形式：

① 只含一个值，例如 Case 5。

② 含多个值，用逗号相隔，例如 Case 5，6，7。

③ 以 <下界> To <上界> 的形式描述一个范围，只要表达式的值在这个范围之内，也算匹配，例如 Case 5 to 10。注意：<下界> 的值应小于 <上界> 的值。

Case 子句后还可以使用“Is <关系表达式>”，Is 后面可以跟关系运算符，包括 <、<＝、>、>＝、<>、＝等关系运算符，表示把 Select Case 后的表达式之值与 Is 表达式后的值进行指定的关系运算。例如 Is >10，表示当 Select Case 后面的表达式之值大于 10 时，进入该分支执行。注意：Is 后面只能与一个关系运算符结合，不能出现多个关系运算符，例如，Is >0 And <100 是非法的表达形式。

如果 Case Else 子句不省略，表示当表达式的值与所有 Case 子句后列表中的值都不匹配（即条件都不满足）时，执行 Case Else 子句后面的程序段，最后跳出 Select Case 语句。

【例 4-8】把例 4-6 中对不同的分数段输出不同提示信息，用 Select Case 语句来表达。

代码形式如下：

```
Private Sub Form_Load( )
Dim score As Integer
score = InputBox("score = ","input")
Select Case score
Case 0 To 59
MsgBox("不及格")
Case 60 To 69
MsgBox("差")
Case 70 To 79
MsgBox("中")
Case 80 To 89
MsgBox("良")
Case 90 To 100
MsgBox("优")
Case Else
MsgBox("输入有误")
End Select
End Sub
```

用 Select Case 语句取代多分支 If 语句实现题目所要求的功能，从结构和层次上都显得比较清晰一些，当然前提条件是选择条件要根据一个变量取值范围的不同来制定。Case Else 子句表示当 score 的取值不满足以上所有 Case 分支的条件时，应该去执行什么语句。在该题中，这个分支的范围包含了小于 0 和大于 100 这两个越界区间。

【例 4-9】任意输入一个年份和月份，输出该月份对应的天数。在一年的 12 个月中，1、3、5、7、8、10、12 月有 31 天，4、6、9、11 月有 30 天，2 月比较特殊，闰年的 2 月有 29 天，非闰年的 2 月有 28 天。

程序如下：

```
Private Sub Command1_Click( )
  Dim year, month, day As Integer
year = Val(InputBox("输入年份:",,""))
month = Val(InputBox("输入月份:",,""))
```

```
    Select Case month
      Case 1, 3, 5, 7, 8, 10, 12
          day  = 31
      Case 4, 6, 9, 11
          day  = 30
      Case 2:
        If year Mod 400  = 0 Or year Mod 4  = 0 And year Mod 100  < > 0 Then
          day  = 28
      Else
          day  = 29
      End If
    Case Else
  Print "输入有误!"
    End Select
  MsgBox Str(year)  +  "年"  +  Str(month)  +  "月有"  +  Str(day)  +  "天!"
  End Sub
```

将1、3、5、7、8、10、12 的分支组合为一组，执行将31 赋值给变量 day 的语句后跳出 Select Case 语句；将4、6、9、11 的分支组合为一组，执行将30 赋值给变量 day 的语句后跳出 Select Case 语句；在 month 为2 的分支中，进行闰年的判断，并根据判断结果赋予变量 day 相应的值，然后跳出 Select Case 语句。

本例中，Case 分支中又出现 If 语句，可见选择语句之间可以相互嵌套。注意：一个结构控制语句应完整地包含在另一个结构控制语句中。

Select Case 语句通常用于多分支的判断和执行，但是使用的前提是能够将条件的描述转换成一些确定的取值，才能适合 Select Case 语句的分支选择特点。如果不能将条件变形对应成确定的取值，则不能使用 Select Case 语句，仍然要使用 If 语句来描述。因此，If 语句和 Select Case 语句在某些情况下可以相互转换，但并不适用于所有情况。总的来说，If 语句更加灵活，适用面更广，而 Select Case 语句具有结构清晰的优点。

4. 3. 3　IIF( ) 函数

与 If 语句相呼应，Visual Basic 提供了 IIf 函数，在某些时候能以更加简洁紧凑的格式来表达条件的判断和结果的选择。

【格式】IIf(<条件表达1>, <表达式2>, <表达式3>)

【说明】当<条件表达1>成立时，返回<表达式2>的值；当<条件表达1>不成立时，则返回<表达式3>的值。

例如，求两个数中的最大值可以表达为 max = IIf(a > b , a , b)。当 a 大于 b 时，把变量 a 的值作为函数的返回值赋值给变量 max；否则，即为 b 大于 a，把变量 b 的值作为函数的返回值赋值给变量 max。

虽然 IIf 函数只返回其中的一个表达式的值，但它会对两个表达式的值都进行计算，因此要注意这个副作用，一定要使两个表达式都合法。

4.3.4 Choose 函数

Choose 函数的主要作用是从其参数列表中选择并返回一个值。函数的语法格式为：

【格式】Choose(<数值表达式>, <选项表达式 1> [, <选项表达式 2>, … [, <选项表达式 n>]])

【功能】从参数列表中选择并返回一个值。

【说明】第一个参数<数值表达式>的运算结果一般是一个数值，界于1 和后面的总选项个数之间。Choose 函数根据<数值表达式>的值决定返回哪个选项列的值。当<数值表达式>的值为1，返回<选项表达式1>的值作为函数的返回值；当<数值表达式>的值为2，返回<选项表达式2>的值作为函数的返回值；以此类推，当<数值表达式>的值为n，则返回<选项表达式n>的值作为函数的返回值；如果<数值表达式>的值小于1 或大于选项总数时，Choose 函数返回 Null 值。如果<数值表达式>之值不是整数，则先四舍五入为与其最接近的整数，作为选择的依据。

注意：虽然 Choose 函数只返回其中的一个表达式的值，但仍然会计算每个选项表达式，因此要注意这个副作用，一定要使所有表达式都合法。

例如，根据输入的星期几编号（1 ~7），输出对应的英文单词缩写，可以表达为：

```
day = Val(InputBox("输入星期编号:", "", 1))
Print Choose(day, "Mon", "Tue", "Wed", "Thu", "Fri", "Sat", "Sun")
```

第一个参数后面一共有 7 个选项参数，对应变量 day 的取值为 1 ~7，从而根据变量 day 的值返回对应选项的字符串。Choose 函数其实是多分支选择结构的一种简洁表达形式，可以看作嵌套的 If 语句或 Select Case 语句的浓缩。

例如：

Choose(2,"一","二","三","四") 返回的是“二”。

Choose(4,"一","二","三","四") 返回的是“四”。

4.4 循环结构程序设计

计算机最擅长的功能之一就是可以根据指定的条件，重复执行某些操作。例如，根据各课程的学分和成绩，统计每个学生的综合排名等。这类问题可通过循环结构来方便地实现。Visual Basic 提供了实现循环的语句。

4.4.1 For 型循环

For 型循环是计数型循环语句，在程序中实现固定次数的循环，适用于循环次数预知的场合。

1. For... Next 型循环

【格式】For <循环变量> = <初值> To <终值> [Step <步长>]

<循环体>

Next [<循环变量>]

【功能】重复执行一段程序。通过设置一个循环变量来控制循环的次数。

【说明】该语句设置 1 个 <循环变量> 来控制循环体重复执行的次数，其中的 <初值> 是刚进入该循环语句时赋给 <循环变量> 的初始值。<循环变量> 和 <终值> 决定循环条件，当 <循环变量> 的值在 <终值> 界定的范围之内，继续循环；一旦超出，则退出循环。

可选项［Step <步长>］中的 <步长>，是指在每一次循环之后对 <循环变量> 的修改值。如果该值为正数，增加其值；如果为负数，减少其值；如果省略，系统默认步长为 1，进行加 1 的修改。

初值、终值、步长这 3 个值不管是常量、变量，还是表达式，必须代表一个确定的值。这三者有一定的联系，当步长为正数，初值应小于或等于终值，循环条件为“循环变量≤终值”；当步长为负数，初值应大于终值，循环条件为“循环变量≥终值”。同时，与 For 呼应的 Next 不能省略，二者结合起来起到一个循环体括号的作用。该循环语句在步长为正数时的流程图如图 4－11 所示。

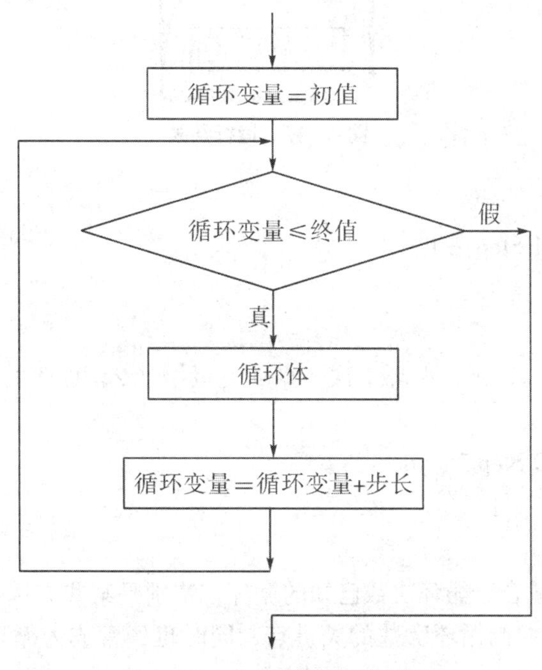

图 4－11　For 型循环的流程图

通过对循环变量初值、终值和步长的确定，可以计算出循环的次数。其计算公式是：循环次数 = Int(终值 - 初值)/步长 +1。当步长为负数时，公式中的“+1”改为“-1”即可。所以，For 型循环是循环次数固定的循环，循环次数在编程时即可确定。

【例 4－10】编写程序，利用 For...Next 型循环语句计算 1+2+3+4+5+…+99+100 的值。

程序如下：

```
Private Sub Form_Load()
  Dim i, sum As Integer
  sum = 0
```

```
    For i = 1 To 100
        sum = sum + i
    Next i
    MsgBox("sum = " + Str(sum))
End Sub
```

省略步长，则默认步长为1，表示每循环1次，i值增加1，因此循环条件是i≤100。如果反过来，从100加到1，步长为-1，表示每循环1次，i值递减1，对应的循环条件就应改为i≥1，初值是100，终值是1。

程序运行的输出结果如图4-12所示。

图4-12 运行结果

程序如下所示：

```
For i = 100 To 1 Step -1
    sum = sum + i
Next i
```

如果把步长改为2，则每循环1次，循环变量增加2，程序的功能变成将1到100之间的奇数进行累加。

```
For i = 1 To 100 Step 2
    sum = sum + i
Next i
```

可见，For循环适合于循环次数已知的循环，特别是某些有规律的公式的计算，其中循环变量不仅作为控制循环次数的关键点，同时也经常成为循环体中参与运算的对象，从而发挥双重作用。

【例4-11】连续输入10个分数，并根据分数的情况输出对应的评语信息：90≤分数≤100，输出“优”；80≤分数<90，输出“良”；70≤分数<80，输出“中”；60≤分数<70，输出“差”；分数<60，输出“不及格”；分数<0或分数>100，则输出“输入有误”。

程序如下：

```
Private Sub Command1_Click()
Dim score, i As Integer
For i = 1 To 10
score = InputBox("score = ", "input")
Select Case score
```

```
Case 0 To 60
  MsgBox("不及格")
Case 60 To 69
  MsgBox("差")
Case 70 To 79
  MsgBox("中")
Case 80 To 89
  MsgBox("良")
Case 90 To 100
  MsgBox("优")
Case Else
  MsgBox("输入有误")
End Select
Next i
End Sub
```

由此可见，循环结构并不是十分复杂的结构，编程的重心还是根据功能完成对循环体的编制。循环语句只是在循环体之外进行循环条件的设置和添加。

2. For Each... Next 型循环

【格式】For Each <变量> In <数组名 | 对象集合>

<循环体>

Next [<变量>]

【说明】这种形式的循环语句针对一个数组或集合中的每个元素，重复执行一组语句，用一个变量来代表遍历的每一个元素。对于集合来说，变量可以是变体型变量或对象变量；对于数组而言，变量只能是变体型变量。只要集合中有一个元素，就会进入循环体执行。针对数组或集合中的每一个元素执行一遍循环，直到处理完所有元素后，才退出循环。

注意：不能在 For Each... Next 语句中使用用户自定义类型数组，因为变体型不包含用户自定义类型。

3. Exit 语句

Exit 语句的作用是在循环体执行的过程中强制终止循环，退出循环结构语句。与循环语句相配合，在 For 型循环中，为 Exit For；在 Do 型循环中，为 Exit Do。Exit 语句与循环结构相配合的流程图如图 4 - 13 所示。Exit 语句常用于在循环过程中因为一个特殊的条件而退出循环，往往出现在 If 语句中。

【例 4 - 12】任意输入若干非零整数，进行大小判断，找出其中的最大数，直到输入 0，表示输入结束，把所有输入数中的最大数显示出来。

程序如下：

```
Private Sub Command1_Click()
  Dim max, n As Integer
  max = 0
```

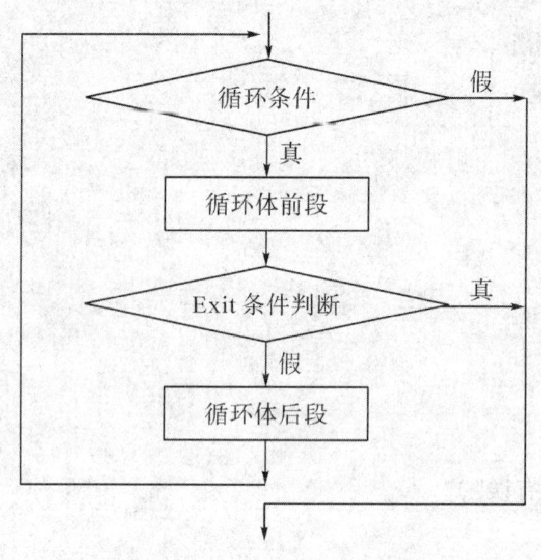

图 4-13　含 Exit 的循环结构

```
  Do While True
     n = InputBox("n = ", "input")
     If n = 0 Then
        Exit Do
        ElseIf n > max Then
           max = n
        End If
Loop
  MsgBox("max = " + Str(max))
End Sub
```

可以看出，输入整数以及判断大小的过程是个循环过程，但是循环多少次，即一共要输入和判断多少个数是在编程时无法确定的，而需要执行程序的用户在输入中随机决定，可能输入 10 个数，也可能输入成百上千个数，直到输入一个 0 为止，表示输入结束。

在上面的程序中，甚至把循环条件设置为 True，即循环条件永远为真，似乎没有设置有意义的循环条件，但在循环体中的一个 If 语句分支里，一旦判断到输入变量 n 的值等于 0，则通过执行 Exit Do 语句强制退出循环。可见，在这个程序里，实质上是把退出循环的条件内置到了循环体中。这种循环结构称为"永真型循环"，即表面上循环条件永远为真，但实质上通过与 Exit 语句结合，将退出循环的条件内置到循环体中，避免循环成为真正的"死循环"。

注意：如果遇到循环嵌套的情况，Exit 语句将只会使程序流程跳出包含它的最内层的循环结构，即只跳出一层循环。

4.4.2 While 型循环

【格式】While <循环条件表达式>

<循环体>

Wend

【说明】该语句也属于“当型循环”，类似于 Do While...Loop 型循环语句。在进入循环之前，先进行循环条件的判断。条件成立，执行循环体；条件不成立，则退出循环。

【例 4-13】编写程序，利用 While 型循环语句计算 1+2+3+4+5+…+99+100 的值。

程序如下：

```
Private Sub Form_Load()
Dim i, sum As Integer
i = 1
sum = 0
While i <= 100
  sum = sum + i
  i = i + 1
Wend
MsgBox("sum = " + Str(sum))
End Sub
```

For 型循环和 While 型循环可以相互转换并取代。如果把 For 型循环改写成 While 型循环，For 型循环语句中对循环变量的初值、终值和步长的设定则分别出现在 While 型循环的以下位置：

```
<循环变量> = <初值>
While <循环变量> <= <终值>
<循环体>
<循环变量> = <循环变量> + <步长>
Wend
```

当步长为负数时，循环条件可改成“<循环变量> >= <终值>”。

【例 4-14】计算 n 的阶乘，n 是一个大于 1 的正整数，其值由用户输入。

n 的阶乘的计算公式是：n!=1×2×3×…×(n-1)×n。可见，其是一个从 1 开始累乘到 n 的过程。累乘是一个重复操作，需要用循环结构进行控制。可设置一个变量 fact 来记录累乘的中间结果以及最终结果。再设置一个循环变量 i，控制被乘数从 1~n 的变化，一方面作为循环变量控制累乘的次数，另一方面也作为累乘的对象参与运算。

程序如下：

```
Private Sub Command1_Click()
Dim i, fact, n As Integer
```

```
n = InputBox("n = ", "input")
i = 1
fact = 1
While i < = n
fact = fact * i
i = i + 1
Wend
MsgBox ("n = " + Str(n) + " , n! = " + Str(fact))
End Sub
```

运行程序，出现数据输入提示对话框，如果输入 5，然后单击“确定”按钮，显示结果为“n=5，n!=120”，如图 4-14 所示。

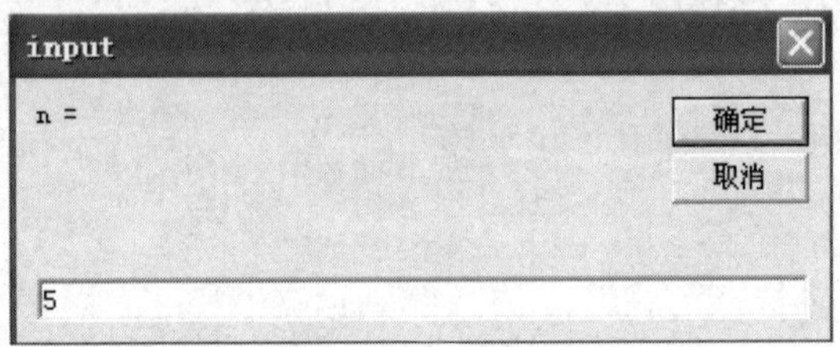

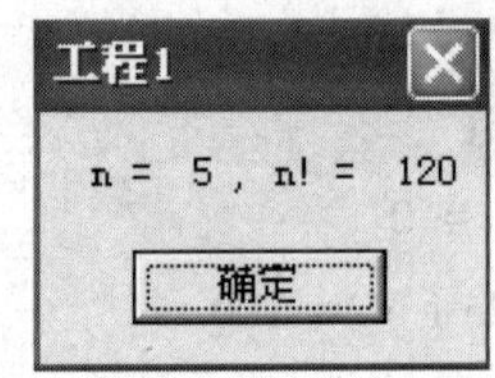

图 4-14 程序运行示例

4.4.3 Do 型循环

【格式 1】Do <While | Until> <循环条件表达式>

<循环体>

Loop

【格式 2】Do

<循环体>

Loop <While | Until> <循环条件表达式>

【说明】以上两种格式的区别在于进行循环条件判断的时机不同，第一种循环语句是在执行循环体之前进行判断，条件成立才进入循环体的执行。如果第一次判断条件就不成立，则不会进入循环，这样，可能出现循环体一次都不被执行的情况；第二种循环语句是在执行循环体后进行循环条件的判断，因此在第一次执行循环体时是直接进入，而不需要条件判断，执行完毕再进行循环条件的判断以决定是否进行下一次循环，这样，循环体至少要被执行一次。这是两者的唯一区别。

While 和 Until 的区别在于：While 属于“当型循环”，与循环条件相结合表示当循环条件成立，条件表达式的值为真时，才执行循环体；Until 属于“直到型循环”，与循环条件结合表示直到条件成立时才退出循环，相当于在条件不成立时进行循环，一旦条件成立，则退出循环。While 引出继续循环的条件，而 Until 引出退出循环的条件。

【例 4-15】利用 Do 型循环语句编写程序，计算 1+2+3+4+5+…+99+100 的值。

程序如下：

```
Private Sub Form_Load()
Dim i, sum As Integer
i = 1
sum = 0
Do While i < = 100
sum = sum + i
i = i + 1
Loop
MsgBox("sum = " + Str(sum))
End Sub
```

如果改为在后面进行循环条件的判断：

```
Do
sum = sum + i
i = i + 1
Loop While i < = 100
```

如果用 Until 来描述条件，则其后的条件是退出循环的条件。因此，上面 While 后的循环条件是 i < = 100，而在 Until 后的退出循环的条件应改为 i > 100。程序如下：

```
Do Until i > 100
sum = sum + i
i = i + 1
Loop
```

再改写成 Until 出现在循环语句的后面，程序如下：

```
Do
sum = sum + i
i = i + 1
Loop Until i > 100
```

在注意 While 和 Until 区别的时候，也不要忽视将条件前置和后置的不同。在以上程序中，循环条件或是退出循环的条件放在循环体的前面和后面的效果是相同的，但在某些程序的执行过程中，如果第 1 次测试循环条件就不满足时，则条件前置和后置的结果就会有所不同。

【例 4 - 16】输入一个小于 20 的整数，求从该整数累加到 20 的和。

程序如下：

```
Private Sub Form_Load()
Dim i, sum As Integer
i = InputBox("i = ", "input")
sum = 0
Do While i < = 20
```

```
sum = sum + i
i = i + 1
Loop
MsgBox("sum = " + Str(sum))
End Sub
```

如果用 Do... Loop While 型循环语句，上例应改为：

```
Do
sum = sum + i
i = i + 1
Loop While i < =20
```

当输入的整数小于 20 时，Do While... Loop 型循环与 Do... Loop While 型循环的执行结果没有任何区别；当输入的整数大于 20 时，Do While... Loop 型在第一次条件判断时就退出循环，一次循环都没有执行，sum 的值仍然为 0；而 Do... Loop While 型由于直接进入循环体，然后判断条件，因而在执行了一次循环后才退出循环，因此输出 sum 的值为输入的整数。

【例 4-17】任意输入若干非零整数，进行大小判断，找出其中的最大数，直到输入 0，表示输入结束，把所有输入数中的最大数显示出来。

程序如下：

```
Private Sub Command1_Click()
  Dim max, n As Integer
  max = 0
  Do While True
    n = InputBox("n = ", "input")
    If n = 0 Then
  Exit Do
  ElseIf n > max Then
       max = n
  End If
Loop
  MsgBox("max = " + Str(max))
End Sub
```

可以看出输入整数以及判断大小的过程是个循环过程，但是循环多少次，即一共要输入和判断多少个数是在编程时无法确定的，而需要执行程序的用户在输入中随机决定，可能输入 10 个数，也可能输入成百上千个数，直到输入一个 0 为止，表示输入结束。

4.4.4 多重循环

多重循环是指某一个循环控制结构内又出现另一个或多个循环控制结构，其实质是循环控制结构的嵌套。多重循环从结构上是容易掌握的，不管对处于哪一层的结构语句而言，使用规则仍然不变，只需将其内层的结构语句当成一般的语句。不过要注意语句的完整，每个结构语句的子句要相互呼应，不能漏掉；多层嵌套时更要注意分清层次，不能出现相互交叉的情况，即内层的控制语句一定要被完整地包含在外层的控制语句中。在书写时最好采用分层递进的书写格式。对于 For...Next 语句和 For Each...Next 语句内外嵌套的情况，内外层的控制变量一定不能同名。

可以在多重循环中使用 Exit 语句，Exit 语句的作用是在循环体执行的过程中强制终止循环，退出循环结构语句。Exit 语句常用于在循环过程中因为一个特殊的条件而退出循环，往往出现在 If 语句中。如果遇到循环嵌套的情况，Exit 语句将只会使程序流程跳出包含它的最内层的循环结构，即只跳出一层循环。

【例 4-18】在窗体中打印九九乘法表，运行结果分别如图 4-15 和图 4-16 所示。

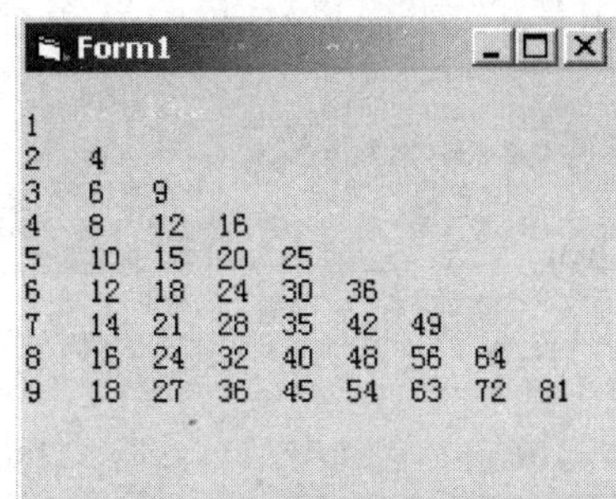

图 4-15　九九乘法表 1

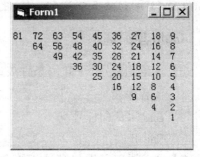

图 4-16　九九乘法表 2

输出如图 4-15 所示结果的程序如下：

```
Private Sub Form_Click()
  Dim i, j As Integer
  Print
  For i = 1 To 9
    For j = 1 To i
      Print Left(CStr(i * j) & Space(5), 4);
    Next j
    Print
  Next i
End Sub
```

输出如图 4-16 所示结果的程序如下：

```
Private Sub Form_Click()
  Dim i, j As Integer
  Print
  For i = 9 To 1 Step -1
    Print Tab((9 - i) * 4 + 1);
    For j = i To 1 Step -1
        Print Left(CStr(i * j) & Space(5), 4);
    Next j
    Print
```

```
    Next i
End Sub
```

两个程序都出现了 For 语句的嵌套，外层循环变量 i 控制输出的行数及其行号的变化，内层循环变量 j 控制一行内输出的列数及其列号的变化。但具体数值不同：在第一种情况中，行号的范围是 1 ~ 9，列号的范围是 1 ~ i，即行号为 i 的行输出 i 个数，值为行号和列号的乘积；在第二种情况中，行号的范围是 9 ~ 1，列号的范围是 i ~ 1，即行号为 i 的行输出 i 个数，值为行号和列号的乘积。在这种情况下要先输出若干空格，空格的个数根据所在行的不同而不同，因此使用 Tab 函数进行控制，每行跳几格与行号有关。

Left(CStr(i * j) & Space(5), 4) 的作用是为了使上下两列数据对齐。

4.4.5 Goto 型循环

【格式】 <语句标号>: If <条件表达式> Then
<程序段>
goto <语句标号>
End If

【功能】goto 语句和语句标号相结合，表示无条件地转移到它所在过程中的指定行。利用 goto 语句可以实现循环结构，往往还要和 If 语句相配合。

【说明】 <语句标号>用标识符表示，命名规则与变量名相同，不能用整数作为标号。当<条件表达式>成立时，执行程序段，然后通过跳转语句跳到<语句标号>处，再次进行条件的判断，若仍成立，继续循环；不成立，则跳出 If 语句，退出循环，然后执行下面的程序。因此循环条件实际是在 If 语句中表达的。

【例 4 - 19】利用 goto 语句编写程序，计算 1 + 2 + 3 + 4 + 5 + … + 99 + 100 的值。

程序如下：

```
Private Sub Command1_Click( )
    Dim i, sum As Integer
    sum = 0
    i = 1
    s: sum = sum + i
    i = i + 1
    If i < = 100 Then
        GoTo s
    End If
    Print "1 + 2 + 3 + … + 99 + 100 = ", sum
End Sub
```

一般情况下最好不要使用 goto 语句，特别是在多重循环中，goto 语句可以跳出多层循环，一旦使用不当，会导致跳转结构的混乱，造成可读性差，使程序代码不容易阅读及调试，应该尽可能使用前面介绍的结构化控制语句。

4.5 综合应用案例

4.5.1 设计“一元二次方程”求解程序

【例4-20】编写程序，输入一元二次方程的系数，自动求解方程的两个根，其界面设计如图4-17所示。可在三个文本框中分别输入方程的三个系数。若输入有误，弹出错误信息提示对话框；若输入无误，单击“结果显示”按钮，自动计算方程根求解结果。

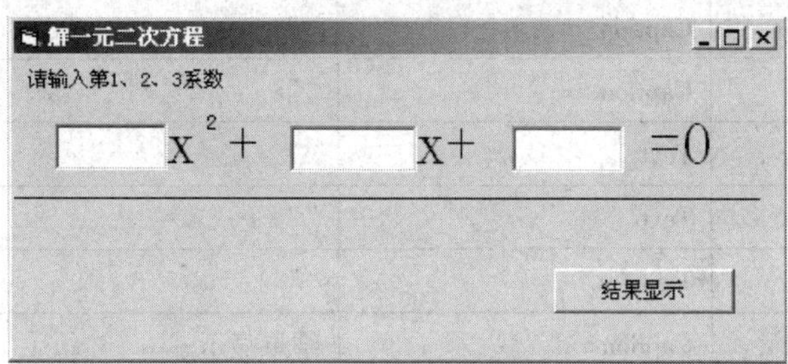

图4-17 一元二次方程求解

根的计算公式是：

$$\Delta = b^2 - 4ac\begin{cases} >0\text{ 时，} x_1,\ x_2 = \dfrac{-b \pm \sqrt{b^2 - 4ac}}{2a} \\ =0\text{ 时，} x_1,\ x_2 = -\dfrac{b}{2a} \\ <0\text{ 时，} x_1,\ x_2 = \dfrac{-b \pm \sqrt{4ac - b^2}}{2a} \end{cases}$$

操作步骤如下：

(1) 新建一个窗体，在窗体中添加7个“标签”控件（Label1 ~ Label7）、3个“文本框”控件（Text1 ~ Text3）和1个“命令按钮”控件（Command1），分别调整这些控件的大小和位置，如图4-18所示。

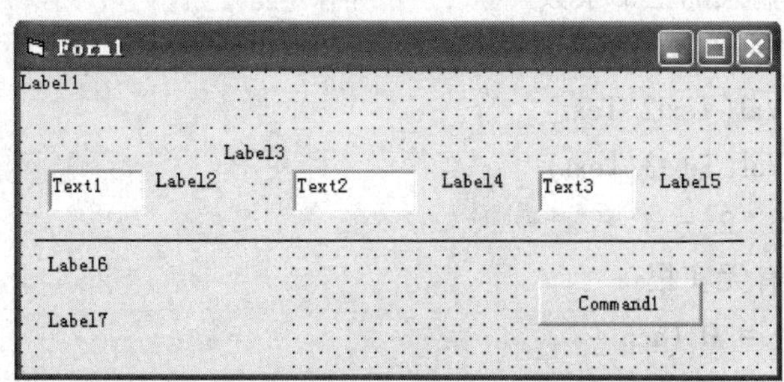

图4-18 在窗体中添加控件

(2) 在“属性”窗口中，设置各对象的属性，如表4-1所示。

4 程序的控制结构

表 4-1　　　　各控件的属性设置

对象	属性	属性值
Form1	Caption	解一元二次方程
Label1	Caption	请输入第 1、2、3 系数
Label2	Caption	x +
Label3	Caption	2
Label4	Caption	x +
Label5	Caption	=0
Label6	Caption	“”
Label7	Caption	“”
Text1	Text	“”
Text2	Text	“”
Text3	Text	“”
Command1	Caption	结果显示

（3）编写事件代码。

在窗体中双击 Command1 控件，在“代码”窗口中输入以下代码：

```
Private Sub Command1_Click( )
    '清空结果标签框
    Label6. Caption  =  " "
    Label7. Caption  =  " "
    '判断用户输入的有效性
    If IsNumeric( Text1. Text)  =  False Or IsNumeric( Text2. Text)  =  False Or _
    IsNumeric( Text3. Text)  =  False Or Val( Text1. Text)  =  0 Then
       h  =  MsgBox( "输入无效", 0, "解方程")
    Else
    '获取用户输入的三个系数
        a  =  Val( Text1. Text)
        b  =  Val( Text2. Text)
        c  =  Val( Text3. Text)
        d  =  b ^ 2  -  4  *  a  *  c
    '判断方程有无实根
        If d  > =  0 Then
            '求解方程实根
            x1  =  ( -b  +  Sqr(d)) / (2  *  a)
            x2  =  ( -b  -  Sqr(d)) / (2  *  a)
            Label6. Caption  =  "第一个实根为" & Str(x1)
```

```
            Label7. Caption = "第二个实根为" & Str(x2)
        Else
          '求解方程虚根
           p = ( -b) / (2 * a)
           q = Sqr ( -d) / (2 * a)
          Label6. Caption = "第一个虚根为" & Str(p) & " +" & Str(q) & "i"
          Label7. Caption = "第二个虚根为" & Str(p) & " -" & Str(q) & "i"
        End If
    End If
End Sub
```

（4）选择“运行”菜单中的“启动”命令，运行“一元二次方程求解”程序。在三个输入框中分别输入系数，单击“结果显示”按钮，求解结果显示如图 4－19 所示。

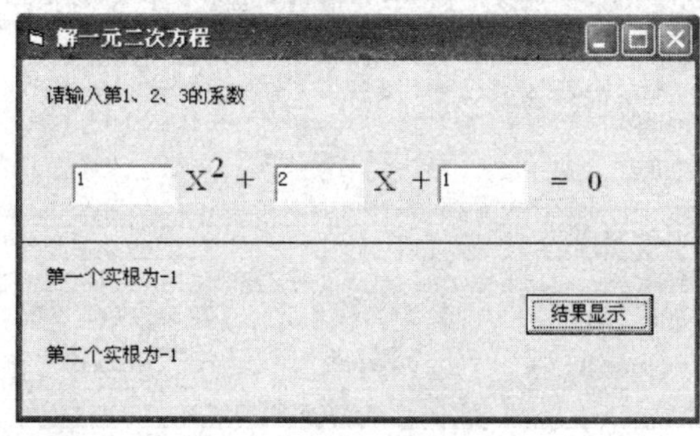

图 4－19　求解结果

（5）选择“文件”菜单中的“保存工程”命令，将工程文件命名为“一元二次方程求解”，并保存在磁盘上。

4.5.2　设计“神奇的整数”程序

【例 4－21】设计如图 4－20 所示的“寻找神奇整数”应用程序。若单击“水仙花数”按钮，在窗体中显示 100～999 的水仙花数；若单击“素数”按钮，在窗体中显示 100～999 的素数；若单击“完数”按钮，在窗体中显示 100～999 的完数。其中，水仙花数是指一个 n 位数（n≥3），它的每个位上的数字的 n 次幂之和等于其本身。例如，1^3 + 5^3 + 3^3 = 153。素数是除能被 1 和它本身整除之外，不能被其他数整除的整数；而“完数”是指一个恰好等于它的因子之和的数，如 6 的因子为 1、2、3 而 6 = 1 +2 +3，因而 6 为完数。

操作步骤如下：

（1）新建一个窗体，在窗体中添加 3 个“命令按钮”控件（Command1、Command2、Command3），调整它们的大小和位置，如图 4－21 所示。

（2）在“属性”窗口中，设置各对象的属性，如表 4－2 所示。

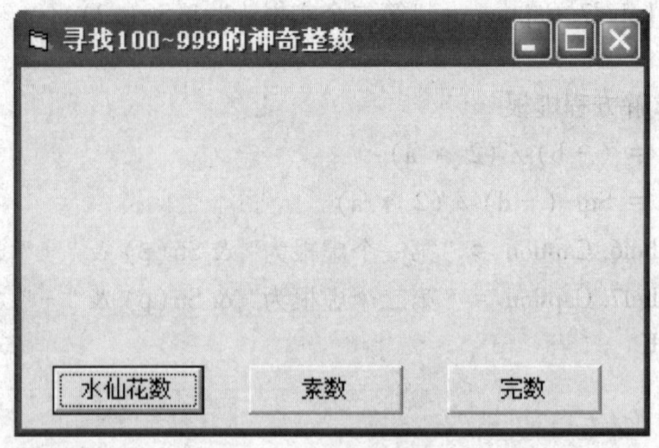

图 4-20　寻找神奇整数

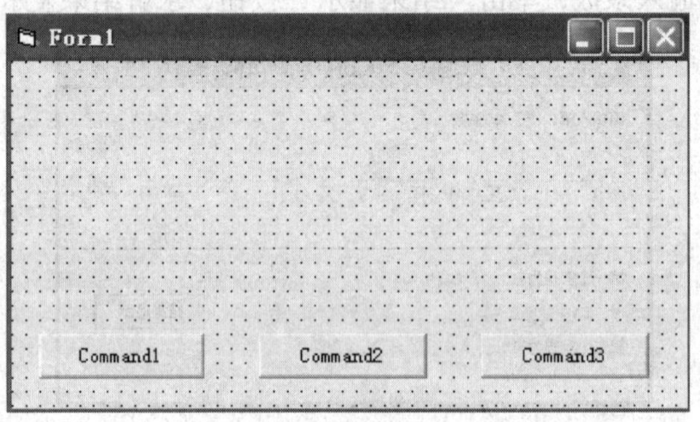

图 4-21　在窗体中添加控件

表 4-2　　各控件的属性设置

对象	属性	属性值
Form1	Caption	寻找 100 ~999 的神奇整数
Command1	Caption	水仙花数
Command2	Caption	素数
Command3	Caption	完数

(3) 编写事件代码。

① 在窗体中，双击 Command1 控件，在“代码”窗口中输入代码，完成 100 ~ 999 的水仙花数的显示。寻找水仙花数的方法是针对 100 ~ 999 的所有整数，依次判断每个整数的各位上数字的 n 次幂之和是否等于其本身。若相等，则在窗体上输出该数。

```
Private Sub Command1_Click( )
Dim a, b, c, i As Integer
Cls        '清屏
i = 100
    While i < = 999
```

```
        a = i \ 100                 '百位上的数
        b = (i - a * 100) \ 10      '十位上的数
        c = i Mod 10                '个位上的数
        If a ^ 3 + b ^ 3 + c ^ 3 = i Then
            Print i
        End If
        i = i + 1
    Wend
End Sub
```

程序运行的结果显示如图 4 -22 所示。

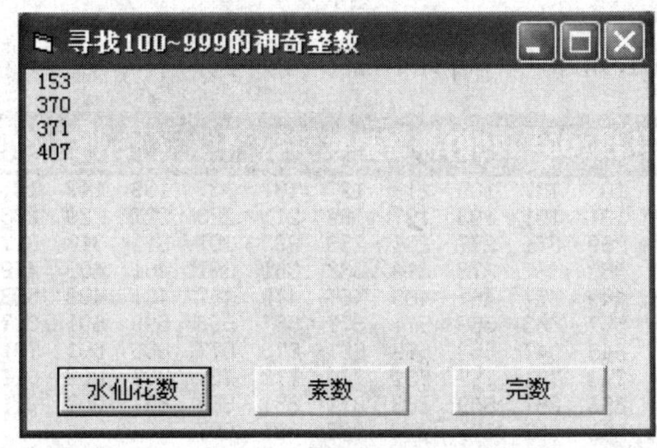

图 4 -22　输出水仙花数

② 在窗体中，双击 Command2 控件，在“代码”窗口中输入代码，完成 100 ~999 的素数的显示。

判断 n 是否为素数的方法：若 n 不能被 2 ~ n 中的所有整数整除，则 n 是素数。程序设计中可用循环。一旦 n 能够被 2 ~ n 中的一个数整除，则判断 n 不是素数，退出循环。

针对 100 ~999 的所有整数，可采用循环结构依次判断每个整数是否为素数。若是，则在窗体上输出该数。本段代码可采用二重循环进行设计，内层循环判断一个整数是否为素数，外层循环依次判断 100 ~999 的所有整数。

考虑到 100 ~999 的素数较多，可按每行 15 个进行输出。代码设计如下：

```
Private Sub Command2_Click()
Cls
s = 0
  For n = 100 To 999
    i = 2
    flag = 0   ' flag =0 表示 n 是一个素数，flag =1 表示 n 不是素数
    While i < n And flag = 0
        If n Mod i = 0 Then flag = 1 Else i = i + 1
    Wend
```

```
        If flag  =  0 Then
            Print n;
    ' s 用来存储已输出素数的个数
    s  =  s  + 1
            '若 S 是 15 的倍数，则换行
            If s Mod 15  =  0 Then
                Print
            End If
        End If
    Next
End Sub
```

程序运行的结果显示如图 4 - 23 所示。

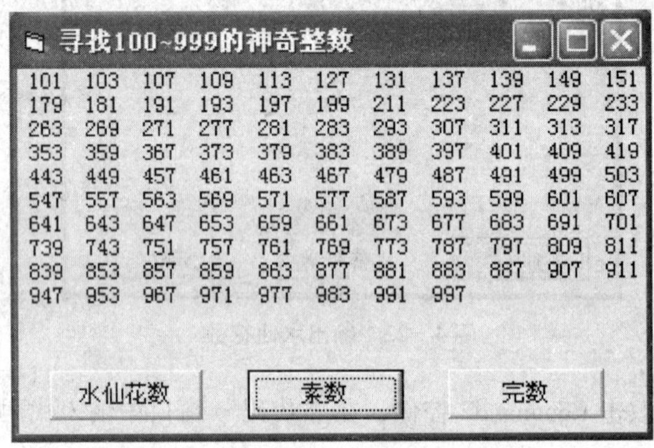

图 4 - 23　输出素数

③ 在窗体中，双击 Command3 控件，在“代码”窗口中输入代码，完成 100 ~ 999 的完数的显示。“完数”是指一个恰好等于它的因子之和的数，如 6 的因子为 1、2、3，而 6 =1 +2 +3，所以 6 是完数。

判断 n 是否为完数的方法：使用循环结构依次用数 n 除 1 到 n - 1。若能整除，则将因子进行累加。若其所有因子之和等于数 n，则 n 是完数。

针对 100 ~ 999 的所有整数，可采用循环结构依次判断每个整数是否为完数。若是，则在窗体上输出该数。本段代码可采用二重循环进行设计，内层循环判断一个整数是否为完数，外层循环依次判断 100 ~ 999 的所有整数。

程序如下：

```
Private Sub Command3_Click( )
Cls
n  =  1
Do While n  < =  1000
s  =  0                                's 用来存放因子之和
  For i  =  1 To n  -  1               '用数 n 除 1 到 n - 1
```

```
        If n Mod i = 0 Then
            '若 i 是 n 的因子，则将 s 加上该因子
            s = s + i
        End If
    Next
    '若因子之和 s 等于 n，则输出完数 n
    If s = n Then
        Print n
    End If
n = n + 1
Loop
End Sub
```

程序运行的结果显示如图 4-24 所示。

图 4-24 输出完数

（6）选择“运行”菜单中的“启动”命令，运行该程序。分别单击三个按钮，得到不同的结果。

（7）选择“文件”菜单中的“保存工程”命令，将工程文件命名为“寻找神奇整数”并保存在磁盘上。

【本章小结】

在 Visual Basic 结构化程序设计中，语句执行的顺序主要由顺序结构、选择结构、循环结构三种基本控制结构来决定。每一种控制结构都由多种控制语句来实现。其中实现选择结构的常用控制语句有 If 语句、Select 语句等。

在程序设计中，循环是指从某处开始有规律地重复执行某一程序段的现象。被重复执行的程序段称为循环体。使用循环控制结构语句编程，既可以简化程序，又可以提高效率。

本章主要介绍 For 型循环语句、While 型循环语句以及 Do 型循环语句的格式和特点，各自适用于什么样的情况以及相互转换的方法。注意 Exit 语句与循环语句结合的特点。

在学习控制语句时，一定要注意每种语句的格式特点和关键字的对应情况，注意

书写的规范，养成良好的编程习惯，以分层递进的格式进行程序的书写，保证嵌套的控制结构逻辑正确，同时做到层次分明，增加程序的可读性。

习题4

一、选择题

1. 以下声明语句中错误的是__________。

A. Const var1 = 123　　B. Dim var2 = 'ABC'

C. private a1 as char　　D. Static var3 As Integer

2. 设 a = 1、b = 2、c = 3、d = 4，则表达式 IIf (a < b, a, Iif (c < d, a, d)) 的值为__________。

A. 4　　B. 3　　C. 2　　D. 1

3. 下列程序执行的结果是__________。

```
Private Sub Command1_Click( )
    x = 25
    If x > 0 Then y = 1
    If x > 10 Then y = 2
    If x > 20 Then y = 3
    If x > 30 Then y = 4
    Print y
End Sub
```

A. 1　　B. 2　　C. 3　　D. 4

4. 以下叙述中正确的是__________。

A. Do... While 语句构成的循环不能用其他语句构成的循环来代替

B. Do... While 语句构成的循环可以用 Break 语句退出

C. 用 Do... While 语句构成的循环，在 While 后的条件不成立时结束循环

D. 用 Do... Loop Until 语句构成的循环，在 Until 后的条件不成立时结束循环

5. 下列关于 Do Until - Loop 型循环的叙述中，正确的是__________。

A. 先执行循环体，当 Until 后的表达式成立时继续循环

B. 先执行循环体，当 Until 后的表达式成立时退出循环

C. 先进行循环条件的判断，当 Until 后的表达式成立时继续循环

D. 先进行循环条件的判断，当 Until 后的表达式成立时停止循环

6. 以下程序运行后，输出 s 的值是__________。

```
For j = 1 To 20
    x = 2 * j - 1
If x Mod 3 = 0 Or x Mod 7 = 0 Then s = s + 1
Next j
Print s
```

A. 5　　B. 9　　C. 11　　D. 15

7. 以下程序段中循环体执行的次数是__________。

```
i = 0 : j = 1
While i < = j + 1
        Print i ;
        i = i +2 : j = j -1
Wend
```

A. 1 次　　B. 2 次　　C. 3 次　　D. 无法确认

8. 阅读下面的程序段，运行三重循环后，a 的值为__________。

```
For i = 1 To 3
    For j = 1 To i
      For k = j To 4
        a = a + 1
      Next k
    Next j
Next i
```

A. 9　　B. 24　　C. 14　　D. 20

二、填空题

1. 将以下两条 If 语句合并成一条 If 语句为__________。

```
If a < = b Then
   x = 1
Else
       y = 2
End If
If a > b Then
       Print y
Else
       Print x
End If
```

2. 以下程序运行的输出结果是__________。

```
Private Sub Command1_Click( )
   Dim n As Integer
   n = Asc("c")
   n = n + 1
Select Case n
   Case Asc("b")
     Print "good"
   Case Asc("c")
```

```
        Print "pass"
    Case Asc("d")
        Print "warn"
    Case Else
        Print "error"
End Select
End Sub
```

3. 所给程序运行的输出结果如下，但程序不完整，请填空补充。

```
      D
CD
      BCD
      ABCD
```

程序如下：

```
a $ ="ABCD"
For m =1 TO 4
    Print
Next m
```

4. 以下程序段运行的输出结果是__________。

```
n = 9
Do While(n > 6)
      n = n - 1
Print n;
Loop
```

5. 以下程序的运行结果是__________。

```
c $ = 35
For i = 1 To 3
          t $ = t $ + Left(c $, i)
Next i
Print t
```

三、上机题

1. 使用 Select 语句编写程序，根据输入的学生成绩判断学生的等级，判断规则为：100 ~90 分，等级为 A；89 ~80 分，等级为 B；79 ~70 分，等级为 C；69 ~60 分，等级为 D；50 ~0 分，等级为 E。程序运行界面如图 4 -25 所示。

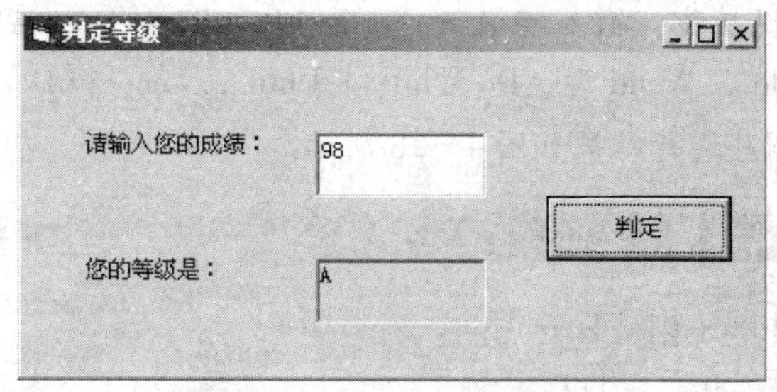

图 4-25　判断学生成绩的等级

2. 编写程序，实现的功能是：运输公司为用户计算运费时，根据不同的里程段按不同的折扣优惠，具体的折扣标准如表 4-3 所示。在运输公司输入每吨货物的运费、货物质量、运输里程后，计算出运费。程序运行结果如图 4-26 所示。

表 4-3　　里程与折扣

里程区间/（km）	折扣率
里程 <500	0
500≤里程 <1 000	2%
1 000≤里程 <2 000	3%
2 000≤里程 <4 000	5%
4 000≤里程	8%

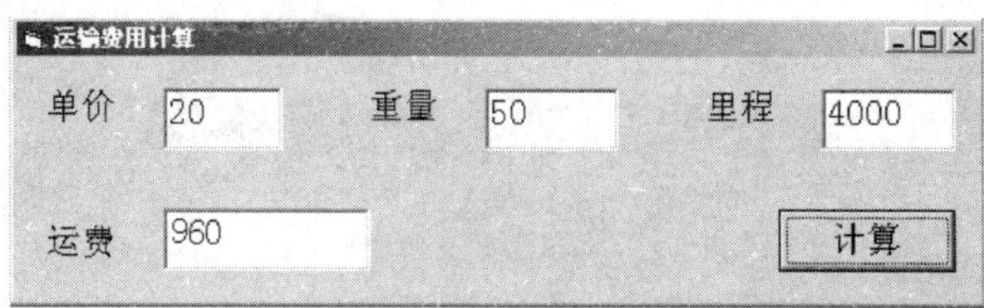

图 4-26　计算运费

3. 一球从 100 米高度自由落下，每次落地后反跳回原高度的一半，再落下。在窗体的单击事件中编写程序。输出它在第 10 次落地时，共经过多少米，第 10 次反弹多高。程序运行的输出结果如图 4-27 所示。提示：使用 For 计数循环语句。

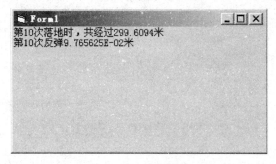

图 4-27　运行结果

4. 编写程序实现功能：输入整数 n，计算 1！+2！+…+n！的值，要求分别用 For... Next 型、While... Wend 型、Do While | Until... Loop 和 Do... Loop While | Until 型循环语句实现。程序运行结果如图 4-28 所示。

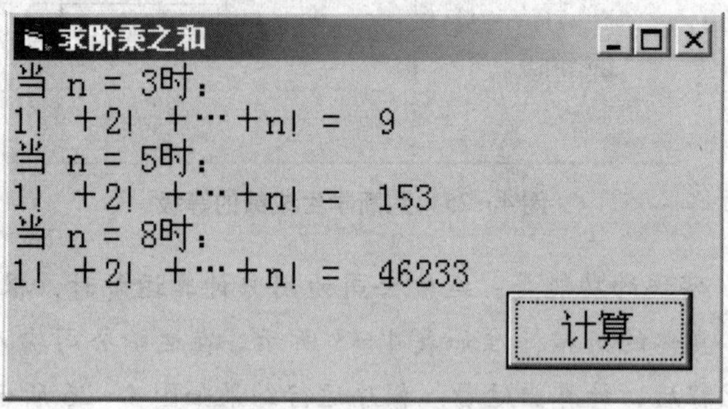

图 4-28　求阶乘之和

5　构造数据类型

【学习目标】

1. 理解数组的概念及表示方法。
2. 掌握静态数组的声明及其应用。
3. 熟悉数组元素的引用形式，掌握数组的基本操作。
4. 了解控件数组的建立和使用过程。
5. 掌握枚举类型的定义和使用方法。
6. 熟悉自定义数据类型的定义和使用。

5.1　数组

在 Visual Basic 中，数组是一组有序下标的相关数据形成的元素集合，可以用统一的名称和确定的下标来引用数组元素。多数情况下，数组的元素具有相同的数据类型。当有较多的同类型数据需要处理时，可以将这些数据存放在一个数组中。

5.1.1　数组的形式

在 Visual Basic 中，数组的一般形式为 A(n)。其中，A 代表数组名，n 代表下标变量，一个数组可以有若干个下标变量。

数组名的命名规则和一般变量的命名规则相同，以字母开头，由字母、数字和下划线组成，不能超过 255 个字符，不能使用 Visual Basic 的保留字和末尾带有类型符的保留字，也不能与符号常量名和过程名同名。

数组的下标个数称为数组的维数，多维数组的多个下标之间用逗号分隔。只有一个下标的是一维数组，元素的下标表示其在数组中的位置和标号；有两个下标的是二维数组，其中元素按行列排列成矩阵，第一个下标值表示其所在的行号，第二个下标值表示其所在的列号；有 3 个下标的是三维数组，其余依此类推。

例如：

```
Dim a(5) As Integer          '数组 a 是一维数组
Dim b(4, 5) As String        '数组 b 是二维数组
Dim c(4, 5, 6) As String     '数组 c 是三维数组
```

数组的下界和上界是规定的数组元素的序号范围，数组中每一个下标的上界和下

界要根据数组的元素个数以及下标的起始值确定。根据上下界，可以确定数组元素的个数，三者之间的关系是：

元素个数=卜标上界-下标下界+1

其中，上界不得超过长整型整数的范围。如果缺省下界，系统默认下界为0。例如：

```
Dim d(5) As Integer          '表示含6个元素的一维数组，下标范围是0~5
Dim e(3 To 7) As String      '表示含5个元素的一维数组，下标范围是3~7
Dim f(1 To 3 , 2 To 5) As String
'表示3行4列的二维数组，行下标的范围是1~3，列下标的范围是2~5
```

数组分为静态数组和动态数组。

5.1.2 静态数组及其声明

静态数组是指元素个数在声明数组时就设定的数组，一般使用关键字 Dim 声明。

1. 一维数组的声明

【格式】Public | Private | Static | Dim <数组名>([<下界>To] <上界>) As <类型名>

【说明】Public、Private、Static、Dim 关键字分别界定了数组使用的不同范围：

① 建立全局数组时，在模块的声明段用 Public 声明。

② 建立窗体、模块级数组时，在窗体、模块的声明段用 Private 或 Dim 声明。

③ 建立局部过程中的数组时，在过程的声明段用 Static 或 Dim 声明。

AS 子句用来指定数组的数据类型。Visual Basic 中的数据有多种，相应的数组也有多种类型。数组的类型是指数组用来存放什么类型的数据。通常，数组中的每个元素都具有相同的类型。

【例5-1】定义一个数组 a，共包含15个元素：a(1)~a(15)。该数组中的各个数组元素均只能存放整型数值。

定义如下：

```
Dim a(1 To 15) As Integer
```

数组的元素类型也可以不同。使用 Variant 变体类型即可定义变体型数组。

例如：

```
Dim c(16) As Variant
```

该语句定义了一个数组 c，共包含17个元素：c(0)~c(16)。c 数组的数组元素可以存放不同类型的数据。

一般情况下，定义数组时应指明其类型，若未指明，则默认为变体类型数组。例如：

```
Dim c(16)
```

这种方式定义的数组与上一个定义语句的效果是相同的。如果不指定下标的下界，一般默认值为0，即下界从0开始。如果要修改默认下界，则应执行 Option Base 语句。

例如：

在执行语句 Option Base 1 之前，定义：

Dim a(5) As Integer　　'数组 a 的下标范围是 0 ~5，含 6 个元素

在执行语句 Option Base 1 之后，定义：

Dim a(5) As Integer　　'数组 a 的下标范围是 1 ~5，含 5 个元素

2. 多维数组的声明

在实际应用中，不仅要使用一维数组，还需要使用二维、三维数组。多维数组的声明方法和一维数组的声明方法基本一致，需要对每一维的上界、下界作出声明。

例如：

Dim a(1 To 8, 6) As Integer

Dim b(9, 9, 9) As Single

二维数组 a 可以存放 8 ×7 个元素，相当于一个 8 行 7 列的矩阵；三维数组 b 可以存放 10 ×10 ×10 个元素。

对多维数组元素的引用，仍然通过数组名和元素对应的下标号来指定。如果需要对数组元素连续处理，通过循环嵌套来控制。一层循环采用一个循环变量，来控制某一维的下标变化，用下界、上界限制循环变量的范围。

3. 数组下标测试函数

定义了数组的下界和上界之后，可以调用函数 Lbound 和 UBound 来获取数组下界值和上界值，以便作为控制数组元素变化范围的依据。

【格式】'LBound（数组名［，维数序号］）

UBound（数组名［，维数序号］）

【说明】［维数序号］用于指定返回某一维的下界。1 表示第一维，2 表示第二维，以此类推。如果省略，则返回第一维的下界。若将 LBound 函数与 UBound 函数一起使用，可用来确定一个数组的大小。

【例 5 -2】通过调用函数 Lbound 和 Ubound 获取数组 b 的下界和上界，以此控制数组元素的输出。程序的运行结果如图 5 -1 所示。

图 5 -1　数组下标测试函数的使用

操作步骤如下：

(1) 新建一个窗体。

(2) 在“属性”窗口中，将窗体的 Caption 属性修改为“数组下标测试函数的使用”。

(3) 双击窗体，打开“代码”窗口，编写窗体的 Click 事件过程。

程序如下：

```
Private Sub Form_Click( )
Dim b( -2 To 5)
```

5 构造数据类型

```
Print
  Print "元素下标号:";
For i = LBound(b, 1) To UBound(b, 1)
Print i;
Next i
Print
Print
  Print "对应元素值:";
For i = LBound(b, 1) To UBound(b, 1)
b(i) = 2 * i
Print b(i);
Next i
Print
Print
  Print "数组的第一个元素值是:"; b(LBound(b, 1))
End Sub
```

(4) 运行程序，单击窗体，显示运行结果。

5.1.3 动态数组及其声明

在声明数组时，可能会遇到不能确定数组上下界和元素个数的时候。当预计到数组存储元素的个数可能不断变化时，需要声明一个动态数组。和静态数组不同的是，动态数组不需要声明上下界，或用变量为下界定值。

【格式】Dim <数组名>() As <类型名>

例如：

Dim a() As Variant

动态数组存储元素的个数将根据赋给它的元素情况而灵活变动。比如，前一时刻动态数组存储了 1 000 个元素，但随着程序的运行，该数组另一时刻可能只需存放 10 个元素，多余的空间则被释放给系统。由此可见，当数据存储个数变化很大时，使用动态数组可以避免固定数组长期占据闲置内存空间所带来的浪费。

在使用动态数组的过程中，如果确定了元素个数，需要对数组的上下界进行补充声明，并重新分配存储单元，则使用 ReDim 语句。

【格式】ReDim [Preserve] <动态数组名>([<下界>To] <上界>)

【说明】一般来说，在窗体、标准模块或过程中先用 Dim 或 Public 声明一个没有下标的数组，然后在过程中可用 ReDim 关键字定义有下标的数组，而下标则用变量表示，甚至可以在程序中多次使用 Redim 语句定义一个数组。执行 ReDim 语句后，相当于重新声明了数组的大小，并为之准备了用于以后存储元素的内存空间，原来存储在数组中的数据随即全部丢失。如果想保留原值，应在 ReDim 后加上 Preserve 关键字，原来的元素则成为最前面的元素，以后新增的元素排在后面。可以使用 ReDim 语句反复地改变数组的元素以及维数，但是 ReDim 语句不能改变该数组的数据类型。

注意：ReDim 语句只能出现在事件过程或通用过程中。

【例 5－3】生成 1 个数组，元素是 0～100 的随机数，数组元素个数由用户在执行程序的过程中通过对话框输入确定，要求分别求出数组中所有奇数之和、所有偶数之和，利用子程序调用计算和传递计算的结果，并在事件过程中输出。

例如，指定数组含 6 个元素，观察程序的运行结果；指定数组含 10 个元素，再看看程序运行结果。

分析：由于数组元素个数不确定，因此定义数组时不能指明上下界，一旦用户输入了指定的元素个数，应使用 ReDim 语句重新声明数组的上界，再进行接下来对动态数组的操作。注意：当通过随机函数生成数组值时，应使用 Int 函数对生成的随机数取整，为后面的奇数和偶数的判断奠定基础。

程序如下：

```
Private Sub form_Click( )
  Dim b( ), n, odd, even As Integer
  odd = 0
  even = 0
  n = InputBox("数组中数据的个数是：")
  ReDim b(n)
  Print "数组元素分别是："
  For i = 0 To n - 1
  b(i) = Int(100 * Rnd( ))
  Print b(i);
  Next i
  Print
  CallFun(b( ), n, odd, even)
  Print
  Print "奇数之和是："; odd
  Print
  Print "偶数之和是："; even
End Sub
SubFun(a( ), n, odd, even)
  Dim i As Integer
  For i = 0 To n - 1
  If(a(i) Mod 2) = 1 Then
  odd = odd + a(i)
  Else
    even = even + a(i)
  End If
  Next i
End Sub
```

程序中，一方面要注意动态数组的使用：先定义，然后使用 ReDim 语句确定长度。对动态数组元素的操作和对静态数组元素的处理相同。另一方面要注意在调用过程 Fun 时的参数传递，特别是实际参数组和形式参数组的传递，实际参数组 b 和形式参数组 a 通过传地址方式指向同一个数组的存储区域。程序中，参数 odd 和 even 的设置也起到了从被调过程向事件过程传递计算结果的作用，参数同样通过传地址方式来传递数据。

程序运行如下：

(1) 运行程序，单击窗体，出现输入对话框，输入 6（指定数组含 6 个元素），如图 5-2 所示。

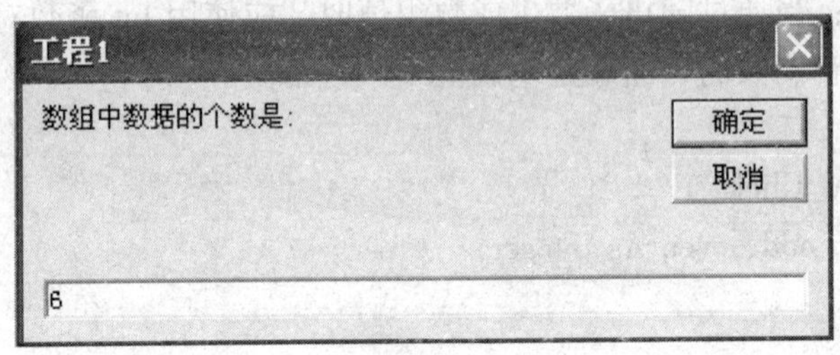

图 5-2　指定数组含 6 个元素

(2) 单击"确定"按钮，屏幕显示程序的运行结果，如图 5-3 所示。

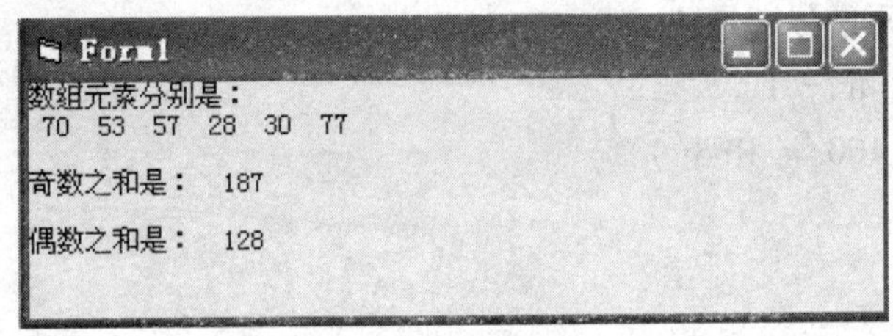

图 5-3　数组含 6 个元素的运行结果示例

(3) 再次运行程序，单击窗体，出现输入对话框，输入 10（指定数组含 10 个元素），如图 5-4 所示。

图 5-4　指定数组含 10 个元素

(4) 单击"确定"按钮，屏幕显示程序的运行结果，如图 5-5 所示。

5.1.4　数组的基本操作

定义一个数组之后，可以对其进行操作。数组的基本操作包括引用、赋值、输入、复制及输出。注意：这些操作都是针对数组元素而不是整个数组进行的。

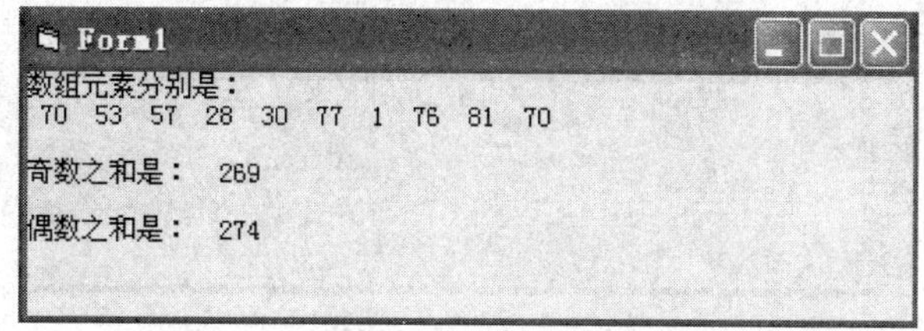

图 5 -5　数组含 10 个元素的运行结果示例

1. 数组元素的引用

对数组元素的使用和一般变量的使用一致，只是数组元素的名称上有其特点。

【格式】数组名（元素下标）

注意：数组名、类型、维数以及元素下标的范围要与声明数组时一致。

例如：Dim e(3 To 7)，则 e(3)、e(4)、e(5)、e(6)、e(7) 表示数组 e 的 5 个元素。

Dim f(1 To 3 , 2 To 5) As String

则 f(1，2)、f(1，3)、f(1，4)、f(1，5)、f(2，2)、f(2，3)、f(2，4)、f(2，5)、f(3，2)、f(3，3)、f(3，4)、f(3，5) 分别表示二维数组 f 的 3 行 4 列元素。

M1 = e(3)

M2 = f(3,5)

上述语句将一维数组 e 的第 1 个元素的值赋给内存变量 M1，将二维数组 f 排在最后的数组元素的值赋给内存变量 M2。

此外，对元素的其他引用形式都是非法的表示，将产生越界错误，例如 f(4,5)。

2. 数组元素的赋值

在程序中，凡是简单变量出现的地方都可以用数组元素代替。给普通变量赋值的方法同样适用于数组元素。

例如：

e(3) =123

e(4) ="hello"

e(5) =126.7

如果数组较大，用单个赋值语句给数组元素赋值时，会使程序相当长，且录入工作非常繁琐。此时，可以利用 Array 函数来完成数组的赋值。Array 函数的作用是返回一个数组变量，各数组元素的值就是 Array 函数括号中用逗号隔开的参数。

【格式】数组变量名 = Array（数组元素值表）

注意：使用 Array 函数创建的数组的下界为 0。

【例 5 -4】定义一个存储 3 个人信息的数组，并分行输出 3 人的情况。程序的运行结果如图 5 -6 所示。

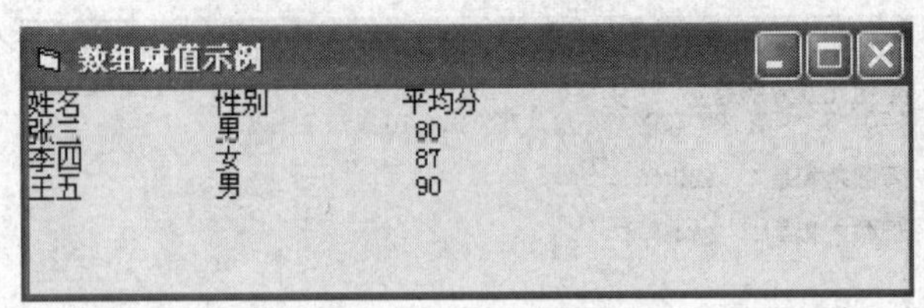

图 5-6　数组赋值

操作步骤如下：

(1) 新建一个窗体。

(2) 在"属性"窗口，将窗体的 Caption 属性修改为"数组赋值示例"。

(3) 双击窗体，打开"代码"窗口，编写窗体的 Click 事件过程。

程序如下：

```
Private Sub Form_click( )
  Dim a As Variant
  a = Array("张三", "男", 80, "李四", "女", 87, "王五",
"男", 90)
  Print "姓名", "性别", "平均分"
  For i = 0 To 2
    Print a(3 * i), a(3 * i + 1), a(3 * i + 2)
  Next i
End Sub
```

(4) 运行程序，单击窗体，显示运行结果。

本例中，首先定义变体类型的数组变量，然后使用 Array 函数来完成数组的赋值。Array 函数的数组元素值表是一个用逗号隔开的值表，其顺序是从左到右与数组中下标号由小到大的元素对应。元素的类型可以各不相同，这些值用于给数组的各元素赋值。

使用 Array 函数给变体类型的数组赋初值时，如果不提供参数，则创建一个长度为 0 的数组。当然数组变量名要事先定义，并且定义为变体类型（如 Dim s As Variant)，或不指明类型（Dim s)，但不能定义为其他的数据类型。

3. 数组元素的输入

当数组元素较少或只对少数几个赋值时，可以直接使用赋值语句逐个地对其元素赋值；如果数组较大，但输入数组的数据是有规律的，则一般可通过赋值语句、For 型循环语句或 InputBox 函数输入。

对每个元素逐一赋值或输入多维数组时，可以运用循环语句，通过循环变量控制数组元素下标的变化来有规律地赋值；而使用 InputBox 函数输入时，如果输入的数组元素是数值类型，应显示定义数组的类型，或者把输入元素转换为相应的数值，因为用 InputBox 函数输入的应该是字符串类型。

如果需要对数组元素逐个进行操作，可使用循环结构实现，特别是 For... Next 语句，把数组的下界、上界作为循环变量的初值和终值，再通过步长的控制达到对每一个元素都访问到。对于元素个数不能确定的数组，则使用 For Each... Next 语句更为方便。

【格式】For Each <变量> In <数组名 | 对象集合>

<循环体>

Next [<变量>]

【说明】这种形式的循环语句针对一个数组中的每个元素，重复执行一组语句，用一个变量来代表遍历的每一个元素。只要集合中有一个元素，就会进入循环体执行。针对数组中的每一个元素执行一遍循环，直到处理完所有元素后，才会退出循环。

【例 5-5】声明一个具有 10 个元素的数组，对每个元素赋值，其值为每个元素下标号的平方，赋值后使用 For Each... Next 语句输出各个元素的值。

程序如下：

```
Private Sub Command1_Click( )
Dim a(1 To 10) As Integer
For i = 1 To 10
a(i) = i * i                    '将 10 个元素分别赋值为 1、4、9、…、100
Next i
For Each n In a
  Print n                       '逐个输出元素的值
Next n
End Sub
```

4. 数组元素的复制

数组元素之间的复制很简单，和一般单个变量之间的复制相同。若要复制整个数组，不能直接在两个数组名之间使用赋值号，一般要与循环语句相配合，在两个数组的元素之间一一对应地赋值，从而达到整体复制的目的。

【例 5-6】编写程序，建立一个包含 10 个元素的整数数组 a，其元素值等于其下标的平方。建立一个整数数组 b，并把整数数组 b 的值复制到数组 a 中，最后输出复制结果。程序的运行结果如图 5-7 所示。

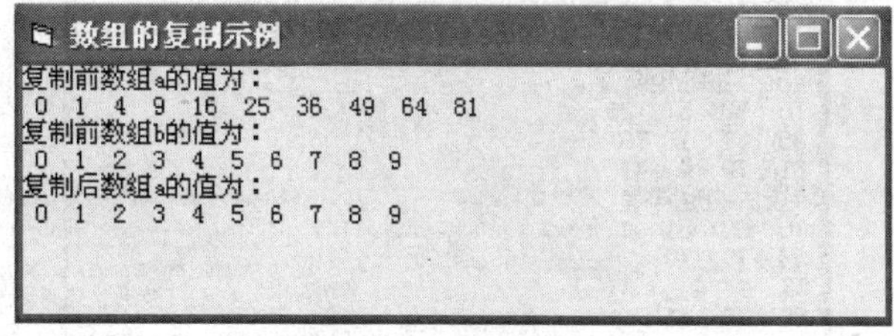

图 5-7 数组的复制

操作步骤如下：

(1) 新建一个窗体。

(2) 在“属性”窗口，将窗体的 Caption 属性修改为“数组的复制示例”。

(3) 双击窗体，打开“代码”窗口，编写窗体的 Click 事件过程。

程序如下：

```
Private Sub Form_click( )
```

```
Dim i, a(0 To 9) As Integer
Dim b As Variant
  Print "复制前数组 a 的值为:"
For i = 0 To 9
a(i) = i * i
Print a(i);
Next i
Print
b = Array(0, 1, 2, 3, 4, 5, 6, 7, 8, 9)
  Print "复制前数组 b 的值为:"
For i = 0 To 9
Print b(i);
Next i
Print
  Print "复制后数组 a 的值为:"
For i = 0 To 9
a(i) = b(i)
  Print a(i);
Next i
End Sub
```

(4) 运行程序，单击窗体，显示运行结果。

5. 数组元素的输出

数组元素的输出，Print 语句可同时与循环语句相结合进行。

【例 5-7】编写程序，使用二维数组创建一个 3×4 矩阵，矩阵的元素由随机函数产生，然后将行列转置后输出。程序的运行结果如图 5-8 所示。

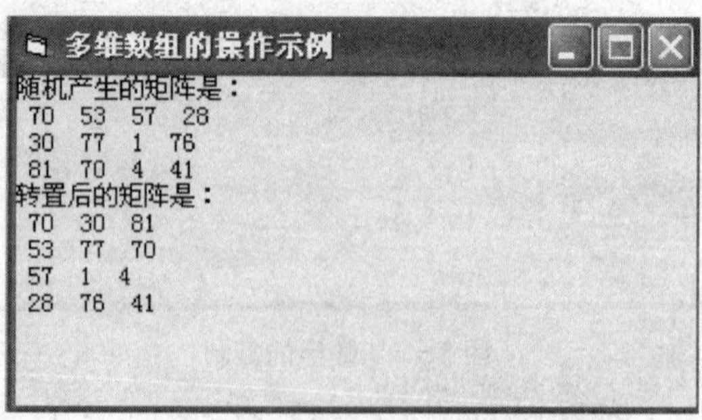

图 5-8　矩阵转置结果

操作步骤如下：

(1) 新建一个窗体。

(2) 在"属性"窗口，将窗体的 Caption 属性修改为"多维数组的操作示例"。

(3) 双击窗体，打开"代码"窗口，编写窗体的 Click 事件过程。

程序如下：

```
Private SubForm_click( )
  Dim a(3, 4), b(4, 3) As Integer
  Print "随机产生的矩阵是:"
  For i = 1 To 3
    For j = 1 To 4
      a(i, j) = Int(100 * Rnd())
      Print a(i, j);
    Next j
    Print
  Next i
  Print "转置后的矩阵是:"
  For i = 1 To 4
    For j = 1 To 3
      b(i, j) = a(j, i)
      Print b(i, j);
    Next j
    Print
  Next i
End Sub
```

注意：形成并输出数组 b 时，两层循环的循环变量的上界值应互换。数组 a 中的 3 行 4 列矩阵被转置为数组 b 中 4 行 3 列矩阵，因此，数组 b 的行号和列号的变化范围发生了变化，不能继续沿用数组 a 的控制数据。

（4）运行程序，单击窗体，显示运行结果。

5.1.5 控件数组

控件数组是由一组相同类型的控件组成，它们拥有相同的控件名字，且具有相同的属性设置。数组中的每个控件都有唯一的下标，被称为索引号。控件数组元素的引用也是把数组名和括号中的下标结合起来的。

当有若干个控件都需要执行相同的操作，即触发相同的事件过程时，使用控件数组可提高效率。控件数组中的控件将调用同样的事件过程。控件数组中元素的下标由 Index 属性指定。为区分各元素，系统在调用发生时把下标值传送给过程，指明到底是哪一个控件触发了事件的发生。

1. 控件数组的建立

控件数组的建立和一般的数组不同，建立的方法有三种。

（1）相同取名法

只要对相同类型的控件取相同的名称，系统提示是否建立控件数组。具体步骤如下：

① 在窗体中画出各个控件。

② 对每一个控件，在“属性”窗口中选择“名称（Name）”属性，键入数组中控

件的统一名称。

③ 对第二个控件取名时，输入与第一个控件相同的名称，此时，Visual Basic 显示一个对话框询问是否确实要建立控件数组，单击“是”按钮，则建立控件数组。控件数组中的元素具有相同的名称和类型，其他的属性则具有各自的特点。

（2）复制控件法

可通过剪贴板来复制一个已有的控件，Visual Basic 显示一个对话框，询问是否确实要建立控件数组，单击“是”按钮，则建立控件数组。

（3）设置索引号

一般控件的 Index 属性为 Null，如果将第一个控件的 Index 属性设置为 0，表示以后将建立相同控件类型的控件数组，在复制控件时，自动往数组中添加新控件，而不会出现对话框进行询问和确认。

2. 控件数组的使用

定义控件数组后，即可用统一的名称和不同的下标引用其中的元素，并对其属性赋值。

【格式】 <控件数组名>（<下标号>）. <属性名>

【说明】对于按钮型的控件，程序执行时，用户对其中的某个按钮进行某种操作，系统把该按钮的 Index 值传递给该组控件的相应事件过程的形式参数，然后即可在过程中根据形式参数的值进行对应的操作。

【例 5-8】在窗体上分别设置 4 个命令按钮和 4 个标签，在这些按钮上分别显示“春”、“夏”、“秋”、“冬”。单击这 4 个按钮时，在按钮右边的标签里分别显示“兰”、“竹”、“菊”、“梅” 4 个字。要求使用控件数组来实现，设计过程和运行结果如图 5-9所示。

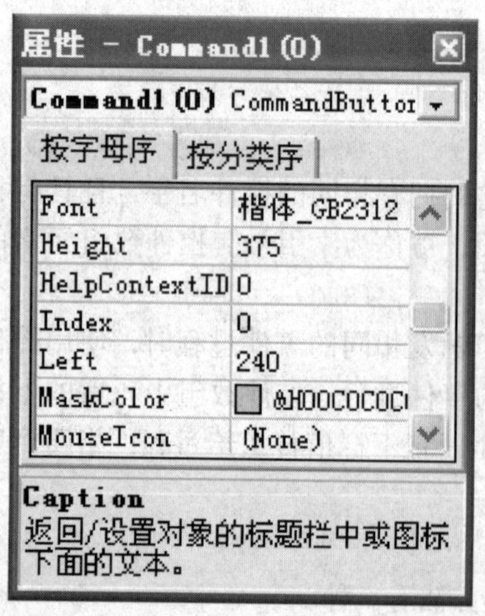

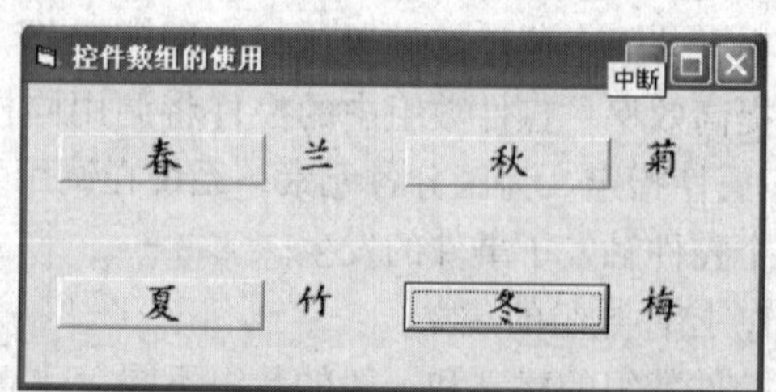

图 5-9 控件数组的使用

操作步骤如下：

（1）新建一个窗体。

（2）在窗体中添加 1 个“标签”控件（Label1），然后对 Label1 用复制、粘贴的方法建立标签控件数组中的其他 3 个标签；在窗体中添加 1 个“命令按钮”控件（Command1），然后对命令按钮 Command1 用复制、粘贴的方法建立控件数组中的其他 3 个命令按钮。分别调整它们的大小和位置，如图 5－10 所示。

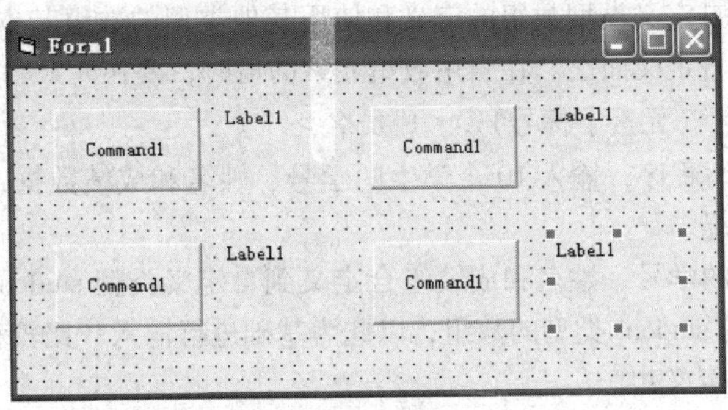

图 5－10　控件数组的建立

（3）在“属性”窗口，将窗体的 Caption 属性修改为“控件数组的使用”，将第 1 个命令按钮的 Caption 属性修改为“春”，将第 2 个命令按钮的 Caption 属性修改为“夏”，将第 3 个命令按钮的 Caption 属性修改为“秋”，将第 4 个命令按钮的 Caption 属性修改为“冬”。

（4）打开“代码”窗口，编写命令按钮的 Click 事件过程。

程序如下：

```
Private Sub Command1_Click(Index As Integer)
n = Index
Select Case n
Case 0
  ch = "兰"
Case 1
  ch = "竹"
Case 2
  ch = "菊"
Case 3
  ch = "梅"
End Select
Label1(n).Caption = ch
End Sub
```

建立两个控件数组后，每个控件的编号可以通过其 Index 属性获取。对于命令按钮数组，单击某一个按钮，通过 Index 参数传递到按钮事件过程中，然后根据 Index 的值作为分支选择的依据。由于单击按钮控件数组的某一个按钮，在同样编号的标签中输出不同的信息，因此，Index 同时又可以作为向某一个标签的 Caption 属性赋值的依据。

（5）运行程序，单击 4 个按钮，在按钮右边的标签里分别显示“兰”、“竹”、“菊”、“梅”4 个字。

5.1.6 自定义类型数组

在声明一个自定义类型后，可以继续定义该类型的单个变量，也可以定义该类型的数组变量。用户自定义类型数组的定义和使用其他类型的数组基本一致，只是 As 后面的类型名为用户自定义而已。在引用数组元素的值时，要在元素名后面带上成员名。

【格式】数组名（元素下标号）.<成员名>

【例 5-9】编写程序，输入 10 个学生的学号、姓名和成绩数据，然后输出其中成绩最高的学生的情况。

首先，把学生的学号、姓名和成绩组合定义到自定义类型 student 中，然后定义一个包含 10 个元素的 student 类型的数组，以此为基础进行输入、比较和输出的操作。

（1）在模块中定义：

```
Public Type student
学号 As Integer
姓名 As String * 8
成绩 As Single
End Type
```

（2）在窗体中定义事件过程：

```
Private Sub Form_Load()
Max = 0
Dim stu(1 To 10) As student
For i = 1 To 10
  stu(i).学号 = InputBox("学号" + Str(i))
  stu(i).姓名 = InputBox("姓名" + Str(i))
  stu(i).成绩 = InputBox("成绩" + Str(i))
  If stu(i).成绩 > Max Then
    k = i
    Max = stu(i).成绩
  End If
Next i
Print stu(k).学号, stu(k).姓名, stu(k).成绩
End Sub
```

5.2 枚举类型

如果一个变量只有几种可能的值，可以一一列举出来，并希望为每一个值取一个名字来代表，从而增加程序的可读性，则应把该变量定义成枚举类型。

5.2.1 枚举类型的定义

应在模块级位置定义枚举类型。选择“工程”菜单中的“添加模块”命令，打开

模块代码窗口，在其中定义枚举类型。

【格式】Enum <枚举类型名>

<成员名1> [= <成员值1>]

<成员名2> [= <成员值2>]

⋮

<成员名n> [= <成员值n>]

End Enum

【说明】如果没有对枚举类型的成员赋值，Visual Basic 自动把0，1，2，…，n－1分别赋值给第一、第二、第三、…、第n个成员，作为它们的值。如果对其中某一个单独赋值，除了该成员的值为所赋的值外，它后面的成员的值也在该值的基础上依次增加1。

例如：

```
Enum  Color
red              '值为0
yellow           '值为1
blue             '值为2
green            '值为3
white            '值为4
End Enum
```

以上定义了一个有关颜色的枚举类型，成员名用颜色名代表，成员值为如上所示的默认值。

下面定义一个有关星期数的枚举类型：

```
Enum  Weekend
Sun = 7          '值为7
Mon = 1          '值为1
Tue              '值为2
Wed              '值为3
Thu              '值为4
Fri              '值为5
Sat              '值为6
End Enum
```

枚举类型实质上可以看作若干整型常数的组合，成员名相当于符号常量名，成员值即为符号常量代表的数值、常数。

5.2.2 枚举类型的使用

1. 声明枚举变量

【格式】Dim <变量名> As <枚举类型名>

【说明】枚举类型变量只能在枚举成员中取值。

2. 为枚举变量赋值

【格式】 <枚举变量名> = <枚举成员名>

【说明】形式上是把成员名赋值给枚举变量，实质是将对应的成员值（一个整型常数）赋给它，以后输出和引用时，将以整数值参与。

例如，对前面枚举类型的定义变量赋值：

```
dim day As Weekend
day = Wed
Print day            '输出 3
```

【例 5-10】在窗体的文本框中输入月份 1~12，在标签中输出该月份在第几季度的信息，执行结果如图 5-11 所示。

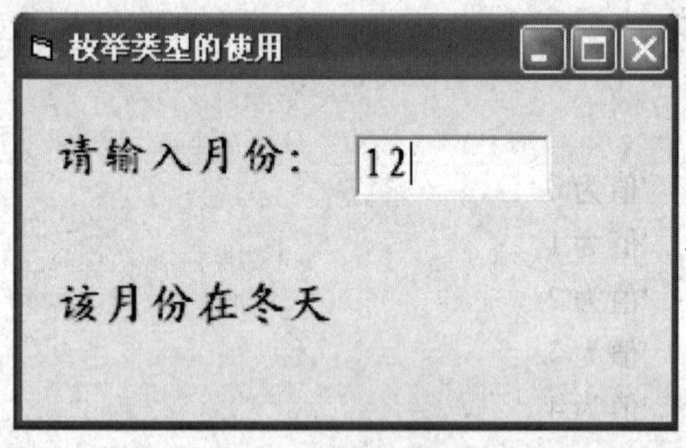

图 5-11 枚举类型的使用

下面的代码首先在窗体的通用段定义关于季度的枚举类型，然后使用枚举类型变量对本例进行处理。

```
Public Enum season
春天
夏天
秋天
冬天
End Enum
Private Sub Text1_Change( )
  Dim s As season
  Dim ch As String
  s = (Val(Text1. Text) -1) \3
  Select Case s
    Case 0
      ch = "春天"
    Case 1
      ch = "夏天"
    Case 2
      ch = "秋天"
```

```
    Case 3
      ch = "冬天"
  End Select
  Label2. Caption = "该月份在" + ch
End Sub
```

把输入的月份转换成季度编号，1~3 为 0，4~6 为 1，7~9 为 2，10~12 为 3，和枚举类型的成员值相呼应，因此，需要用公式 c = (Val(Text1. Text) -1) \3 进行处理，然后以 s 为选择分支的依据，分别与枚举成员进行比较，若等于某个成员的值，进入该分支。当退出 Select Case 语句后，则输出季度信息。

5.3 集合类型

在实际应用中，常常遇到对一批对象进行两个属性的描述，如果用二维数组处理，将所有数据一视同仁，只是用数字化的下标来区别，却反映不出代表元素的性质与内容。有时需要较直观地了解某个对象的属性，则需要通过逐一查找定位，再作处理。

【例 5-11】表 5-1 描述了学生的姓名以及年龄情况。

表 5-1　　学生信息表

姓名	张三	李四	王五	赵六
年龄	18 岁	20 岁	19 岁	18 岁

用二维数组存放这个表格，并要查询某一个人的年龄。例如，如果需要知道王五的年龄，处理如下：

```
Private Sub Form_Load()
Dim Stu(1 To 10, 1 To 2)
Dim name As String
Stu(1, 1) = "张三": Stu(1, 2) = 18
Stu(2, 1) = "李四": Stu(2, 2) = 20
Stu(3, 1) = "王五": Stu(3, 2) = 19
Stu(4, 1) = "赵六": Stu(4, 2) = 18
name = "王五"
i = 1
Do While i <= 10
    If Stu(i, 1) = "王五" Then
      Print Stu(i, 2)
        Exit Do
    End If
    i = i + 1
Loop
```

End Sub

先通过在数组中查找姓名是“王五”的元素，找到后，通过相同的行下标去定位“王五”的年龄。这样显得繁琐，不直观。

引入集合后，使用主题词与属性值对应的方式，通过直接使用标识对象的主题词来引出属性值，可以在一定程度上解决以上的问题。

5.3.1 集合的创建

集合的建立由两步构成。

1. 声明集合变量

【格式】Dim <集合变量名> As New Collection

【说明】用关键字 New Collection 作为类型名声明集合变量。

2. 为集合变量添加元素

【格式】<集合变量名>. Add <值>，<主题词>[,[[Before：=] <主题词1>]，[After：=] <主题词2>]

【说明】采用 Add 方法为集合添加元素。用<主题词>代表集合的元素，并为它赋一个<值>。Before 后跟的<主题词1>表示位于该元素后元素的主题词，After 后跟的<主题词2>表示位于该元素前元素的主题词。如果[[Before：=] <主题词1>]缺省，但<主题词2>不缺省，那么<主题词2>前应出现两个逗号，以表明<主题词2>是属于 After 的。

对表 5-1 采用集合定义如下：

```
Dim Stu As New Collection
Stu. Add  18,“张三”
Stu. Add  19,“王五”,   , After: = “张三”          '在“张三”后添加元素
Stu. Add  20,“李四”, before: = “王五”             '在“王五”前添加元素
Stu. Add  18,“赵六”,   ,“王五”                    '在“王五”后添加元素
```

定义之后，集合里的元素便以添加的顺序排列，第 1 ~4 个元素的主题词分别是“张三”、“李四”、“王五”、“赵六”。

5.3.2 集合的使用

建立集合后，若要访问元素，可通过提供主题词来得到对应的值。有两种访问形式：

1. 通过 Itim 方法按主题词或顺序号访问元素

【格式】<集合变量名>. Itim（<主题词>|<元素序号>）

元素序号是指按添加顺序得到的元素在集合中的位置。通过以上形式，可以得到对应元素的值。例如，若要得到学生王五的年龄：

```
age = Stu. Itim(“王五”)
```

或

```
age = Stu. Itim(3)
```

变量 age 被赋值为集合的第三个，主题词为“王五”的元素的值为 19。

2. 直接访问

【格式】 <集合变量名> （<主题词>）

例如：

age = Stu("王五")

对集合的元素可以使用循环语句连续访问，元素的值用循环语句中指定的变量来代表。

【例 5-12】在前面定义的集合基础上求集合元素的平均值。

程序如下：

```
Dim sum As Integer
For i = 1 to stu. count
print stu. item( i )
Next i
sum = 0
For Each n In Stu
sum = sum + n
Next n
Print sum/Stu. Count
```

以上程序段实现求集合元素的平均值，用 n 代表被访问到的每一个元素的值，采用 Count 属性来获得集合元素的个数。

若要删除集合中的元素，可用 Remove 方法实现。其格式如下：

【格式】 <集合变量名>. Remove <元素主题词 | 元素序号>

例如，若要删除第四个元素，执行 Stu. Remove"赵六"或 Stu. Remove 4 即可。

由此可见，通过很直观的主题词访问集合元素，一目了然，方便快捷。在处理时把集合当成对象，使用 Add 方法添加元素，用 Itim 方法访问元素，用 Remove 方法删除元素，用 Count 属性得到元素的个数，操作都很方便。

5.4 自定义数据类型

在数据处理中，有时需要描述一类对象的不同属性的值，例如，描述学生的基本情况就有学号、姓名、性别、年龄、成绩等属性。描述这些属性的数据类型各不相同，虽然可以用数组处理，但引用起来不太方便、直观。如果把不同类型数据的定义组织为一个整体来声明，则更为方便，其中对每一个属性采用一个变量来声明其名称、类型，需要时可分开并各自引用，而组合起来则又构成对一个确定对象多方面属性的综合描述。这种构造型的数据类型需要用户自己定义，称为用户自定义数据类型。用户自定义类型经常用来表示数据记录，记录一般由多个不同数据类型的元素组成。

5.4.1 自定义数据类型的定义

【格式】[Public | Private] Type <自定义类型名>

<成员名 1> As <类型名>

<成员名2> As <类型名>

……

<成员名n> As <类型名>

End Type

【说明】Public 用于声明可在所有工程的所有模块的任何过程中使用的用户自定义类型，故称为全局类型。Private 用于声明只能在包含该声明的模块中使用的用户自定义类型。Type 和 End Type 语句必须成对出现，分别表示类型定义的开始和结束。

<自定义类型名>不是变量名，而是类型名，相当于 Integer 等。其命名规则与变量名相同；<成员名>是构造类型中各组成部分的名称，其命名规则与变量名相同。

5.4.2 变量的定义和使用

使用 Type 语句声明了一个用户自定义类型后，即可在该声明范围内的任何位置声明该类型的变量，然后可使用这些变量。

【格式】Dim <变量名> As <自定义类型名>

【说明】还可以使用 Private、Public、ReDim 或 Static 来声明用户自定义类型的变量。声明变量后，对变量的引用便建立在对变量成员引用的基础上。引用格式为：

<变量名>. <成员名>

例如，定义以下类型：

```
Public Type student
学号 As Integer
姓名 As String * 8
成绩 As Single
End Type
```

定义具有 student 类型的变量：

```
Dim s1, s2 As student
```

使用 student 类型的变量：

```
s1. 姓名 = "张三"
print s1. 姓名, s2. 姓名
m = s1. 成绩 + s2. 成绩
```

5.5 综合应用案例

5.5.1 设计“改变字体大小”程序

【例5-13】设计改变字体大小的程序。建立含有4个命令按钮的控件数组，当单击某个命令按钮时，以该命令标出的值改变文本框中的字体的大小，运行效果如图5-12所示。

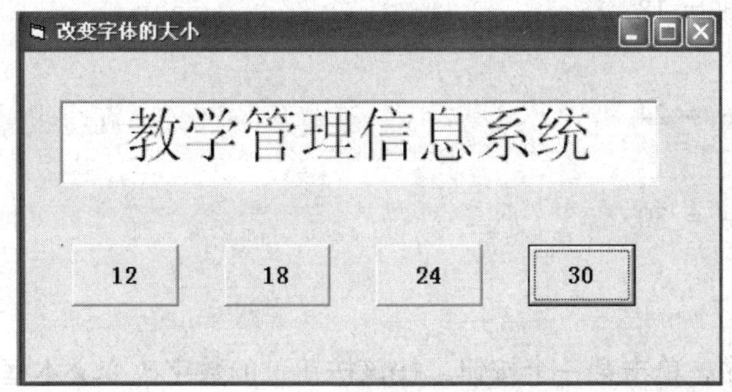

图 5-12　改变字体设计大小

操作步骤如下：

（1）新建一个窗体，在窗体中添加 1 个“文本框”控件（Text1）和 1 个“命令按钮”控件（Command1），然后对命令按钮 Command1 用复制、粘贴的方法建立控件数组中的其他 3 个命令按钮，如图 5-13 所示。

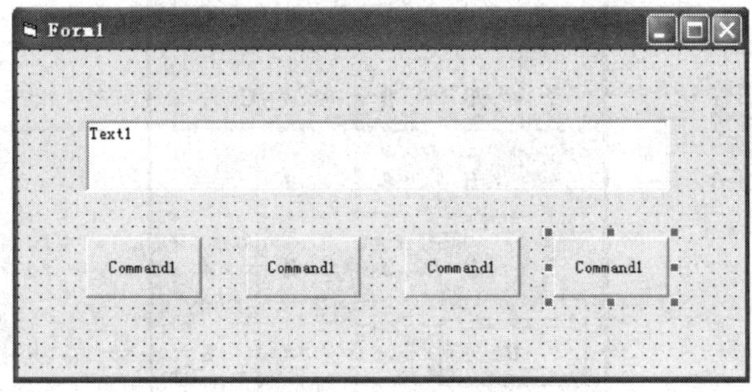

图 5-13　窗体设计

（2）在“属性”窗口，将窗体的 Caption 属性修改为“改变字体的大小”，将 Text1 的 ScrollBars 的属性设置为 1-Horizontal，将第 1 个命令按钮的 Caption 属性修改为“12”，将第 2 个命令按钮的 Caption 属性修改为“18”，将第 3 个命令按钮的 Caption 属性修改为“24”，将第 4 个命令按钮的 Caption 属性修改为“30”。

（3）在“代码”窗口，编写窗体和命令按钮的事件过程代码。

① 编写窗体的 Load 事件过程代码。

```
Private Sub Form_Load()
Text1 = "教学管理信息系统"
End Sub
```

② 双击任意一个命令按钮，打开“代码”窗口，编写命令按钮的 Click 事件过程代码。

```
Private Sub Command1_Click(Index As Integer)
Select Case Index                '根据 Index 的值，判断单击的是哪一个按钮
Case 0
Text1.FontSize = 12
Case 1
```

```
Text1.FontSize = 18
Case 2
Text1.FontSize = 24
Case 3
Text1.FontSize = 30
End Select
End Sub
```

(4) 运行程序，单击某一个按钮，按该按钮上的数字改变文本框中文字的大小。

5.5.2 设计“简易计数器”程序

【例 5-14】模仿 Windows 系统附件中的“计算器”功能，设计如图 5-14 所示的一个“简易计算器”，可实现实数的输入和四则运算。

图 5-14 简易计算器

要求各键的功能如下：

① 0~9 数字键完成实数的输入。

② 用“+”、“-”、“×”、“/”、“%”、“=”运算符键完成加、减、乘、除、除以 100 等计算功能，其中“-”兼具有符号的功能。

③ C（取消）键的功能是清除所有的数据及运算结果，显示输出为“0.”。

操作步骤如下：

(1) 新建一个窗体，在窗体中添加 1 个“标签”控件（Label1）、1 个数字键控件数组（数组名为 Number，包含 9 个控件）、1 个运算符键控件数组（数组名为 Operator，包含 5 个控件）、3 个“命令按钮”控件（Command1 ~ Command3，分别表示小数点键、% 键和 C 键，控件名字分别为 Decimal、Percent、Cancel），并调整它们的大小和位置。

(2) 在“属性”窗口中，设置各对象的属性，分别如表 5-2、表 5-3、表 5-4 所示。

表 5-2　　　　部分属性设置

对象名	属性	属性值
Form1	Caption	"计算器"
	BoderStyle	1
	MaxButton	False
Decimal	Caption	"."
Percent	Caption	"%"
Cancel	Caption	"C"

表 5-3　　　　数字键控件属性

对象名	Caption 属性	下标
Number	"0"	0
Number	"1"	1
Number	"2"	2
Number	"3"	3
Number	"4"	4
Number	"5"	5
Number	"6"	6
Number	"7"	7
Number	"8"	8
Number	"9"	9

表 5-4　　　　运算符键控件属性

对象名	Caption 属性	下标
Operator	"/"	0
Operator	" + "	1
Operator	" × "	2
Operator	" - "	3
Operator	" = "	4

（3）编写程序代码。

① 进行窗体级的变量声明。

```
Dim Op1, Op2                    '存放运算的两个操作数
Dim DecimalFlag As Integer      '判断是否已经输入小数点，False—无，True—有
Dim NumOps As Integer           '存放操作数的个数，在 0、1、2 中取值
```

```
Dim LastInput                   '上一次输入的类型：NUMS—数据，OPS—运算
                                 符，NEG—负号
Dim OpFlag                      '存放之前输入的运算符
Dim TempReadout                 '临时存放输入的操作数
Dim Readout                     '存放正在输入以及最终输出和计算的操作数
```

② 在窗体的装载事件中，设置所有变量为其初始值。

```
Private Sub Form_Load( )        '初始化
    DecimalFlag = False
    NumOps = 0
    LastInput = "NONE"
    OpFlag = " "
    Readout = Format(0, "0. ")    '形成数据 0.
End Sub
```

③ 在“C（取消）”按钮的单击事件中，清空输出标签并初始化变量。

```
Private Sub Cancel_Click( )     '将之前输入的数据清零
    Readout = Format(0, "0. ")
    Op1 = 0
    Op2 = 0
    Form_Load                   '调用窗体的装载事件，重新初始化变量
    Label1. Caption = Format(0,"0. ")
End Sub
```

④ 编写数字键（0 ~9）的 Click 事件过程，在显示标签的尾部追加新数。

```
Private Sub Number_Click(Index As Integer)    '输入数据的形成和输出
    If LastInput < > "NUMS" Then  '之前输入非数据，则准备接收输入新数据
        Lable1. Caption = Readout '之前已输入小数点，新输入的数字直接添加
                                   到已有数据之后
        Readout = Format(0, ".")
        DecimalFlag = False
    End If
    If DecimalFlag Then
        Readout = Readout + Number(Index). Caption
    Else     '之前没有输入小数点，将新输入的数字插入到已有数据的函数点
             之前
     Readout = Left(Readout, InStr(Readout, Format(0, ".")) - 1) +
        Number(Index). Caption + Format(0, ".")
    End If
    If LastInput = "NEG" Then Readout = "-" & Readout  '之前输入负号，将负
                                                         号加在数据之前
```

```
        LastInput = "NUMS"        '置最新输入类型为"数据"
        Label1.Caption = Readout       '将数据在标签中输出
    End Sub。
```

⑤ 编写小数点键的 Click 事件过程。若上一次输入为操作符，则进行初始化；否则，在标签显示中追加一个小数点。

```
    Private Sub Decimal_Click( )       '输入为小数点的处理
        If LastInput = "NEG" Then
            Readout = Format(0, " -0.")
        ElseIf LastInput <> "NUMS" Then
            Readout = Format(0, "0. ")
        End If
        DecimalFlag = True
        LastInput = "NUMS"
    End Sub
```

⑥ 编写百分比键（%）的 Click 事件过程，计算并显示第一个操作数的百分数。

```
    Private Sub Percent_Click( )        '输入百分号，对标签中的数据除以 100 后显示
                                        结果
        Readout = Readout / 100
        LastInput = "Ops"
        OpFlag = "%"
        NumOps = NumOps + 1
        DecimalFlag = True
        Label1.Caption = Readout
    End Sub
```

⑦ 编写运算符键（+、-、×、/、=）的 Click 事件过程。如果在运算符前输入的是一个数字，将 NumOps 加 1；如果已有两个操作数，则进行运算，并在标签中显示结果。

```
    Private Sub Operator_Click(Index As Integer)
        TempReadout = Readout
        If LastInput = "NUMS" Then       '之前输入数据，数据计算变量加 1
            NumOps = NumOps + 1
        End If
        Select Case NumOps       '根据已输入数据的个数分别处理
            Case 0      '之前未输入数据，则对输入负号的情况进行预处理
            If Operator(Index).Caption = " - " And LastInput <> "NEG" Then
                Readout = " - " & Readout
                LastInput = "NEG" '置最新输入数据为“负号”
            End If
```

```
        Case 1       '之前输入形成一个数据，将数据保存到变量 Op1
        Op1 = Readout
        If Operator(Index). Caption = "-" And LastInput <> "NUMS" And_
        OpFlag <> "=" Then
            Readout = "-"        '准备对下一个数据输入负号的情况进行预处理
            LastInput = "NEG"    '置最新输入类型为“负号”
        End If
        Case 2       '已输入形成两个数据
        Op2 = TempReadout       '将最新输入的数据保存到变量 OP2
        '进行运算
        Select Case OpFlag      '准备根据之前输入的运算符进行计算
            Case "+"
                Op1 = CDbl(Op1) + CDbl(Op2)
            Case "-"
                Op1 = CDbl(Op1) - CDbl(Op2)
            Case "X"
                Op1 = CDbl(Op1) * CDbl(Op2)
            Case "/"
                If Op2 = 0 Then
                   MsgBox "除数不能为零", 48, "计算器"
                Else
                   Op1 = CDbl(Op1) / CDbl(Op2)
                End If
            Case "="
                Op1 = CDbl(Op2)
            Case "%"
                Op1 = CDbl(Op1) * CDbl(Op2)
            End Select
        Readout = Op1      '计算结果保存到变量 Readout
        NumOps = 1      '数据计数置为 1，准备继续进行计算
    End Select
    If LastInput <> "NEG" Then
        LastInput = "OPS"      '将最新输入运算符保存到 OPFLag 中，准备输完
                                下一个数后运算
        OpFlag = Operator(Index). Caption
    End If
    IF Operator(lndex). Caption = "=" Then
        Label1. Caption = Readout
```

```
        End If
    End Sub
```

(4) 选择“运行”菜单中的“启动”命令，运行并调试程序。

(5) 选择“文件”菜单中的“保存工程”命令，将工程文件命名为“简易计算器”并保存在磁盘上。

【本章小结】

本章主要学习构造类型数据的主要种类和形式，包括数组、用户自定义类型、枚举类型和集合类型。

对于数组，注意掌握一维数组和二维数组的定义形式，区分静态数组和动态数组的不同，以及控件数组的建立和使用过程。熟悉数组元素的引用形式，以及如何与循环控制语句结合进行针对数组元素的逐一操作，特别是对二维数组，如何通过两层循环控制对其进行逐行逐列的操作。同时要注意数组作为参数在过程之间传递的方式，是以传地址方式实现实际参数组和形式参数组对数组的共同操作。

对用户自定义类型要明确其引入原因、定义方式和使用步骤，注意在类型定义的基础上进一步定义对应的变量，并能够进行简单的运用。对用户自定义类型、枚举类型和集合类型要明确其引入的原因和使用的方式和步骤，进行简单的运用。

通过学习构造类型，应做到善于根据功能要求选择合适的数据类型进行数据处理，甚至把一些复杂问题通过类型构造简单化，将数据的处理和程序的编制密切地结合起来。

习题5

一、选择题

1. 语句 DIM b(10 To 20) 所定义的数组元素个数是__________。

   A. 11　　B. 20　　C. 30　　D. 10

2. 语句 DIM c(2 To 8, 4) 所定义的数组元素个数是__________。

   A. 24　　B. 28　　C. 30　　D. 35

3. 运行以下程序会出现出错信息，产生错误的原因是__________。

```
x = 5
Dim a(x)
For i = 1 To 6
    a(i) = i + 1
Next i
```

   A. 数组元素 a (i) 的下标越界

   B. 变量 x 没有定义

   C. 循环变量的范围越界

   D. Dim 语句中不能用变量 x 来定义数组的下标

4. 定义有 5 个整数型元素的数组，正确的语句是__________。

A. Dim a(4) As Integer　　B. Option Base 1：Dim a(5)

C. Dim a&(5)　　D. Dime a(5) As Integer

5. 下列关于数组的叙述中，错误的是________。

A. 在声明时确定了大小的数组称为静态数组

B. 在过程中可多次使用 ReDim 语句改变数组的大小，也可以改变数组的维数

C. 每次使用 ReDim 语句都不会使原来数组中的值丢失

D. 在 Visual Basic 中最多允许有 60 维数组

6. 下列四个数组说明语句中，语法正确的是________。

A. Dim a[10]　　B. Def fn(10)

C. Dim a(10)　　D. Dimension a(10)

7. 可以唯一标识控件数组中每个控件属性的是________。

A. Name　　B. Index　　C. Caption　　D. Enabled

8. 以下程序运行后的输出结果是________。

```
Dim i, k, a(10), p(3)
k = 5
For i = 0 To 9
        a(i) = i
Next i
For i = 0 To 2
        p(i) = a(i * (i + 1))
Next i
For i = 0 To 2
        k = k + p(i) * 2
Next i
Print k
```

A. 20　　B. 21　　C. 22　　D. 23

9. 以下程序运行后的输出结果是________。

```
Dim a(3, 3), i, j, s, n
n = 1
  For i = 0 To 2
      For j = 0 To 1
          a(i, j) = n
          n = n + 1
      Next j
  Next i
  For i = 1 To 2
   For j = 0 To i
          s = s + a(i, j)
      Next j
```

```
    Next i
Print s
```

A. 18　　B. 19　　C. 20　　D. 21

10. 以下程序运行后的输出结果是__________。

```
Dim x, i
For i = 1 To 50
        x = i
        x = x + 1
        If(x Mod 2) = 0 Then
          If(x Mod 3) = 0 Then
          If(x Mod 7) = 0 Then
            Print i
          End If
          End If
        End If
Next i
```

A. 28　　B. 27　　C. 42　　D. 41

11. 以下程序的运行结果是__________。

```
Dim a, i, s
a = Array("6", "5", "a", "b", "2", "1")
s = 0
i = 0
Do While a(i) > = "0" And a(i) < = "9"
      s = 10 * s + a(i) - "0"
      Print s
      i = i + 2
Loop
```

A. 12ba56　　B. 652　　C. 6　　D. 62

12. 在窗体上面有一个命令按钮（其 Name 属性为 Commandl），编写如下代码，程序运行后，单击命令按钮，输出结果为__________。

```
Option Base 1
Private Sub Command1_Click()
      Dim a(4, 4)
      For i = 1 To 4
        For j = 1 To 4
          a(i, j) = (i - 1) * 3 + j
        Next j
      Next i
      For i = 3 To 4
```

```
        For j = 3 To 4
          Print a(j, i);
        Next j
        Print
    Next i
End Sub
```

A. 6　9
　7　10

B. 7　10
　8　11

C. 8　11
　9　12

D. 9　12
　10　13

13. 以下程序运行后的输出结果是＿＿＿＿＿＿。

```
Private Sub Command1_Click()
    Dim b(-2 To 5)
    For i = LBound(b, 1) To UBound(b, 1)
          b(i) = i * i
    Next i
    Print b(LBound(b, 1)); b(UBound(b, 1))
End Sub
```

A. 4　25　　B. -2　5　　C. 0　0　　D. 1　25

14. 阅读程序：

```
Option Base 1
Dim arr() As Integer
Private Sub Form_Click()
   Dim i As Integer, j As Integer
    ReDim arr(3, 2)
   For i = 1 To 3
    For j = 1 To 2
   arr(i, j) = i * 2 + j
    Next j
    Next i
    ReDim Preserve arr(3, 4)
    For j = 3 To 4
   arr(3, j) = j + 9
    Next j
    Print arr(3, 2) + arr(3, 4)
End Sub
```

程序运行后，单击窗体，输出结果为＿＿＿＿＿＿。

A. 21　　B. 13　　C. 8　　D. 25

15. 建立了一个名为 Command1 的命令按钮数组，以下说法中错误的是__________。

A. 数组中每个命令按钮的名称（Name 属性）均为 Command1

B. 数组中每个命令按钮的标题（Caption 属性）都一样

C. 数组中所有命令按钮可以使用同一个事件过程

D. 用名称 Command1（下标）可以访问数组中的每个命令按钮

16. 假定有如下事件过程：

```
Private Sub Form_Click( )
    Dim x As Integer, n As Integer
    x = 1
    n = 0
    Do While x < 28
      x = x * 3
      n = n + 1
    Loop
    Print x, n
End Sub
```

程序运行后，单击窗体，输出结果是__________。

A. 81　　4　　　　B. 56　　3

C. 28　　1　　　　D. 243　　5

17. 有如下程序：

```
Option Base 1
Private Sub Form_Click( )
    Dim arr, Sum
    Sum = 0
    arr = Array(1, 3, 5, 7, 9, 11, 13, 15, 17, 19)
    For i = 1 To 10
        If arr(i)/3 = arr(i) \ 3 Then
        Sum = Sum + arr(i)
     End If
    Next i
    Print Sum
End Sub
```

程序运行后，单击窗体，输出结果为__________。

A. 25　　B. 26　　C. 27　　D. 28

18. 对于枚举数据类型，以下四种描述中，正确的是__________。

A. 枚举类型成员的值可以为负数

B. 枚举类型的几个是连续的整数

C. 枚举类型的第一成员的值一定是0

D. 枚举类型成员值的类型一定是长整型

19. 设有如下声明：

```
Dim X As Integer
```

如果 Sgn(X) 的值为 -1，则 X 的值是________。

A. 整数　　B. 大于 0 的整数

C. 等于 0 的整数　　D. 小于 0 的数

20. 以下程序运行后，x 的值为________。

```
Dimx As Integer, i As Integer
x = 0
For i = 20 To 1 Step -2
      x = x + i \ 5
Next i
Print x
```

A. 16　　B. 17　　C. 18　　D. 19

21. 有如下的记录类型：

```
Type Student
number As string
      name As String
      age As Integer
End Type
```

正确引用该记录类型变量的代码是________。

A. Student. name = "张红"　　B. Dim s As Student
s. name = "张红"

C. Dim s As Type Student
s. name = "张红"　　D. Dim s As Type
s. name = "张红"

22. 以下程序运行后的输出结果是________。

```
Dim n(2, 2), i, j As Integer
  For i = 0 To 2
   For j = 0 To 2
    n(i, j) = i + j
  Next j
  Next i
  For i = 0 To 1
   For j = 0 To 1
      n(i + 1, j + 1) = n(i + 1, j + 1) + n(i, j)
   Next j
  Next i
Print n(i, j)
```

A. 14　　B. 0　　C. 6　　D. 值不确定

23. 以下程序运行后的输出结果是________。

```
Private Sub Command1_Click( )
  Dim a(8) As Integer
  y = 18
  i = 0
  Do
   a(i) = y Mod 2
   i = i + 1
   y = y \ 2
  Loop While(y >= 1)
  For j = i - 1 To 0 Step -1
   Print a(j);
  Next j
End Sub
```

A. 1000　　B. 10010　　C. 00110　　D. 10100

24. 窗体中有一个命令按钮，名称为 Command1，编写以下事件过程：

```
Option Base 0
Private Sub Command1_Click( )
    Dim city As Variant
    city = Array("北京","上海","天津","重庆")
    Print city(1)
End Sub
```

程序运行后，单击命令按钮，在窗体上显示的内容是__________。

A. 空白　　B. 错误提示　　C. 北京　　D. 上海

25. 对于用户自定义的数据类型，以下四种描述中，错误的是__________。

A. 记录类型中的字符串必须是定长字符串

B. 其变量如果在窗体模块中定义，则必须加关键字 Private

C. 记录类型的定义必须放在模块的声明部分，先定义再使用

D. 数据类型元素名可以是任何数据类型

二、填空题

1. 控件数组的名字由 【1】 属性指定，数组元素的下标由 【2】 属性指定。

2. 由 Array 语句进行初始化的数组必须定义为__________类型。

3. 如果定义一个数组"Dim a(5) As Integer"，其元素最多有 【1】 个，如果之前在窗体层设置了语句"Option Base 1"，则元素的个数有 【2】 个。

4. 语句"Dim a(3, 4, 5) As Integer"定义的数组元素的个数是__________。

5. 在 Visual Basic 中，构造数据类型主要包括自定义数据类型、枚举类型、集合类型和__________。

6. 定义一个存储 3 个人情况的数组，并分行输出 3 人的情况。

```
Private Sub Form_Load( )
    Dim a As Variant
    a = Array("张三","男",80,"李四","女",87,"王五","男",90)
    Print "姓名","性别","平均分"
    For i = 0 To 2
    Print a(3 * i), a(3 * i + 1), a(3 * i + 2)
    Next i
End Sub
```

如果用 For Each...Next 语句实现，请填空，将程序补充完整。

```
Dim a As Variant
Dim j
a = Array("张三","男",80,"李四","女",87,"王五","男",90)
j = 0
For ____【1】____
    Print Tab(j * 7); i;
    If ____【2】____ Then
    Print
    j = 0
    Else
____【3】____
    End If
Next i
```

7. 以下程序中，主函数调用 LineMax 函数，实现在 N 行 M 列的二维数组中，找出每一行上的最大值。

```
Const n# = 2
Const m# = 3
Sub LineMax(x())
   For i = 0 To n - 1
    p = 0
    For j = 1 To m - 1
     If x(i, p) < x(i, j) Then
        ____【1】____
        End If
    Next j
   Print "The max value in line"; i; " is "; ____【2】____
     Next i
 End Sub
Private Sub Command1_Click()
    Dim a(n, m)
```

```
    For i = 0 To n - 1
    For j = 0 To m - 1
     a(i, j) = ____【3】____ (InputBox("input"))
    Next j
    Next i
    Call LineMax(a())
End Sub
```

8. 以下程序的输出结果是__________。

```
Private Sub Command1_Click()
    Dim n()
    n = Array(1, 2, 3)
    k = 2
    For i = 0 To 2
    n(i) = n(i) + 1
    Next i
    Print n(k)
End Sub
```

9. 给定程序的功能是：从键盘上输入一个3行3列矩阵的各个元素的值，然后输出主对角线之积。填空将程序补充完整。

```
Dim a(3, 3), sum, i, j
 ____【1】____
For i = 0 To 2
    For j = 0 To 2
        a(i, j) = InputBox("input")
    Next j
Next i
For i = 0 To 2
    sum = sum * ____【2】____
Next i
Print "Sum = "; sum
```

10. 以下程序的输出结果是__________。

```
Private Sub Command1_Click()
    Dim a(100)
    For i = 1 To 100
      a(i) = 2 * i
    Next i
    Print a(a(24) - 1)
End Sub
```

11. 以下过程用来在 w 数组中插入 x，w 数组中的数已按由小到大顺序存放，n 指的是存储单元所存放数组中数据的个数，插入后数组中的数仍有序。请填空补充程序。

```
Sub fun(w, x, n)
    Dim i, p
    p =0
    w(n)  = x
    Do While x > w(p)
      ____【1】____
    Loop
    For i = n to p + 1 Step  - 1
      w(i)  = ____【2】____
    Next i
    w(p)  = x
    n = n + 1
Sub End
```

12. 在下面程序的执行过程中，将要进行____【1】____次循环，而在第 3 次循环输出的数据是____【2】____。

```
Private Sub Command1_Click( )
Dim b( -1 To 3)
For i = LBound(b, 1) To UBound(b, 1)
  b(i) = 2 * i
  Print i, b(i)
Next i
End Sub
```

13. 以下程序的功能是：从键盘上输入若干个学生的成绩，计算出平均成绩，并输出低于平均分的学生成绩，用输入负数结束输入。

```
Dim x(10), sum, ave, a, n, i
n = 0
sum = 0#
a = InputBox("Enter mark:")
Do While a > = 0 And n < 10
        sum = ____【1】____
        x(n) = ____【2】____
        n = n + 1
        a = InputBox("Enter mark:")
Loop
ave = ____【3】____
Print "Output:"
```

```
Print "ave = "; ave
For i = 0 To n - 1
        If x(i) < ave Then
          Print x(i)
        End If
Next i
```

14. 有如下程序：

```
Option Base 1
Private Sub Command1_Click( )
       Dim arr1, Max as Integer
       arr1 = Array(12, 435, 76, 24, 78, 54, 866, 43)
       ___【1】___ = arr1(1)
       For i = 1 To 8
          If arr1(i) > Max Then ___【2】___
       Next i
       Print "最大值是："; Max
End Sub
```

以上程序的功能是：用 Array 函数建立一个含有 8 个元素的数组，然后查找并输出该数组中元素的最大值。请填空。

三、上机题

1. 编写程序，实现的功能是：使用 1 个一维数组存放输入的 10 个数据，求 10 个数据的平均值，其结果如图 5－15 所示。要求：

（1）在 Command1_Click 中定义静态数组处理 10 个数据，如图 5－15 第 1 个窗体的结果。

（2）使用动态数组进行处理，用户不一定输入 10 个数据，可以根据需要由用户确定数据个数，再进行输入和计算，如图 5－15 第 2 个窗体的结果。在 3 次执行中，分别输入 3 个、5 个、7 个数，同样计算出平均值。

（3）自定义函数计算平均值。

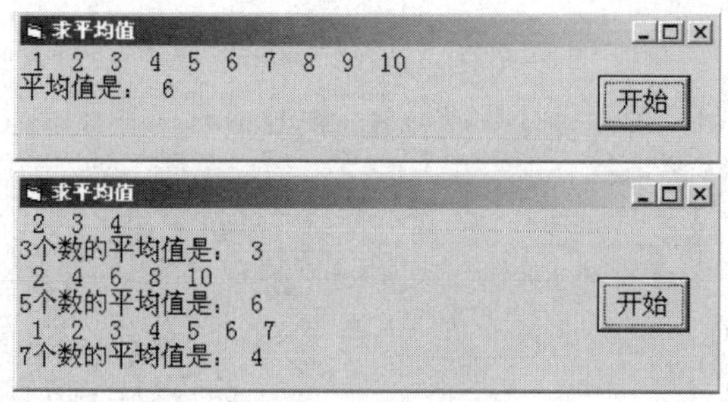

图 5－15　求平均值

2. 编写程序，实现的功能是：根据 5 种商品的商品名、单价和数量，计算出其总金额，以行列对齐的方式在窗体中输出，执行结果如图5-16所示。要求使用自定义类型结合数组进行处理。

图5-16　自定义类型的使用

6　过程与作用域

【学习目标】

1. 理解过程的概念、定义及分类。
2. 掌握子程序的创建及其调用方法。
3. 掌握事件过程和函数过程的创建及其调用方法。
4. 理解并掌握过程参数的两种传递方式。
5. 熟悉过程的嵌套调用和过程的递归调用。
6. 理解模块的作用与划分。
7. 理解过程和变量的作用域以及变量的生存周期。
8. 掌握调用其他模块中过程的方法。

6.1　过程

Visual Basic 的应用程序通常由一些具有独立功能的小程序组成，这些小程序称为过程。把程序分割成较小的过程，便于程序的管理，容易分工编写和调试，简化了程序设计的过程。同时有利于程序的共享。对一个具有公共性、经常被执行的任务，将其编写成过程，供若干程序调用，可省去重复书写的繁琐，提高编程效率。

6.1.1　过程类型

Visual Basic 中的过程主要分为以下四种类型。

1. 子程序（Sub）

子程序是完成特定功能的子过程，必须由应用程序来调用，一般使用 Call 语句调用子程序。子程序的好处在于不必重复编写代码，便于共享。调用发生在两个过程之间，将调用其他过程的过程称为主调过程，把被调用的过程称为被调过程。

2. 事件过程（Event）

事件过程是指附加在窗体和控件上的过程。当 Visual Basic 中的对象对 1 个事件的发生做出认定时，自动用对应于该对象和事件的名字调用该事件过程。一般事件过程的名字及其对应的对象和事件的名称有联系。一个控件的事件过程名是该控件在“名称”属性中规定的名字、下划线和事件名的组合。

Visual Basic 又把子程序和事件过程统称为子过程，子过程是指被调用后不返回值的过程，调用子过程相当于只把其中的语句段执行一遍后便退出调用过程，不会返回特定的值。可将子过程的过程段看作是把原来处于调用语句位置上具有相同功能的程序段直接搬到子过程中而得到，当然要进行过程头的添加和参数传递的处理；反过来，用子过程中的过程段去取代调用子过程的语句，会得到同样的执行效果。主要从是否具有返回值这一点，即可区分子过程和函数过程。

子程序和事件过程在大多数方面都是相同的，具有子过程的共性，但也有不同之处。

（1）调用时机不同。子程序是在其他过程中通过调用语句 Call 实现调用的，有明显的调用语句；而事件过程是对一个对象触发某个事件时发生调用的，是在程序执行中根据用户的操作来触发事件过程的调用。

（2）过程名的取名方法不同。子程序名完全由用户自己定义，而事件过程名是根据触发它的对象和事件的名称决定的，可以自动形成。

3. 函数过程（Function）

函数过程是被调用后要返回值的过程。函数和子过程一样，也是具有独立功能的过程，因主调过程的调用而被执行，也能传递参数，执行一系列过程中的语句，当执行完毕，返回到主调过程。函数无论从定义的格式上还是执行的方式上，都与子程序非常相似。但二者本质的不同在于：被调用后能否向主调过程返回一个值。函数过程将在过程体中以“＜函数名＞ = ＜返回值表达式＞”的形式向调用点返回一个结果值，并参与调用点所在环境的操作，因此调用函数不再由 Call 语句完成，而是以“＜函数名＞（＜实际参数表＞）”的形式表达，函数返回值的使用特点与表达式的使用特点相似。

4. 属性过程（Property）

属性过程用于返回和设置对象属性的值，还可以设置对属性的引用，可创建和引用用户自定义的属性。通过创建对象及其属性来扩充 Visual Basic 的功能，属于较高层次的编程技术。

6.1.2 创建和调用子程序

Visual Basic 提供了子程序调用机制。在程序设计中，如果某个功能的程序段需要多次重复使用，可以把这个程序段独立出来组成一个程序，叫子程序，也称为子过程。

1. 定义子程序

【格式】［Private | Public］［Static］Sub ＜子程序名＞(［＜形式参数表＞］)
　　＜过程体＞
　　End Sub

【说明】把由 Sub 语句引出的对子程序名称、参数、性质的定义看成过程头，把 End Sub 语句看成过程尾，Sub 语句和 End Sub 语句构成的“语句括号”将＜过程体＞括起来。＜过程体＞是根据功能要求编写的程序段。每次调用子程序的目的就是执行子程序中的＜过程体＞。

＜子程序名＞的取名规则与变量的取名规则相同。＜形式参数表＞是指需要在过程之间进行数据传递时传递给该子程序的参数变量列表，形式参数之间用逗号隔开。

可选项 Public 表示该子程序是一个公用过程，所有模块的过程都能调用该过程。可选项 Private 表示只有在声明它的模块中才能调用该过程。如果没有使用 Public 或 Private，按照默认规定，所有模块中的子程序为 Public，即系统默认过程为公用过程。

可选项 Static 表示该过程是静态过程，在该过程中声明的局部变量都属于静态变量，它们的存储单元在调用该过程之前和之后不被释放，而是保留其值，但不能被使用，只有在进入该过程的调用时才能被使用。如果省略 Static，在调用之后不保留局部变量的值。

2. 创建子程序

创建子程序时，Visual Basic 提供的辅助工具可以自动形成子程序的开始语句和结束语句。创建方法如下：

（1）选择“文件”菜单中的“新建工程”命令，单击“标准 EXE”图标，创建一个新的工程，屏幕上出现新建工程的工程窗口及窗体，如图 6－1 所示。

（2）若要创建子程序，选择“工具”菜单中的“添加过程”命令，打开“添加过程”对话框，如图 6－2 所示，提示用户输入过程的名称和选择过程的类型。如果选择建立子程序，帮助用户建立子程序的开始语句和结束语句。

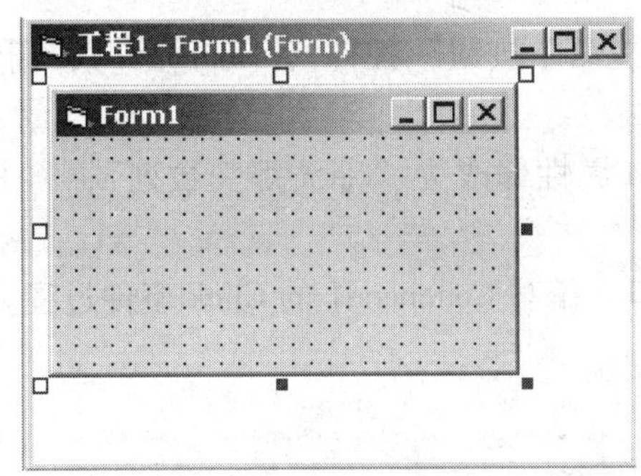

图 6－1　窗体设计器窗口

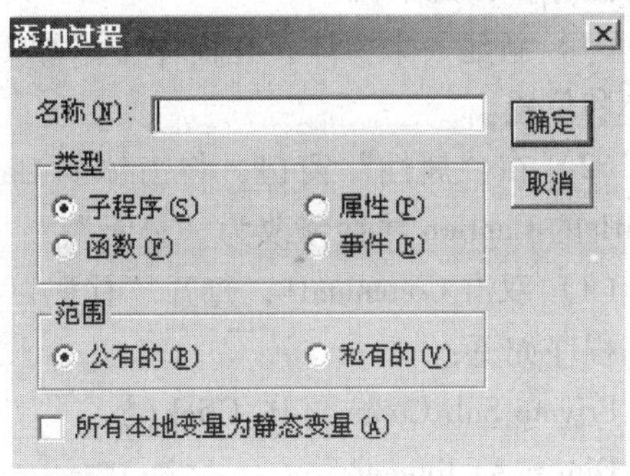

图 6－2　“添加过程”对话框

① 在“名称”栏输入子程序名“fibona”。

② 选择“类型”单选框中的“子程序”项。

③ 针对子程序的使用范围，选择“范围”单选框中的“公有的”项。根据需要，决定是否选择“所有本地变量为静态变量”项。

在“代码”窗口自动出现开始语句和结束语句，如图 6－3 所示。

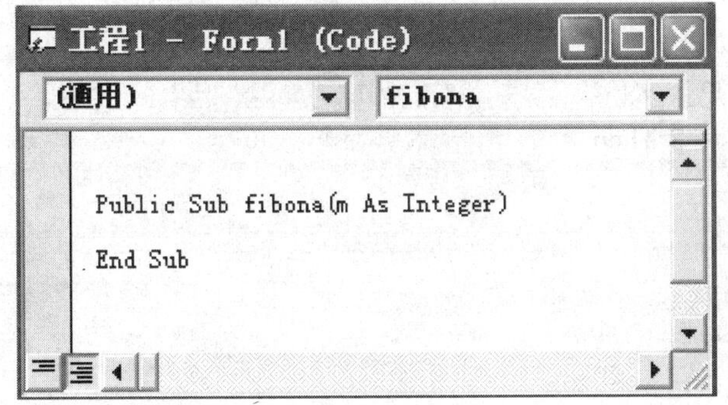

图 6－3　代码窗口

（3）根据子程序的功能，在“代码”窗口中输入过程体代码。

【例6-1】利用子程序调用的方式产生并输出菲波那契数列的元素。运行程序，分别输出前6个和前10个元素，如图6-4所示。

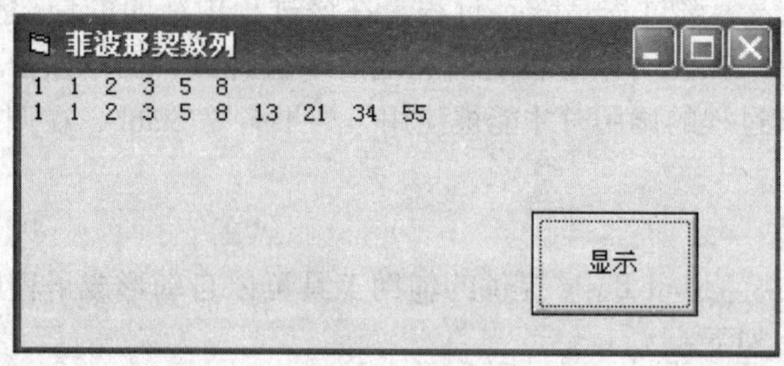

图6-4 运行结果

$$Fib[i]=\begin{cases}1 & i=1\\1 & i=2\\Fib[i-1]+Fib[i-2] & i>2\end{cases}$$

操作步骤如下：

（1）新建一个窗体，在窗体中添加1个“命令按钮”控件（Command1），调整其大小和位置。

（2）在“属性”窗口，将窗体的Caption属性修改为“菲波那契数列”，将Command1的Caption属性修改为“显示”。

（3）双击Command1，打开“代码”窗口，编写Command1的Click事件过程。

程序如下：

```
Private Sub Command1_Click()
Dim n As Integer
   n = InputBox("输出数列前几个元素?", "菲波那契数列")
Call fibona(n)
End Sub
Public Sub fibona(m As Integer)
Dim i, f1, f2, f3 As Integer
f1 = 1
f2 = 1
For i = 1 To m
If i = 1 Or i = 2 Then
Print f1;
Else
f3 = f1 + f2
Print f3;
f1 = f2
f2 = f3
```

```
End If
Next i
  Print
End Sub
```

程序中出现了两个过程：事件过程 Command1_Click 和子程序 fibona。事件过程的功能只是输入数列元素的个数到变量 n，然后通过 Call fibona(n) 调用子程序 fibona，完成菲波那契数列的输出。该程序的主要功能在子程序 fibona 中实现。

注意调用发生时的参数传递，Call fibona(n) 中的形式参数 n 以传地址的方式传递给子程序中的形式参数 m，形式参数 m 则获得需要输出的菲波那契数列的元素个数信息，用于后面循环语句中元素个数的控制。

根据菲波那契数列形成规律，除了前面两个元素取值为 1 之外，后面元素的值来自于前面相邻两个元素之和，因此需要从前向后进行依次计算和输出。设置了 3 个变量 f1、f2 和 f3，分别代表相邻的前、中、后 3 个元素，通过计算 f3 = f1 + f2 后，生成新的元素值并输出。而下一个元素的计算又依赖于刚生成的元素以及前面一个元素，因此通过 f1 = f2 以及 f2 = f3，为下一个元素的计算奠定基础，再通过 f3 计算新的元素值。如此循环往复，可依次计算出菲波那契数列元素的值。

(4) 运行程序，单击"显示"按钮，在输入对话框中输入产生菲波那契数列元素的个数，然后单击"确定"按钮，显示输出结果。

3. 选择和查看子程序

(1) 选择和查看当前模块中的过程

若要查看通用过程，在"代码"窗口的"对象框"中选择"通用"，然后在"过程框"中选择需要的过程；如果查看事件过程，在"代码"窗口的"对象框"中选择相应的对象，然后在"过程框"中选择事件。

(2) 选择和查看其他模块中的过程

选择"视图"菜单中的"对象浏览器"命令，接着在"工程/库"框中选择需要选取的工程，然后在"类/模块"列表中选择所需的模块，在"成员"列表中选择所需的过程，最后选取"查看定义"，过程代码即被调出。

4. 退出子程序

程序执行到 End Sub 时，自动退出子程序，接着从主调用过程中调用该子程序的语句的下一条语句执行。

Visual Basic 还提供了从过程体内部退出子程序的语句 Exit Sub。与 End Sub 语句不同的是，Exit Sub 语句可以出现在子程序体内的任何地方，出现的次数随需要而定；与 End Sub 语句相同的是，执行一个 Exit Sub 语句，程序流程立即从子程序中退出，接着执行调用语句的下一条语句。

注意：不能使用 GoSub、GoTo 或 Return 来进入或退出子程序。

【例 6-2】输入一个正整数，判断该数是否为素数。把素数判断部分移至子程序 prime 中完成，由事件过程调用 prime，完成判断功能。

程序如下：

```
Private Sub Command1_Click()
```

```
    Dim j As Integer, n As Integer
    n = InputBox("n = ", "input")
    Callprime(n, j)
    If j = n Then
      MsgBox(Str(n) + "是素数")
    Else
      MsgBox(Str(n) + "是合数")
    End If
End Sub
Private Subprime(n As Integer, j As Integer)
    For j = 2 To n -1
      If n Mod j = 0 Then
        Exit Sub
      End If
    Next j
End Sub
```

调用语句 Call Prime(n, j) 中包含了两个实际参数 n 和 j，n 是需要进行素数判断的数，传递到子程序 prime 中进行处理，参数 j 则是为了记录子程序中循环变量 j 的值，调用结束时的 j 值通过参数返回给事件过程，并根据 j 值判断循环的出口，最终判定该数是否为素数。

在循环语句中有一个 If 分支语句，当 j 能够整除 n 时，则无需进一步整除下去，通过执行 Exit Sub 语句，直接退出子程序的调用而返回到事件过程，当然也就退出了循环。因此在子程序 s 中有两个退出调用点，即：End Sub 和 Exit Sub。End Sub 是子程序的常规出口，若从这里退出，该数是素数；Exit Sub 用于子程序在特殊情况下的退出，若从这里退出，则该数不是素数。

5. 调用子程序

Visual Basic 中使用 Call 语句来调用子程序。

【格式】[Call] <调用子程序名> [（参数表）]

【说明】调用子程序是一个单独的语句，独占一行。Call 是可选关键字，如果使用 Call 来调用一个需要参数的过程，调用过程名后必须跟上带括号的参数表。如果缺省 Call 关键字，则省略参数表的括号。参数表是传递给过程的变量、数组或表达式的列表，各参数之间用逗号分隔。

例如，以下两个语句都是调用名为 Proc 且带有两个参数的子程序，它们的作用相同。

```
Call Proc(Argu1, Argu2)
Proc Argu1, Argu2
```

Call 语句位于主调过程中，当执行到 Call 语句时，程序流程暂时离开主调过程而转向被调过程，去执行被调过程的程序段，执行完毕（执行完 End Sub 语句），程序流程又返回到主调过程，去执行位于调用被调过程的 Call 语句后面的语句，如图 6-5 所示。

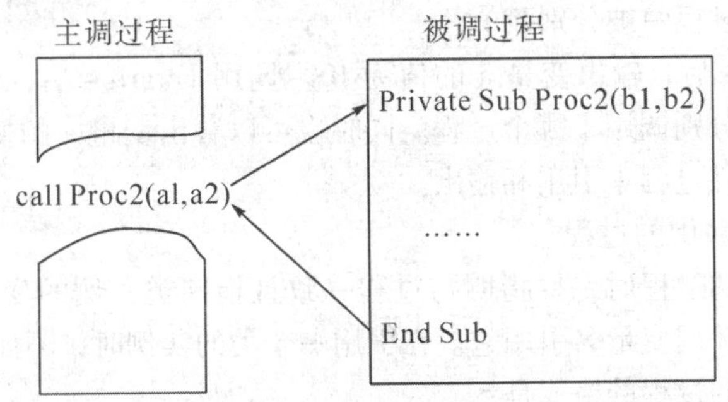

图 6-5　调用关系示意图

如果需要调用其他模块中的公用过程，调用方式根据该公用过程是在窗体模块中以及标准模块中还是类模块中而有所不同。

（1）调用窗体模块中的过程

调用窗体模块中的过程时，必须在调用语句中指出窗体模块名称。调用格式如下：

【格式】[Call]＜窗体模块名＞.＜过程名＞[(参数表)]

例如，若要调用窗体模块 Form1 中的过程 Test2，调用语句为：

Call Form1. Test2

（2）调用标准模块中的过程

调用标准模块中的过程时，要指明被调用过程所在的模块名。

【格式】[Call][＜标准模块名＞.]＜过程名＞[(参数表)]

【说明】如果被调过程名是唯一的，则不必在调用时加模块名。如果两个模块都包含同名的过程，必须用模块名来指定调用哪一个过程。否则，在一个模块内调用的同名过程只限于该模块内定义的过程，而不是另一个模块中的同名过程。

【例 6-3】分别在窗体和模块中定义 3 个过程，如图 6-6 所示。窗体中有 1 个事件过程 Command1_Click，在其中先后调用了标准模块中的过程 s 和窗体模块中的过程 s。标准模块的建立如图 6-6(a) 所示，事件过程和窗体模块如图 6-6(b) 所示，标准模块中的过程如图 6-6(c) 所示。

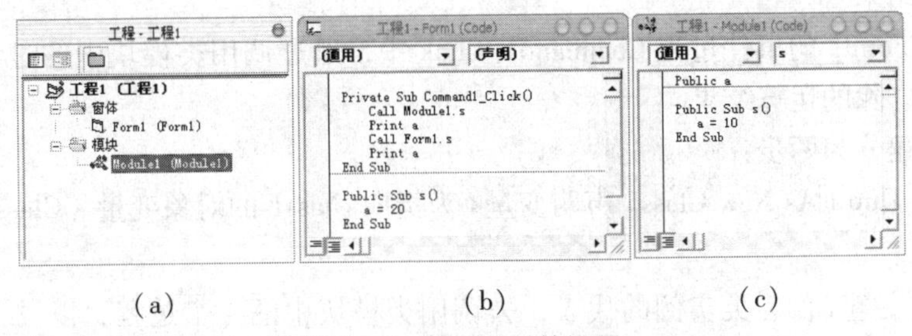

（a）　　　　（b）　　　　（c）

图 6-6　同名过程的调用

由于被调用的两个过程同名，因此需要在 Call 语句的过程名前面加上模块名称 Module1 和窗体名称 Form1。调用窗体模块 s 时，可以省略窗体名，因为它与调用它的事件过程在同一个窗体中。

在标准模块 Module1 中说明变量 a 是全局变量，可以在所有模块的所有过程中通用，因此在两个 s 过程中被分别赋值。

调用 Module1. s 后，输出变量 a 的值为 10。调用 Form1. s 后，输出变量 a 的值为 20，说明输出之前分别调用了哪个过程。同时也可以看出变量 a 的使用范围，在两个 s 过程中赋值，在事件过程中引用和输出。

(3) 调用类模块中的过程

调用类模块中的过程时，要指明与过程一致且指向类实例的变量。首先声明类的实例为对象变量，并用变量名引用它。在引用一个类的实例时，不能用类名做限定符。

调用类模块中的过程的格式是：

【格式】 <类实例变量>. <过程名 >[(<实际参数表>)]

【例 6-4】在类模块中定义 4 个过程，分别进行加、减、乘、除运算，然后在窗体模块中分别调用类模块中的过程。

使用打开模块代码窗口的方法，打开 1 个类模块的代码窗口，并在其中编写过程代码，如图 6-7 所示。此时，工程窗口显示有 1 个窗体 Form1 和类模块 Class1，如图 6-8 所示。

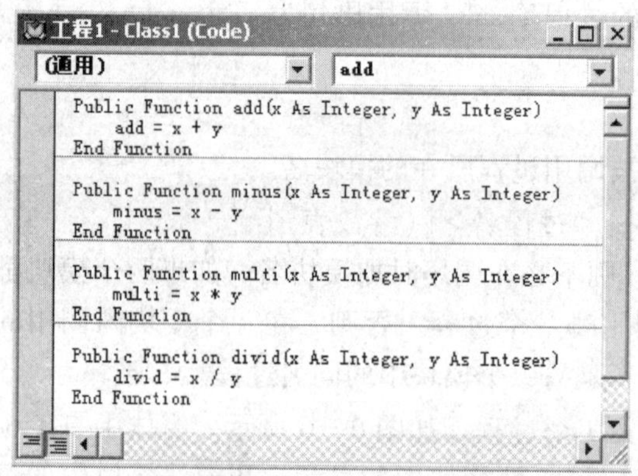

图 6-7 过程代码

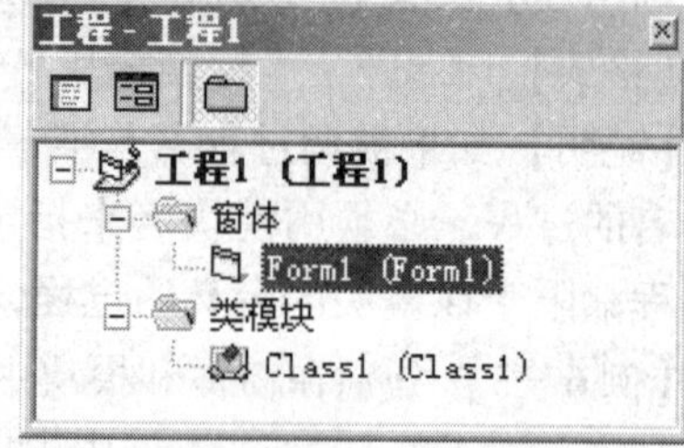

图 6-8 工程窗口

在类模块的代码窗口中，分别编写 4 个函数过程，分别进行加、减、乘、除运算，并返回计算结果。

在窗体 Form1 的事件过程 Command1_Click 中，通过调用类模块中的过程输出有关加、减、乘、除的运算结果。

调用过程分为两步：

① 通过 Dim t As New Class1 声明变量 t 为指向 Class1 的对象变量。Class1 是一个类的实例。

② 通过变量 t 作为类实例的代表，去调用类模块中的 4 个过程，以“<类实例变量>. <过程名>[(参数表)]”的格式进行调用。

由于类模块中的过程均为有返回值的函数，因此调用后都会返回结果。调用 add 过程的结果赋值给变量 aa 后输出，其余 3 个过程的调用结果直接在 Print 方法中输出，如图 6-9 所示。

对类模块中过程的调用类似于对方法的引用，因此，在一般类模块中经常编写一些具有公共或常用功能的过程，便于其他模块中的过程引用。

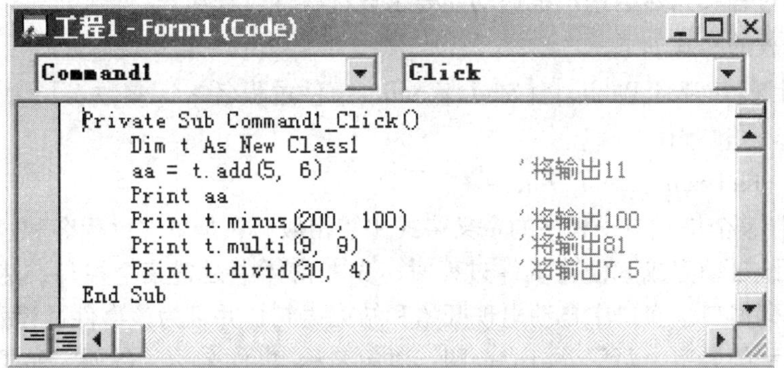

图6－9　调用类模块中的过程

在类模块中还可以定义属性，在上例的基础上对类模块进行一些修改，如图6－10所示。在类模块中定义x、y为全局变量，由于x和y出现在类模块中，x和y即为这个类的两个属性，在下面的函数过程中可以直接引用，从而省去为每个函数定义形式参数，如图6－10(a）所示。在窗体的事件过程中，对类模块中过程的调用方式基本不变，但是参数传递的形式却发生变化，被计算的数据赋值给类的两个属性t.x和t.y，如图6－10(b）所示。数据直接通过属性传递到类模块的函数中，并返回计算结果。

如图6－10(b）所示，一旦输入类实例变量t，键入“.”符号后，自动出现一个列表，将此类实例拥有的方法和属性罗列出来供程序员选择。类模块的定义过程实际上是用户自定义方法和属性的过程。

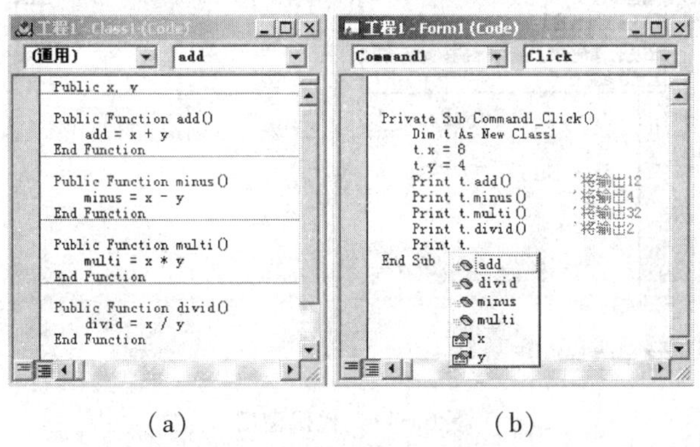

(a)　　　　　　　　(b)

图6－10　在类模块中定义属性

6.1.3　事件过程

所谓事件过程，指的是当某个事件（如Click、Load）发生时对该事件作出响应的程序段，它是Visual Basic应用程序的主体。

1. 创建事件过程

在图形化界面中，一个任务的启动往往是用户通过鼠标对界面上的某个对象进行某种操作，从而引发一个程序的执行，并完成相应的功能，这个操作被称为“事件”，而这个操作引发的执行过程则称为“事件过程”。事件过程与窗体和控件密切相连。要创建一个事件过程，首先选择对哪个对象进行何种操作，系统自动一次性生成事件过程的名称和过程头，然后用户根据功能要求设计事件过程体。

事件过程的格式如下：

【格式】[Private | Public] [Static] Sub <事件过程名>([参数表])

<过程体>

End Sub

【说明】整个格式与子程序的定义格式比较相似，只是事件过程名和过程头部的生成可以由系统自动完成。创建事件过程时，先在窗体中设置某个控件，然后双击该控件，出现代码窗口，窗口中自动出现开始和结束语句，并且为该事件过程取好名字。

事件过程的名字由两部分组成，即：对象名称_事件名称。例如，如果希望单击一个名为 disptime 的命令按钮之后，调用某个事件过程，该事件过程被命名为 disptime_Click；如果希望在单击窗体之后，调用某个事件过程，该事件过程被命名为Form_Click。

如果还要创建其他对象的事件过程，应在过程窗口的两个下拉列表中选择针对所在窗体中的某个对象进行的操作。如图 6 - 11 所示，窗体 Form 中有两个对象：命令按钮 Command1 和标签 Label1，在图中左边的列表框中选择对象，在右边的列表框中选择事件。Command1_Click 是按钮 Command1 的 Click 事件过程，Form_Load 是窗体 Form 的 Load 事件过程。

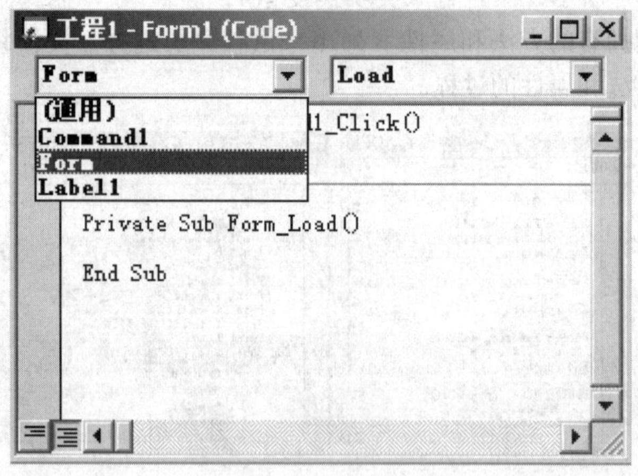

图 6 - 11　代码窗口

2. 调用事件过程

事件过程的调用并非通过调用语句来激发，而是在程序的执行中，由用户对特定对象进行特定的事件操作来激发的。比如 Command1_Click 过程，当用鼠标左键单击 Command1 按钮时，去调用该过程的过程体并执行；Form_Load 过程是用户打开窗体 Form 时从而执行其过程体的。

【例 6 - 5】在窗体中设置 2 个命令按钮和 2 个标签，单击“单击事件”按钮，在右边的标签中显示“单击左边命令按钮”，如图 6 - 12(a) 所示；单击“按下/放开”按钮，在右边的标签中交替显示：按下鼠标时，显示“按下左边命令按钮”；放开鼠标时，显示“放开左边命令按钮”，如图 6 - 12(b) 所示。

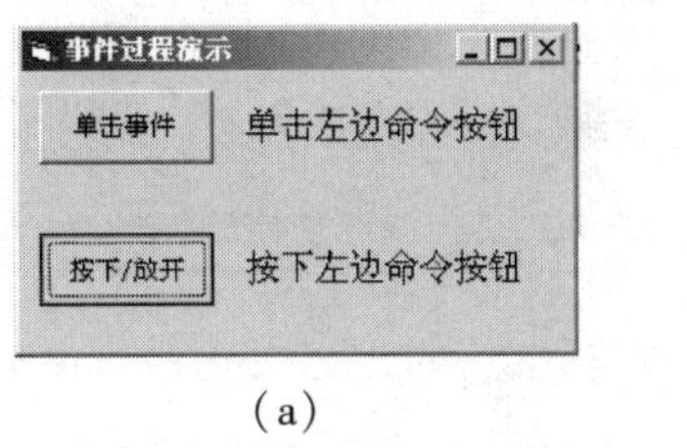

(a)

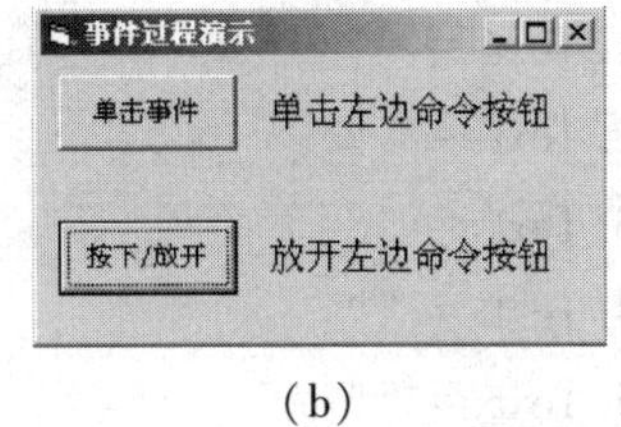

(b)

图 6-12　运行结果

程序如下：

```
Private Sub Command1_Click()
  Label1.Caption = "单击左边命令按钮"
End Sub
Private Sub Command2_MouseDown(Button As Integer, Shift As Integer, X As Single, Y As Single)
    Label2.Caption = "按下左边命令按钮"
End Sub
Private Sub Command2_MouseUp(Button As Integer, Shift As Integer, X As Single, Y As Single)
    Label2.Caption = "放开左边命令按钮"
End Sub
```

事件过程 Command1_Click 的调用是通过单击 Command1 按钮触发的，事件过程 Command2_MouseDown 的调用是通过按下 Command2 按钮触发的，事件过程 Command2_MouseUp 的调用是通过放开已经按下的 Command2 按钮触发的。触发后的操作就是在对应的标签中显示不同的信息，对各标签的 Caption 属性赋值。

【例 6-6】在窗体中添加 1 个命令按钮、5 个文本框和 5 个标签，界面和运行结果如图 6-13 所示。在"英语"、"数学"和"语文"3 个文本框中分别输入 3 门课程的成绩，单击"计算"按钮，在"总分"和"平均"2 个文本框中分别显示总分和平均分。

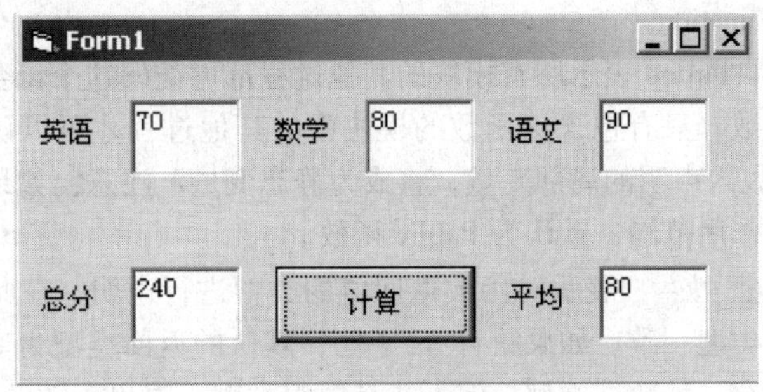

图 6-13　计算三门课程的总分和平均分

程序如下：

```
Private Sub Form_Load()
```

```
        Text1.Text = ""
        Text2.Text = ""
        Text3.Text = ""
        Text4.Text = ""
        Text5.Text = ""
End Sub
Private Sub Command1_Click()
        Text4.Text = Val(Text1.Text) + Val(Text2.Text) + Val(Text3.Text)
        Text5.Text = Int(Text4.Text / 3)
End Sub
```

在窗体的“代码”窗口中，首先定义窗体的 Load 事件过程 Form_Load()，对 5 个文本框的显示进行赋值，使文本框在未输入分数之前显示为空。然后定义命令按钮的 Click 事件过程 Command1_Click()，将前 3 个文本框(“英语”、“数学”、“语文”) 中输入的值相加后送入第 4 个文本框(“总分”)，再将其平均分送入第 5 个文本框(“平均”)。

6.1.4 函数过程

Visual Basic 虽然提供了许多内部函数，但仍不能满足用户的各种需求。为了能满足某种特殊需求，Visual Basic 允许用户按照一定规则自行设计专用函数，即函数过程。函数过程与子程序非常相似。但两者本质的不同在于被调用后能否向主调过程返回一个值。

1. 创建函数过程

(1) 定义函数过程

定义函数过程的语法是：

【格式】[Private | Public] [Static] Function <函数名> ([参数表]) [As <类型>]

<函数体>

End Function

【说明】关键字 Public 表示所有模块的其他过程都可访问这个函数；关键字 Private 表示函数是私有函数，只有包含该函数的模块中的其他过程才可以访问该函数；关键字 Static 表示在函数内声明的局部变量，将成为静态变量。注意：如果未使用 Public 或 Private 指定函数的作用范围，默认为 Public 函数。

可选项 [As <类型>] 表示对函数返回值的类型进行声明。在此声明的类型应与函数实际返回值的类型一致。如果缺省 As 子句，默认的返回类型为变体型。函数返回值的类型可以是任意一种数据类型，但不能是数组类型。退出函数的子句是 End Function，与关键字 Function 对应，程序执行到此，便结束该函数的执行，而返回到调用它的过程中。在函数体中也可以使用 Exit Function 语句提前退出函数。

对于参数表的声明，其中每一个形式参数的语法格式如下：

【格式】[ByVal | ByRef] <参数名>[()] [As <类型>]

【说明】ByVal 表示参数按值传递。ByRef 表示参数按地址传递，即参数传递的默认方式。As <类型>声明参数的数据类型。

（2）定义返回值的赋值语句

定义函数返回值的赋值语句格式是：

【格式】<函数名> = <返回值表达式>

【说明】<返回值表达式>确定函数的返回值，该表达式应具有唯一确定的值。一旦结束调用，函数将该表达式的值作为返回值返回到主调过程中的函数调用点。因此，该赋值语句是函数中必不可少的语句。如果缺少此语句，就反映不出函数具有返回值的这个特性。

如果没有定义返回值，则函数返回一个默认值，其中，数值函数返回 0，字符串函数返回一个零长度字符串""，变体型函数返回 Empty 值。如果在返回对象引用的函数中没有通过 Set 将对象引用赋给函数名，则函数返回 Nothing。

2. 调用函数过程

调用子过程时，无论是用 Call 语句调用还是直接调用，都是一个独立的语句而独占一行。由于函数能够返回值，使调用函数的过程除了要执行一段具有特定功能的函数体之外，更关键的是要得到其返回值，并且在调用结束后，在主调过程中使用这个返回值。对返回值的使用，使得函数在一定程度上具有运算量的特点，函数的调用点往往出现在一个语句或者一个表达式中，在语句或表达式中引用函数的返回值。如果出现在赋值表达式中，对函数的调用必须位于赋值运算符的右边。

调用函数的常用格式是：

【格式】<函数名>[(<实际参数表>)]

【说明】如果需要传递参数，<实际参数表>的声明相同于子过程，但必须加上一对圆括号；如果不传递参数，则直接以函数名调用，可以缺省圆括号。对函数调用是为了使用其返回值，因此，可以把函数调用及返回值的引用当作对运算量的引用，函数也能够像运算量一样参与运算，甚至作为其他语句的参数。

一般情况下，对函数的调用不是独成一行的独立语句，但 Visual Basic 中也允许使用 Call 语句调用函数，其格式为：

【格式】Call <函数名>([<实际参数表>])

对函数的调用以一条语句的形式出现，即便函数有确定的返回值，该返回值都会被放弃而不能发挥作用，这时的函数差不多等同于一个子程序。

3. 函数使用实例

若要创建一个函数，打开“代码”窗口，按以下步骤操作：

（1）选择“工具”菜单中的“添加过程”命令，打开“添加过程”对话框，帮助用户建立函数的开始语句和结束语句。

（2）在“名称”栏输入函数名；选择“类型”单选框中的“函数”项；针对函数的使用范围，选择“范围”单选框中的“公有的”或“私有的”单选按钮。

（3）确定是否选择“所有本地变量为静态变量”项，假如要选定该项。确定后，“代码”窗口中自动出现开始语句和结束语句。用户即可在开始语句和结束语句之间按功能要求输入函数体（注意对返回值的定义）。

【例 6-7】定义一个名为 area 的私有函数，根据半径计算圆的面积。

程序如下：

```
Private Sub Command1_Click( )
  Dim s As Single
  Dim a As Single
  a = 3
  s = area(1)                          '①
  Print s
  Print area(2)                        '②
  If area(A) > 20 Then                 '③
    Print "Area > 20"
  End If
End Sub
Private Function area(r As Single)
  area = 3.14 * r * r                  '④
End Function
```

函数 area 的函数体只有一条语句④，定义其返回值。在 Command1_Click 过程中有 3 处对 area 函数的调用：①处出现在表达式中，②处出现在语句中，③处出现在判断语句的条件判断表达式中。

将上面的函数改成无参调用：

```
Private Function area( )
Dim r As Single
r = 2
  area = 3.14 * r *r
End Function
```

在调用该函数时，圆括号可有可无。例如：

```
s = area
Print area( )
```

【例 6-8】采用函数调用的方式输出菲波那契数列的前 10 个元素。

程序如下：

```
Private Sub Command1_Click( )
Dim n, i As Integer
  n = InputBox("输出数列前几个元素?","菲波那契数列")
For i = 1 To n
Form1.Print fib(i);
Next i
End Sub
Public Function fib(m As Integer)
Dim i, f1, f2, f3 As Integer
```

```
f1 = 1
f2 = 1
If m = 1 Or m = 2 Then
fib = 1
Else
For i = 3 To m
f3 = f1 + f2
f1 = f2
f2 = f3
Next i
fib = f3
End If
End Function
```

在函数调用的实现方式中，每调用一次函数 fibona，就会进行数列中一个元素的计算，并将计算结果返回到事件过程 Command1_Click( ) 中。因此，要输出前 n 个元素，需通过循环语句控制调用 n 次 fibona 函数，并输出每次调用后的结果。

6.1.5 过程的参数传递

在主调过程中调用过程来处理某项事务时，往往需要由主调过程向被调过程传递数据，再由被调过程对这些数据进行处理。这些传递的数据被称之为参数。

1. 实际参数和形式参数

参数的类型根据其出现的位置分为实际参数和形式参数，简称为实参和形参。

(1) 实际参数

在主调过程的调用语句中，参数列在被调过程名之后。如果使用 Call 语句，参数应使用圆括号括起来。多个参数则用逗号分隔。在此列出的参数可以是常量、变量、函数和表达式，但无论是什么形式，在执行调用语句前，参数都必须具有确定的值。因此，可以把出现在调用语句中的参数称为"实际参数"。

(2) 形式参数

在被调过程中，首先要设置相应的变量接收来自于主调过程的实际参数，因此在被调过程的开始，要对这一特殊的变量——形式参数进行定义。形式参数在过程名后的括号中声明，声明的位置为：

【格式】[Private | Public] [Static] Sub <过程名>([形式参数表])

<过程体>

End Sub

形式参数表的具体格式是：

[ByVal | ByRef] <参数 1> [As <类型名>] [,[ByVal | ByRef] <参数 2> [As <类型名>] …]

【说明】每个形式参数的取名规则与一般变量相同。可选项 [As <类型名>] 是对参数类型的说明，类型应与调用语句中实际参数的类型对应一致，如果参数类型缺省，默认为变体数据类型。一般来说，参数的个数要与调用语句中的实际参数的个数相同，参数之间用逗号分隔。由于位于被调函数中的形式参数以变量的形式接收来自主调函数实际参数的数据，再参与在被调函数中的运算，即以形式参数的“壳”带着实际参数传来的初值，参与被调过程中的运算。

2. 参数传递方式

（1）按地址传递参数

按地址传递参数是 Visual Basic 中参数传递的默认方式，可以用关键字 ByRef 声明。在这种传递方式中，实际参数以变量的形式出现，形式参数通过实际参数变量的内存地址去访问实际参数的值，两个参数变量对应同一个内存存储单元。这样，一方面，在刚开始发生调用时，形式参数可以得到主调过程传来的实际参数的值，并以该值作为在被调过程中参与运算的初始值；另一方面，如果形式参数的值在被调过程的执行中发生了改变，其改变也将传递给主调过程中的实际参数变量。

由于实际参数变量和形式参数变量是针对同一个内存存储单元进行处理，对这个单元的一切处理都是共同的，因此该单元中的数据具有双向传递的特点，形参可以获得来自于实参的初值，实参也可以获得在被调过程中发生变化的形参之值。因此，实际参数和形式参数实质上代表的是同一个变量，只不过对于这个变量的引用在主调过程和被调过程中有着不同的表示方式。甚至实参和形参可以用相同的名称命名来代表同一个变量，并不是由于取名的相同，而是因为参数传递是以传递地址的方式发生联系。

【例 6-9】验证按地址传递参数中实际参数和形式参数之间的关系。

程序如下：

```
Private Sub Command1_Click()
    Dim a As Integer
    Dim b As Integer
    a = 10
    b = 5
    Call proc1(a, b)
    MsgBox("a = " + Str(A) + ", b = " + Str(b))            '③
End Sub
Private Sub proc1(x As Integer, y As Integer)
    MsgBox("x = " + Str(x) + ", y = " + Str(y))            '①
    x = x - 2
    y = y - 2
    MsgBox("x = " + Str(x) + ", y = " + Str(y))            '②
End Sub
```

Command1_Click 是主调过程，当它调用被调过程 proc1 时，实际参数是 a 和 b，其值分别为 10 和 5。执行过程后，①处显示形式参数 x、y 的初值为 10、5，表明 x、y 的初值来源于实际参数 a、b。当 x、y 的值改变后，②处显示 x、y 的值分别为 8、3。当过程 proc1 执行完毕返回到 Command1_Click 过程后，③处显示 a、b 的值为 8、3，显然

a、b 的值随着形式参数 x、y 值的改变而改变。可见，在按地址传递参数的过程中，变量值的传递是双向的。

（2）按值传递参数

在实际使用过程中，有时希望参数的传递只是一个单向的数据传递过程，即实际参数可以传值给形式参数，但形式参数值的改变不会影响到实际参数。为了避免按地址传递参数过程中实际参数的值被被调过程改变，Visual Basic 引入了“按值”传递参数的方式。在这种“值”传递中，当程序流程进入被调过程时，将为形式参数变量分配新的内存单元，然后把实际参数的值传给形式参数变量作为其初始值。实际参数和形式参数对应不同的内存单元，是两个不同的变量，唯一的联系是：实际参数的当前值是形式参数的初始值。至于形式参数的值在被调过程有何变化，与实际参数毫无关系，即被调过程执行完毕时，实际参数仍然保持调用发生时的原值，不会受形式参数改变的影响。

要把参数传递方式设置为按值传递，需用 ByVal 关键字指明，其格式是在形式参数定义处的形式参数名称前加上 ByVal 关键字。

在上例中的形式参数定义前加上关键字 ByVal，而其他地方完全不变，看看结果有何不同：

```
Private Sub proc1(ByVal x As Integer, ByVal y As Integer)
```

执行结果是：①处显示 x、y 值为 10、5。②处显示 x、y 值为 8、3。③处显示 a、b 值为 10、5。可见，形式参数 x、y 的初值仍为实际参数 a、b 传来的值。但当 x、y 的值被改变之后再返回主调过程时，实际参数 a、b 的值并没有受到形式参数值改变的影响，而仍然保持调用之前的原值，因此，按值传递参数的过程只是一个单向传值的过程，形式参数的变化不会返回给实际参数。

6.1.6 过程的嵌套调用

Visual Basic 中的过程在功能和结构上是独立的，但是由于逻辑上的联系，它们相互之间可能会发生调用，比如过程 A 调用过程 B，A 是主调过程，B 是被调过程，但同时过程 B 也可以去调用其他过程，假如调用过程 C，那么在 B 调用 C 的关系中，B 又成为主调过程。这种在被调用的过程中又出现调用其他过程的情况，被称为“过程的嵌套调用”。

虽然可以在一个过程中调用另一个过程，但两个过程的定义是相互独立和分开的，不能出现在一个过程中定义另一个过程的情况。

【例 6-10】输入一个整数 n，求 1！ +2！ +3！ + … +n！的值。

下面的程序中，采用 3 个过程嵌套调用的形式，在第一层的事件过程 Command1_Click 中，提示用户输入 n 的值，通过调用子程序 calculate 进行公式的计算和结果的输出，而在子程序的公式计算中，只进行累加计算，1 ~ n 之间的每个数的阶乘的计算则通过调用函数 fact 来实现，然后把阶乘值返回到子程序 calculate 中进行累加。程序运行结果如图 6-14 所示。

程序如下：

```
Private Sub Command1_Click()
```

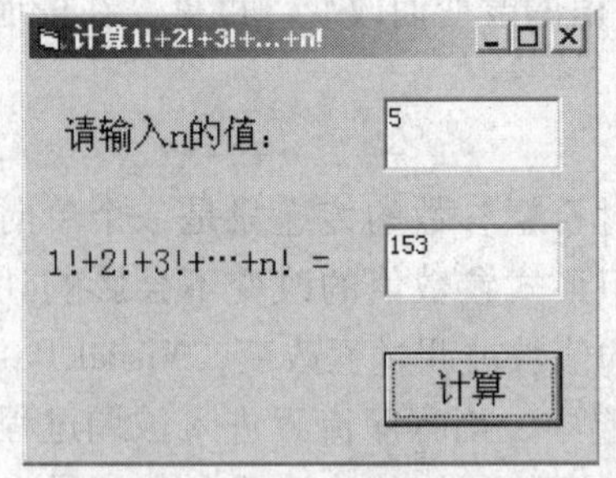

图 6-14　运行结果

```
Dim n As Integer
n = Val(Text1.Text)
Call calculate(n)
End Sub
Public Sub calculate(m)
Dim i, s As Integer
s = 0
For i = 1 To m
s = s + fact(i)
Next i
Text2.Text = s
End Sub
Public Function fact(k)
Dim j, t As Integer
t = 1
For j = 1 To k
t = t * j
Next j
fact = t
End Function
```

本例中，3 个过程的调用关系如图 6-15 所示。首先执行通用过程 Command1_Click，当执行到 Call calculate 语句时，立即调用并执行子程序 calculate。在执行子程序 calculate 的过程中又发生对函数 fact 的调用，于是调用并执行函数 fact。当该函数执行完毕，通过 EndSub 语句将返回值返回到子程序 calculate 中的调用点 fact(i) 处，接着执行子程序调用点后面的语句。在此过程中，将发生对函数 fact 的 n 次调用和返回。当子程序 calculate 执行完毕，通过 EndSub 语句返回到通用过程 Command1_Click 中的调用点并继续往下执行。当执行到通用过程的 EndSub 语句时，整个程序执行结束。总之是先从上到下逐级往下调用，再从下到上逐级往上返回，整个程序的执行从第一层过程开始，最后回到第一层过程结束。

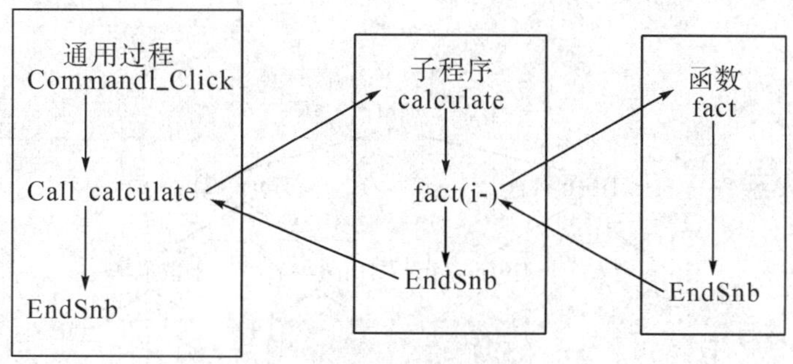

图 6-15　嵌套调用示意图

6.1.7　过程的递归调用

在一个被调用的过程中又去调用另一个过程，被称为过程的嵌套调用。如果去调用的另一个过程正是调用者自身的话，这种形式的嵌套调用就被称为“递归调用”。简而言之，递归调用就是一个过程调用过程自身的情况。

【例 6-11】采用递归调用方式输出菲波那契数列的前 10 个元素。

由于 fib(n) = fib(n-1)+fib(n-2)，而 fib(n-1) = fib(n-2) + fib(n-3)，fib(n-2) = fib(n-3) + fib(n-4) ……，最后可以推导出 fib(5) = fib(4) + fib(3)，fib(4) = fib(3) + fib(2)，fib(3) = fib(2) + fib(1)。因为 fib(2) = fib(1) = 1，所以可以计算出 fib(3) 的值，从而计算出 fib(4) 的值，依次类推，最后计算出 fib(n-2)、fib(n-1)和 fib(n) 的值。

在函数 fib 中，出现对自身的递归调用从 fib(n) 开始，逐级往下调用，直到调用到函数 fib(2) 和 fib(1) 时，函数获得一个确定的返回值，停止继续往下调用，然后开始逐级往上返回，最终从对 fib(n-1) 和 fib(n-2) 的调用返回到 fib(n)，得到所需要的结果。整个递归调用的层次情况如图 6-16 所示。

程序如下：

```
Option Base 1
Private Sub Command1_Click()
Dim n, i As Integer
  n = InputBox("输出数列前几个元素?", "菲波那契数列")
  For i = 1 To n
    Form1. Print fib(i);
  Next i
End Sub
Public Function fib(m As Integer)
  If m = 1 Or m = 2 Then
    fib = 1
  Else
    fib = fib(m - 1) + fib(m - 2)
```

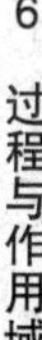

```
End If
End Function
```

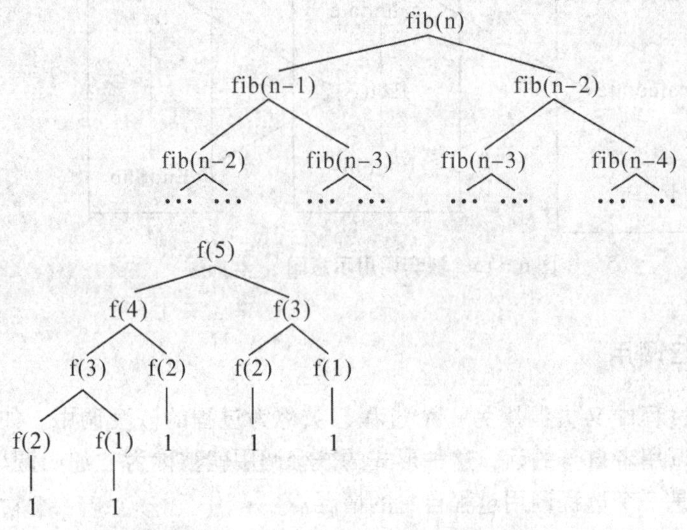

图6-16　递归调用示意图

无论递归调用发生多少次，最终应该有一个“终点”，即当调用到某一层次时，由于满足某个条件而停止继续递归下去，从而产生一个转折点，开始逐级返回。因此递归过程中一定要包含相关的判断语句，作为递归终止条件的描述。

6.2　变量与过程的作用域

变量的范围确定该变量存在的那部分代码。在一个过程内部声明变量时，只有过程内部的代码才能访问或改变那个变量的值。但是，有时需要使用具有更大范围的变量，例如这样一个变量，其值对于同一模块内的所有过程都有效，甚至对于整个应用程序的所有过程都有效。同样，过程的范围决定了它能被哪些过程调用。

6.2.1　模块的划分

Visual Basic 的代码可以存储在三种不同类型的模块中，分别是窗体模块、标准模块和类模块，它们形成工程的模块层次结构，使不同的过程及变量有不同的适用范围。

打开模块的代码窗口有以下两种方法：

方法1：打开“工程”菜单，先后执行“添加窗体”、“添加模块”、“添加类模块”命令，可以分别打开这几类模块的代码窗口，如图6-17所示。

方法2：在“工程资源管理器窗口”中，单击鼠标右键，打开快捷菜单，选择“添加”命令，然后选择添加窗口的类型，如图6-18所示。

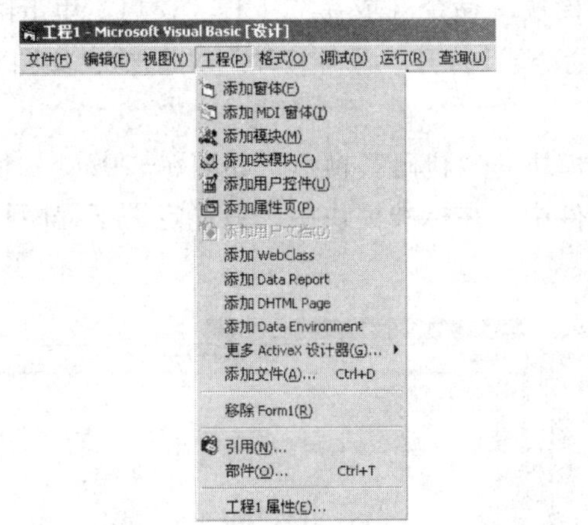

图 6－17　“工程”菜单

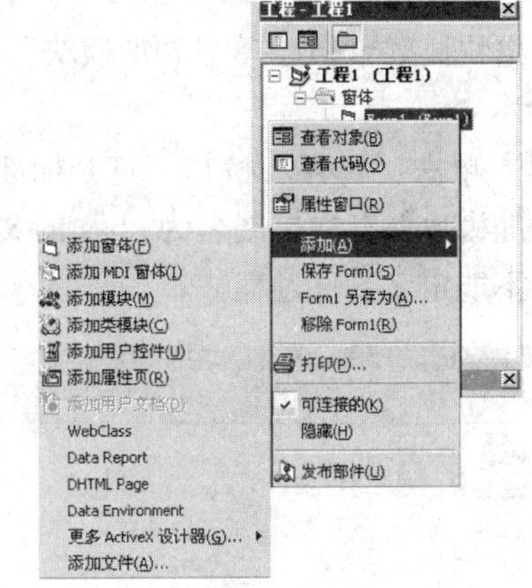

图 6－18　“工程资源管理器窗口”快捷菜单

1. 窗体模块

窗体模块与窗体是对应的。在窗体模块中，可对窗体内的对象的属性进行设置和对变量进行声明，并对过程进行描述。

建立窗体模块的操作步骤如下：

（1）选择“工程”菜单中的“添加窗体”命令（或在“工程”窗口，单击鼠标右键，弹出快捷菜单，单击“添加窗体”命令），打开“添加窗体”对话框，如图 6－19（a）所示。

（2）单击“打开”按钮，打开“窗体设计器”窗口。

（3）双击窗体，打开窗体模块的“代码”窗口，如图 6－19（b）所示。

窗体模块保存在扩展名为 .frm 的文件中。在窗体模块中，可以定义子程序、事件过程和函数过程。

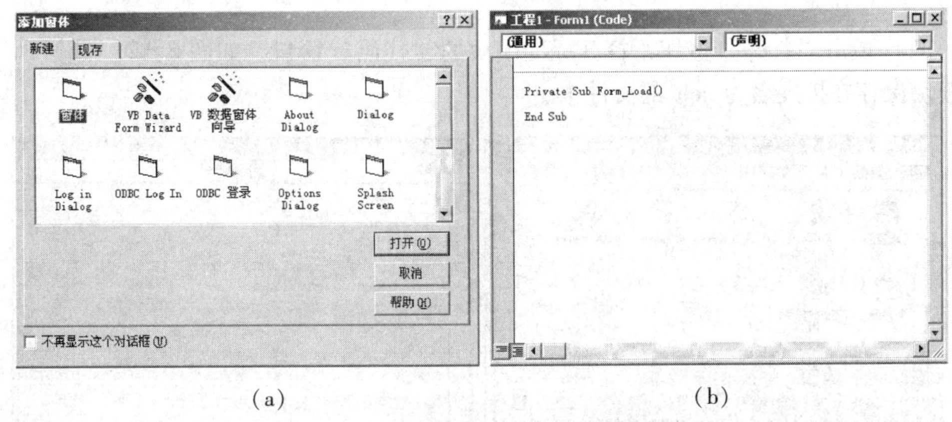

（a）　　　　（b）

图 6－19　窗体模块的打开和其代码窗口

2. 标准模块

标准模块可以定义公共的模块级变量、常量、数据类型以及全局过程，其中编制的代码是公用的，所有窗体和模块中的子程序以及事件过程都可以调用。

建立标准模块的操作步骤如下：

（1）单击“工程”菜单中的“添加模块”命令（或在“工程”窗口，单击鼠标右键，弹出快捷菜单，选择“添加模块”命令），打开“添加模块”对话框，如图6－20（a）所示。

（2）单击“打开”按钮，打开标准模块的“代码”窗口，如图6－20（b）所示。

标准模块保存在扩展名为.bas的文件中。在标准模块中，只能定义子程序和函数过程，不能定义事件过程。

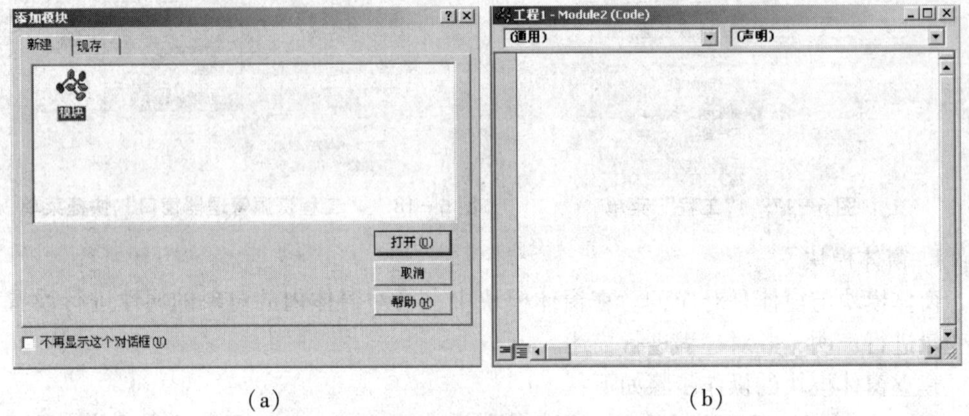

（a）　　　　　　　　　　　　（b）

图6－20　标准模块的打开和其代码窗口

3. 类模块

用户可以在类模块中编写新建对象的自定义属性和方法，以便让过程调用。

建立类模块的操作步骤如下：

（1）选择“工程”菜单的“添加类模块”命令（或在“工程”窗口，单击鼠标右键，弹出快捷菜单，单击“添加类模块”命令），打开“添加类模块”对话框，如图6－21（a）所示。

（2）单击“打开”按钮，打开标准模块的“代码”窗口，如图6－21（b）所示。类模块保存在扩展名为.cls的文件中。

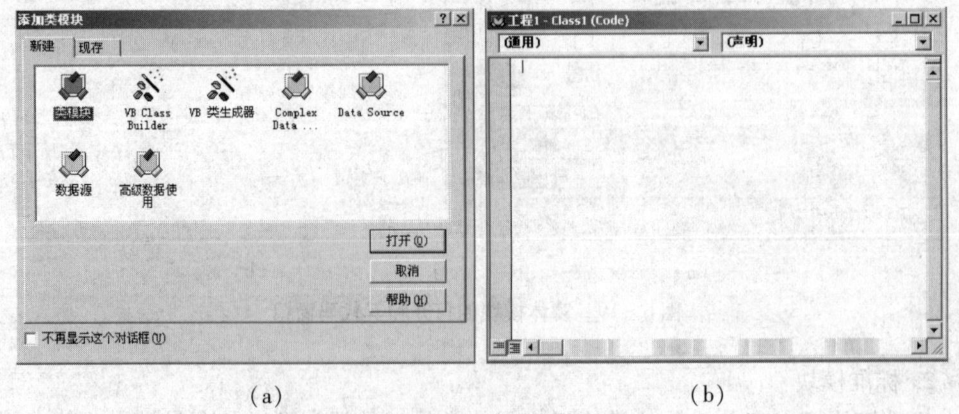

（a）　　　　　　　　　　　　（b）

图6－21　类模块的打开和其代码窗口

以上三种模块建立完成后，“工程资源管理器”窗口将以树状文件夹的形式显示各类文件，以便进行管理，如图 6 - 22 所示。

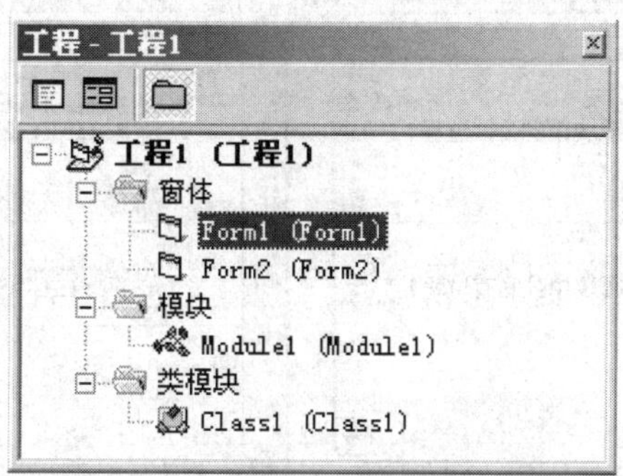

图 6 - 22 "工程资源管理器" 窗口

6.2.2 过程的作用域

Visual Basic 的应用程序是由若干个过程组成的，根据过程定义位置和方式的不同，被调用的范围和调用方式也有所不同，过程的作用域是指过程能够被调用的范围，即一个过程可以被其他哪些过程调用。根据过程的作用域的不同，可以分为窗体/模块级过程和全局过程。

1. 模块级过程

窗体/模块级过程是指在窗体或标准模块中用 Private 关键字定义的过程，只能被本模块中定义的过程调用。即作用域为本模块。

2. 全局过程

全局过程可选项是指在窗体或标准模块中用 Public 关键字定义的过程，表示该过程是一个公用过程，所有模块的所有过程都能调用该过程。如果没有使用 Public 或 Private，按照默认规定，所有模块中的子程序为 Public，即系统默认过程为公用过程。但是根据全局过程的定义位置的具体不同，在调用方式上有所不同。

（1）外部过程调用在窗体中定义的全局过程时，要在过程名前加窗体名。

【格式】[Call] <窗体模块名>. <过程名>[(参数表)]

例如，若在窗体模块 Form1 中包含 Somesub 过程，可使用以下语句调用 Form1 中的过程：

Call Form1. Somesub（参数表）

（2）在标准模块中定义的全局过程，如果过程名唯一，可以直接调用，否则必须在过程名前面加标准模块名进行限定。

【格式】[Call] [<标准模块名>.] <过程名>[(参数表)]

【例 6 - 12】在标准模块 Module1 中定义全局过程 s1 和模块级过程 s2，如图 6 - 23(a)所示。在窗体 Form1 中定义全局过程 s3 和窗体级过程 s4，如图 6 - 23(b) 所示。在窗体的事件过程 Command1_Click 中先后调用这 4 个过程，同时在模块的全局过程 s1 中也调用了窗体中的过程 s3 和 s4。

s1 是全局过程，窗体 Form1 中的过程可以调用，因此输出"这是模块中的公共过程!"信息。

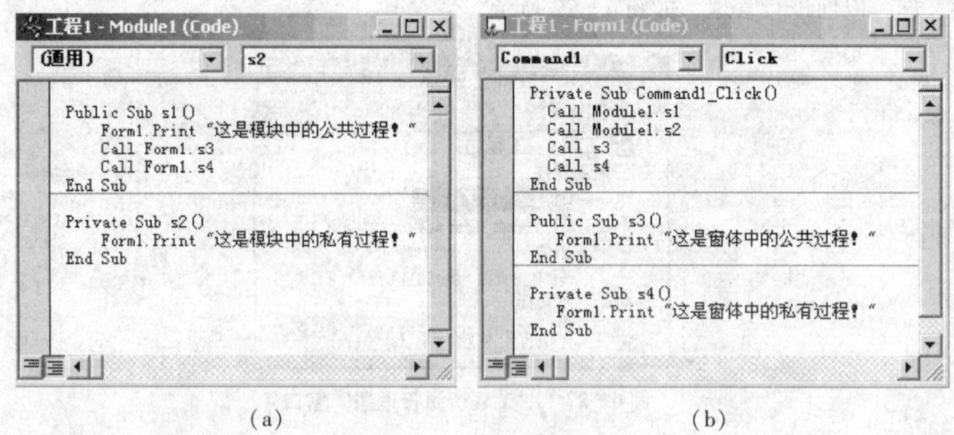

(a)　　　　　　　　(b)

图 6－23　过程调用实例

s2 是属于模块 Module1 的模块级过程，只能在模块的过程中被调用，因此当窗体 Form1 的事件过程调用它时，出现“子程序或函数未定义”出错提示信息。

s3 是全局过程，窗体 Form1 和模块 Module1 均可调用，先后两次在窗体过程和模块过程的调用中输出“这是窗体中的公共过程!”信息。

s4 是属于窗体 Form1 的窗体级过程，只能在窗体的过程中被调用，输出“这是窗体中的私有过程!”信息，但不能被模块中的过程调用。当模块 Module1 中的子程序 s1 调用 s4 时，出现“子程序或函数未定义”出错提示信息。

6.2.3　变量的作用域

变量的作用域即变量的作用范围，是指应用程序中可以使用（赋值、引用或修改）变量的范围，即变量能发挥作用的有效区域。如果超出变量的作用范围，该变量便不能发挥作用。变量的作用范围是由变量的声明方式和声明地点相结合来决定的。根据变量作用范围，从小到大可以将变量分为过程级变量、模块级变量和全局变量。

1. 过程级变量

过程级变量是指在过程（函数或子程序）内部用 Dim 或 Static 声明的变量，它只能在该过程内使用，而其他过程不能访问该变量。该变量的变化不会影响其他过程中的同名变量。过程级变量又被称为局部变量。

【例 6－13】程序中有两个过程：一个是子程序，另一个是函数。它们各自定义了一些变量。注意两个过程之间是否能进行变量的互访。

程序如下：

```
Public Sub sub1()
    Dim a As Integer
    Dim b As Integer, c As Integer
    a = 2
    b = 6
    c = a + b
    Print a, b, c, d                    ①
```

```
End Sub
Public Sub sub2( )
  Dim d As Integer
  d = 1
  Print a, b, d                          '②
End Sub
Private Sub Command1_Click( )
  Call sub1
  Call sub2
End Sub
```

本例中的 a、b、c 是在子程序 sub1 中声明的过程级变量，而 d 没有被声明，因此在①处显示 a、b、c、d 的值分别为 2、6、8 和空值；d 在子程序 sub2 中被声明，而 a、b 虽然在 sub1 中已声明，但在 sub2 中不起作用，所以在②处显示 a、b、d 的值的结果分别为空值、空值和 1。

2. 模块级变量

模块级变量是指在一个窗体或标准模块的顶部声明段声明的变量，该变量可以在该窗体或模块的所有过程中使用，但不能被其他的窗体或模块使用。一般可以用 Dim 或 Private 来声明，但用 Private 来声明更容易将模块级变量和全局变量区别开来。注意：Dim 语句可以对窗体/模块级或过程级变量进行声明，但 Private 语句只能对窗体/模块级变量声明。

打开“视图/代码窗口”，在对象栏中选择“通用”，在“过程栏”中选择“声明”，即可在代码窗口中声明窗体/模块级变量。窗体/模块级变量的声明如图 6－24 所示。

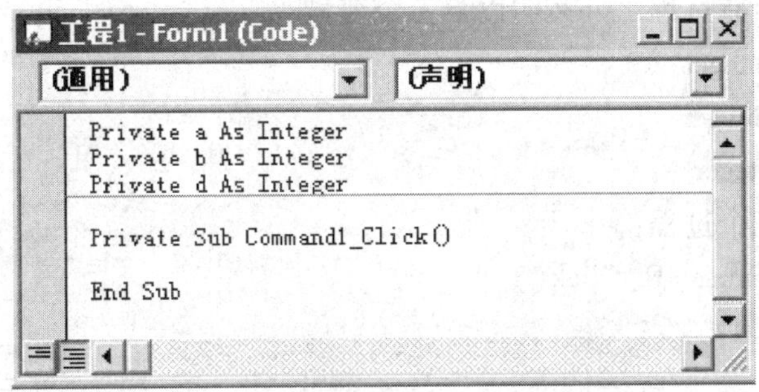

图 6－24　窗体/模块级变量的声明

【例 6－14】窗体/模块级的声明方式、地点以及使用特点。

（1）在窗体中所有过程之外声明以下变量：

```
Private a As Integer
Private b As Integer
Privated As Integer
```

（2）编制以下三个过程：

```
Private Sub Command1_Click( )
```

```
    Call sub1
    Call sub2
End Sub
Private Sub sub1()
    Dim c As Integer
    a = 2
    b = 6
    c = a + b
    Print a, b, c, d                    '①将输出2  6  8  0
End Sub
Private Sub sub2()
    d = a * b
    Print a, b, d                       '②将输出2  6  12
End Sub
```

在窗体中声明了a、b、d三个窗体级变量，该窗体的所有过程都可以使用这三个变量。因此，在①处输出的结果是2、6、8、0。由于先调用sub1，变量d还没有被赋值，系统默认值是0。在②处输出的结果是2、6、12，变量d在sub2中被赋值为12。

可见窗体级变量在该窗体的所有过程中都可以直接使用，相当于该窗体内各过程的公用变量，在各过程之间起到一条纽带的作用，无形地传递数据。

如果在窗体的过程中出现与窗体/模块级变量同名的过程级变量，会发生什么状况呢？将上面的例子改动如下，在子程序Sub2中增加一个过程级变量a的声明，将a赋值为10，在事件过程Command1_Click中调用完两个子程序之后，再次输出a、b、c、d四个变量的值。

先在窗体中所有过程之外声明以下三个变量：

```
Private a As Integer
Private b As Integer
Privated As Integer
```

再编制以下三个过程：

```
Private Sub Command1_Click()
    Call sub1
    Call sub2
    Print a, b, c, d                    '③输出：2  6  空  60
End Sub
Private Sub sub1()
    Dim c As Integer
    a = 2
    b = 6
    c = a + b
    Print a, b, c, d                    '①输出：2  6  8  0
```

```
End Sub
Private Sub sub2( )
    Dim a As Integer                    '定义过程级变量 a
    a = 10
    d = a * b
    Print a, b, d                       '②输出：10   6   60
End Sub
```

在①处的输出是2、6、8、0，a、b、d是窗体级变量；在②处的输出则发生了变化，由于变量 a 被赋值为 10，因此输出的 a 和 d 的值都发生变化，最后输出 10、6、60。

不要认为此处的 a 和子程序 sub1 以及事件过程 Command1_Click 中的变量 a 是同一个变量，二者同名不同质：子程序 sub2 中的变量 a 是过程级变量，作用范围仅限于子程序 sub2；子程序 sub1 以及事件过程 Command1_Click 中的变量 a 才是窗体/模块级变量，作用域应该包括该窗体内的所有过程。但是，在子程序 sub2 中，过程级变量 a 和窗体/模块级变量 a 发生了冲突，在这种情况下，发挥作用的是过程级变量 a，此时窗体/模块级变量 a 被暂时屏蔽起来不发生作用，直到程序的执行离开过程级变量 a 的作用范围，过程级变量 a 的存储单元被释放，窗体、模块级变量 a 才恢复其作用。所以，当程序结束对子程序 sub2 的调用返回事件过程 Command1_Click 后，在③处输出结果是2、6、空、60。可见变量 a 的值又恢复为2，此时过程级变量 a 消失，当前的变量 a 是窗体/模块级变量。

另外，输出变量 c 为空，是因为在子程序 sub1 中赋值为 8 的变量 c 是属于 sub1 的过程级变量，当程序返回事件过程 Command1_Click 后，变量 c 被释放从而不存在了，而在事件过程中没有为变量 c 定义并赋值，因此输出为空。

因此，当一个过程中出现过程级变量与窗体、模块级变量同名的情况，发挥作用的是过程级变量，同名的窗体、模块级变量被屏蔽起来暂时不发挥作用。只有当程序的执行离开该过程时，过程级变量被释放，同名的窗体、模块级变量才恢复其作用。

3. 全局变量

全局变量是指所有模块均可以使用的公共变量，该变量可用于应用程序的所有过程，一般在一个窗体（或模块）顶部的声明段中用关键字 Public 声明。Public 在模块级别中使用，用于声明公用变量和分配存储空间。其他的窗体或模块的使用格式为：

【格式】 <窗体或模块名>. <变量名>

【例6-15】全局变量以及模块级过程的使用。

程序如下：

```
'窗体 1 的代码：
Private Sub Command1_Click( )
Call sub1
Call sub2
End Sub
Public Sub sub2( )
```

```
Dim d As Integer
d = a * b
Print a, b, d                          '②
End Sub
'模块中的代码:
Public a As Integer
Public b As Integer
Public Sub sub1()
Dim c As Integer
a = 2
b = 6
c = a + b
Form1.Print a, b, c                    '①
End Sub
```

在模块中定义了全局过程 sub1，可在窗体 1 中被调用，其中对全局变量 a、b 赋值，在①处输出 a、b、c 的值为 2、6、8。注意：要在窗体 1 中输出，应在 Print 方法之前加上输出窗体的名称。由于 a、b 是全局变量，全局变量不但可以在该模块的任何过程中使用，还可以被其他的窗体或模块使用。因此，窗体 1 虽然没有定义 a、b，但可以使用，在②处输出的结果是 2、6、12。

同样，当在一个过程中出现过程级变量与全局变量同名的情况，发生作用的仍然是过程级变量，同名的全局变量被屏蔽起来暂时不发挥作用，只有当程序的执行离开该过程时，过程级变量被释放，同名的全局变量又恢复其作用。

例如，只把上面程序中窗体中的过程改动一下：

```
Private Sub Command1_Click()
Call sub1                              '将输出 2    6    8
Call sub2                              '将输出 10   6    60
Call sub1                              '将输出 2    6    8
End Sub
Public Sub sub2()
Dim d As Integer, a As Integer
a = 10
d = a * b
Print a, b, d
End Sub
```

在子程序 sub2 中增加了对过程级变量 a 的声明和赋值，此时在 sub2 中输出 10、6、60，这时发挥作用的是属于 sub2 的过程级变量 a，全局变量 a 被屏蔽起来暂时不发挥作用。从 sub2 返回事件过程 Command1_Click 后，再次调用子程序 sub1 时，仍然输出 2、6、8，可见 sub1 中发挥作用的 a 是全局变量，其值没有发生变化。

注意：声明常量时，也可以用关键字 Public 或 Private 声明常量的使用范围，含义同变量的使用范围。当然，对常量的使用仅限于引用，而不能改变其值。

6.2.4　变量的生存期

变量被定义后，就会在内存中占据一定的存储单元，直到被释放，才将所分配的内存单元还给系统。将变量拥有内存单元的时间段（即变量存在的那段时间）称之为变量的生存期。根据变量声明的位置和方式，变量的生存期有三种类型：

（1）用 Public 声明的全局变量；

（2）用 Dim 或 Private 声明的变量；

（3）用 Static 声明的静态变量。

1. Public 声明的全局变量

用 Public 声明的变量的生存期为整个应用程序的运行期，即从应用程序开始运行到结束的整个期间，全局变量都存在。全局变量的作用域和生存期是密切相关的，在程序的运行期间存在，在其作用域范围内的所有过程或模块的运行期内都能发挥作用，在时间和空间的对应上比较一致。只是在某个过程中遇上同名的过程级变量时，全局变量暂时不发挥作用，但仍然存在，此时出现时间存在和空间使用的暂时脱离。

2. Dim 或 Private 声明的变量

用 Dim 或 Private 声明变量的生存期为声明它的窗体、模块、函数或子程序的运行期。例如，进入某个模块的运行时，一般先为 Dim 或 Private 声明的变量分配内存单元，然后在该模块的运行期间，这些变量被使用，一旦模块运行完毕，就将属于该模块的变量占据的内存单元被释放，变量就不再存在。如果下一次再运行该模块，对这些变量来说，又是一个重新分配单元、使用、释放单元的过程，和上次的运行完全无关。

【例6－16】建立一个窗体，当单击窗体时，窗体中显示出被单击次数的提示信息。

程序如下：

```
Private Sub Form_click( )
  Dim i As Integer
  i = i + 1
  Label1. Caption = "你是第" + Str(i) + "次单击窗体!"
End Sub
```

程序运行的结果是：不管单击窗体多少次，始终显示为第一次单击，如图6－25所示。其原因是变量 i 的生存期仅限于 Form_click，初值为0，被改变为1，随着该过程的结束被释放而不存在。下一次该过程由于窗体被单击而再次被调用时，变量 i 又被重新声明并分配存储单元，并赋值为1，所以单击次数始终显示为1。

图6－25　运行结果

3. 用 Static 声明的静态变量

如果在某一过程内部用 Static 声明静态变量，该变量的生存期就扩展到该过程所在窗体或模块的运行期，在整个代码运行期间都能保留使用 Static 语句声明的变量的值。注意：该变量的作用范围仍只限于该过程，并不受生存期的影响。换句话说，在该过程内，静态变量存在并能被使用；在该过程之外，静态变量虽然存在，但不能被使用。

如果在定义过程时选择关键字 Static，表示该过程是“静态过程”。在该过程中声明的局部变量都成为静态变量，它们的值在调用该过程之前和之后的期间不会被释放，而是保留其值，但不能被使用，只有在进入该过程的调用时才能被使用。

如果对上例中的变量 i 声明为静态变量，看看结果有什么不同：

```
Private Sub Form_click( )
  Static i As Integer
  i = i + 1
  Label1. Caption = "你是第" + Str(i) + "次单击窗体!"
End Sub
```

程序运行的结果是：每单击一次窗体，显示的单击次数也随之递增，如图 6 - 26 所示是第 8 次单击窗体后显示的结果。调用完一次过程以后，变量 i 并没有被释放，因而将结果值保存下来，当下一次调用发生时，变量 i 又将保存下来的上一次结果值作为初值参与运算，所以它的值会随着调用次数的增多而增加。

图 6 - 26　第 8 次单击窗体的显示结果

可见，静态变量可以起到保存上一次调用过程结果的作用。当过程运行时，静态变量参与运算；当过程运行结束时，静态变量不像一般的局部变量一样被释放内存单元，而是仍然保持内存单元，其最终结果也被保存下来；到下一次所在过程被调用之前，静态变量排他性存在，即其他过程不能使用它；直到再次进入其所在过程的运行期，它才能重新恢复使用，初始值则为上一次调用后保存下来的结果。

【例 6 - 17】在前面的例子中，采用函数调用的方式输出菲波那契数列的前 10 个元素时，出现了大量的重复运算，因为每次调用 fibona(i) 时，都要从第一个元素开始重新计算到第 i 个元素，没有充分利用在前面的调用中已经计算出的元素值。本例使用静态变量来输出菲波那契数列，将减少调用中的重复计算过程。

程序如下：

```
Function fibona( m As Integer)
Dim i As Integer
Static f1, f2, f3 As Integer
If m = 1 Or m = 2 Then
f1 = 1
```

```
f2 = 1
fibona = 1
Else
  f3 = f1 + f2
  fibona = f3
  f1 = f2
  f2 = f3
End If
End Function
```

在这种实现方式中，每调用一次函数 fibona，仍然会进行数列中一个元素的计算，并将计算结果返回到事件过程 Command1_Click( ) 中。但是每次结束调用后，本次调用的结果同时又作为下一次调用的“素材”，保存在静态变量 f1 和 f2 中，下一次调用只需直接返回 f1 + f2 的结果即可。在函数 fibnona 中，没有出现循环语句，可见运算次数大大减少，每次调用最多只进行一次加法运算。

注意：一定不要把变量的生存期和使用范围混为一谈，前者是指变量占据内存单元而存在的时间，后者是指变量可以被使用的“空间”。存在并不一定能被使用，反过来，要被使用必须先存在。两者有一定的联系，但并不等同。对非静态变量来说，其生存期就是其使用范围对应的窗体、模块或过程的运行期；对静态变量来说，其生存期就超出了其使用范围对应过程的运行期。

6.3 综合应用案例

6.3.1 设计常用排序方法的程序

算法是对某个问题求解的描述。从计算学生的平均成绩，到一个工程项目的管理，都需要对解决问题的方法进行科学的描述。对不同的问题，采用不同的算法。

下面介绍使用两种常用的排序算法实现 10 个随机数由小到大排序。

1. 冒泡排序法

“冒泡处理”是把数组中的一个比较小的数比喻成气泡，使之不断地向顶部“上冒”，直到上面的值比它更小为止，这时认为气泡已经冒到顶。这是一个小数上冒、大数下沉的过程。

【例 6 – 18】生成 10 个随机数存储在数组中，依次将数组的每一个元素值和下一个元素值进行比较，如果前一个的值大于后一个的值，则进行交换。每逢两个数发生对调时，在按顺序进行下一次比较之前，进行“冒泡处理”。

程序如下：

```
Private Sub Command1_Click( )
    Randomize
    Dim x(1 To 10)
    n = 10
```

```
    '生成随机数数组
    For i = 1 To n
        x(i) = Int(Rnd * 100 + 1)
    Next
    For i = 1 To n - 1
        '一次冒泡过程
        For j = i To 1 Step -1
        '若前值大于后值，则交换
        If x(j + 1) < x(j) Then
        temp = x(j): x(j) = x(j + 1): x(j + 1) = temp
        Else
        Exit For
        End If
    Next j, i
    For i = 1 To n
        Text1.Text = Text1.Text & Str(x(i))        '显示排序后结果
    Next
End Sub
```

程序运行的结果如图6－27所示。

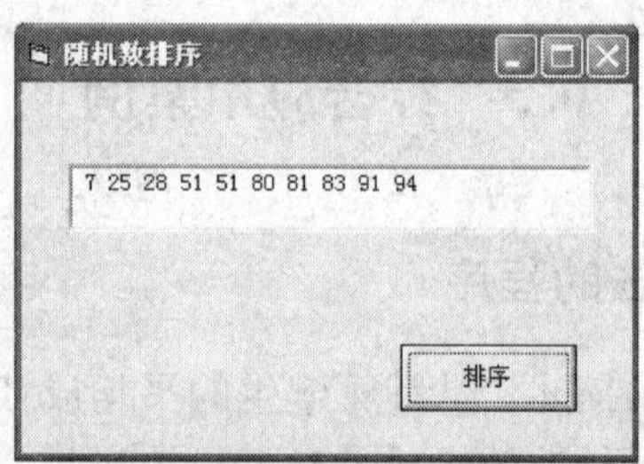

图6－27　随机数排序

2. 比较排序法

【例6－19】将第1个数与第2个数到第N个数依次进行比较，如果x(1)>x(J)(J=2，3，…，N)，则交换x(1)和x(j)的内容；将第2个数与第3个数到第N个数依次进行比较，如果x(2)>x(J)(J=1，2，3，…，N)，则交换x(2)和x(j)的内容。重复以上步骤，将第I个数与第I+1个数到第N个数依次进行比较，如果x(I)>x(J)(J=I+1，…，N)，则交换x(I)和x(J)的内容。

共重复N－1轮，即经过N－1趟排序。

程序如下：

```
Private Sub Command1_Click()
    Randomize
    Dim x(1 To 10)
```

```
        N = 10
        '生成随机数数组
        For i = 1 To N
            x(i) = Int(Rnd * 100 + 1)
        Next
        For i = 1 To N - 1
            For j = i + 1 To N
            If x(i) > x(j) Then
            temp = x(i): x(i) = x(j): x(j) = temp
            End If
        Next j, i
        For i = 1 To N
            Text1.Text = Text1.Text & Str(x(i))        '显示排序后结果
        Next
    End Sub
```

6.3.2 设计"计算排列数"程序

【例6-20】编写"计算排列数"程序，其功能是：计算从n个不同的元素中，取r个不重复的元素，按次序排列得到的排列数。排列的个数用P(n，r)表示，r必须小于等于n。

计算公式为：

$$P_n^r = n(n-1)\cdots(n-r+1) = \frac{n!}{(n-r)!}$$

设计的窗体如图6-28所示，在两个文本框中分别输入r、n的值，单击窗体中的"="按钮，显示排列数的值。如果输入的r值大于n，则弹出提示信息框。

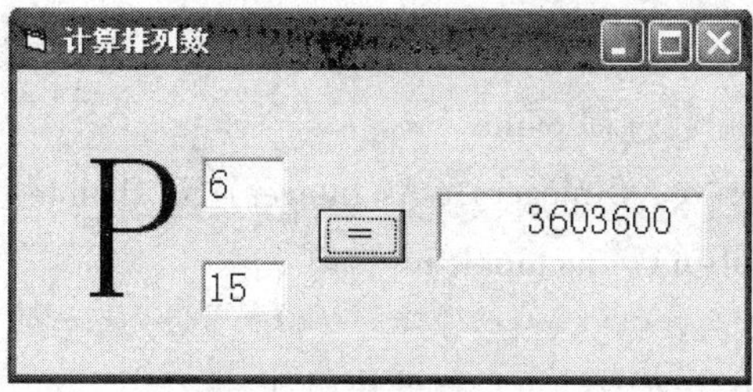

图6-28　计算排列数

操作步骤如下：

（1）新建一个窗体，在窗体中添加3个"文本框"控件（Text1、Text2、Text3）、1个"命令按钮"控件（Command1）和1个"标签"控件（Label1），分别调整它们的大小和位置。

（2）在"属性"窗口中，设置各对象的属性，如表6-1所示。

表 6-1 各控件的属性设置

对象	属性	属性值
Form1	Caption	计算排列数
Label1	Caption	P
	Font	宋体，72 号
Text1	Text	
	Font	宋体，四号
Text2	Text	
	Font	宋体，四号
Text3	Text	
	Font	宋体，四号
Command1 Command2	Caption	=
	Font	宋体，五号

（3）编写代码。

① 编写求 n！的函数过程 factorial。

双击 Command1 控件，在“代码”窗口输入以下代码：

```
Public Function factorial( v As Integer) As Double
    Dim p As Double, i As Integer
    p = 1
    For i = 1 To v
        p = p * i
    Next
    factorial = p
End Function
```

② 编写求排列数的函数过程 pailie。

```
Public Function pailie( n As Integer, r As Integer) As Double
    pailie = factorial( n) / factorial( n - r)
End Function
```

③ 编写求 Command1 控件的 Click 事件代码。

```
Private Sub Command1_Click( )
    Dim r As Integer, n As Integer
    r = Val( Text1. Text)
    n = Val( Text2. Text)
    If r > n Then
        MsgBox "请保证参数的正确输入!"
        Exit Sub
```

```
        End If
        Text3. Text = Format(pailie(n, r), "@@@@@@@@@@@")
    End Sub
```

(4) 选择“运行”菜单中的“启动”命令，运行“计算排列数”程序。在两个文本框中输入 r、m 的值 6 和 15，计算结果如图 6－28 所示。

(5) 选择“文件”菜单中的“保存工程”命令，将工程文件命名为“计算排列数”并保存在磁盘上。

6.3.3 设计“中文字数统计”程序

【例 6－21】模仿 Word 字处理软件中的“字数统计”功能，设计如图 6－29 所示的一个“中文字数”应用程序。要求用户可在文本信息框中输入文字。单击“中文字数”按钮，统计原文中的中文字符数，并显示在结果标签中；单击“重置”按钮，清空文本框和结果标签。

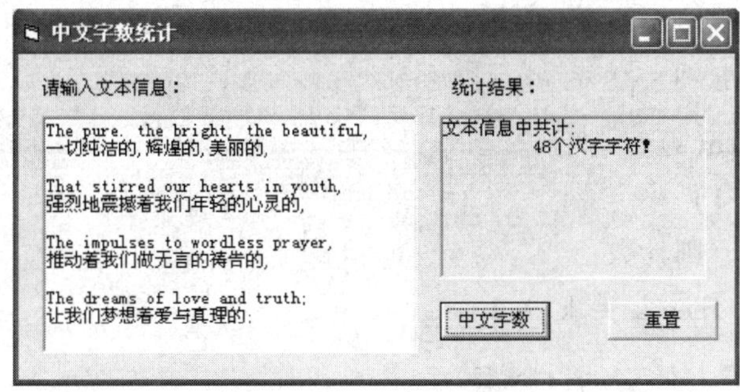

图 6－29　中文字数统计

操作步骤如下：

(1) 新建一个窗体，在窗体中添加 1 个“文本框”控件（Text1）、3 个“标签”控件（Label1～Label3）和 2 个“命令按钮”控件（Command1、Command2），分别调整它们的大小和位置。

(2) 在“属性”窗口中，设置各对象的属性，如表 6－2 所示。

表 6－2　各控件的属性设置

对象	属性	属性值
Form1	Caption	“中文字数统计”
Label1	Caption	“请输入文本信息：”
Label2	Caption	“统计结果：”
Label3	Caption	“”
	BoderStyle	1
Text1	Text	
	MultiLine	True

表6-2(续)

对象	属性	属性值
Command1	Caption	“中文字数”
Command2	Caption	“重置”

(3) 编写事件代码。

① 编写中文字数统计函数。在 Visual Basic 中，每个汉字和英文是一个字符，并占有两个字节。汉字的机内码最高位为1，若利用 Asc 函数求其码值小于0，而英文字符的最高位为0，其 Asc 码值均大于0。因而可以据此进行中文字数的统计。

选择“工程”菜单中的“添加模块”命令，在窗体中添加标准模块 Module1。在工程资源管理器中，双击 Module1 模块打开其代码窗口，定义中文字数统计函数 CountC。

代码如下：

```
Public Function CountC(s As String) As String
Dim i, k, c
i = 1
While i <= Len(s)
c = Mid(s, i, 1)
'若是中文字符，则计数：
If Asc(c) < 0 Then k = k + 1
   i = i + 1
Wend
CountC = "文本信息中共计:" & vbCrLf & Space(10) & Str(k) & "个汉字字符!"
End Function
```

② 在窗体中双击 Command1 控件，在“代码”窗口中输入以下代码：

```
Private Sub Command1_Click()
Dim c As String
c = Module1.CountC(Text1.Text)          '调用 Module1 的字数统计函数
Label2.Caption = c      '在标签中显示统计结果
End Sub
```

③ 在窗体中双击 Command2 控件，在“代码”窗口中输入以下代码：

```
Private Sub Command3_Click()
Label2.Caption = ""
Text1.Text = ""
End Sub
```

(4) 选择“运行”菜单中的“启动”命令，运行“中文字数统计”程序。在文本信息框中输入文字。单击“中文统计”按钮，结果显示在标签中；单击“重置”按钮，则文本框和标签框中的内容被清空。

(5) 选择“文件”菜单中的“保存工程”命令，将工程文件命名为“中文字数统计”并保存在磁盘上。

【本章小结】

Visual Basic 应用程序是由过程组成的。使用过程是实现结构化程序设计思想的重要方法。

本章主要学习不同类型的过程，包括子程序、事件过程、函数过程和属性过程。子程序是完成特定功能的子过程，通过 Call 语句进行调用；事件过程是附加在窗体和控件上的过程，是对窗体和控件进行某个动作时应执行的指令集合；函数是被调用后要返回值的过程，在被调用后向主调过程返回一个值；属性过程用于返回和设置对象属性的值。在学习中，要注意掌握子程序、事件过程、函数过程的定义格式，并能够进行正确地调用。

变量与过程的作用域在程序设计中非常重要。它们有的能在任何场合使用，有的只能在局部范围内使用。调用过程有诸多技巧，它们与过程的类型、位置以及在应用程序中的使用方式有关。理解过程的作用域，不但有助于掌握正确的调用方法，还提高了代码编写的效率和可维护性。

在程序设计中要根据功能的需要设置适合的变量，注意区分不同类型变量的使用范围，特别要区分同名变量的不同特征，并充分利用某些类型变量（例如全局变量、静态变量）的使用特性，达到通过变量在过程之间传递数据的目的。

习题 6

一、选择题

1. Sub 过程与 Function 过程最根本的区别是__________。

   A. Sub 过程的过程名不能有返回值，而 Function 过程能通过过程名得到返回值

   B. Sub 过程名称与 Function 过程名称的格式不统一

   C. 两种过程参数的传递方式不同

   D. Function 过程可以有参数，Sub 不能有参数

2. 以下叙述中，错误的是__________。

   A. 在不同的函数中可以使用相同名字的变量

   B. 函数中的形式参数是局部变量

   C. 在一个函数内定义的变量只在本函数范围内有效

   D. 在一个函数内的局部变量与全局变量同名时，起作用的是全局变量

3. 以下程序运行后的输出结果是__________。

```
Function fun(a, b, c)
    a = 456
    b = 567
    c = 678
End Function
```

```
Private Sub Command1_Click( )
        x  =  10
        y  =  20
        z  =  30
        f  =  fun(x, y, z)
        Print z, y, x
End Sub
```

A. 30，20，10　　B. 10，20，30　　C. 456，567，678　　D. 678，567，456

4. 以下对Sub过程的描述中，正确的是＿＿＿＿＿。

A. 调用子过程时，只能把实参的值传送给形参，形参的值不能传送给实参

B. 子过程既可以嵌套定义，又可以递归调用

C. 子过程没有返回值

D. 具有调用关系的所有过程必须放在同一个模块中

5. 下列叙述中，错误的是＿＿＿＿＿。

A. 不同子过程中的局部变量可以具有相同的名称

B. 不同子过程中具有相同的名称的局部变量指的是同一变量

C. 某个子过程中声明的局部变量使用的生命周期仅限于该子过程被执行过程中

D. 某个子过程中声明的局部变量使用范围仅限定于该子过程内

6. 以下叙述中错误的是＿＿＿＿＿。

A. 如果过程被定义为Static类型，则该过程中的局部变量都是Static类型

B. Sub过程中不能嵌套定义Sub过程

C. Sub过程中可以嵌套调用Sub过程

D. 事件过程可以像通用过程一样由用户定义过程名

7. 下列叙述中正确的是＿＿＿＿＿。

A. 在窗体的Form_Load事件过程中定义的变量是全局变量

B. 局部变量的作用域可以超出所定义的过程

C. Sub过程中定义的局部变量可以与其他事件过程中定义的局部变量同名

D. 在调用过程时，所有局部变量被系统初始化为0或空字符串

8. 下列关于函数过程的叙述中，正确的是＿＿＿＿＿。

A. 如果不指明函数过程参数的类型，则该参数没有数据类型

B. 函数过程的返回值可以有多个

C. 当数组作为函数过程的参数时，既能以传值方式传递，也能以引用方式传递

D. 函数过程形参的类型与函数返回值的类型没有关系

9. 在窗体中添加1个“命令按钮”控件（Command1）和2个“标签”控件（Label1、Label2），编写如下程序代码：

```
PrivateX As Integer
Private Sub Command1_Click( )
X = 5 : Y = 3
Call proc(X, Y)
```

```
Label1. Caption = X
Label2. Caption = Y
End Sub
Private Sub proc(ByVal a As Integer, ByVal b As Integer)
        X =a * a
Y = b + b
End Sub
```

程序运行后，单击命令按钮，两个标签中显示的内容分别是＿＿＿＿＿。

A. 5 和 3　　B. 25 和 3　　C. 25 和 6　　D. 5 和 6

二、填空题

1. 以下程序运行后的输出结果是＿＿＿＿＿。

```
Sub t(x, y, cp, dp)
     cp = x * x + y * y
     dp = x * x - y * y
End Sub
Private Sub Command1_Click()
     a = 4
     b = 3
     c = 5
     d = 6
     Call t(a, b, c, d)
     Print c; d
End Sub
```

2. 以下过程求两个整数之和，通过形式参数传回两数相加之和。

```
Sub Add(x, y)
＿＿＿＿＿
End Sub
```

3. 函数 pi 的功能是：根据以下近似公式求 π 值。填空补充以下函数。

(π×π)/6 =1 +1/(2×2) +1/(3×3) +⋯ +1/(n×n)

```
Function pi(n)
       Dim s As Double
       Dim i As Long
       For i = 1 To n
        s = s + ＿＿＿＿＿
       Next i
       pi = Sqr(6 * s)
End Function
```

4. 在窗体中添加 1 个“命令按钮”控件（Command1），编写如下程序：

```
Function M(x As Integer, y As Integer) As Integer
        M = IIf(x > y, x, y)
End Function
Private Sub command1_Click()
        Dim a As Integer, b As Integer
        a = 100
        b = 200
        Print M(a, b)
End Sub
```

程序运行后，单击命令按钮，输出结果为＿＿＿＿＿＿。

5. 以下程序运行后的输出结果是＿＿＿＿＿＿。

```
Sub fun()
        Static a
        a = a + 2
        Print a;
End Sub
Private Sub Command1_Click()
For cc = 1 To 3
        Call fun
Next cc
End Sub
```

6. 以下程序运行后的输出结果是＿＿＿＿＿＿。

```
Function fun(a)
        Static c
        b = b + 1
        c = c + 2
        fun = a + b + c
End Function
Private Sub Command1_Click()
        n = 0
        For i = 1 To 3
          Print fun(n);
        Next i
End Sub
```

三、上机题

1. 编写三个sub过程，求：

（1）前n个自然数的和。

（2）前n个自然数的平方和。

(3) 前 n 个自然数的立方和。

当用户在窗体的文本框中输入数值并单击窗体时，依次调用三个 sub 过程，在窗体中分别显示前 n 个自然数的和、平方和、立方和。

2. 编写一个具有三个参数的替换函数。实现在第 1 个参数中查找第二个参数并将其替换为第三个参数。

3. 勾股定理中 3 个数的关系是：a^2 + b^2 = c^2。编写程序，输出 30 以内满足上述关系的整数组合，例如 3、4、5 就是一个整数组合。以 3 个整数为一组，列出所有的满足条件的整数组合，显示在窗体的文本框中，程序运行结果如图 6 - 30 所示（要求使用子程序来实现）。

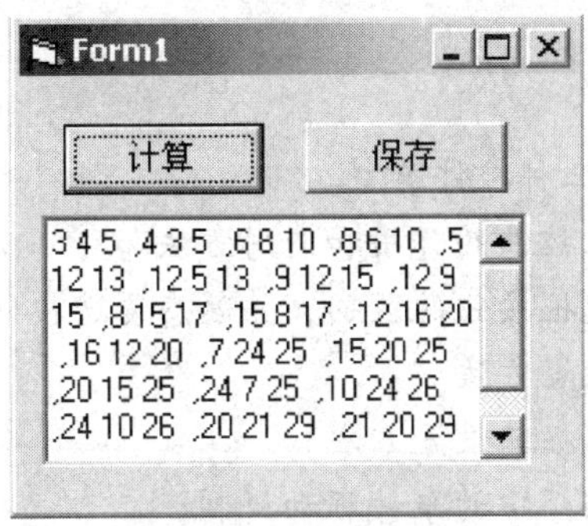

图 6 - 30　运行结果

4. 编写程序，输入 15 个学生成绩，计算总成绩和平均成绩。要求使用数组存放成绩，使用 Inputbox 函数进行成绩录入。程序运行如图 6 - 31 所示。

提示：无论是成绩录入或计算均可使用循环。数组应设置为公共数组。

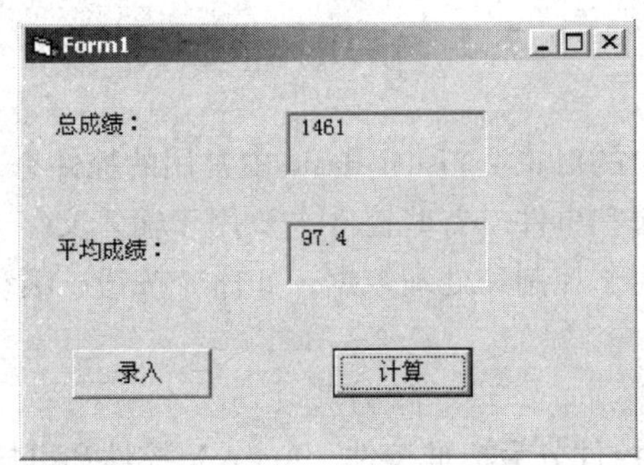

图 6 - 31　排序结果

7　控件的应用与键盘及鼠标事件

【学习目标】

1. 了解 Visual Basic 的三种控件类型。
2. 理解并掌握常用标准控件的作用和使用方法。
3. 理解单选按钮和复选框按钮的区别，并熟悉复选按钮的常用属性、方法和事件。
4. 理解焦点并掌握其设置方法。
5. 理解 Tab 键顺序并掌握其设置方法。
6. 了解 Windows 应用程序中的事件驱动机制。
7. 掌握常用键盘事件 KeyPress、KeyDown 和 KeyUp 的应用。
8. 掌握常用鼠标事件 MouseMove、MouseDown 和 MouseUp 的应用。
9. 理解与拖放相关属性（DragMode、DragIcon）和方法（Move、Drag）的作用。
10. 熟悉与拖放相关事件 DragDrop、DragOver 的作用。

7.1　常用标准控件

控件是包含在窗体中的对象。Visual Basic 中常用的控件有 20 多种，每种类型的控件都有各自的属性、方法和事件。有些控件主要用于输入文字和显示文本，如文本框、标签等；有些控件主要用于控制和处理数据，如命令按钮、滚动条、数据访问控件等。

7.1.1　控件的类型

在 Visual Basic 中，控件分为标准控件、ActiveX 控件和可插入控件三种类型。

1. 标准控件

标准控件又称内部控件，由 Visual Basic 的可执行文件提供，启动后出现在“工具箱”里，不能添加和删除。Visual Basic 提供了 20 个标准控件，按控件的功能可分为以下几种：

① 用于文本显示和输入：“标签”、“文本框”、“组合框”、“列表框”控件。

② 用于文件系统操作：“驱动器列表框”、“目录列表框”、“文件列表框”控件。

③ 按钮控件：“命令按钮”、“复选框”、“单选按钮”控件。

④ 用于图形处理：“图形框”、“图像”、“直线”、“形状”控件。

⑤ 容器控件：“框架”、“OLE”控件。

⑥ 滚动条控件："水平滚动条"、"垂直滚动条"控件。

⑦ 其他控件："计时器"、"数据库访问"控件。

2. ActiveX 控件

ActiveX 控件是扩展名为 .ocx 的独立文件，又称为 OLE 控件或定制控件。在"工具箱"中单击鼠标右键，选择"部件"命令，即可添加所需要的 ActiveX 控件到"工具箱"内。

3. 可插入控件

可插入控件可添加到"工具箱"中的对象，当作控件使用。

7.1.2 "单选按钮"控件

在"工具箱"中双击 OptionButton 按钮，在窗体中添加"单选按钮（OptionButton)"控件。"单选按钮"控件用于将不同选项提供给用户进行选择。在一组单选按钮中，只能选择其中的一个。

1. "单选按钮"控件的常用属性

"单选按钮"控件常用属性有 Name、Caption、Alignment、Visible 和 Value 等。

① Name——唯一标识单选按钮的名称，默认值为 OptionN（N=1，2，…）。建议以 Option 的缩写 opt 作为前缀，再加上一个有意义的名称来命名程序中的单选按钮，如 optMale 表示选择男性，optFemale 表示选择女性。

② Caption——单选按钮中最常用的属性之一，用来显示单选按钮的文本内容，默认值为 OptionN（N=1，2，…）。可以在程序设计时通过属性窗口设置，也可以在程序代码中进行设置。

③ Alignment——确定单选按钮位于标题的哪一边，默认值为"0-左边"。

④ Visible——设置单选按钮是否可见，默认值为 True。若设置为 False，程序运行时，该标签不可见。

⑤ Value——是单选按钮最重要的属性，确定某个单选按钮是否被选中，默认值为 False。如果被选中，则其 Value 属性为 True。

2. 单选按钮的常用事件

单选按钮最常用的事件就是鼠标单击（Click）事件，当用户选择并单击一个选项时，触发该单选按钮的 Click 事件并执行其事件过程代码。

【例 7-1】"单选按钮"控件的应用。

操作步骤如下：

（1）新建一个窗体，在窗体中添加 2 个"单选按钮"控件（Option1、Option2）和 2 个"标签"控件（Label1、Label2）。选择"Visual Basic"单选按钮，在标签中显示"I love Visual Basic"；选择"QBasic"单选按钮，则显示"I love QBasic"。

设计的窗体如图 7-1 所示。

（2）在"属性"窗口，设置各对象的属性，如表 7-1 所示。

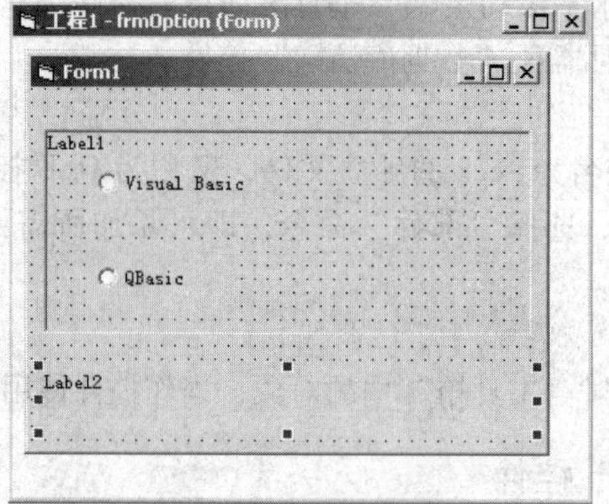

图 7－1　窗体设计

表 7－1　　　　　　　**“单选按钮”示例中的属性设置**

对象	属性	属性值	说明
Form1	Name	frmOption	窗体名称
Label1	Name	lblFrame	外框标签的名称
	Appearance	1－3D	外框标签的显示模式
	BackStyle	0－Transparent	外框标签的透明模式
	BorderStyle	1－Fixed Single	外框标签的边界模式
Label2	Name	lblResult	结果标签的名称
Option1	Name	optVB	Visual Basic 单选按钮的名称
	Caption	Visual Basic	Visual Basic 单选按钮的标题
Option2	Name	optQB	QBasic 单选按钮的名称
	Caption	QBasic	QBasic 单选按钮的标题

（3）在“代码”窗口，编写窗体的 Load 事件过程代码以及单选按钮 optVB 和 optQB 的 Click 事件过程代码，如图 7－2 所示。

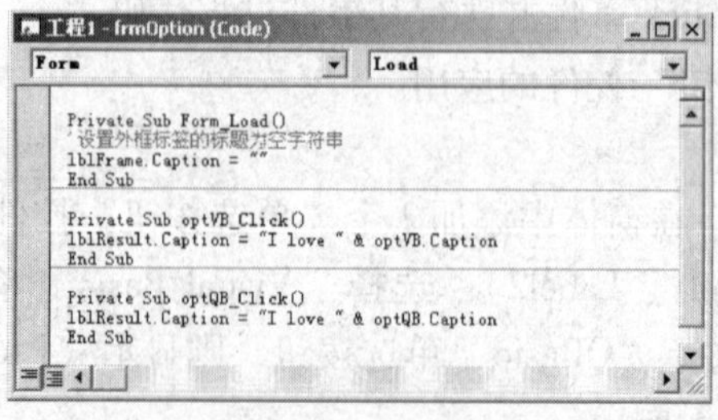

图 7－2　“代码”窗口

（4）运行程序，选择 Visual Basic 的单选按钮时，显示“I love Visual Basic”，如图 7－3所示。

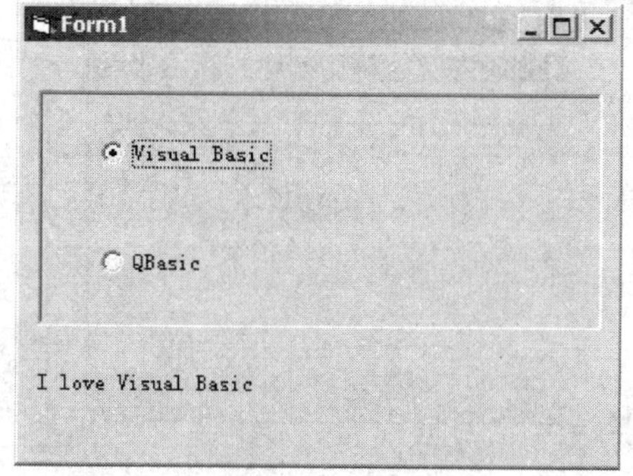

图 7-3 运行界面

7.1.3 “复选框”控件

在“工具箱”中双击 CheckBox 按钮，在窗体中添加“复选框（CheckBox）”控件。“复选框”控件用于将不同选项提供给用户进行选择。与单选按钮最大的区别在于在一组复选框中，可以选择一个或多个选项。

1. “复选框”控件的常用属性

“复选框”控件常用的属性有 Name、Caption、Alignment、Visible 和 Value 等。

① Name——唯一标识复选框的名称，默认值是 CheckN（N=1，2，…），建议以 Check 的缩写 chk 作为前缀，再加上一个有意义的名称来命名程序中的复选框，如 ChkBold 可以表示选择为粗体字，chkUnderline 可以表示选择为带下划线的字体。

② Caption——用来显示复选框的文本内容，默认值是 CheckN（N=1，2，…）。可以在程序设计时通过属性窗口设置，也可以在程序中进行设置。

③ Alignment——确定复选框位于标题的哪一边，默认值为“0-左边”。

④ Visible——设置复选框是否可见，默认值为 True。若设置为 False，则程序运行时，该标签不可见。

⑤ Value——复选框最重要的属性，确定是否某个复选框被选中，默认值为 0。如果被选中，其 Value 属性为 1，并在复选框上打勾示意；如果设置复选框的 Value 属性为 2，则表示禁止选择该复选框。

2. “复选框”控件的常用事件

和单选按钮一样，复选框最常用的也是 Click 事件，当选中某个复选框时，触发该复选框的 Click 事件并执行其事件过程代码。

【例 7-2】“复选框”控件的应用。

操作步骤如下：

（1）新建一个窗体，在窗体中添加 2 个“复选框”控件（Check1、Check2）和 2 个“标签”控件（Label1、Label2）。选中“粗体字”复选框（Check1）时，改变标签为粗体；选中“斜体字”复选框（Check2）时，改变标签中字体为斜体；如果同时选中，则改变标签中字体为粗斜体。设计窗体如图 7-4 所示。

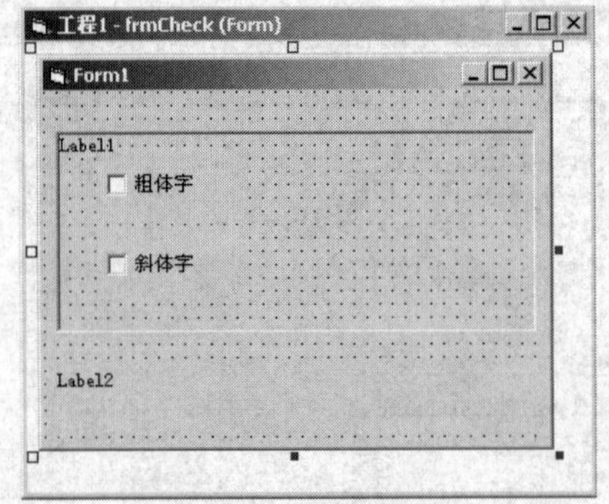

图 7 - 4　窗体设计

（2）在“属性”窗口，设置各对象的属性，如表 7 - 2 所示。

表 7 - 2　“复选框”示例中的属性设置

对象	属性	属性值	说明
Form1	Name	frmCheck	窗体名称
Label1	Name	lblFrame	外框标签的名称
	Appearance	1 - 3D	外框标签的显示模式
	BackStyle	0 - Transparent	外框标签的透明模式
	BorderStyle	1 - Fixed Single	外框标签的边界模式
Label2	Name	lblResult	结果标签的名称
Check1	Name	chkBold	Bold 复选框的名称
	Caption	粗体字	Bold 复选框的标题
Check2	Name	chkItalic	Italic 复选框的名称
	Caption	斜体字	Italic 复选框的标题

（3）在代码窗口，编写窗体的 Load 事件过程代码以及复选框 chkBold 和 chkItalic 的 Click 事件过程代码，如图 7 - 5 所示。

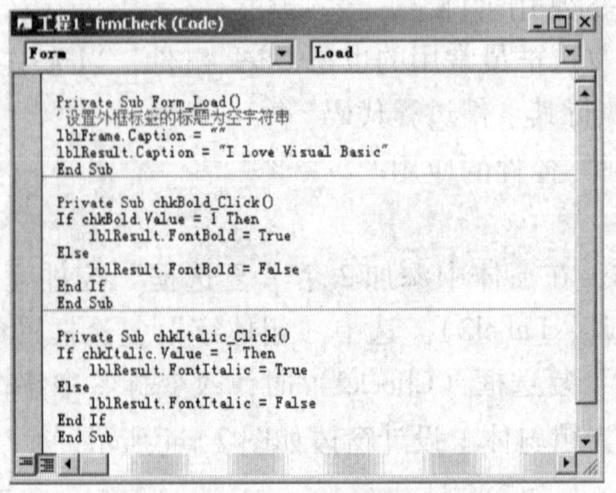

图 7 - 5　“代码”窗口

（4）运行程序，当同时选中“粗体字”和“斜体字”复选框时，运行结果如图 7-6 所示。

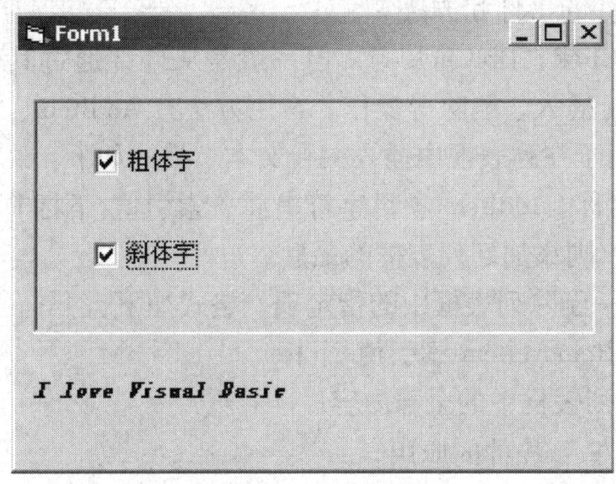

图 7-6　运行界面

7.1.4　“列表框”控件

在“工具箱”中双击 ListBox 按钮，在窗体中添加“列表框（ListBox）”控件。“列表框”控件用于用户进行多个项目的选择。

1.“列表框”控件的常用属性

“列表框”控件常用的属性有 Name、Columns、List、ListCount、ListIndex、MultiSelect、Selected、SelCount、Sorted 和 Text 等。

① Name——唯一标识列表框的名称，默认值是 ListN（N=1，2，…），建议以 ListBox 的缩写 lst 作为前缀，再加上一个有意义的名称来命名程序中的列表框，如 lstCity可以表示城市的列表框，lstCourse 可以表示课程的列表框。

② Columns——指定列表框的列数，默认值为 0。当设置为 0 时，如果列表框项数大于其高度，则自动添加垂直滚动条；如果选择为 n（n≥1），则在列表框中显示 n 列，如果超过列表框宽度，则自动添加水平滚动条。

③ List——表示列表框的第 i-1 项的内容。若为数组，则下标为 0～n-1，其中 n 表示列表框的项数。

④ ListCount——表示列表框的列表项数。

⑤ ListIndex——指定已选中列表项的位置，如果不选择任何项，值为 -1，第一项从 0 开始。

⑥ MultiSelect——设置一次可选中的列表项数，0 表示只选一项，1 表示可选多项，2 表示可以使用 Shift 或 Ctrl 键来辅助鼠标选中连续或不连续的多项。默认值为 0。

⑦ Selected——为数组元素，每个元素对应一个列表项，下标从 0 开始。True 表示已选中该项，False 表示没有选中对应的项。如用户选中第 1 项，则 Selected(0) 为 True。

⑧ SelCount——MultiSelect 的值为 1 或 2 时，表示选中列表框中项目的数量。

⑨ Sorted——确定列表项是否按字母或数字的升序排列，True 表示按升序排列，

False 表示按加入列表框的先后顺序排列。默认值为 False。

⑩ Text——指定最后一次选中的列表项的文本。

2. “列表框”控件的事件和方法

列表框的事件有 Click、DblClick 等，但一般是从外部通过其他控件调用列表框的方法，来对列表框进行插入、删除等操作。常用方法有 AddItem、RemoveItem 和 Clear。

① AddItem——用于在列表框中插入一行文本。格式如下：

【格式】列表框名称 . AddItem 项目字符串 [，索引值/下标]

如果省略索引值，则添加到列表框的最后。

② RemoveItem——删除列表框中的指定项。格式如下：

【格式】列表框 . RemoveItem 索引值/下标

③ Clear——清除列表框中的全部内容。

【例 7-3】“列表框”控件的应用。

操作步骤如下：

(1) 新建一个窗体，在窗体中添加 3 个“命令按钮”控件（Command1 ~ Command3）、2 个“标签”控件（Label1、Label2）、1 个“文本框”控件（Text1）和 1 个“列表框”控件（List1）。输入城市名后，单击“添加”按钮，将输入的内容插入到列表框的最后；单击“删除”按钮，将当前选中的列表框中的列表项删除；单击“清除”按钮，则清除列表框中的所有列表项；单击列表框中的项目时，在结果标签中显示。设计的窗体如图 7-7 所示。

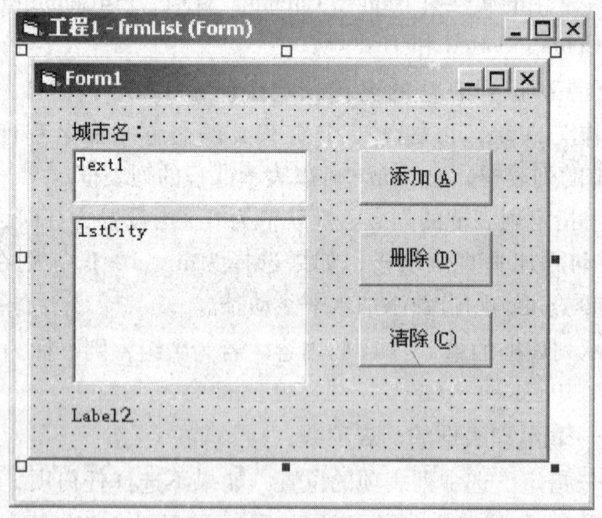

图 7-7　窗体设计

(2) 在“属性”窗口，设置各对象的属性，如表 7-3 所示。

表 7-3　“列表框”示例中的属性设置

对象	属性	属性值	说明
Form1	Name	frmList	窗体名称
Text1	Name	TxtCity	城市名文本框的名称

表7－3(续)

对象	属性	属性值	说明
Label1	Name	lblCity	城市名标签的名称
	Caption	城市名:	城市名标签的标题
	AutoSize	True	城市名标签自动调整尺寸
Label2	Name	lblResult	结果标签的名称
	AutoSize	True	结果标签自动调整尺寸
List1	Name	lstCity	列表框的名称
Command1	Name	cmdAppend	添加按钮的名称
	Caption	添加（&A）	添加按钮的标题
Command2	Name	cmdDelete	删除按钮的名称
	Caption	删除（&D）	删除按钮的标题
Command3	Name	cmdClear	清除按钮的名称
	Caption	清除（&C）	清除按钮的标题

（3）在“代码”窗口，编写窗体的 Load 事件过程代码以及命令按钮 cmdAppend、cmdDelete、cmdClear 的 Click 事件过程代码，如图 7－8 所示。

图 7－8　“代码”窗口

（4）运行程序，分别在“城市名”文本框中输入北京、上海、天津及重庆，单击“添加”按钮，然后单击列表框中的“上海”，运行界面如图 7－9 所示。

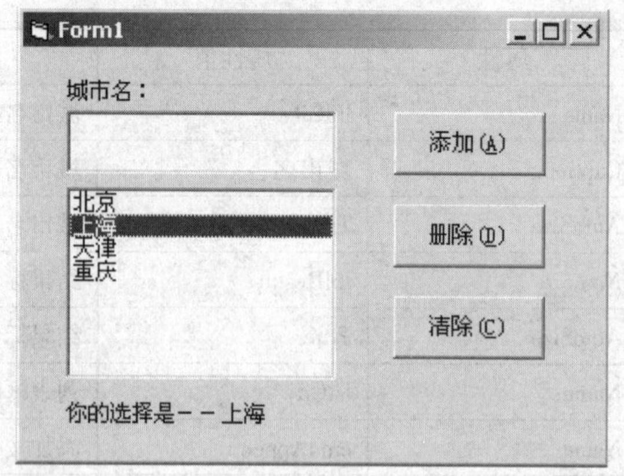

图 7-9　运行界面

7.1.5　“组合框”控件

在“工具箱”中双击 ComboBox 按钮，在窗体中添加“组合框（ComboBox)”控件。“组合框”控件结合了“文本框”控件与“列表框”控件的特点，即同时具有“文本框”控件与“列表框”控件两者的特点。组合框既可以像列表框那样，让用户从多个项目中选择项目，又可以像文本框一样输入文本来选择项目。组合框也主要用于进行多个项目的选择。

1. “组合框”控件的常用属性

“组合框”控件常用的属性有 Name、List、ListCount、ListIndex、Locked、Sorted、Style 和 Text 等。

① Name——唯一标识列表框的名称，默认值是 ComboN（N=1，2，…），建议以 ComboBox 的缩写 cbo 作为前缀，再加上一个有意义的名称来命名程序中的组合框，如 cboNation 可以表示国家名称的组合框，cboClass 可以表示班级的组合框。

② List——表示组合框的第 i-1 项的内容。若为数组，则下标为 0~n-1，其中 n 表示组合框的项数。

③ ListCount——表示组合框的项数。

④ ListIndex——指定已选中的列表项的位置，如果不选择任何项，值为 -1，第一项从 0 开始。

⑤ Locked——设置组合框是否可以编辑，默认值为 False。当设置该属性值为 False 时，组合框中的内容可以编辑；当设置为 True 时，组合框中的内容不能编辑，只能查看，相当于只读。

⑥ Sorted——确定列表项是否按字母或数字的升序排列，True 表示按升序排列，False 表示按加入组合框的先后顺序排列。默认值为 False。

⑦ Style——设置组合框的类型，默认值为“0-下拉式组合框”（DropDown Combo）。与下拉式组合框相比，当 Style 设置为“2-下拉式列表框”（DropDown ListBox）时，不能通过输入文本的方式进行选择，此时 Text 属性为只读，在其右边有个下拉箭头，可以下拉或者收起。当 Style 设置为“1-简单组合框”（Simple Combo）时，组合

框就被明确地分解为文本框和列表框，可以像列表框一样显示很多项。因此，如果只是想让用户对项目进行选择，那么就应该把组合框的 Style 属性设置为 2，除此之外，如果还希望让用户能够在组合框中输入项目，应该把组合框的 Style 属性设置为 0 或者 1。

⑧ Text——指定最后一次选中的列表项中的文本。

2. “组合框”控件的事件和方法

和列表框类似，组合框的事件也有 Click、DblClick 等，但一般是从外部通过其他控件调用组合框的方法，来对组合框进行插入、删除等操作。常用方法有 AddItem、RemoveItem 和 Clear。

① AddItem——用于在组合框中插入一行文本。格式如下：

【格式】组合框名称 . AddItem 项目字符串 [，索引值/下标]

如果省略索引值，则添加到组合框的最后。

② RemoveItem——删除组合框中的指定项目。格式如下：

【格式】组合框 . RemoveItem 索引值/下标

③ Clear——清除组合框中的全部内容。

【例 7-4】“组合框”控件的应用。将例 7-3 进行修改，利用组合框取代文本框来进行城市名称的输入。

操作步骤如下：

（1）新建一个窗体，在窗体中添加 3 个“命令按钮”控件（Command1 ~ Command3）、2 个“标签”控件（Label1、Label2）、1 个“组合框”控件（Combo1）和 1 个“列表框”控件（List1）。在组合框中输入城市名并单击“添加”按钮，将该城市名插入到组合框和列表框的最后；单击“删除”按钮，将当前选中的列表框以及组合框中的对应项删除；单击“清除”按钮，则清除组合框和列表框中的所有项。设计的窗体如图 7-10 所示。

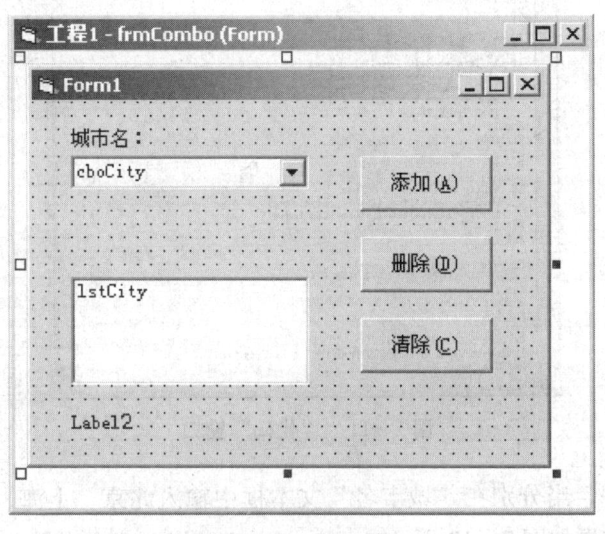

图 7-10　窗体设计

（2）在“属性”窗口，设置各对象的属性，如表 7-4 所示。

表 7-4　　　　　　　　　　“组合框”示例中的属性设置

对象	属性	属性值	说明
Form1	Name	frmCombo	窗体名称
Label1	Name	lblCity	城市名标签的名称
	Caption	城市名：	城市名标签的标题
	AutoSize	True	城市名标签自动调整尺寸
Label2	Name	lblResult	结果标签的名称
	AutoSize	True	结果标签自动调整尺寸
Combo1	Name	cboCity	组合框的名称
List1	Name	lstCity	列表框的名称
Command1	Name	cmdAppend	添加按钮的名称
	Caption	添加（&A）	添加按钮的标题
Command2	Name	cmdDelete	删除按钮的名称
	Caption	删除（&D）	删除按钮的标题
Command3	Name	cmdClear	清除按钮的名称
	Caption	清除（&C）	清除按钮的标题

（3）在“代码”窗口，编写窗体的 Load 事件过程代码以及命令按钮 cmdAppend、cmdDelete、cmdClear 的 Click 事件过程代码，如图 7-11 所示。

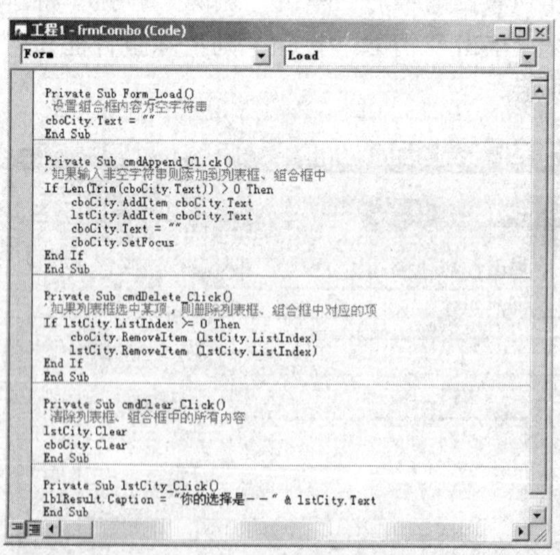

图 7-11　“代码”窗口

（4）运行程序，当分别在“城市名”文本框中输入北京、上海、天津，单击“添加”按钮，显示结果如图 7-12 所示。

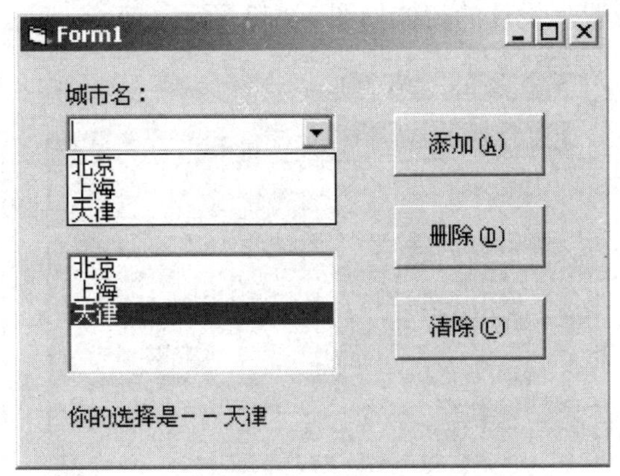

图 7－12　运行界面

7.1.6　“滚动条”控件

在“工具箱”中双击 ScrollBar 按钮，在窗体中添加“滚动条（Scroll）”控件。“滚动条”控件分为“水平滚动条（Hscroll）”控件和“垂直滚动条（Vscroll）”控件。“滚动条”控件常用于某个窗口上帮助观察数据或确定位置。

1. “滚动条”控件的常用属性

“滚动条”控件常用属性有 Name、Value、Max、Min、LargeChagnge 和 SmallChange。

① Name——唯一标识滚动条的名称，水平、垂直滚动条名称默认值分别是 HScrollN、VScrollN(N＝1，2，…)，建议以 HScroll、VScroll 的缩写 hscr、vscr 作为前缀，再加上一个有意义的名称来命名程序中的水平、垂直滚动条。

② Value——表示滚动块在滚动条上的当前位置，默认值为 0。

③ Max——设置滚动条能表示的最大值，取值范围为－32 768～32 767，默认值为 0。当滚动块位于最右端或最下端时，Value 属性被设置为该值。

④ Min——设置滚动条能表示的最小值，取值范围是－32 768～32 767，默认值为 0。当滚动块位于最左端或最上端时，Value 属性被设置为该值。

⑤ LargeChange——表示单击滚动条的空白部位时 Value 的变化量，默认值为 1。

⑥ SmallChange——表示单击滚动条两端的箭头时 Value 的变化量，默认值为 1。

2. “滚动条”控件常用事件

“滚动条”控件常用的事件有 Scroll 和 Change。

① Scroll——当滚动块在滚动条内拖动时触发，用于跟踪滚动条的动态变化。

② Change——改变滚动块的位置时触发，用于得到滚动条的最终值。

【例 7－5】“滚动条”控件的应用。

操作步骤如下：

(1) 新建一个窗体，在窗体中添加 1 个“水平滚动条”控件（HScroll1）、1 个“垂直滚动条”控件（VScroll1）和 2 个“标签”控件（Label1、Label2）。两个标签分别指示水平和垂直滚动条的 Value。单击或拖动水平、垂直滚动条时，两个标签中分别显示滚动条当前的位置。设计的窗体如图 7－13 所示。

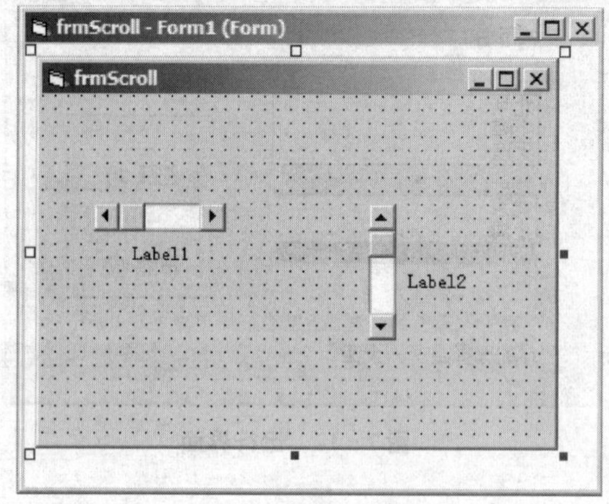

图 7－13　窗体设计

（2）在“属性”窗口，设置各对象的属性，如表 7－5 所示。

表 7－5　　“滚动条”示例中的属性设置

对象	属性	属性值	说明
Form1	Name	frmScroll	窗体名称
Label1	Name	lblHscr	水平滚动位置标签的名称
	AutoSize	True	水平滚动标签自动调整尺寸
Label2	Name	lblVscr	垂直滚动位置标签的名称
	AutoSize	True	垂直滚动标签自动调整尺寸
HScroll1	Name	hscr	水平滚动条的名称
	Max	100	水平滚动条的最大值
	LargeChange	10	水平滚动条滚动的增值
VScroll1	Name	vscr	垂直滚动条的名称
	Max	100	垂直滚动条的最大值
	LargeChange	10	垂直滚动条滚动的增值

（3）在“代码”窗口，编写窗体的 Load 事件过程代码以及水平滚动条（hscr）、垂直（vscr）的 Change 和 Scroll 事件过程代码，如图 7－14 所示。

（4）运行程序，单击或拖动水平和垂直滚动条，在两个标签中显示滚动条当前的位置，如图 7－15 所示。

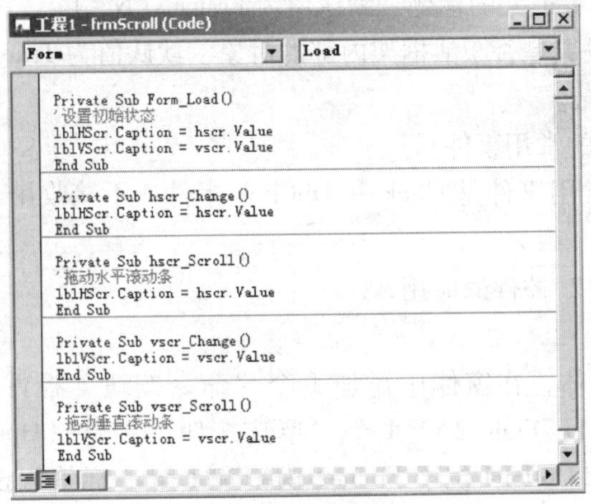

图 7－14　代码窗口

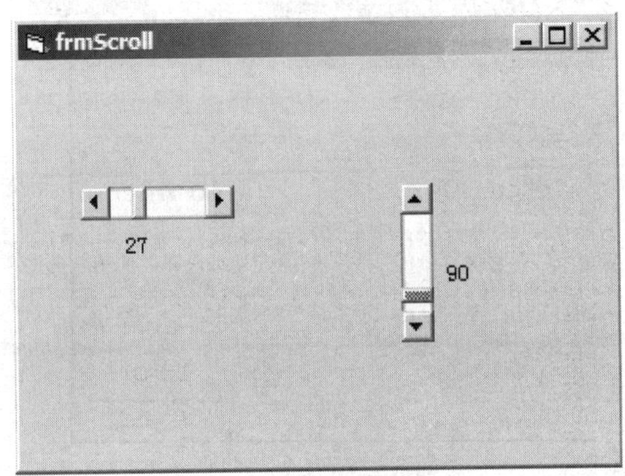

图 7－15　运行界面

7.1.7　“框架”控件

在“工具箱”中双击 Frame 按钮，在窗体中添加“框架（Frame）”控件。作为一种容器，可以在其上添加其他控件，常用的是将一组单选按钮添加在一个框架内，这样就和其他的单选按钮互不干扰。

添加控件到框架中的方法：先在窗体中添加“框架”控件和“单选按钮”控件，在“单选按钮”控件上单击鼠标右键并选择“剪切”命令，然后在“框架”控件上单击鼠标右键并选择“粘贴”项，就将单选按钮添加到框架中了。这时会发现，当框架对象移动时，在其中的单选按钮也会随之移动。还有一种方法，就是先添加框架，再在框架内添加其他控件，其他控件就可以和框架一起移动。

1. “框架”控件的常用属性

“框架”控件常用的属性有 Name、BorderStyle、Caption 和 Enabled 等。

① Name——唯一标识框架的名称，框架名称默认值为 FrameN(N＝1，2，…)，建议以 Frame 的缩写 fra 作为前缀，再加上一个有意义的名称来命名程序中的框架。

② BorderStyle——设置框架的边框类型，默认值为“1－有边框”。

③ Caption——设置框架的标题，默认值为 FrameN(N=1，2，…)。

④ Enabled——设置是否激活框架内部的对象，默认值为 True。当设置为 False 时，框架内部的对象被屏蔽。

2. “框架”控件的常用事件

“框架”控件的常用事件是 Click 和 DbClick 事件，不接收用户的输入，也不能显示文本和图形。

【例 7-6】“框架”控件的应用。

操作步骤如下：

(1) 新建一个窗体，在窗体中添加 1 个“命令按钮”控件（Command1）、2 个“框架”控件（Frame1、Frame2）、4 个“单选按钮”控件（Option1 和 Option2 位于 Frame1 内，Option3 和 Option4 位于 Frame2 内）和 1 个“标签”控件（Label1）。单击“显示”按钮，在标签中显示用户的选择。设计的窗体如图 7-16 所示。

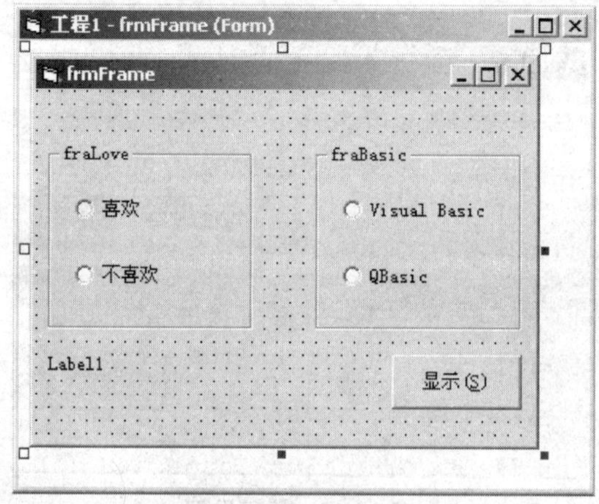

图 7-16　窗体设计

(2) 在“属性”窗口，设置各对象的属性，如表 7-6 所示。

表 7-6　“框架”示例中的属性设置

对象	属性	属性值	说明
Form1	Name	frmFrame	窗体名称
Label1	Name	lblResult	结果标签的名称
	AutoSize	True	结果标签自动调整尺寸
Command1	Name	cmdShow	显示按钮的名称
	Caption	显示（&S)	显示按钮的标题
Frame1	Name	fraLove	Love 框架的名称
	Caption	fraLove	Love 框架的标题
Frame2	Name	fraBasic	Basic 框架的名称
	Caption	fraBasic	Basic 框架的标题

表7-6(续)

对象	属性	属性值	说明
Option1	Name	optLove	Love 单选按钮的名称
	Caption	喜欢	Love 单选按钮的标题
Option2	Name	optNotLove	NotLove 单选按钮的名称
	Caption	不喜欢	NotLove 单选按钮的标题
Option3	Name	optVB	Visual Basic 单选按钮的名称
	Caption	Visual Basic	Visual Basic 单选按钮的标题
Option4	Name	optQB	QBasic 单选按钮的名称
	Caption	QBasic	QBasic 单选按钮的标题

(3) 在“代码”窗口，编写命令按钮 cmdShow 的 Click 事件过程代码，如图 7-17 所示。

```
工程1 - frmFrame (Code)
cmdShow                    Click

Private Sub cmdShow_Click()
'判断fraLove的选择
If optLove.Value Then
    lblResult.Caption = "我喜欢"
Else
    lblResult.Caption = "我不喜欢"
End If

'判断fraBasic的选择
If optVB.Value Then
    lblResult.Caption = lblResult.Caption & optVB.Caption
Else
    lblResult.Caption = lblResult.Caption & optQB.Caption
End If
End Sub
```

图 7-17　代码窗口

(4) 运行程序，选择相应的单选按钮，单击“显示”按钮，在结果标签中显示用户的选择，如图 7-18 所示。

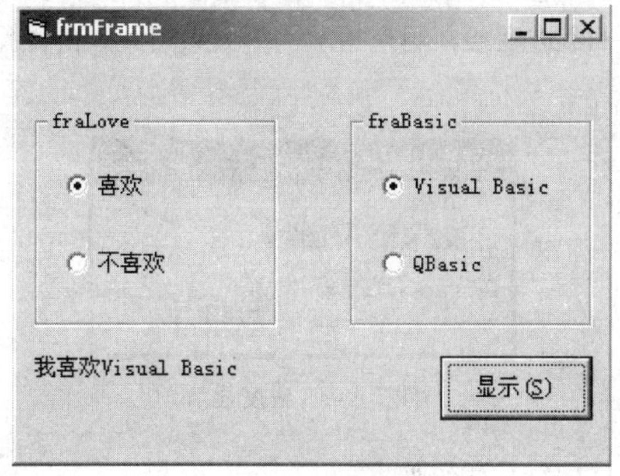

图 7-18　运行界面

7.1.8 ProgressBar 控件

在 Windows 及其应用程序中，当执行一个耗时较长的操作时，通常会用进度条来显示事务处理的进程。在 Visual Basic 中，ProgressBar 控件用于设计这样的进度条，位于 microsoft windows common control 6.0 部件中，需要加载后才能使用。若需要加载，选择“工程”菜单下的“部件”命令，在打开的“部件”对话框的“控件”选项页中，勾选 microsoft windows common control 6.0，然后单击“确定”按钮，将该控件加载到控件工具箱中。

该控件用来显示操作过程的进度，其表现形式是从左到右用颜色填充一个矩形区域。ProgressBar 控件有三个重要属性：Max 属性、Min 属性和 Value 属性。

1. Max 属性和 Min 属性

ProgressBar 控件的 Max 属性和 Min 属性用来设置反映操作过程的范围。其格式为：

ProgressBar 控件名 . Max = 值

ProgressBar 控件 . Min = 值

这里的“值”必须大于 0，且 Max 属性要大于 Min 属性。

2. Value 属性

ProgressBar 控件的当前位置由 value 属性来决定的。格式如下：

ProgressBar 控件名 . value = 值

在显示某个操作的进展情况时，Value 属性应持续增长，直到到达由 Max 属性确定的最大值。这样，该控件显示的填充块的数目总是在 Max 属性和 Min 属性之间的比值。例如，如果 Min 属性被设置为 1，Max 属性被设置为 300，Value 属性为 150，则控件将显示 50% 的填充块。

3. Height 属性和 Width 属性

ProgressBar 控件的 Height 属性和 Width 属性决定填充块的尺寸和数目。小块越多，反映的进展描述就越精确。

4. BorderStyle 属性

该属性用于选择该控件的外观。0 表示没有边框，1 表示单线边框。

【例 7 -7】设计一个进度条，用来指示一个大数组冗长的操作进度。程序的运行如图 7 - 19 所示。

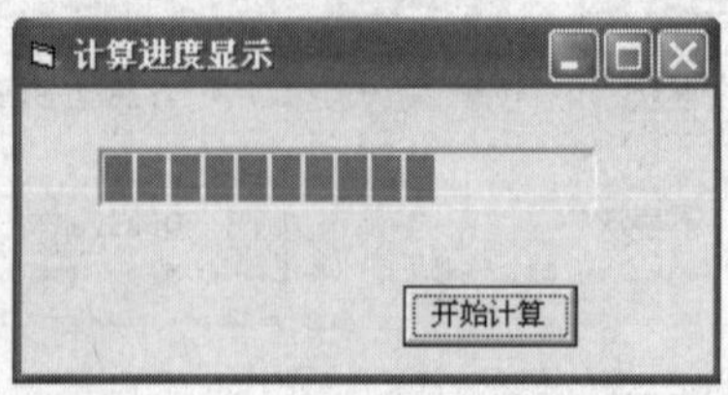

图 7 - 19　进度显示

在按钮的单击事件中编写代码如下：

```
Private Sub Command1_Click( )
    Dim Counter As Integer, Workarea(30000) As String
```

```
    ProgressBar1.Min = LBound(Workarea)
    ProgressBar1.Max = UBound(Workarea)
    ProgressBar1.Visible = True
    ProgressBar1.Value = ProgressBar1.Min    '设置进度的值为 Min
'在整个数组中循环
    For Counter = LBound(Workarea) To UBound(Workarea)
        '设置数组中每项的初始值
        Workarea(Counter) = "Initial value" & Counter
        ProgressBar1.Value = Counter
    Next Counter
    ProgressBar1.Visible = False
    ProgressBar1.Value = ProgressBar1.Min
End Sub
```

7.2 焦点与 Tab 键顺序

前面介绍了 Visual Basic 标准控件中常用控件的主要属性、事件和方法，下面介绍焦点和 Tab 键顺序的作用及设置。

7.2.1 焦点

焦点是指一个对象接收用户键盘输入或者鼠标单击的能力，当该对象具有焦点时，就能够接收用户的输入。例如，Windows 是一种多任务的操作系统，同时可以运行多个应用程序，但是只有具备焦点的应用程序或者窗口才有活动标题栏，才可以接收用户的输入。

设置对象焦点的方法有以下三种：

(1) 在应用程序运行时单击可以接收焦点的对象。

(2) 在应用程序运行时使用快捷键方式选择控件对象。

(3) 在应用程序代码中使用对象的 SetFocus 方法。

当对象获得焦点时，会触发该对象的 Ge－tFocus 事件。对于有些对象，可以直接观察到它是否具有焦点。例如，当文本框获得焦点时，光标就会出现在该文本框对象中；当命令按钮、单选按钮及复选框等对象获得焦点时，它们的标题周围会显示突出的边框。值得注意的是，只有当对象的 Visible 和 Enabled 属性设置为 True 时，该对象才能够接收焦点。其中，Visible 属性决定对象是否在窗体上面显示，而 Enabled 属性决定对象是否能够响应键盘、鼠标或其他由用户产生的事件。另外，并不是所有的控件对象都能得到焦点，比如“标签”控件、“直线”控件、“框架”控件及“计时器”控件等都不能接收焦点。

对象失去焦点时，触发该对象的 LostFocus 事件。通常在该事件中对数据输入的有效性进行检查，例如，可以在用于接收“学生成绩”的文本框 txtScore 的 LostFocus 事件中写入如下的代码：

```
Private Sub txtScore_LostFocus()
  If Val(txtScore.Text) < 0 Or Val(txtScore.Text) > 100 Then
    MsgBox "成绩输入错误! 必须在0~100之间!"
    txtScore.SetFocus         '使得 txtScore 文本框重新得到焦点
    txtScore.SelStart = 0       '自动选中 txtScore 文本框的内容
    txtScore.SelLength = Len(txtScore.Text)
  End If
End Sub
```

7.2.2 Tab 键顺序

Tab 键顺序是指当用户按下 Tab 键时，焦点在当前活动窗体中的各个控件对象之间移动的顺序。在一个应用程序中，每个窗体都有自己的 Tab 键顺序，系统默认窗体中对象的 Tab 键顺序与它们的创建顺序相同。

对象的 TabIndex 属性记录了该对象的 Tab 键顺序，窗体中第一个被创建对象的 TabIndex 值为 0，第二个对象的 TabIndex 值为 1，以此类推。当用户按下 Tab 键时，Visible 属性和 Enabled 属性不为 True 的控件、不能获得焦点的控件以及不具备 TabIndex 属性的控件将被跳过。

可以通过改变控件的 TabIndex 值，改变控件的 Tab 键顺序，该属性的取值范围是 0 ~ N - 1（其中 N 是当前窗体中对象的个数），当设置 TabIndex 属性大于等于 N 时，Visual Basic 自动修正为 N - 1。

一般情况下，对象的 TabStop 属性设置为 True，表示在应用程序运行中，按下 Tab 键时，该对象获得焦点。如果将 TabStop 属性设置为 False，以后再按 Tab 键，该对象自动跳过，不会得到焦点，但仍然保持 Tab 键顺序中的实际位置。

7.3 事件驱动机制

为了理解应用程序的开发过程，首先要理解 Visual Basic 程序的一些关键概念。Visual Basic 是 Windows 开发语言。若要开发 Visual Basic 应用程序，必须了解在 Windows 环境下编程和在其他环境下编程的一些根本性的差别。

7.3.1 告别顺序执行程序的时代

一般的程序，总是按照事先的设定，先执行某段代码，然后执行某段代码。然而大型的应用程序，需要更强的交互，让用户来决定程序的执行顺序。没有任何人规定，一定要先执行查找菜单命令，才能执行打印菜单命令。某个命令触发下的代码执行是随机的。这就要求程序开发工具应当具有新的开发形式。

Visual Basic 就是这样的开发工具，具有各种各样的图形界面的开发组件，还规定了各种组件在被鼠标单击、双击等事件发生时的基本动作，这个时候，只需把各种界面组件元素组合在一起，然后编写各种事件发生时的程序响应代码，这些代码把组件结合成为一个整体工作。

这种事件驱动程序的设计方式，通过采用 Windows 标准化的组件，可以减轻界面代码开发的工作量，从而把重点放在应用本身即可。要理解 Visual Basic 的事件驱动程序开发方式，需要简单理解 Windows 工作原理。

7.3.2 Windows 的工作方式：窗口、事件和消息

Windows 的工作机制，简单地说就是三个关键的概念：窗口、事件和消息。我们已经了解了几种不同类型的窗口，例如，Windows 的“资源管理器”窗口、文字处理程序中的文档窗口或者弹出有提示信息的对话框。除了这些最普通的窗口外，实际上还有许多其他类型的窗口。命令按钮是一个窗口，图标、文本框、选项按钮和菜单栏等都是窗口。

Windows 操作系统通过给每一个窗口指定一个唯一的标识号（窗口句柄）来管理所有的窗口。操作系统连续地监视每一个窗口的活动或事件的信号。事件可以通过诸如单击鼠标或按下键盘上某个键而产生，也可以通过程序的控制而产生，甚至可以由另一个窗口的操作而产生。每发生一次事件，将引发一条消息发送至操作系统。操作系统处理该消息并通知给其他窗口。然后，每一个窗口才能根据自身处理该条消息的指令而采取适当的操作（例如，当窗口解除了其他窗口的覆盖时，重显自身窗口）。

可以想象，处理各种窗口、事件和消息的所有可能的组合将有惊人的工作量。然而，Visual Basic 使编程摆脱了所有的低层消息处理。许多消息由 Visual Basic 自动处理，其他事件过程由编程者自行处理，这样可以快速创建强大的应用程序而无需涉及不必要的细节。

7.3.3 事件驱动模型

在传统的或“过程化”的应用程序中，应用程序自身控制了执行哪一部分代码和按何种顺序执行代码。从第一行代码执行程序并按应用程序中预定的路径执行，必要时调用过程。

在事件驱动的应用程序中，代码不是按照预定的路径执行，而是在响应不同的事件时执行不同的代码片段。事件可以由用户操作触发，也可以由来自操作系统或其他应用程序的消息触发，甚至由应用程序本身的消息触发。这些事件的顺序决定了代码执行的顺序，因此应用程序每次运行时所经过的代码的路径都是不尽相同的。

因为事件的顺序是无法预测的，所以在代码中必须对执行时的“各种状态”作一定的假设。当作出某些假设时（例如，假设在运行处理某一输入字段的过程之前，该输入字段必须包含确定的值），应该组织好应用程序的结构，以确保该假设始终有效（例如，在输入字段中有值之前禁止使用启动该处理过程的命令按钮）。

在执行中代码也可以触发事件。例如，在程序中改变文本框中的文本将引发文本框的 Change 事件。如果 Change 事件中包含有代码，则将导致该代码的执行。如果原来假设该事件仅能由用户的交互操作所触发，则可能会产生意料之外的结果。正因为这一原因，所以在设计应用程序时，要理解事件驱动模型并牢记在心是非常重要的。

7.3.4 交互式开发

传统的应用程序开发过程可以分为三个明显的步骤：编码、编译和测试代码。但

是 Visual Basic 与传统的编程语言不同，它使用交互式方法开发应用程序，使三个步骤之间不再有明显的界限。

在大多数编程语言里，如果编写代码时发生了错误，则在开始编译应用程序时该错误就会被编译器捕获，此时必须查找并改正该错误，然后再次进行编译。对每一个发现的错误都要重复这样的过程。Visual Basic 在编程者输入代码时便进行解释，即时捕获并突出显示大多数语法或拼写错误。它看起来就像一位专家在监视代码的输入。

除即时捕获错误以外，Visual Basic 也在输入代码时部分地编译该代码。当准备运行和测试应用程序时，只需极短时间即可完成编译。如果编译器发现了错误，则将错误突出显示于代码中。这时可以更正错误并继续编译，而不需从头开始。

由于 Visual Basic 的交互特性，因此可以发现在开发应用程序时，频繁地运行应用程序。通过这种方式，代码运行的效果可以在开发时进行测试，而不必等到编译完成以后。

7.3.5　事件驱动应用程序的工作方式

事件是窗体或控件识别的动作。在响应事件时，事件驱动应用程序执行 Visual Basic 代码。Visual Basic 的每一个窗体和控件都有一个预定义的事件集。如果其中有一个事件发生，且在关联的事件过程中存在代码，则 Visual Basic 调用该代码。

尽管 Visual Basic 中的对象自动识别预定义的事件集，但要判定它们是否响应具体事件以及如何响应具体事件则是程序员的责任。代码部分（即事件过程）与每个事件对应。若要让控件响应事件，就把代码写入这个事件的事件过程之中。

对象所识别的事件类型多种多样，但多数类型为大多数控件所共有。例如，大多数对象都能识别 Click 事件——如果单击窗体，则执行窗体的单击事件过程中的代码；如果单击命令按钮，则执行命令按钮的 Click 事件过程中的代码。

下面是事件驱动应用程序中的典型事件序列：

（1）启动应用程序，装载和显示窗体。

（2）窗体（或窗体上的控件）接收事件。事件可由用户引发（例如键盘操作），可由系统引发（例如计时器事件），也可由代码间接引发（例如当代码装载窗体时的 Load 事件）。

（3）如果在相应的事件过程中存在代码，就执行代码。

（4）应用程序等待下一次事件。

注意：许多事件伴随其他事件发生。例如，在 DblClick 事件发生时，MouseDown、MouseUp 和 Click 事件也会发生。

7.4　键盘事件

在应用程序中可以响应多种键盘事件。使用键盘事件过程，可以处理当按下或释放键盘上某个键时所执行的操作。

Visual Basic 提供了 KeyPress、KeyDown 和 KeyUp 三种键盘事件，只有获得焦点的对象才能够接受键盘事件。窗体和可以接收键盘输入的控件都能触发这三种事件。

7.4.1 KeyPress 事件

当按下或松开键盘上的某个键时，触发 KeyPress 事件。KeyPress 事件用来接收数字、字母、Enter、Tab 和 Backspace 等键的 ASCII 字符。

KeyPress 事件不显示键盘的物理状态（Shift 键），只是传递一个字符。KeyPress 事件对大小写字母敏感，将每个字符的大小写形式作为不同的键代码进行解释，即看成是两种不同的字符。

注意：当按下键盘上的某个键时，触发的是拥有输入焦点（FOCUS）的控件的 KeyPress 事件。在同一时刻，只能有一个控件拥有输入焦点。如果窗体上没有活动的或可见的控件，则输入焦点位于窗体上。拥有输入焦点的对象（控件或窗体）接收从键盘上输入的信息。KeyPress 事件适用于窗体、复选框、组合框、命令按钮、列表框、图片框、文本框、滚动条及与文件有关的控件等。

文本框 KeyPress 事件过程的语法格式如下：

```
Private Sub Text1_KeyPress(KeyAscii As Integer)
……
End Sub
```

KeyPress 事件的参数可以有两种形式：一是 Index As Integer（只用于控件数组）；二是 KeyAscii As Integer（用于单个控件）。

KeyPress 事件用来识别按键的 ASCII 码。参数 KeyAscii 是一个预定义的变量，执行 KeyPress 事件过程时，KeyAscii 是所按键的 ASCII 码。

7.4.2 KeyDown 和 KeyUp 事件

在程序运行过程中，当按下键盘上某个键时，触发 KeyDown 事件；释放该键时，触发 KeyUp 事件。与 KeyPress 事件不同，KeyDown 和 KeyUp 事件返回的是键盘的直接状态，即该键的“扫描码”值。

KeyDown 和 KeyUp 事件可以处理不被 KeyPress 识别的特殊键，如 F1 ~ F12 的功能键、定位键以及这些键与 Shift、Ctrl、Alt 特殊键的组合等。

下面是一个应用文本框、KeyDown 事件和 KeyUp 事件的程序代码：

```
Private Sub Text1_KeyDown(KeyCode As Integer, Shift As Integer)
  If KeyCode = vbKeyA And Shift = 1 Then
     MsgBox "你按下了大写字母 A!"
  End If
End Sub
Private Sub Text1_KeyUp(KeyCode As Integer, Shift As Integer)
  If Shift = 4 Then
      MsgBox "你松开了 Alt 键!"
  End If
End Sub
```

KeyDown 和 KeyUp 事件的第一个参数可以有两种形式：一是 Index As Integer（只

用于控件数组)；二是 KeyCode As Integer (用于单个控件)。

KeyDown 和 KeyUp 事件利用以下两种参数来解释每个字符的大、小写形式：

Keycode——显示用户按下或松开的键，视“A”和“a”为同一个键。KeyCode 是按键的实际的 ASCII 码，以“键”为准，不以“字符”为准。

Shift——显示 Shift + Key 键的状态。Shift 转换键指的是三个转换键（Shift、Ctrl 和 Alt）的状态，这三个转换键分别对应 Shift 值的低三位（按下 Shift 键时，最低位为 1)。通过 Shift 参数，可以判断用户是否按下了 Shift、Ctrl 和 Alt 键或者组合键，如表 7 - 7 所示。

表 7 - 7　　KeyDown 和 KeyUp 事件中 Shift 的值

Shift 的二进制值	Shift 的十进制值	VB 常数	含义
000	0	(空)	按下/松开的单键，非组合键
001	1	vbShiftMask	按下/松开 Shift 组合键
010	2	vbCtrlMask	按下/松开 Ctrl 组合键
011	3	vbCtrlMask + vbShiftMask	按下/松开 Ctrl + Shift 组合键
100	4	vbAltMask	按下/松开 Alt 组合键
101	5	vbAltMask + vbShiftMask	按下/松开 Alt + Shift 组合键
110	6	vbCtrlMask + vbAltMask	按下/松开 Ctrl + Alt 组合键
111	7	vbCtrlMask + vbShiftMask + vbAltMask	按下/松开 Ctrl + Shift + Alt 组合键

7.5　鼠标事件

在 Visual Basic 应用程序中可以响应多种鼠标事件，大多数控件能够识别鼠标的 MouseMove、MouseDown 和 MouseUp 事件。通过响应这些鼠标事件，可以在应用程序中对鼠标位置以及状态的变化做出相应的操作。

7.5.1　MouseMove 事件

当鼠标指针在屏幕上移动，触发鼠标的 MouseMove 事件。在 Visual Basic 应用程序中，当鼠标指针移动到窗体或者其他控件的边框内时，窗体和控件都能识别 MouseMove 事件。

窗体的 MouseMove 事件过程的语法格式如下：

```
Private Sub Form_MouseMove(Button As Integer, Shift As Integer, X As Single, Y As Single)
    Line -(X, Y)    '移动鼠标时，会在窗体上的上次位置与当前鼠标指针之间画线
End Sub
```

在这里，参数 Button 可以捕捉到用户按下的是哪一个鼠标键，参数值如表 7 - 8 所

示。通过 Shift 参数，还可以捕捉到用户在单击鼠标键时键盘的 Shift、Ctrl 和 Alt 键的状态。

参数 X、Y 记录着鼠标指针的位置，通过 X 和 Y 参数返回一个指定鼠标指针当前位置的数，注意 X 和 Y 的值是使用该对象的坐标系统表示鼠标指针当前位置。

表 7-8 鼠标事件中 Button 的值

Button 的二进制值	Button 的十进制值	VB 常数	含义
001	1	vbLeftButton	按下鼠标左键
010	2	vbRightButton	按下鼠标右键
100	4	vbMiddleButton	按下鼠标中间按钮

7.5.2 MouseDown 事件

按下任意鼠标键时，触发鼠标的 MouseDown 事件。该事件是三种鼠标事件中使用最频繁的，可以用于在窗体上画图以及实现其他的图形效果，还可以在应用程序运行过程中改变控件在窗体中的位置。

注意：这三个鼠标事件可以识别和响应鼠标的各种状态，如在 MouseDown 事件中，可以识别按下的是哪一个鼠标键，还可以识别是否按下了 Shift、Ctrl、Alt 键或者它们的组合键。鼠标的 Click、DblClick 事件只是一个单一的操作——单击或者双击鼠标键操作。

窗体的 MouseDown 事件过程的语法格式如下：

```
Private Sub Form_MouseDown(Button As Integer, Shift As Integer, _
                                    X As Single, Y As Single)
  Command1. Move X, Y          '在窗体上单击时，将按钮移动到鼠标指针所在位置
End Sub
Private Sub Form_MouseDown(Button As Integer, Shift As Integer, _
                                    X As Single, Y As Single)
  If Button = 2 Then          '判断用户如果单击鼠标右键，就弹出菜单 mnuSave
PopupMenu mnuSave
  End If
End Sub
```

7.5.3 MouseUp 事件

当释放任意鼠标键时，触发鼠标的 MouseUp 事件。这些事件搭配起来使用，可以达到更好的效果。

【例 7-8】设窗体上有一个名为 Text1 的文本框，编写如下程序：

```
Private Sub Form_Load()
  Show
Text1. Text = ""
```

```
Text1. SetFocus
End Sub
Private Sub Form_MouseUp( Button As Integer, _
Shift As Integer, X As Single, Y As Single)
Print "程序设计"
  End Sub
Private Sub Text1_KeyDown( KeyCode As Integer, Shift As Integer)
  Print "Visual Basic";
End Sub
```

程序运行后，如果在文本框中输入字母“a”，然后单击窗体，则在窗体上显示的内容是“Visual Basic 程序设计”。

上述程序中应用了文本框的 KeyDown 事件和窗体的 MouseUp 事件。程序运行后，在文本框中输入 a，执行 Text1 的 KeyDown 事件，在窗体上输出 “Visual Basic”；单击窗体释放鼠标键时，执行 Form 的 MouseUp 事件，在窗体上输出“程序设计”。

【例 7 -9】在窗体上画 1 个文本框，其名称为 Text1，然后编写如下过程：

```
Private Sub Text1_KeyDown( KeyCode As Integer, Shift As Integer)
  Print Chr( KeyCode)
End Sub
Private Sub Text1_KeyUp( KeyCode As Integer, Shift As Integer)
  Print Chr( KeyCode  + 2)
End Sub
```

程序运行后，把焦点移到文本框中，如果敲击“A” 键，则输出结果为“A” 和“C”。

该程序中应用了文本框控件的 Key 事件过程和 Chr 函数。文本框用来输入文本，当按下键盘上某个键时，触发文本框的 KeyDown 事件并执行其事件过程代码。放开该键时，触发文本框的 KeyUp 事件并执行其事件过程代码。其中，参数 KeyCode 捕捉到用户按键的 ASCII 码，然后利用类型转换函数 Chr 将 ASCII 码转换为字符打印出来。

【例 7 -10】编写事件过程，程序运行后，为了在窗体上输出 “BBBB”，应同时按下 Ctrl、Alt 键和鼠标右键。

```
Private Sub Form_MouseDown( Button As Integer, Shift As Integer, X As Single, Y As Single)
If Shift =6 And Button =2 Then
    Print "BBBB"
EndIf
End Sub
```

若要在窗体上输出 “BBBB”，必须满足两个条件，即：参数 Shift =6，同时参数 Button =2。Shift 表示 Shift、Ctrl 和 Alt 的状态，Button 指示被按下的鼠标键。将 Shift 的值 6 表示成二进制数，得到低三位数 110，其中最低位对应 Shift 键。因为最低位为 0，所以不需要按下 Shift 键，而倒数第 2 位（值为 1）对应于 Ctrl 键（该键应该呈按下状态），接下来倒数第 3 位（值为 1）对应于 Alt 键（该键应该呈按下状态）。将 Button 的值2表示成二进制数，得到最低三位为010，该三位分别对应鼠标的中间键、右键及左键的状态。因此，此时应按下鼠标右键。

7.6 设置鼠标指针的形状

默认情况下，鼠标在窗体或者控件上面显示为指针的形状。在实际应用中，可以通过修改 MousePointer 属性来改变鼠标指针的形状。Visual Basic 为该属性提供了 16 个可选的指针形状，每种指针都对应着一个整型数和 Visual Basic 常数，如表 7－9 所示。

表 7－9　MousePointer 属性

常量	值	形状
vbDefault	0	（默认值）形状由对象决定
vbArrow	1	箭头
vbCrosshair	2	十字线（crosshair 指针）
vbIbeam	3	I 型
vbIconPointer	4	图标（嵌套方框）
vbSizePointer	5	尺寸线（指向上、下、左和右 4 个方向的箭头）
vbSizeNESW	6	右上－左下尺寸线（指向右上和左下方向的双箭头）
vbSizeNS	7	垂直尺寸线（指向上下两个方向的双箭头）
vbSizeNWSE	8	左上，右下尺寸线（指向左上和右下方向的双箭头）
vbSizeWE	9	水平尺寸线（指向左右两个方向的双箭头）
vbUpArrow	10	向上的箭头
vbHourglass	11	沙漏（表示等待状态）
vbNoDrop	12	没有入口：一个圆形记号，表示控件移动受限
vbArrowHourglass	13	箭头和沙漏
vbArrowQuestion	14	箭头和问号
vbSizeAll	15	四向尺寸线
vbCustom	99	通过 MouseIcon 属性所指定的自定义图标

通过设置鼠标指针形状，可以传递给用户更多的信息。例如，使用动画沙漏指针（vbHourglass）表示正在执行较长时间的任务，使用四向箭头型指针（vbSizeAll）表示用户可以调整窗口或者控件的大小等。鼠标指针形状的设置方法如下：

7.6.1 在程序代码中设置

对象．MousePointer＝设置值

当某个对象的 MousePointer 属性被设置为表 7－9 中的某个值时，鼠标光标在该对象内就以相应的形状显示。

7.6.2 在属性窗口中设置

激活对象，单击属性窗口中的 MousePointer 属性条，选择要设置的属性值。

7.6.3 自定义鼠标光标

如果把属性值设置为 99（vbCustom），则可通过 MouseIcon 属性定义自己的鼠标光标。

若在属性窗口中自定义鼠标光标，则首先选择对象，将其 MousePointer 属性设置为"99 - Custom"，然后设置 MouseIcon 属性，把一个图标文件赋给该属性。

若用程序代码设置，则先把 Mousepointer 属性设置为 99，然后再用 Loadpicture 函数将图标文件（*.ico）或光标文件（*.cur）赋给 MouseIcon 属性，如：

```
Form1. MousePointer = 99
Form1. MouseIcon = LoadPicture(" c:\ rabit. ico ")
```

7.7 拖放

在设计 Visual Basic 应用程序时，经常使用控件的拖放来调整其位置。在程序的运行过程中也可以实现拖放，但通常情况下并不能自动改变控件位置，这就必须使用 Visual Basic 的拖放功能，通过编程，才能实现在运行时拖动控件并改变其位置。把按下鼠标按钮并移动控件的操作称为拖动，把释放按钮的操作称为放下。

7.7.1 与拖放有关的对象属性

DragMode——设置拖放对象的模式（自动或人工）。

DragIcon——设置拖动时被拖动控件的图标。

7.7.2 与拖放有关的事件

当被拖放控件被放下时，目标对象产生 DragDrop 事件。

当被拖放对象越过某个对象时，该对象产生 DragOver 事件。

7.7.3 与拖放有关的方法

Move 表示把控件移动到某一位置。

Drag 方法可人工启动或停止一个拖放过程。

与拖放相关的属性、事件和方法如表 7 - 10 所示。

表 7 - 10　拖放相关的属性、事件和方法

类别	名称	描述
属性	DragMode	0 - Manual，手工拖动控件；1 - AutoMatic，自动拖动控件
	DragIcon	拖动控件时显示的图标

表7-10(续)

类别	名称	描述
事件	DragDrop	将控件拖动到对象后释放鼠标触发该事件
	DragOver	当在控件上拖动时触发该事件
方法	Drag	启动或者停止手工拖动
	Move	将控件移动到某一位置

在程序中拖动某一个控件，通常需要设置该控件的 DragMode 为 “1 - AutoMatic” (1 - 自动)。一般情况下，当拖动控件时，用户会看到一个和该控件大小外形一样的灰色轮廓，可以设置其 DragIcon 属性，使用其他图像代替该轮廓。

【例7-11】在窗体上添加一个按钮，利用鼠标在窗体上拖动该按钮，改变其位置，同时在拖动时将当前鼠标指针的位置显示在窗体的标题栏上。

添加命令按钮并设置其 DragMode 为 1，编写窗体的 DragOver 事件，动态显示当前鼠标指针的位置，然后编写窗体的 DragDrop 事件，改变按钮的位置。

在“目标”对象上面拖动“源”对象时，触发“目标”对象的 DragOver 事件。目标对象可以是窗体，也可以是控件。本例中，目标对象就是窗体，而源对象就是命令按钮。

```
Private Sub Form_DragOver(Source As Control, X As Single, Y As Single, State As Integer)
    Form1. Caption = X & "," & Y      '显示鼠标指针的位置
End Sub
```

在“目标”对象上拖动“源”对象释放鼠标后，触发“目标”控件的 DragDrop 事件。

```
Private Sub Form_DragDrop(Source As Control, X As Single, Y As Single)
    Source. Move X, Y                    '移动“源”对象
End Sub
```

此外，Visual Basic 还支持 OLE 拖放，通过使用这种强大而且实用的工具，可以在其他支持 OLE 拖放的应用程序（如 Windows 资源管理器、Word 和 Excel 等）之间、控件和控件之间拖放文本、图形等数据。

7.8　综合应用案例

7.8.1　设计“弹球游戏”程序

【例7-12】模仿俄罗斯方块游戏软件，设计如图7-20所示的“弹球游戏”应用程序。游戏开始后，小球将向右、向下随机运动。游戏者可单击键盘中的上、下、左、右键移动小球。一旦小球碰到右边框和下边框，则游戏结束，在窗体下方显示游戏时间。

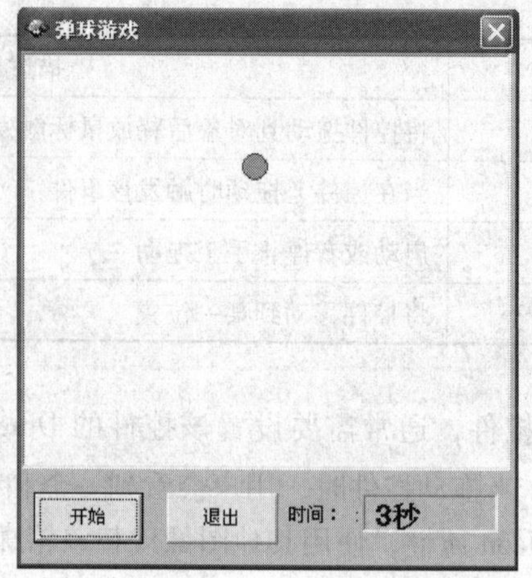

图 7－20　弹球游戏

操作步骤如下：

（1）新建一个窗体，在窗体中添加 2 个“计时器”控件（Timer1、Timer2）、2 个“命令按钮”控件（Command1、Command2）、2 个“标签”控件（Label1、Label2）和 1 个 Shape 控件（Shape1），分别调整它们的大小和位置。

（2）在“属性”窗口，设置各个对象的属性，如表 7－11 所示。

表 7－11　各对象的属性设置

对象	属性	属性值
Form1	Caption	弹球游戏
Label1	Caption	时间：
Label2	Caption	“”
	Font	宋体，三号
Timer1	Enabled	False
	Interval	200
Timer2	Enabled	False
	Interval	1000
Command1	Caption	开始
Command2	Caption	退出
Shape1	Shape	3
	FillColor	&H008080FF&

（3）编写事件代码。

① 在“代码”窗口，定义变量用来保存游戏耗时。

```
Dim gametime As Integer
```

② 在“开始”按钮的单击事件中，启动或暂停计时器 1、计时器 2。

```
Private Sub Command1_Click( )
Picture1. SetFocus
  If Command1. Caption  =  "开始" Then
  Timer1. Enabled  =  True
  Timer2. Enabled  =  True
  Command1. Caption  =  "暂停"
else
  Timer1. Enabled  =  False
  Timer2. Enabled  =  False
  Command1. Caption  =  "开始"
  End If
End Sub
```

③ 在计时器 1 的 Timer 事件中，使小球随机移动。若移动出边界，则结束游戏。

```
Private Sub Timer1_Timer( )
'使小球向上向下随机移动
Randomize
x_step  =  Int(Rnd( )  *  80  + 1)
y_step  =  Int(Rnd( )  *  80  + 1)
Shape1. Move Shape1. Left  +  x_step, Shape1. Top  +  y_step
'若小球移动出右、下边框，游戏结束
If Shape1. Top  > =  Picture1. Height Or Shape1. Left  > =  Picture1. Width Then
MsgBox "游戏结束!" , 64
Timer1. Enabled  =  False
Timer2. Enabled  =  False
End If
End Sub
```

④ 在计时器 2 的 Timer 事件中，以 1 秒为单位同步刷新标签中的游戏耗时。

```
Private Sub Timer2_Timer( )
gametime  =  gametime  +  1
Label4. Caption  =  Str(gametime)  +  "秒"
End Sub
```

⑤ 当按下箭头键时触发窗体的 KeyDown 事件，在该事件中移动小球。

```
Private Sub Picture1_KeyDown(KeyCode As Integer, Shift As Integer)
  Select Case KeyCode
  Case 37      '如果按下左箭头，使板子向左移动
     Shape1. Left  =  Shape1. Left  -  200
  Case 38      '如果按下上箭头，使板子向上移动
     Shape1. Top  =  Shape1. Top  -  200
```

```
    Case 39        '如果按下右箭头，使板子向右移动
      Shape1. Left = Shape1. Left + 200
    Case 40        '如果按下右箭头，使板子向下移动
      Shape1. Top = Shape1. Top + 200
    End Select
End Sub
```

⑥ 当按下退出按钮时，程序退出。

```
Private Sub Command2_Click( )
End
End Sub
```

（4）选择“运行”菜单中的“启动”命令，运行和调试“弹球游戏”程序。

（5）选择“文件”菜单中的“保存工程”命令，将工程文件命名为“弹球游戏”并保存在磁盘上。

7.8.2 设计“文字设置与预览”程序

【例7－13】模仿Word字处理软件中的字体设置对话框，设计如图7－21所示的一个“文字设置与预览”应用程序。用户在文本框中输入文字信息，即可通过窗口右边的选项对文字的字体、颜色、字型、字号进行设置。单击“设置”按钮，可在预览窗口预览设置效果，并可单击插入点选项对文字信息框的插入点进行设置；单击“默认”按钮，文字信息恢复原始设置；单击“退出”按钮，程序结束。

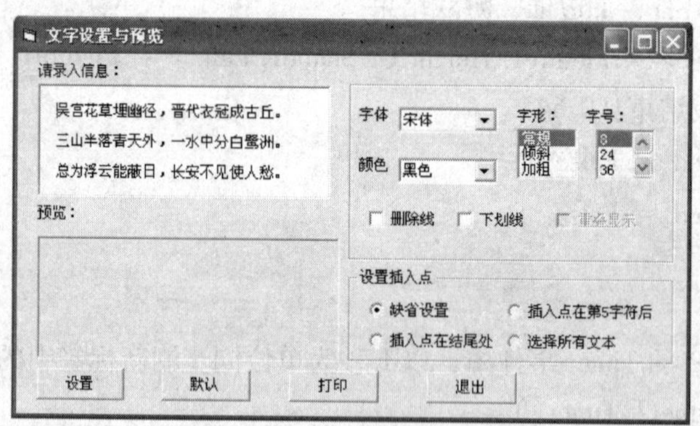

图7－21　文字设置与预览

操作步骤如下：

（1）新建一个窗体，在窗体中添加1个“文本框”控件（Text1）、4个“命令按钮”控件（Command1 ~ Command4）、5个“标签”控件（Label1 ~ Label5）、2个“组合框”控件（Combo1、Combo2）、2个“列表框”控件（List1、List2），3个“复选框”控件（Check1 ~ Check3）、4个“单选按钮”控件（Option1 ~ Option4）和2个“框架”控件（Frame1、Frame2），分别调整它们的大小和位置。

（2）在“属性”窗口，设置各对象的属性，如表7－12所示。

表 7 - 12　　　　　　　　　　各个对象的属性设置

对象	属性	属性值
Form1	Caption	文字设置与预览
Label1	Caption	“”
Label2	Caption	字体
Label3	Caption	颜色
Label4	Caption	字型
Label5	Caption	字号
Combo1	Style	2
	List	宋体、黑体、隶书、幼圆
Combo2	Style	2
	List	黑色、红色、蓝色、黄色
List1	List	常规、倾斜、加粗
List2	List	8、24、36、72
Check1	Caption	删除线
Check2	Caption	下划线
Check3	Caption	重叠显示
	Enabled	False
Option1	Caption	默认设置
Option2	Caption	插入点在结尾处
Option3	Caption	插入点在第 5 字符后
Option4	Caption	选择所有文本
Command1	Caption	设置
Command2	Caption	默认
Command3	Caption	打印
Command4	Caption	退出
Frame1	Caption	“”
Frame2	Caption	设置插入点

（3）编写程序代码。

① 由于程序启动时需要对窗体中的各种控件进行初始化，且在用户单击“默认”按钮后也需要对控件初始化。因此，可在窗体的“代码”窗口中，定义对控件进行初始化的子程序过程 initialize。

```
Sub initialize( )
    Combo1. ListIndex  =  0
```

```
    Combo2. ListIndex = 0
    List1. ListIndex = 0
    List2. ListIndex = 0
    Check1. Value = 0
    Check2. Value = 0
End Sub
```

② 将根据各控件状态设置显示标签控件的字体、字型等属性的代码封装成子程序过程 setting，以便于在“设置”按钮和“默认”按钮的 Click 事件中调用。

```
Sub setting( )
Label1. FontName = Combo1. List( Combo1. ListIndex)
    Select Case Combo2. ListIndex
        Case 0: Label1. ForeColor = vbBlack
        Case 1: Label1. ForeColor = vbRed
        Case 2: Label1. ForeColor = vbBlue
        Case 3: Label1. ForeColor = vbYellow
    End Select
    Select Case List1. ListIndex
        Case 0: Label1. FontItalic = fales: Label1. FontBold = True
        Case 1: Label1. FontItalic = True
        Case 2: Label1. FontBold = True
    End Select
Label1. FontSize = Val( List2. List( List2. ListIndex) )
    If Check1. Value = 1 Then
Label1. FontStrikethru = True
    Else
Label1. FontStrikethru = False
    End If
    If Check2. Value = 1 Then
Label1. FontUnderline = True
    Else
Label1. FontUnderline = False
    End If
Label1. Caption = Text1. Text
End Sub
```

③ 在“设置”按钮的 Click 事件中，调用子程序 setting，设置标签控件的字体等属性，并显示信息。

```
Private Sub Command1_Click( )
Call setting
```

End Sub

④ 在“默认”按钮的 Click 事件中首先调用初始化程序 initialize，然后调用子程序 setting，设置标签控件的字体等属性，并显示信息。

```
Private Sub Command2_Click( )
Call initialize
Call setting
End Sub
```

⑤ 在窗体的装载事件中首先调用初始化程序 initialize，对窗体中的控件进行初始化。

```
Private Sub Form_Load( )
Call initialize
End Sub
```

⑥ 编写 option1 的单击事件，将插入点设置在文本起始处。

```
Private Sub option1_Click( )
    Text1. SelStart = 0          '插入点在起始处
    Text1. SetFocus              '将焦点设置到文本框，就可以看到我们设置
                                 的结果
End Sub
```

⑦ 编写 option2 的单击事件，将插入点设置在结尾处。

```
Private Sub Option2_Click( )
    '获取字符串长度并将插入点放在结尾处
    Text1. SelStart = Len(Text1. Text)
    Text1. SetFocus
End Sub
```

⑧ 编写 option3 的单击事件，将插入点设置在第 5 个字符之后。

```
Private Sub Option3_Click( )
  Text1. SelStart = 5
    Text1. SetFocus
End Sub
```

⑨ 编写 option4 的单击事件，选定整个文本信息。

```
Private Sub Option4_Click( )
Text1. SelStart = 0
    '获取字符串长度并选中整个字符串
    Text1. SelLength = Len(Text1. Text)
  Text1. SetFocus
End Sub
```

（4）选择“运行”菜单中的“启动”命令，运行并调试“文字设置与预览”程序。

（5）选择“文件”菜单中的“保存工程”命令，将工程文件命名为“文字设置与

预览”并保存在磁盘上。

【本章小结】

本章介绍了 Visual Basic 标准控件中常用的多种控件的应用，包括文本框、标签、命令按钮、单选按钮、复选框、列表框、组合框、滚动条、图形、框架及计时器等控件。

学习时，应结合实际操作理解各控件的外形和功能，掌握各控件常用属性的名称、意义和取值范围，并熟悉可以激发控件的相关事件名称和动作，才能熟练地运用这些控件进行界面设计和编程。编写程序时，首先要根据程序功能要求设计出窗体界面，确定窗体中各元素的类型、数量、位置关系和外在形式，定义各对象的相关属性，然后根据程序流程设计出各控件之间的相互关系和操作顺序，确定对哪些对象实施事件动作后将发生哪些操作，并编写相应的事件过程。

Visual Basic 应用程序能够响应多种鼠标事件和键盘事件。常用的键盘事件有 KeyPress、KeyDown 和 KeyUp。通过响应这些键盘事件，可以执行按下或释放键盘上某个键时所执行的操作。常用的鼠标事件有 MouseMove、MouseDown 和 MouseUp 事件。通过响应这些鼠标事件，可以在应用程序中对鼠标位置以及状态的变化做出相应的操作。

习题 7

一、选择题

1. 当 Style 属性设置为__________，组合框为简单组合框。

A. 0　　B. 1　　C. 2　　D. 3

2. 属性__________可用于确定复选框是否被选中。

A. Style　　B. Value　　C. Selected　　D. Checked

3. 在窗体中添加 3 个单选按钮，组成一个名为 chkOption 的控件数组。用于标识各个控件数组元素的参数是__________。

A. Tag　　B. Index　　C. ListIndex　　D. Name

4. 不能触发滚动条 Change 事件的操作是__________。

A. 单击箭头与滑块之间的滚动条　　B. 单击滚动条中的滑块

C. 拖动滚动条中的滑块　　D. 单击滚动条两端的箭头

5. 设组合框 Combo1 中有 3 个项目，以下能删除最后一项的语句是__________。

A. Combo1. RemoveItem Text

B. Combo1. RemoveItem 2

C. Combo1. RemoveItem 3

D. Combo1. RemoveItem Combo1. Listcount

6. 下列关于焦点的叙述中，错误的是__________。

A. 如果文本框的 TabStop 属性为 False，不能接收从键盘上输入的数据

B. 当文本框失去焦点时，触发 LostFocus 事件

C. 当文本框的 Enabled 属性为 False 时，其 Tab 键顺序不起作用

D. 可以用 TabIndex 属性改变 Tab 键顺序

7. 如果将同一窗体上的多个 OptionButton 控件分为多个组，所用控件是__________。

A. Picturebox　　B. Textbox　　C. Shape　　D. Frame

8. 为了在运行时能显示窗体左上角的控制框（系统菜单），必须__________。

A. 把窗体的 ControlBox 属性设置为 False，其他属性任意

B. 把窗体的 ControlBox 属性设置为 True，并且把 BoderStyle 属性设为 2

C. 把窗体的 ControlBox 属性设置为 False，同时把 BoderStyle 属性设为非 0 值

D. 把窗体的 ControlBox 属性设置为 True，同时把 BoderStyle 属性设为 0 值

9. 在窗体中添加 3 个单选按钮，组成一个名为 chkOption 的控件数组。用于标识各个控件数组元素的参数是__________。

A. Tag　　B. Index　　C. ListIndex　　D. Name

10. 在窗体中添加一个名称为 TxtA 的文本框，然后编写如下事件过程：

```
Private Sub TxtA_KeyPress(KeyAscii as Integer)
……
End Sub
```

若焦点位于文本框中，能够触发 KeyPress 事件的操作是__________。

A. 单击鼠标　　B. 双击文本框

C. 鼠标滑过文本框　　D. 按下键盘上的某个键

11. 在按下任意一个鼠标按钮时，被触发的事件是__________。

A. MouseMove 事件　　B. MouseUp 事件

C. MouseDown 事件　　D. KeyUp 事件

12. 下列关于 KeyPress 事件过程中的参数 KeyAscii 的叙述中，正确的是__________。

A. KeyAscii 参数是所按键的 ASCII 码

B. KeyAscii 参数的数据类型为字符串

C. KeyAscii 参数可以省略

D. KeyAscii 参数是所按键上标注的字符

13. 程序运行后，在窗体中单击鼠标，此时窗体不会接收到的事件是__________。

A. MouseDownB. MouseUp

C. LoadD. Click

二、填空题

1. 在程序中，关闭“计时器”控件 Timer1 的方法是__________。

2. 窗体的 Load 事件代码如下：

```
Private Sub Form_Load()
  Command1. Enabled = True
  Combo1. AddItem "1"
  Combo1. AddItem "2"
```

```
    Combo1. AddItem "3"
    Combo1. AddItem "4"
End Sub
```

表示“组合框”控件 Combo1 的第二个元素“2”的方法是__________。

3. 为了把焦点移到某个指定的控件，所使用的方法是__________。

4. 表示控件在窗体上位置的属性是 Left 和__________。

5. 在窗体中添加 1 个“文本框”控件（Text1），编写如下程序：

```
Private Sub Form_Load()
    Open "d:\temp\dat. txt" For Output As #1
    Text1. Text = ""
End Sub
Private Sub Text1_KeyPress(KeyAscii As Integer)
    If   【1】   = 13 Then
        If UCase (Text1. Text) =   【2】   Then
            Close 1
            End
    Else
        Write #1, Text1. text
    Text1. Text = ""
    End If
    End If
End Sub
```

以上程序的功能是，在 D 盘 temp 目录下建立 1 个名为 dat. txt 的文件，在文本框中输入字符，每次按回车键（回车符的 ASCII 码是 13）都把当前文本框中的内容写入文件 dat. txt，再清除文本框中的内容；如果输入“END”，则程序结束。请填空补充程序。

三、上机题

1. 学生档案录入：掌握窗体、命令按钮、文本框、标签、单选按钮、复选框、列表框、滚动条、框架等控件的使用。如图 7－22 所示，新建一个窗体，包括上述控件，完成输入“学生姓名”，选择“性别”和“爱好”，调整“年龄”，然后将上述学生档案信息添加到列表框中，并且提供在用户确认后可以删除列表框中的信息，如图 7－23 所示。

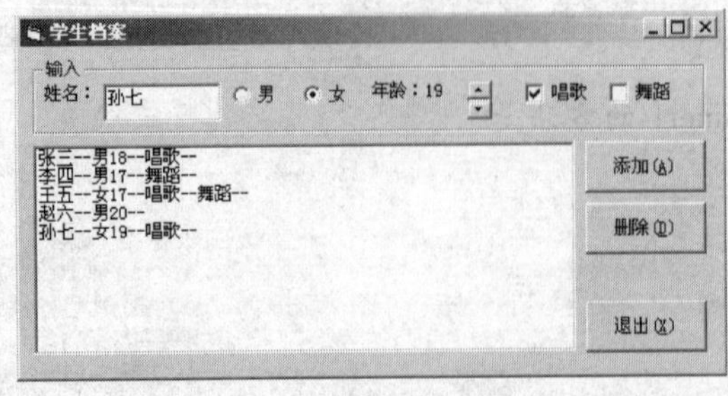

图 7－22　基本控件实验的运行界面

图 7－23　警告提示

2. 编写窗体的 MouseDown 事件。程序运行时，用鼠标左键单击窗体，在标签上显示“单击鼠标左键”；用鼠标右键单击窗体，在窗体上显示“单击鼠标右键”。程序的运行如图 7－24 所示。

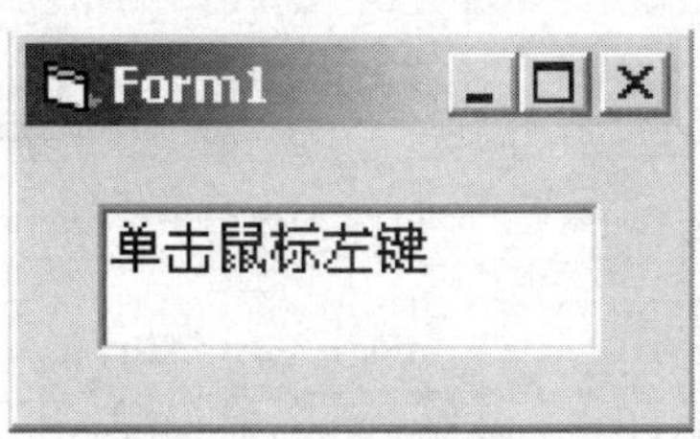

图 7－24　鼠标事件显示

3. 在窗体中添加 2 个标签和 1 个文本框。其中，一个标签用来提示用户“请输入用户口令:”，另一个标签提示用户输入的口令正确与否。文本框用来输入口令。设系统口令为“Welcome”。如果口令输入错误，显示提示信息“抱歉，您的口令输入不正确!”，自动选中文本框的内容，方便用户再次输入；如果口令正确，显示提示信息“欢迎，您的口令输入正确!”，如图 7－25 所示。

图 7－25　设计窗体

4. 在窗体中添加 3 个命令按钮、1 个文本框和 1 个标签。标签用来保留用户原始的字符串，文本框接收来自用户的输入。三个按钮的功能分别为转换文本框内容大写、转换文本框内容小写、复原文本框内容。用户输入 aBCdEfg 后，单击“UPPER CASE”按钮，将文本框内容转换为大写，如图 7－26 所示。

图 7－26　转换为大写

8 绘制图形、图像与动画

【学习目标】

1. 了解并熟悉 Visual Basic 的坐标系统及刻度属性。
2. 掌握自定义坐标系统的 Scale 方法。
3. 熟悉多个与绘图相关的属性，包括颜色属性、线型、线宽属性。
4. 掌握运用 Line、Circle、Cls 方法绘制基本图形。
5. 了解和熟悉 Pset、Point 方法及其使用。
6. 掌握“直线”控件和“形状”控件的属性和方法。
7. 熟悉装载图像文件的方法。
8. 掌握“图片框”控件和“图像框”控件的属性、方法和事件。
9. 熟悉利用“滚动条”控件浏览图片全貌。
10. 初步掌握动画设计的基本方法。

8.1 绘图基础

图形可以为应用程序的界面增加趣味。Visual Basic 提供了强大而丰富的图形功能，我们不仅可以通过图形控件进行图形和绘图操作，还可以通过图形方法在窗体或图片框上输出文字和图形。Visual Basic 的图形方法还可以作用于打印机对象。

8.1.1 坐标系统

1. 窗体的坐标系统

在 Visual Basic 程序设计中，每个对象都位于存放其的容器内。每一个图形操作（包括调整大小、移动和绘图），都要使用绘图区或容器的坐标系统。例如，在窗体中添加控件，窗体就是容器。如果在框架或图片框里绘制控件时，框架或图片框就是容器。当移动容器时，容器内的对象也随着一起移动，而且与容器的相对位置保持不变。每一个容器都有一个坐标系统。坐标系统是一个二维网格，可定义在屏幕上、窗体中或其他容器中（如图片框或 Printer 对象）。使用窗体中的坐标，可定义网格上的位置，如图 8 -1 所示。

构成一个坐标系统需要三个要素：坐标原点、坐标度量单位及坐标轴的长度和方向。在 Visual Basic 中，任何容器的默认坐标系统的坐标原点都是在容器的左上角

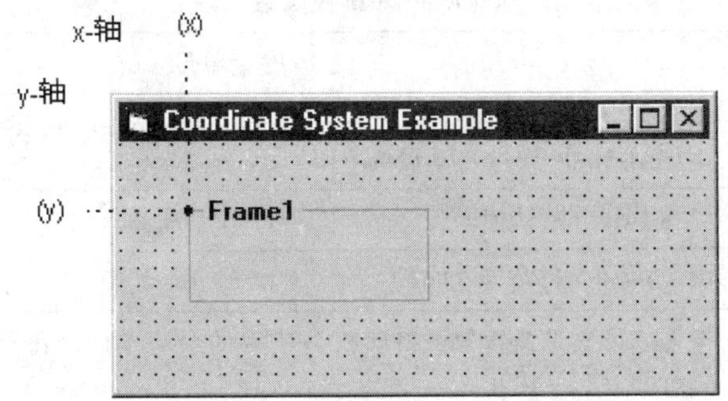

图 8－1　窗体的坐标系统

(0, 0)点处。x 坐标轴水平向右，最左端是默认位置 0；y 坐标轴垂直向下，最上端是默认位置 0。沿这些坐标轴定义位置的度量单位，默认为缇（Twip）。1440 缇等于 1 英寸，567 缇等于 1 厘米，1 缇等于打印机的 1 磅的 1/20。

坐标系统包括坐标轴的方向、起点和坐标系统度量单位，这些都是可以改变的。Visual Basic 中有两种方法定义坐标系。一种方法是通过设置对象的 ScaleTop、ScaleLeft、ScaleWidth 和 ScaleHeigh 四项属性来实现。这些属性不仅可以用来设置坐标系统，还可以用于获取当前坐标系统的信息。另一种方法是使用 Scale 方法自定义坐标系统。

每个窗体和图片框都有几个刻度属性（ScaleLeft、ScaleTop、ScaleWidth、ScaleHeight 和 ScaleMode）。其中，ScaleLeft 和 ScaleTop 属性用来控制容器左边和顶端的坐标，根据这两个属性值可形成坐标原点。所有对象的 ScaleLeft 和 ScaleTop 属性值默认为 0。

例如：

```
Form1. ScaleLeft = 200
Form1. ScaleTop = 1000
```

这些语句设置 Form1 窗体对象的坐标原点位置为（200，1000）。这两条语句不改变当前对象的大小和位置，但要影响后面一些语句的作用。

例如，在前面设置 Form1 的 ScaleLeft 和 ScaleTop 属性之后，以下语句使命令按钮 Command1 置于窗体 Form1 的最左端。

```
Command1. Left = 200
```

ScaleWidth 和 ScaleHeight 属性用来确定对象内部水平方向和垂直方向上的单元数。

例如：

```
Form1. ScaleWidth = 500
Form1. ScaleHeight = 1000
```

这些语句设置 Form1 窗体内部宽度的 1/500 为水平单位，设置 Form1 窗体内部高度的 1/1000 为垂直单位。改变窗体 Form1 的大小后，这些单位保持原状。

ScaleMode 属性用来定义对象坐标的度量单位，共有 8 种单位形式，默认值为 1。ScaleMode 属性设置如表 8－1 所示。

表 8-1　　ScaleMode **属性设置**

取值	度量单位
0	用户定义（若直接设置了 ScaleWidth、ScaleHeight、ScaleTop 或 ScaleLeft，则 ScaleMode 属性自动设为 0）
1	缇（Twip，默认值）
2	磅（Point，每英寸 72 磅）
3	像素。像素是监视器或打印机分辨率的最小单位。每英寸里像素的数目由设备的分辨率决定
4	字符（默认为高 12 磅宽 20 磅的单位）
5	英寸（Inch，1Inch = 1440 Twip）
6	毫米（Millimeter）
7	厘米（Centimeter）

2. 自定义坐标系统

用户可自定义对象的坐标系统。Scale 方法是用于改变坐标系统最有效的方法。使用该方法无需设置属性，即可建立用户坐标系统。其语法格式如下：

【格式】［对象.］Scale（x1，y1）-（x2，y2）

【说明】“对象”可以是窗体、图片框或打印机。若省略对象名，则为带有焦点的窗体对象。x1 和 y1 的值决定了 ScaleLeft 和 ScaleTop 属性的设置值。两个 x 坐标之间的差值和两个 y 坐标之间的差值，分别决定了 ScaleWidth 和 ScaleHeight 属性的值。

例如，设置一窗体坐标系统，语句如下：

Scale（100，100）-（200，200）

Visual Basic 根据给定的坐标参数计算出 ScaleLeft、ScaleTop、ScaleWidth、ScaleHeight 的值：

ScaleLeft = x1

ScaleTop = y1

ScaleWidth = x2 - x1

ScaleHeight = y2 - y1

【例 8-1】编写程序，使用窗体的 Activate 事件和 Click 事件，说明用 Scale 方法改变坐标系统后所产生的影响。

（1）窗体的 Activate 事件的代码如下：

```
Private Sub Form_Activate()
Cls
Form1.Caption = "默认坐标系统"
Form1.Scale                                     '采用默认坐标系统
Line(0, 0) - (Form1.Width, Form1.Height/2)      '画直线
End Sub
```

语句 Line(0，0) -（Form1.Width，Form1.Height/2）表示从坐标原点到

(Form1. Width, Form1. Height) 画一条直线。在窗体的 Activate 事件过程中，采用默认坐标系统在窗体中画一条直线，运行效果如图 8－2 所示。

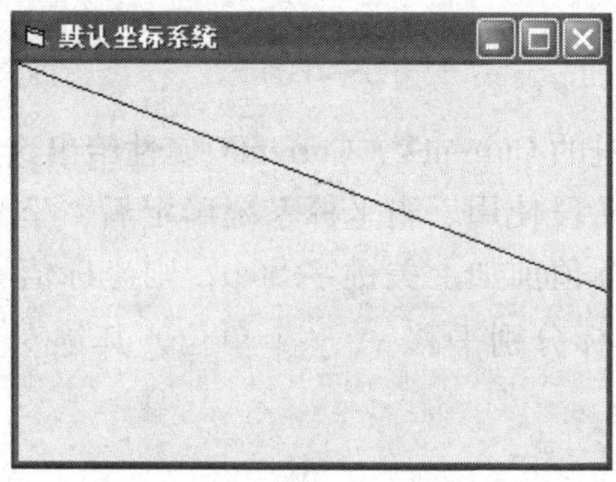

图 8－2　使用默认坐标系统

(2) 窗体的 Click 事件的代码如下：

```
Private Sub Form_Click( )
Cls
Form1. Caption = "用户自定义坐标系统"
Form1. Scale(0, Form1. Height) - (Form1. Width, 0)          '定义用户坐标系统
Line(0, 0) - (Form1. Width, Form1. Height / 2)            '画直线
End Sub
```

在窗体的 Click 事件过程中，采用用户自定义坐标系统，在窗体中画同样一条直线。运行程序，单击窗体，显示效果如图 8－3 所示。

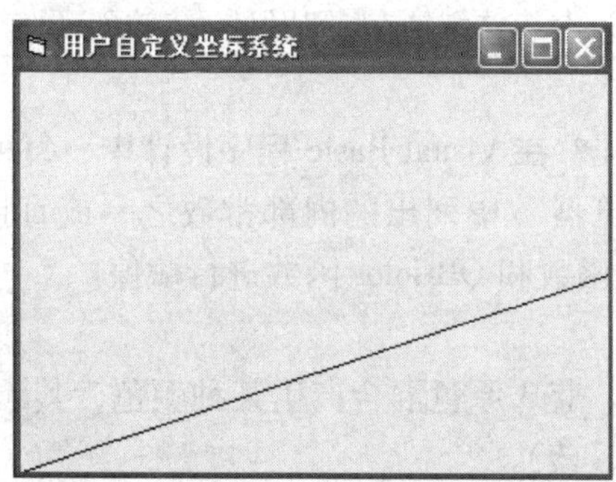

图 8－3　使用用户自定义坐标系统

8.1.2　绘图属性

1. 设置绘图坐标

在图形程序设计中，经常需要控制绘图方法或 Print 方法输出的位置。此时，可通过指定绘图坐标完成。一种设置绘图坐标的方法是使用 Cls 方法来清除窗体和或图片框，同时把绘图坐标恢复到原点（0，0）。另一种较为常用的方法是使用 CurrentX 和 CurrentY 属性设置绘图坐标。

例如，以下语句把 Picture1 控件和当前窗体的绘图坐标恢复到左上角：

```
Picture1. CurrentX = 0
Picture1. CurrentY = 0
CurrentX = 0
CurrentY = 0
```

窗体、图片框或打印机的 CurrentX、CurrentY 属性给出这些对象在绘图时的当前坐标。这两个属性仅在运行阶段使用。当坐标系统确定后，坐标值（x，y）表示对象上的绝对坐标位置。如果坐标值前加上关键字 Step，则坐标值（x，y）表示对象上的相对坐标位置，即从当前坐标分别平移 x、y 个单位，其绝对坐标值为（CurrentX + x，CurrentY + y）。

2. 指定颜色

在图形设计中，需要给图形添加各种色彩，使其表现更为生动和丰富。Visual Basic 中的许多控件都具有能决定控件的显示颜色的属性。这些属性中有些也适用于非图形的控件。表 8-2 描述了这些颜色属性。

表 8-2　　颜色属性说明

属性	说明
BackColor	对用于绘画的窗体或控件设置背景颜色。如果用绘图方法进行绘图之后改变 BackColor 属性，则已有的图形将会被新的背景颜色所覆盖
ForeColor	设置绘图方法在窗体或控件中创建文本或图形的颜色。改变 ForeColor 属性不影响已创建的文本或图形
BorderColor	为形状控件边框设置颜色
FillColor	为用 Circle 方法创建的圆和用 Line 方法创建的方框，设置填充颜色

这些属性该如何赋值呢？在 Visual Basic 程序设计中，每种颜色都由一个 Long 整数表示，可使用在“对象浏览器”中列出的内部常数之一或直接输入一种十六进制表示的颜色值。也可使用 RGB 函数和 QBColor 函数进行赋值。

（1）RGB 函数

RGB 函数通过红、绿、蓝 3 原色混合产生某种颜色，其语法格式为：

【格式】RGB(红，绿，蓝)

【说明】括号中的红、绿、蓝 3 原色可赋予从 0 ~ 255 中的数值，0 表示亮度最低，255 表示亮度最高。例如，RGB(0，0，0）返回黑色，RGB(255，255，255）返回白色。

每一种可视的颜色，都可由这 3 种主要颜色组合产生。例如：

```
'设定背景为绿色。
Form1. BackColor = RGB(0, 128, 0)
'设定背景为黄色。
Form2. BackColor = RGB(255, 255, 0)
'在画布上描绘深蓝色的点。
PSet(100, 100), RGB(0, 0, 64)
```

（2）QBColor 函数

QBColor 函数采用 Quick Basic 所使用的 16 种颜色，其语法格式为：

【格式】QBColor(颜色码)

【说明】颜色码使用 0 ~ 15 之间的整数，每个颜色码代表一种颜色，其对应关系如表 8 - 3 所示。

表 8 - 3　QBColor 颜色码

值	颜色	值	颜色
0	黑色	8	灰色
1	蓝色	9	亮蓝色
2	绿色	10	亮绿色
3	青色	11	亮青色
4	红色	12	亮红色
5	洋红色	13	亮洋红色
6	黄色	14	亮黄色
7	白色	15	亮白色

Visual Basic 中常用的颜色常数如表 8 - 4 所示。在设计状态和运行时都可直接使用这些常数定义颜色，而无需声明。例如：无论什么时候想指定红色，作为颜色参数或颜色属性的设置值，都可以使用常数 vbRed。例如：

```
Form1.BackColor = vbRed
```

表 8 - 4　常用颜色常数

常数	十六进制值	描述
vbBlack	&H0	黑色
vbRed	&HFF	红色
vbGreen	&HFF00	绿色
vbYellow	&HFFFF	黄色
vbBlue	&HFF0000	蓝色
vbMagenta	&HFF00FF	洋红
vbCyan	&HFFFF00	青色
vbWhite	&HFFFFFF	白色

使用内部常数来指定颜色时，Visual Basic 只是将其解释为与它所代表的颜色较接近的一种颜色，而使用十六进制数输入颜色值则更为准确和直接。

正常的 RGB 颜色的有效范围，是从 0 ~ 16 777 215（&HFFFFFF&）。每种颜色的设置值（属性或参数）都是一个 4 字节的整数。对于这个范围内的数，其高字节都是 0，而低 3 个字节，从最低字节到第 3 个字节，分别定义了红、绿、蓝 3 种颜色的值。红、绿、蓝3种成分都是用0～255（&HFF）的数表示，语法格式为：

&HBBGGRR&

其中，BB指定蓝颜色的值，GG指定绿颜色的值，RR指定红颜色的值。每个值都是两位十六进制数，即从00到FF。中间值是80。例如：

BackColor = &HFF0000&

指定背景色为蓝色。若将最高位设置为1，则不再代表一种RGB颜色，而是由Windows“控制面板”指定的系统色，对应的颜色范围从&H80000000&到&H80000015&。例如，&H80000002&用来指定活动窗口的标题颜色。在属性窗口选择颜色属性时，可设置系统色。

3. 自动重画

在Windows系统中，当一个窗口移到其他窗口上时，可暂时隐藏其他窗口。窗口移走后，被覆盖的窗口和其内容需要重新显示。Windows管理和控制窗口与控件的重新显示，而用户的Visual Basic应用程序必须控制窗体和图片框内图形的重新显示。

如果在窗体上用图形方法创建图形，通常希望它们重新显示在以前的位置，此时则可用AutoRedraw属性创建持久的图形。每个窗体和图片框都具有自动重画AutoRedraw属性。AutoRedraw是Boolean属性，其默认值是False。当AutoRedraw设置为False，窗体上显示的任何由图形方法创建的图形如果被另一个窗口暂时挡住，将会丢失。另外，如果扩大窗体，窗体边界外的图形将会丢失。而将AutoRedraw属性设置为True后，被挡住的界面上的内容在遮挡物移走后可自动重画。

4. 指定线宽

DrawWidth属性用来指定图形方法输出时线的宽度，BorderWidth属性用来指定直线和形状控件轮廓线的粗细。

【例8-2】以下过程画出3条不同宽度的直线，如图8-4所示。

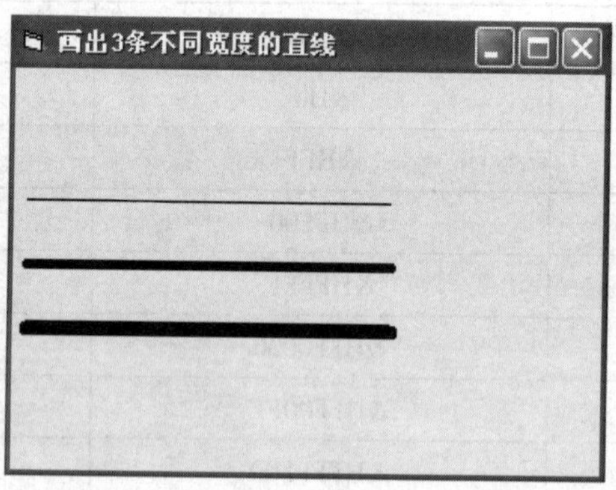

图8-4　画出几条不同宽度的直线

程序如下：

```
Private Sub Form_Click()
Form1. Caption = "画出3条不同宽度的直线"
DrawWidth = 1
Line(100, 1000) - (3000, 1000)
```

```
DrawWidth = 5
Line(100, 1500) - (3000, 1500)
DrawWidth = 8
Line(100, 2000) - (3000, 2000)
End Sub
```

8.2 常用绘图方法

在应用程序中制作图形效果，不仅可在设计时使用前述的几种图形控件，而且还可在运行时通过图形方法创建。

图形方法提供了一些图形控件无法做到的可视效果。例如，使用图形方法能创建圆弧或画单个像素。用这些图形方法创建出的图形显示在窗体上，位于所有其他控件之下。因此，若要创建出现在应用程序中其他事物之下的图形时，这种方法就很方便。

用图形方法创建图形是在代码中进行的，必须运行应用程序才能看到图形方法的结果。Visual Basic 中运行时常用的绘图方法有 Line 方法、Circle 方法、Pset 方法和 Point 方法。

8.2.1 Line 方法

【格式】[对象.] Line(X1, Y1) - (X2, Y2) [, Color] [, B [F]]

【功能】绘制直线或矩形。

【说明】“对象”指要绘制直线或矩形的窗体或图片框，默认为当前窗体；(X1,Y1)是直线的起始坐标或矩形的左上角坐标；(X2,Y2)是直线的终点坐标或矩形的右下角坐标；Color 是绘制直线或矩形的颜色；关键字 B 表示画矩形。关键字 F 表示用画矩形的颜色来填充矩形，F 必须与关键字 B 一起使用。若只用 B，则矩形的填充由当前的 FillColor 和 FillStyle 属性决定。

【例 8-3】使用 Line 方法在窗体中绘制矩形，将窗体一分为三。

程序如下：

```
Private Sub Form_Click()
  Form1.Caption = "line 方法绘制矩形"
Dim LeftColor, MidColor, Msg, RightColor            '声明变量
    AutoRedraw = -1                                 '打开 AutoRedraw
    Height = 2 * 1440                               '将高度设置为 2 英寸
    Width = 3 * 1440                                '将宽度设置为 3 英寸
    BackColor = vbBlue                              '将背景设置为蓝色
    ForeColor = vbRed                               '将前景设置为红色
    Line(0, 0) - (Width/3, Height), , BF            '红框
    ForeColor = vbWhite                             '将前景设置为白色
    Line(Width/3, 0) -((Width/3) * 2, Height), , BF
End Sub
```

运行程序，单击窗体，显示效果如图 8 -5 所示。

图 8 -5　使用 Line 方法绘制矩形

8.2.2　Circle 方法

【格式】[对象.] Circle(X, Y), Radius, [Color, Start, End, Aspect]

【功能】用于画出圆形、椭圆形、弧线、扇形等各种形状。使用变化的 Circle 方法，可画出多种曲线。

【说明】"对象"指要绘制圆形或弧线等的窗体或图片框，默认为当前窗体；(X, Y)是圆、椭圆或弧的圆心坐标，Radius 是半径，必须输入这两个参数；Color 是圆的轮廓颜色；Start 与 End 是弧的起点与终点位置，范围是 -2 ~2 π；Aspect 是圆的纵横尺寸比，默认值是 1，即圆。

【例 8 -4】在窗体中画一个圆心坐标为（1000, 1500），半径为 1000Twip，轮廓为红色的圆。并画一条起点为（0, 1500），终点为（1000, 500）的弦，并以终点为新的起点继续画一条与上一条弦相垂直的弦。

程序如下：

```
Private Sub Form_Click( )
Form1. Caption = "line 方法和 Circle 方法应用"
  '画圆
  Form1. Circle(2000, 1500), 1000, 255
  '画弦
  Form1. Line(1000, 1500) - (2000, 500)
  Form1. Line(2000, 500) - (3000, 1500)
  Form1. Line(3000, 1500) - (2000, 2500)
  Form1. Line(2000, 2500) - (1000, 1500)
End Sub
```

运行程序，单击窗体，显示效果如图 8 -6 所示。

【例 8 -5】用 Circle 方法在窗体上绘制由圆环构成的艺术图案。构造图案的算法为：将一个半径为 r 的圆周等分为 n 份，以这 n 个等分点为圆心，以半径 r1 绘制 n 个圆。

在窗体的单击事件中设定 r 为窗体高度的 1/4，r1 为 r 的 0.8 倍。在圆周上等分 40

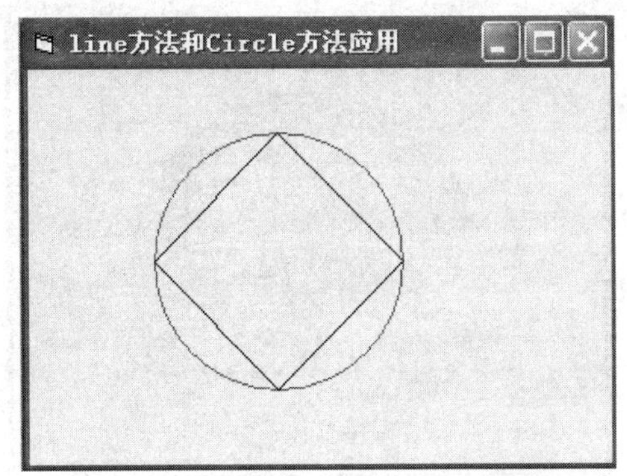

图 8-6　Line 方法和 Circle 方法应用

份，以窗体的中心为圆心画圆。

程序如下：

```
Private Sub Form_Click( )
Form1. Caption = "Circle 方法应用示例"
Const Pi = 3. 1415926
Dim r, x0, y0 As Single
r = Form1. ScaleHeight/4                           '定义圆半径 r
x0 = Form1. ScaleWidth/2                           '定义圆心
y0 = Form1. ScaleHeight/2
pr = Pi/20
For i = 0 To 2 * Pi Step pr                        '循环绘制圆
  x = x0 + r * Cos(i)                              '定义圆周上的等分点
  y = y0 + r * Sin(i)
  Circle(x, y), r * 0.8, RGB(255, 0, 50 * i)       '以半径 r1 绘制圆
Next i
End Sub
```

运行程序，单击窗体，显示效果如图 8-7 所示。

8.2.3　Pset 方法

【格式】[对象.] Pset(X, Y), [Color]

【功能】用于在窗体、图片框或打印机的指定位置上绘制点。

【说明】(X, Y) 是点的坐标，Color 是点的颜色。利用 Pset 方法可画出任意曲线，而采用背景色描绘点还可清除某个位置上的点。

【例 8-6】在窗体的单击事件中用 PSet 方法在窗体上画五彩碎纸。

程序如下：

```
Private Sub Form_Click( )
Form1. Caption = "五彩碎纸"
```

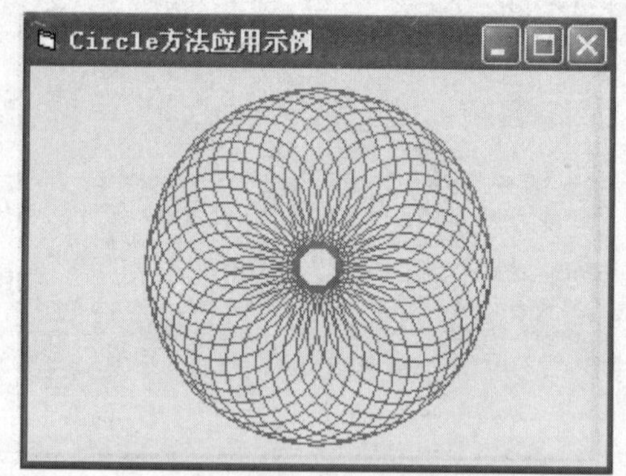

图 8-7　绘制艺术图案

```
   Dim XPos, YPos                              '定义变量 Xpos、Ypos 用于
                                                存放绘制点的坐标
   ScaleMode = 3                               '设置 ScaleMode 为像素
   DrawWidth = 2                               '设置 DrawWidth
   Do
    XPos = Rnd * ScaleWidth                    '得到水平位置
    YPos = Rnd * ScaleHeight                   '得到垂直位置
    PSet(XPos, YPos), QBColor(Rnd * 15)        '画五彩碎纸
    DoEvents                                   '进行其他处理
   Loop
End Sub
```

运行程序，单击窗体，显示效果如图 8-8 所示。

图 8-8　绘制五彩碎纸

8.2.4 Point 方法

【格式】[对象.] Point(x, y)

【功能】Point 方法用于返回窗体或图片框上指定点的 RGB 颜色。

【说明】如果由（x，y）坐标所引用的点位于对象之外，则 Point 方法将返回 -1。

【例 8 -7】用 Point 方法获取图片框中的图像信息，然后在窗体上用 PSet 方法将图像信息重绘出来。

操作步骤如下：

（1）新建一个窗体，在窗体中添加一个 Picture 控件。

（2）在“属性”窗口中，设置 Picture 控件的 Picture 属性，为其添加一个图像文件，例如“熊猫.jpg”。

（3）为窗体编写 click 事件代码。

程序如下：

```
Private Sub Form_click( )
Form1. Caption  =  "Point 方法应用示例"
  For i  =  1 To2300                              '按行扫描
    For j  =  1 To2000                            '按列扫描
      mcolor  =  Picture1. Point(i, j)            '返回指定点的颜色
      PSet(i, j), mcolor                          '重绘信息
    Next j
  Next i
End Sub
```

在程序中分别设置窗体和 Picture 控件的坐标系统。在 Picture 控件中显示一幅图片。用 Point 方法扫描 Picture 控件上的信息，根据返回值，在窗体对应坐标位置上用 PSet 方法输出信息。

（4）运行程序，单击窗体，在窗体左上角，从左向右出现熊猫的扫描图像，显示效果如图 8 -9 所示。

图 8 -9　Point 方法的应用

8.2.5　Cls 方法

在任何时候若想清除绘图区，应使用 Cls 方法，则指定的绘图区以背景色重画。

Cls 方法的语法格式如下：

【格式】[对象.] Cls

【说明】对象是指窗体、图片框或打印机。在对象中用 Print 和图形方法创建出的所有文本和图形，都可以用 Cls 方法来删除。同时，Cls 方法还把绘图坐标恢复到原点（0，0），按照默认规定，原点是左上角。例如：

Picture1. Cls

清除名为 Picture1 的图片框。省略对象名的 Cls 方法将清除当前窗体。

8.3 图形控件的使用

Windows 是图形用户界面，所以在应用程序的界面上显示图形图像的方法十分重要。Visual Basic 包含 4 个控件来实现与图形有关的操作，这 4 个控件是："图片框"控件（PictureBox）、"图像框"控件（Image）、"形状"控件（Shape）和"直线"控件（Line）。

Image、Shape、Line、PictureBox 这 4 种控件都适用于一个特定的目的，以简化图形操作。其中，Image、Shape、Line 需要较少的系统资源，显示图形相对较快。

使用 Image、Shape、Line 等图形控件创建图形所用的代码比图形方法用的要少。例如，在窗体上放置一个圆，既可用 Circle 方法，也可用"形状"控件（Shape）。Circle 方法要求在运行时用代码创建圆，而用"形状"控件创建圆，只需在设计时简单地把它拖到窗体中，设置特定的属性即可。

8.3.1 "直线"控件（Line）

"直线"控件（Line）是一种图形控件，利用它可在窗体中画出简单的线条，如水平线、垂直线或者对角线等。通过修改 Line 控件的属性，可以改变线条的粗细、线型和颜色等。Line 控件的重要属性有 BorderStyle 属性、BorderWidth 属性。其中，BorderStyle 属性用来确定设置直线或形状控件的边框类型，如表 8－5 所示。BorderWidth 属性用来确定直线的边框宽度或形状控件的边框宽度，默认值为 1。

表 8－5 "直线"控件的 BorderStyle 属性

边框类型值	边框类型	说明
0	TransParent	透明，边框不可见
1	Solid	实心边框，最常见（默认值）
2	Dash	虚线边框
3	Dot	点线边框
4	Dash－Dot	点划线边框
5	Dash－Dot－Dot	双点划线边框
6	Inside Solid	内实线边框

运行时若要改变线的位置大小可设置 Line 控件的 X1、Y1、X2、Y2 属性。这些属

性分别用来设置 Line 控件的起始点（X1，Y1）和终止点（X2，Y2）的坐标。

8.3.2 “形状”控件（Shape）

“形状”控件（Shape）是一种图形控件，利用它可在窗体中绘制矩形、正方形、椭圆、圆形、圆角矩形、圆角正方形及实心图形等图形。通过修改设置“形状”控件的属性，还可以改变形状的色彩与填充图案等。

Shape 控件的主要属性有 Shape、BorderStyle、BorderWidth、FillStyle 和 FillColor 等属性。其中，Shape 属性用来确定需要绘制的几何形状，取值如表 8-6 所示。

表 8-6　**形状控件的 Shape 属性**

外观类型值	外观类型	说明
0	Rectangle	矩形（默认值）
1	Square	正方形
2	Oval	椭圆形
3	Circle	圆形
4	Rounded Rectangle	圆角矩形
5	Rounded Square	圆角正方形

FillStyle 属性用来为“形状”控件指定填充的图案，其取值如表 8-7 所示。

表 8-7　**形状控件的 FillStyle 属性**

填充类型值	填充类型	说明
0	Solid	实心填充
1	TransParent	透明填充，最常见（默认值）
2	Horizontal Line	水平线填充
3	Vertical Line	垂直线填充
4	Upward Diagonal	上对角线填充
5	Downward Diagonal	下对角线填充
6	Cross	交叉线填充
7	Diagonal Cross	对角交叉线填充

FillColor 属性可以为“形状”控件着色。而 BorderStyle 属性、BorderWidth 属性含义和取值类似于 Line 控件。

【例 8-8】通过改变 Shape 控件的 Shape、FillStyle 属性来指定 Shape 控件的 6 种形状和不同的填充图案。

操作步骤如下：

（1）新建一个窗体，在窗体中添加 1 个“形状”控件（Shape）。

（2）在“属性”窗口，设置 Shape 控件的 Index 属性为 0，Shape 属性为 3 - Circle，

BorderWidth 属性为 7。

(3) 为窗体编写 Load 事件代码。

程序如下:

```
Private Sub Form_Activate( )
    Form1. Caption = "Shape 属性"
Dim i As Integer
Shape1(0). Shape = 0                    '设置控件数组首元素的形状
Shape1(0). FillStyle = 2                '设置控件数组首元素的填充图案
'依次装入 Shape 控件数组中其他元素，并设置其形状和图案
For i = 1 To 5
  Load Shape1(i)
Shape1(i). Left = Shape1(i - 1). Left + 1800
Shape1(i). Shape = i
Shape1(i). FillStyle = i + 2
Shape1(i). Visible = True
Next i
End Sub
```

(4) 运行程序，显示效果如图 8-10 所示。

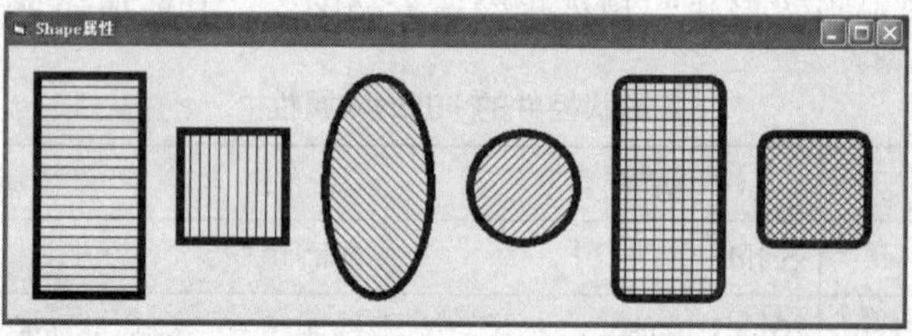

图 8-10 “形状”控件的样式

8.4 图像显示

在 Visual Basic 应用程序中，图像可显示在窗体、图片框和图像控件中。图片可来自 Microsoft Windows 的各种绘图程序，例如 .bmp、.dib、.ico、.cur、.wmf、.emf 文件，也可将 .jpeg 和 .gif 文件添加到应用程序中。

8.4.1 直接加载图片到窗体

在设计时，加载图片到窗体中有两种方法:

(1) 在“属性”窗口，从“属性”列表中选择“Picture”属性，单击...按钮，打开一个对话框，选择需要加载的图片文件。如果为窗体设置了 Picture 属性，选定的图片将显示在设计窗体上，被放置在窗体中控件的后面。

(2) 把图片从另一个应用程序 (例如 Microsoft Paint) 复制到剪贴板上。返回 Visual Basic 环境中，选择窗体、图片框或图像控件，然后选择“编辑”菜单中的“粘贴”命令。

在运行时，通常使用LoadPicture函数加载图片到窗体、图片框或图像控件中，其一般格式为：

【格式】图片框（图像框）对象名称 . Picture = LoadPicture（"图形文件路径和文件名"）

例如，以下语句将deyang. jpg文件加载到Form1窗体中：

```
Form1. Picture  =  LoadPicture("E: \ photo - bak \ deyang. jpg")
```

也可使用不带参数的LoadPicture函数在运行时删除图片，无需用其他图片替换它。以下语句是从Form1窗体中删除图片：

```
Form1. Picture  =  LoadPicture("")
```

8.4.2 “图片框”控件（PictureBox）

“图片框”控件（PictureBox）用于显示位图BitMap、GIF、JPEG、图标Icon等格式的图片文件。“图片框”可以使用Line、Circle、Pset、Point、Cls、Print等常用绘图方法和输出方法，也可以触发Click、DbClick事件。

在“工具箱”中，双击“PictureBox”按钮，在窗体中添加“图片框”控件（PictureBox）。“图片框”具有一些特有属性：

CurrentX/CurrentY——设置下一个输出的水平坐标和垂直坐标。

Picture——是“图片框”和“图像框”的重要属性，通过设置Picture属性，可将图像显示在图片框中。通常，在程序设计时，通过“属性”窗口设置该属性，也可以在程序中调用LoadPicture函数进行装载图片。

AutoSize——设置是否根据图片的大小自动调整图片框的尺寸，默认值为False。当设置为True，图片框的大小根据显示图片的尺寸自动调整大小。例如，图8－11中左边的Picture控件的显示区域比实际图片小，由于AutoSize属性设置为False，图片被剪裁；右边的Picture控件的AutoSize属性设置为True，图片框能自动调整大小，与显示的图片相适应。

图8－11　图片框应用

PictureBox控件也可以用作其他控件的容器。像“框架”（Frame）控件一样，可以在PictureBox控件内放置其他控件。这些控件随着PictureBox控件移动而移动，其Top和Left属性也是相对PictureBox控件而言的，与窗体无关。当PictureBox控件大小改变时，这些控件在PictureBox控件中的相对位置保持不变。

图片框如同窗体一样，也可用使用绘图方法（例如Circle、Line 、Point等）进行输出。

例如：

```
Picture1. AutoRedraw = True
Picture1. Circle(1200, 1000), 750
```

以上语句使用 Circle 方法在 PictureBox 控件上绘制一个圆。将 AutoRedraw 设置成 True，在调整 PictureBox 控件大小或移去隐藏图片框的对象重新显示图片框时，控件自动重新绘制显示这些输出。

在 PictureBox 控件上使用 Print 方法也可输出文本。例如：

```
Picture1. Print "A text string"
```

8.4.3 "图像框"控件（Image）

与图片框类似，"图像框"控件（Image）也可用来显示位图 BitMap、GIF、JPEG、图标 Icon 等格式的图片文件。在窗体中使用"图像框"控件的方法与图片框相同，但图像框比图片框占用的内存小，显示速度也比较快。

图像框与图片框一样，也有 CurrentX/CurrentY、Picture 等属性，使用方法完全一样。"图像框"控件没有 AutoSize 属性，但有 Stretch 属性。该属性用来设置是否在图像框中显示全部图形，默认值为 False。若该属性设置为 False，图像框可自动改变大小，以适应其中的图像；若设置为 True，图片自动缩小或放大，以适应图像框的大小。例如，若图 8-12 右边的 Image 控件的 Stretch 属性设置为 True，图形自动放大；若图像框中显示的是位图，则在图形放大或缩小后会产生一些失真。

图 8-12　图像框应用

【例 8-9】显示图片综合示例。

本例主要说明在图片框和图像框内加载图片的方法，以及图片框的 AutoSize 属性与图像框的 Stretch 属性对所加载的图形的影响。

操作步骤如下：

(1) 在窗体中添加 1 个"图片框"控件（Picture1）、1 个"图像框"控件（Image1）、2 个"复选框"控件（Check1、Check2）（"AutoSize"复选框 AutoCheck、"Stretch"复选框 StretchCheck）和 3 个"命令按钮"控件（Command1、Command2、Command3）（"载入图片"按钮 CmdLoad、"交换图片"按钮 CmdExchange 和"删除图片"按钮 CmdDelete）。设计的窗体如图 8-13 所示。

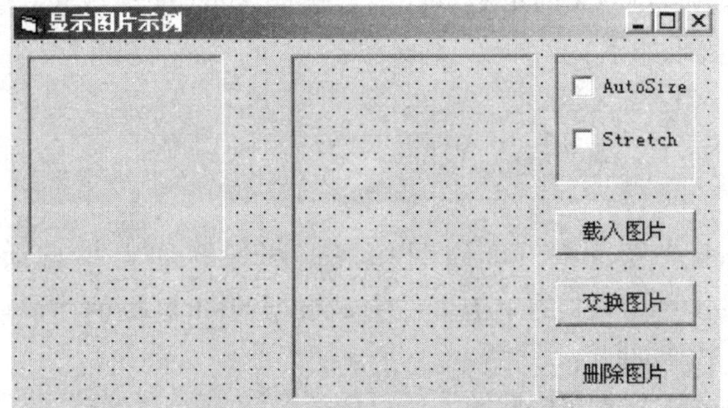

图 8－13　显示图片窗体设计

（2）添加事件代码。

①在窗体的载入事件中编写程序代码设置图片框和图像框的大小，代码如下：

```
Private Sub Form_Load( )
Picture1. Height = 1255: Picture1. Width = 1255
Image1. Height = 1255: Image1. Width = 1255
End Sub
```

②单击“载入图片”按钮，图片框和图像框将分别显示两幅图片。可在“载入图片”按钮 CmdLoad 的单击事件中使用 LoadPicture 函数装入图片，代码如下：

```
Private Sub CmdLoad_Click( )
Picture1. Picture = LoadPicture("d:\pic\pic1. gif")
Image1. Picture = LoadPicture("d:\pic\pic2. gif")
End Sub
```

③单击“交换图片”按钮，图片框和图像框将交换显示两幅图片。可在“交换图片”按钮 CmdExchange 的单击事件中编写交换图片的代码如下：

```
Private Sub CmdExchange_Click( )
Dim picbak As Picture
Set picbak = Picture1. Picture
Picture1. Picture = Image1. Picture
Image1. Picture = picbak
End Sub
```

④单击“删除图片”按钮，图片框和图像框中显示的两幅图片被删除。可在“删除图片”按钮 CmdDelete 的单击事件中使用不带参数的 LoadPicture 函数删除图片，代码如下：

```
Private Sub CmdDelete_Click( )
Picture1. Picture = LoadPicture
Image1. Picture = LoadPicture
End Sub
```

⑤选中“AutoSize”复选框，可使图片框根据图片大小而调整自身尺寸。可在

"AutoSize"复选框 AutoCheck 的单击事件中，根据 AutoCheck. Value 属性值设置图片框的 AutoSize 属性，代码如下：

```
Private Sub AutoCheck_Click()
Picture1. AutoSize = AutoCheck. Value
End Sub
```

⑥选中"Stretch"复选框，可使图片根据图像框的大小自动调整尺寸。可在"Stretch"复选框 StretchCheck 的单击事件中，根据 StretchCheck. Value 属性值设置图像框的 Stretch 属性，代码如下：

```
Private Sub StretchCheck_Click()
Image1. Stretch = StretchCheck. Value
End Sub
```

(3) 程序运行，显示效果如图 8-14 所示。

图 8-14　显示图片示例

8.4.4　"滚动条"控件（VScrollBar）

无论是"图片框"控件，还是"图像框"控件，都没有提供滚动条，所以浏览较大图片时很不方便。通常可以使用滚动条来配合图片框或图像框，从而提供对浏览图片的简便定位。

若要实现图片在图片框中的滚动，需要"滚动条"控件的一些重要属性：

①Min、Max 属性：确定滚动条的值的变化范围。Min 属性指定滚动条的最小值，Max 属性指定滚动条的最大值。

② Value 属性：返回或设置滚动条的当前位置。

③ LargeChange 属性：确定每单击一次滚动条，滚动条值的变化大小。

④ SmallChange 属性：确定每单击一次滚动箭头，滚动条值的变化大小。

浏览图片时，可通过三种方法来改变滚动条的值，分别是单击滚动箭头、单击滚动条和直接拖动滚动条。通常，可使用"滚动条"控件的 Change 事件监视滚动块沿滚动条的移动。Change 事件在滚动块移动后发生，因此，可以用 Change 事件对图片的位置进行改变来实现图片在图片框中的滚动。

当所包含的图形超过图片框范围时，单独一个"图片框"控件无法实现滚动功能，因为 PictureBox 控件不能自动添加滚动条。因此，应用程序可使用两个图片框：第一个为父图片框控件；第二个为子图片框控件，包含在父图片框中。子图片框中包含图形图像，可用垂直滚动条控件和水平滚动条控件来控制子图片框在父图片框中的位置。这样，看上去就像是图片在图片框中滚动了。

【例 8－10】滚动显示图片。

操作步骤如下：

（1）新建一个工程，在窗体中添加 2 个“图片框”控件（Picture1、Picture2）、1 个水平滚动条和 1 个垂直滚动条，如图 8－15 所示。

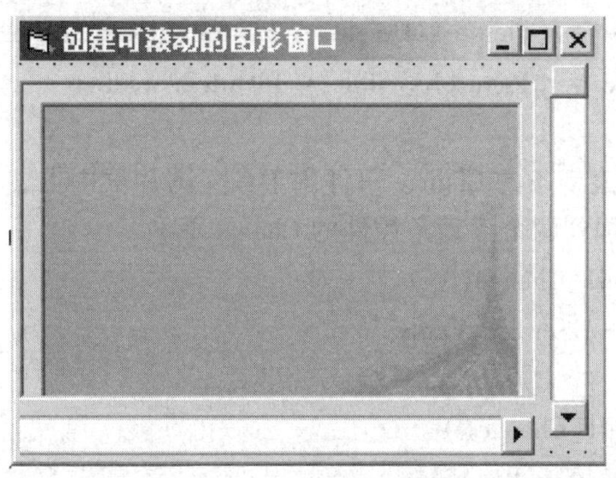

图 8－15　可滚动的图象窗口

（2）用窗体的 Load 事件设置比例模型，在父图片框中调整子图片框的大小，水平、垂直滚动条将定位并调整它们的大小，然后加载位图图形。

（3）将下列代码添加到窗体的 Load 事件过程中：

```
Private Sub Form_Load( )
  Form1. ScaleMode = vbPixels        '设置 ScaleMode 为像素
  Picture1. ScaleMode = vbPixels
  '将 Autosize 设置为 True，以使 Picture2 的边界扩展到实际的位图大小
  Picture2. AutoSize = True
  '将每个图片框的 BorderStyle 属性设置为 None
  Picture1. BorderStyle = 0 : Picture2. BorderStyle = 0
  '加载位图
  Picture2. Picture = LoadPicture("d:\pic\penglai. JPG")
  '初始化两个图片框的位置
  Picture1. Move 0, 0, ScaleWidth - VScroll1. Width, ScaleHeight - HScroll1. Height
  Picture2. Move 0, 0
  '将水平滚动条定位
  HScroll1. Top = Picture1. Height
  HScroll1. Left = 0
  HScroll1. Width = Picture1. Width
  '将垂直滚动条定位
```

```
    VScroll1.Top = 0
    VScroll1.Left = Picture1.Width
    VScroll1.Height = Picture1.Height
    '设置滚动条的 Max 属性
    HScroll1.Max = Picture2.Width - Picture1.Width
    VScroll1.Max = Picture2.Height - Picture1.Height
    '判断子图片框是否将充满屏幕，若如此，则无需使用滚动条
    VScroll1.Visible = (Picture1.Height < Picture2.Height)
    HScroll1.Visible = (Picture1.Width < Picture2.Width)
End Sub
```

（4）水平和垂直滚动条的 Change 事件用于在父图片框中上、下、左、右移动子图片框。将下列代码添加到两个滚动条控件的 Change 事件中：

```
Private Sub HScroll1_Change()
Picture2.Left = -HScroll1.Value
End Sub
Private Sub VScroll1_Change()
Picture2.Top = -VScroll1.Value
End Sub
```

（5）将子图片框的 Left 和 Top 属性分别设置成水平和垂直滚动条数值的负值，当上、下、左、右滚动时，图形可正确地移动。运行该程序，单击垂直滚动条的滚动箭头，则图片在图片框中垂直滚动；单击水平滚动条的滚动箭头，则图片在图片框中水平滚动。使用滚动条滚动图片后的效果如图 8－16 所示。

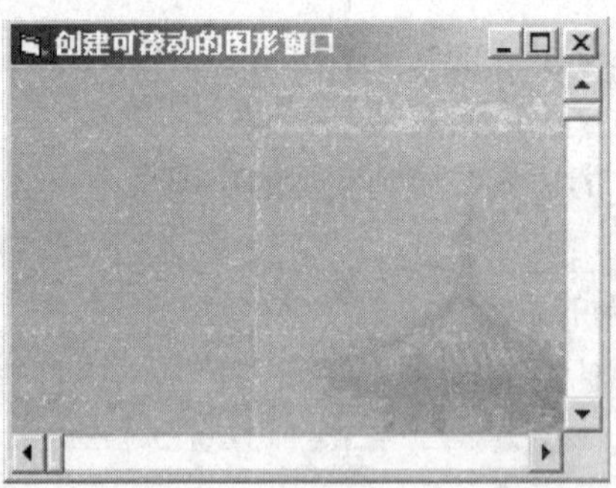

图 8－16　使用滚动条滚动图片前后的效果

在上例中，窗体的初始大小会限制图形的可视大小。在运行时当用户调整窗体大小时，为了使用滚动条正确浏览图片，可将下列代码添加到窗体的 Resize 事件过程中：

```
Private Sub Form_Resize()
    '调整窗体大小时，改变 Picture1 的尺寸
    Picture1.Height = Form1.Height
    Picture1.Width = Form1.Width
    '重新初始化图片和滚动条的位置
```

```
    Picture1. Move 0, 0, ScaleWidth - VScroll1. Width, _
    ScaleHeight - HScroll1. Height
    Picture2. Move 0, 0
    HScroll1. Top = Picture1. Height
    HScroll1. Left = 0
    HScroll1. Width = Picture1. Width
    VScroll1. Top = 0
    VScroll1. Left = Picture1. Width
    VScroll1. Height = Picture1. Height
    HScroll1. Max = Picture2. Width - Picture1. Width
    VScroll1. Max = Picture2. Height - Picture1. Width
    '检查是否需要滚动条
    VScroll1. Visible = (Picture1. Height < Picture2. Height)
    HScroll1. Visible = (Picture1. Width < Picture2. Width)
End Sub
```

8.5 动画设计

动画就是连续显示图片的过程。让一系列图片连续显示，利用人视觉的暂留特性，可以产生动画效果。在运行时，改变图片的位置和大小，可以创建简单动画。最简单的方法是在两幅图片之间切换，也可通过一系列图片的切换来创建动画，还可使图片动态地移动，能够创建出更精致的动画。

8.5.1 移动图形控件

图片运行时，移动控件是 Visual Busic 最容易取得的效果之一，可以通过直接改变定义控件位置的 Left 属性和 Top 属性，也可使用 Move 方法。Left 属性是控件左上角到窗体左边的距离。Top 属性是控件左上角到窗体上边的距离。通过改变 Left 和 Top 属性的设置值可移动控件，如：

```
txtField1. Left = txtField1. Left + 200
txtField1. Top = txtField1. Top - 300
```

直线 Line 控件虽然没有 Left 和 Top 属性，但可使用其特殊的属性 x1、y1、x2、y2，对窗体上直线控件的位置进行控制。

【例 8-11】在窗体的单击事件中，循环改变直线控件 LineCtl 的第二个直线端点的坐标位置，将产生简单的动画效果。

程序如下：

```
Private Sub Form_Click()
Do
LineCtl. X2 = Int(Form1. Width * RnD)  '为第二个直线端点，设置随机的 X 位
```

```
                                      置值
LineCtl.Y2 = Int(Form1.Height * RnD)  '为第二个直线端点，设置随机的Y位置值
Cls                                   '清除移动直线遗留像素
  DoEvents                            '进行其他处理
Loop
End Sub
```

通过改变图形控件的Left和Top或X和Y属性，使控件产生先水平移动、再垂直移动的颠簸效果。使用Move方法，能产生更平滑的对角线方向的移动。

Move方法的语法如下：

【格式】[对象.] Move left [, top [, width [, height]]]

【说明】对象是被移动的窗体或控件。如果省略对象，移动的是当前窗体。left和top参数用来设置对象将要移动到的新位置，而width和height是控件移动后新的宽度和高度值。其中，只有left是必需的。但是，若要指定其他参数，必须一并指定参数列表中出现在指定参数之前的所有参数。

程序设计中常常使用图形控件与Timer控件配合来产生简单动画。

【例8-12】使用"形状"控件（Shape）和"计时器"控件（Timer）来制作动画。程序运行时，在窗体中，一个橘红色的实心圆从左下角缓缓移向右上角，产生一个太阳冉冉升起的效果，如图8-17所示。

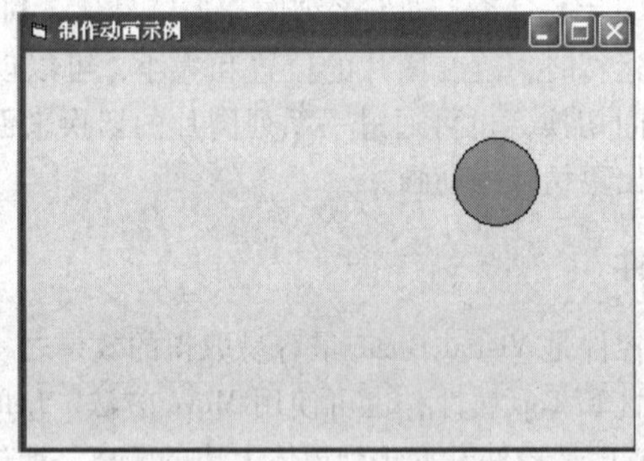

图8-17 一个太阳冉冉升起

操作步骤如下：

(1) 新建一个窗体，在窗体中添加一个"形状"控件（Shape1），设置Shape1的Shape属性为3（圆形）；FillColor属性为&H000080FF&（橘红色）；FillStyle属性为0（实心）。然后在窗体中添加一个"计时器"控件（Timer1），设置Timer1的Enable属性为True，Interval属性为1000。窗体设计如图8-18所示。

(2) 在窗体的通用代码段定义模块变量x、y，在窗体的载入事件Load中分别使用x、y来记录Shape控件的最初坐标位置。

程序如下：

```
Dim x, y
Private Sub Form_Load()
```

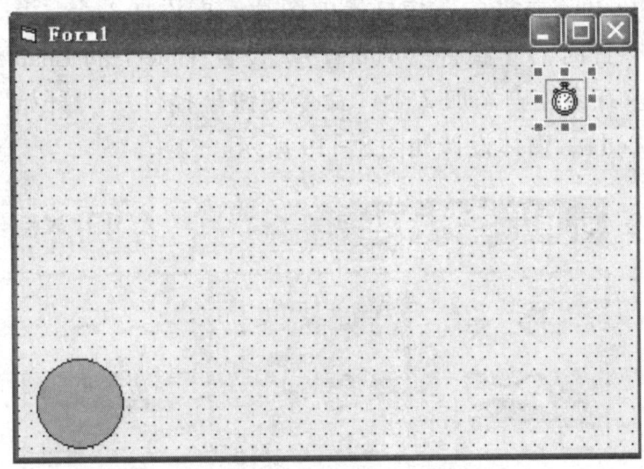

图 8-18　窗体设计

```
Form1.Caption = "制作动画示例"
x = Shape1.Left
y = Shape1.Top
End Sub
```

(3) 双击“计时器”控件，打开“代码“窗口，编写 Timer 的事件代码。

程序如下：

```
Private Sub Timer1_Timer()
Shape1.Move Shape1.Left + 100, Shape1.Top - 50
If Shape1.Left >= Form1.Width Or Shape1.Top <= 0 Then
Shape1.Left = x
Shape1.Top = y
End If
End Sub
```

在该段代码中首先使用 move 方法移动 Shape 控件的位置，然后使用一个 If 语句来判断 Shape 控件的位置，如果 Shape 控件已经移动到图片的右上端后，将 Shape 控件的位置调整到最初位置。

8.5.2　在多幅图片之间切换

创建动画最简单的方法是在两幅图片之间切换，也可使用一系列图片的切换来创建。通过在多个图片之间进行轮转，可以创建更长的动画。这种方法和在两幅图片之间切换一样，但是需要应用程序进行选择当前图像所用位图的操作。在这样的程序中，通常使用控件数组对动画中各个图片进行控制。若将图片框控件数组和计时器控件配合使用，还可以创建出更为逼真的动画效果。

【例 8-13】实现让图片框中的头像重复地变换表情。

操作步骤如下：

(1) 新建一窗体，在窗体中添加 1 个“图片框”控件数组（Picture1），元素分别为 Picture1(0) 和 Picture(1)，设置 Picture1(0) 的 Picture 属性为头像生气的图片；设置 Picture1(1) 的 Picture 属性为头像微笑的图片。再添加 1 个“图片框”控件(Picture2),添加 1 个“计时器”控件(Timer1)。设置 Timer1 的 Enable 属性为 True,Interval 属性为 1000。在窗体中添加 2 个“命令按钮”控件(“开始”按钮 CmdStart 和“结束”按钮 CmdEnd)。窗体设计如图 8-19 所示。

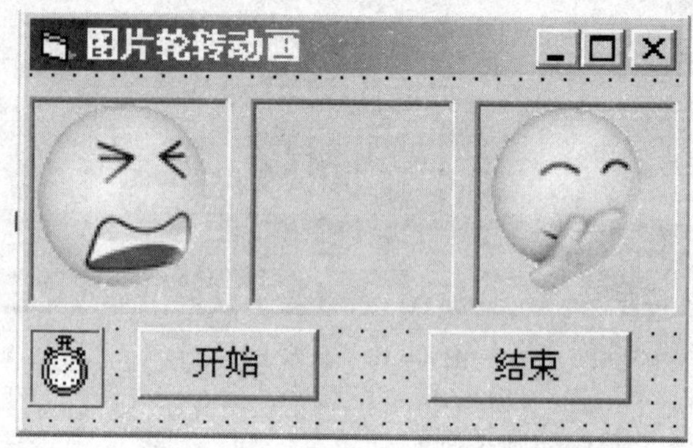

图 8-19　图片切换的窗体设计

(2) 在窗体的通用段定义模块变量 Flag、Curgif。Flag 表示动画是否开始,0 表示停止,1 表示开始;Curgif 表示图片框控件数组的下标。在窗体的装入事件中分别初始化两变量的值为 0。

程序如下:

```
Dim Flag As Integer, Curgif As Integer
Private Sub Form_Load()
Flag = 0: Curgif = 0
End Sub
```

(3) 单击“开始”按钮,“开始”按钮的标题显示为“停止”。

```
Private Sub CmdStart_Click()
  If Flag = 0 Then
    Flag = 1: CmdStart.Caption = "停止"
  Else
    Flag = 0: CmdStart.Caption = "开始"
  End If
End Sub
```

(4) 双击“计时器”控件,打开“代码”窗口,编写“计时器”控件的 Timer 事件,在 Timer 事件中切换 Picture2 中显示的图片。

程序如下:

```
Private Sub Timer1_Timer()
  If Flag = 1 Then
    Picture2.Picture = Picture1(Curgif).Picture
    Curgif = Curgif + 1
    If(Curgif = 2) Then
```

```
        Curgif = 0
      End If
    End If
End Sub
```

(5) 单击“结束”按钮，程序结束。编写“结束”按钮的单击事件过程。

程序如下：

```
Private Sub CmdEnd_Click()
    End
End Sub
```

程序运行的结果如图 8-20 所示。一个简单的头像表情变换的动画制作完毕。用户可以向“图片框”控件数组中添加更多的图片，以使头像表情的变化更加丰富。

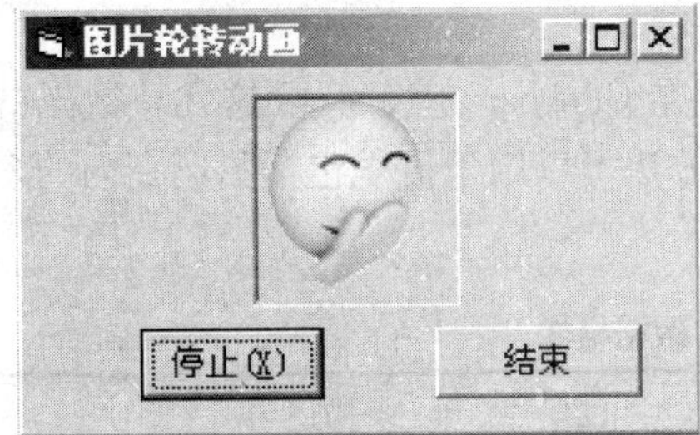

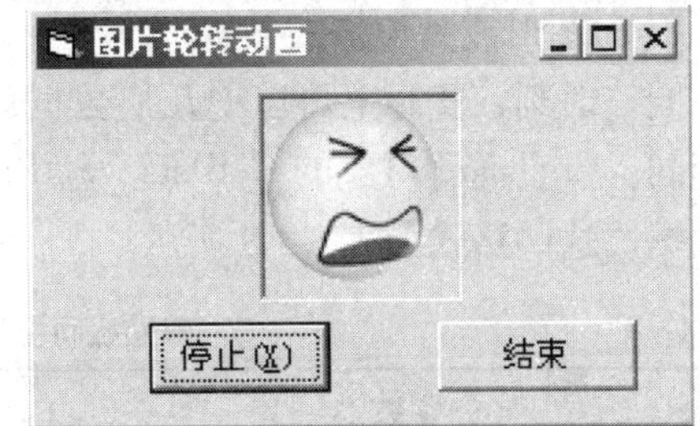

图 8-20　变换表情

8.5.3　使用剪贴板对象

剪贴板（Clipboard）对象没有属性或事件，但有几个可以与环境剪贴板往返传送数据的方法。Clipboard 的方法可分为三类：GetText 和 SetText 方法，用于传送文本。GetData 和 SetData 方法，用于传送图形或其他格式的数据。Clear 方法用于清空剪贴板中的内容。

1. 传送文本

Clipboard 的 SetText 和 GetText 方法是传送文本最有用的方法。SetText 将文本复制到 Clipboard 上，替换先前存储在那里的文本。其语法如下：

【格式】Clipboard. SetText 文本信息

例如：

Clipboard. SetText Text1. SelText

将文本框中的选定文本存储在剪贴板上。

GetText 返回存储在 Clipboard 上的文本，也可将它作为函数使用：

例如，语句 destination = Clipboard. GetText()，将存储在 Clipboard 上的文本返回给变量 destination。

【例 8-14】编写文本框的“复制”、“剪切”和“粘贴”命令。以 mnuCopy，mnuCut 和 mnuPaste 命名控件的 Click 事件代码。

程序如下：

```
Private Sub mnuCopy_Click()
```

```
        Clipboard. Clear
        Clipboard. SetText Text1. SelText
    End Sub
    Private Sub mnuCut_Click( )
        Clipboard. Clear
        Clipboard. SetText Text1. SelText
        Text1. SelText = ""
    End Sub
    Private Sub mnuPaste_Click ( )
        Text1. SelText = Clipboard. GetText( )
    End Sub
```

2. 传送图形或其他格式数据

在同一时刻，实际上可以把几块数据放置在 Clipboard 上，只要这几块数据的格式各不相同。Clipboard 对象的 GetData、SetData 方法可以用于传送包括图形在内的多种格式的数据。这些格式如表 8 - 8 所示。

表 8 - 8　剪贴板可处理的数据格式

常数	描述
VbCFBitmap	位图
VbCFDIB	与设备无关的位图
VbCFMetafile	元文件
VbCFPalette	调色板
VbCFText	文本
VbCFLink	动态数据交换链

例如，执行语句 Clipboard. SetData Picture1. Picture，将图片框 1 中的图片存储在剪贴板上。执行语句 Picture2. Picture = Clipboard. GetData，则将存储在 Clipboard 上的图片显示在图片框 2 中，实现了从图片框 1 到图片框 2 的图像复制。

8.6　综合应用案例

8.6.1　设计"正弦和余弦"程序

【例 8 - 15】自定义坐标系，在坐标系上绘制 $-2\pi \sim 2\pi$ 的正弦和余弦曲线。如图 8 - 21 所示。

如图 8 - 21 所示，使绘制的曲线在 $-2\pi \sim 2\pi$，考虑到四周的空隙，可将 X 轴定义在（-7，7），Y 轴的范围定义在（-2，2），用 Scale（-7，2）-（7，-2）定义坐标系。正弦和余弦曲线可用 Line 方法和 Sin 函数、Cos 函数配合绘制。为使曲线光滑，相邻两点的间距应适当小。

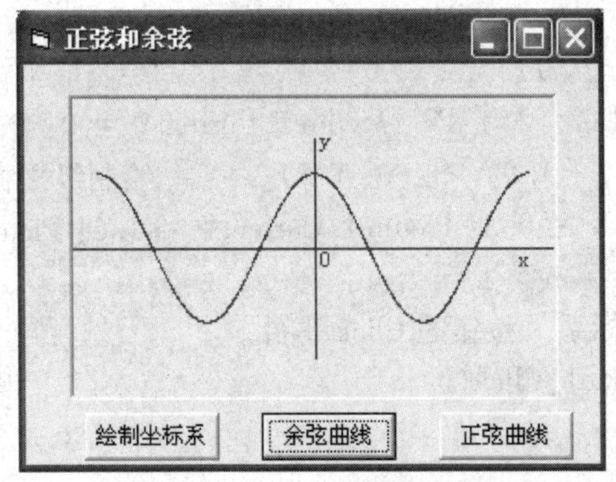

图 8-21　绘制正弦和余弦曲线

在窗体上添加图片框控件 Picture1 和“余弦曲线”按钮 Command1。设定图片框的坐标系，在该坐标系上用 Line 方法绘制坐标轴和余弦曲线。坐标轴上刻度线的数字标识，可通过 CurrentX、CurrentY 属性设定当前位置，然后用 Print 方法输出。余弦曲线可用 Line 方法绘制。

操作步骤如下：

（1）新建一个窗体，在窗体中添加 1 个“图片框”控件（Picture1）和 3“命令按钮”控件（Command1 ~ Command3）。

（2）在“属性”窗口，设置各对象的属性，如表 8-9 所示。

表 8-9　各对象的属性设置

对象	属性	属性值
Form1	Caption	“正弦和余弦”
Picture1	Enabled	True
Command1	Caption	“绘制坐标系”
Command2	Caption	“余弦曲线”
Command3	Caption	“正弦曲线”

（3）代码编写。

① 在代码窗口定义圆周率常量。

```
Const Pi = 3.1415926                    '定义圆周率
```

② 在窗体的初始化事件中，自定义图片框的坐标系统，设置前景色为红色。

```
Private Sub Form_Load()
  Picture1.Scale(-7, 2) -(7, -2)        '定义坐标系
  Picture1.ForeColor = vbRed
End Sub
```

③ 编写用于在图片框内绘制坐标系统的子程序过程。

```
Sub zbx()
Picture1.Cls
```

```
Picture1. CurrentX = 0.2: Picture1. CurrentY = 0: Picture1. Print "0" '定义原点
  Picture1. Line(-7, 0) - (7, 0)              '绘制横坐标轴
  Picture1. CurrentX = 2 * Pi : Picture1. CurrentY = 0: Picture1. Print "x"
  Picture1. Line(0, -1.5) - (0, 1.5)          '绘制纵坐标轴
  Picture1. CurrentX = 0.2: Picture1. CurrentY = 1.6: Picture1. Print "y"
End Sub
```

④ 编写“绘制坐标系”按钮的 Click 事件。

```
Private Sub Command1_Click()
Call zbx
End Sub
```

⑤ 编写“余弦曲线”按钮的 Click 事件。

```
Private Sub Command2_Click()
  Call zbx
  Picture1. CurrentX = -2 * Pi: Picture1. CurrentY = Cos(2 * Pi)
'设置余弦曲线起点
  For i = -2 * Pi To 2 * Pi Step 0.01
    Picture1. Line - (i, Cos(i))              '从当前点画到下一点
  Next
End Sub
```

⑥ 编写“正弦曲线”按钮的 Click 事件。

```
Private Sub Command3_Click()
Call zbx
  Picture1. CurrentX = -2 * Pi: Picture1. CurrentY = 0 '设置正弦曲线的起点
  For i = -2 * Pi To 2 * Pi Step 0.01
    Picture1. Line - (i, Sin(i))
  Next
End Sub
```

(4) 选择“运行”菜单中的“启动”命令，运行“正弦和余弦”程序。单击“绘制坐标系”按钮，窗体显示如图 8-22 所示；单击“余弦曲线”按钮，窗体显示如图 8-21 所示；单击“正弦曲线”按钮，窗体显示如图 8-23 所示。

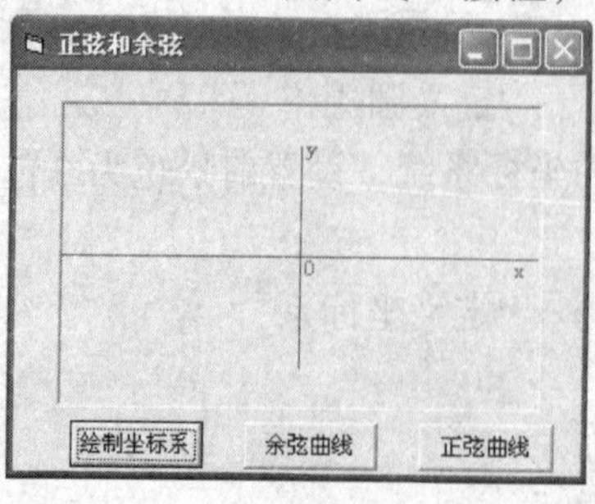

图 8-22 单击“绘制坐标系”按钮

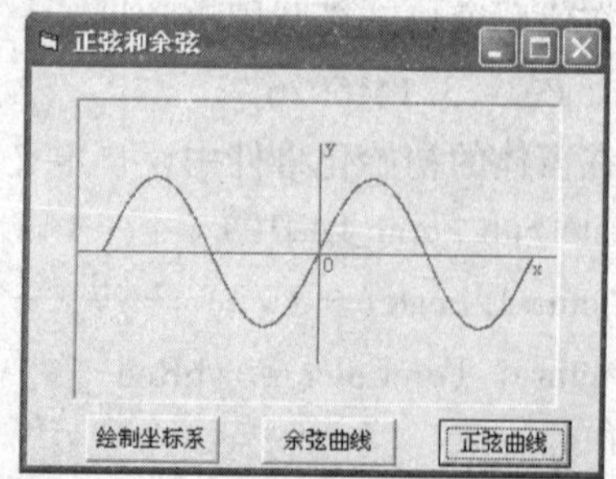

图 8-23 单击“正弦曲线”按钮

(5) 选择“文件”菜单中的“保存工程”命令，将工程文件命名为“正弦和余

弦”并保存在磁盘上。

8.6.2 设计“变幻线”屏保程序

【例 8 - 16】模仿 Windows 系统中的屏幕保护应用功能，设计如图 8 - 24 所示的“变幻线”屏保应用程序。程序运行后，要求用户可在“原文”文本框中输入文字。单击“替换”按钮，在原文中寻找设定的查找文字，并替换为设定的替换文本。单击“退出”按钮，程序结束。

图 8 - 24 “变幻线”屏幕保护应用

操作步骤如下：

（1）新建一个窗体，在窗体中添加 2 个“计时器”控件（Timer1、Timer2）。

（2）在“属性”窗口，设置各对象的属性，如表 8 - 10 所示。

表 8 - 10 各对象的属性设置

对象	属性	属性值
Form1	BackColor	黑色
	BoderStyle	0
	Height	12000
	Width	12000
	Windowstate	2
Timer1	Enabled	False
	Inerval	1
Timer2	Enabled	True
	Inerval	2000

（3）代码编写。

① 编写口令子程序 password，提示用户输入屏幕保护口令。若用户密码正确，则退出屏保程序。

```
Sub password()
v = InputBox("请输入屏保密码!","提示")
  If v = "12345" Then
```

```
    End
     End If
End Sub
```

② 编写窗体的键盘按下事件和鼠标松开事件。若按下 Esc 键或按下鼠标右键，提示用户输入屏幕保护口令。

```
Private Sub Form_KeyPress(KeyAscii As Integer)
    If KeyAscii = 27 Then                   '用户按下 Esc 键
    Call password                           '调用口令子程序
    End If
End Sub
Private Sub Form_MouseUp(Button As Integer, Shift As Integer, X As Single, Y As Single)
    If Button = 2 Then                      '用户按下鼠标右键
     Call password                          '调用口令子程序
    End If
End Sub
```

③ 设定计时器 2，每隔 2 秒钟清屏。将计时器 1 设为有效。

```
Private Sub Timer2_Timer()
      Form1.Cls
      Timer1.Enabled = True
End Sub
```

④ 设定计时器 1，每隔 1 毫秒在屏幕上随机地使用变幻的颜色进行画线。

```
Private Sub Timer1_Timer()
      Dim X2
      Dim Y2
      '创建随机 RGB 颜色。
      R = 255 * Rnd
      G = 255 * Rnd
      B = 255 * Rnd
      '在窗体上随机设（line）控件的终点位置。
      X2 = Int(Form1.Width * Rnd + 1)
      Y2 = Int(Form1.Height * Rnd + 1)
      '用 LINE 方法从当前坐标画到当前终点，颜色随机，每条线起点为上一条线的终点。
      Line -(X2, Y2), RGB(R, G, B)
End Sub
```

（4）单击“运行”菜单中的“启动”命令，运行“变幻线”屏保程序，屏幕上不断随机变化的变幻线。单击鼠标右键，或按下 Esc 键，弹出屏保密码输入框，如图 8-25 所示。输入正确屏保密码后，退出程序。

图 8-25　提示输入屏保密码

（5）选择“文件”菜单中的“保存工程”命令，将工程文件命名为“变幻线”并保存在磁盘上。

【本章小结】

在程序设计中，经常需要进行图形方面的处理。Visual Basic 提供了丰富强大的图形功能，所提供的图形控件主要有“形状”控件（Shape）、“图片框”控件（PictureBox）和“图像框”控件（Image）；提供的方法主要有 Cls、Line、Circle、Pset、Point 等。

在 Visual Basic 应用程序中，可显示图片的对象分别是窗体、图片框和图像控件。图片可来自 Microsoft Windows 的各种绘图程序，例如 .bmp、.dib、.ico、.cur、.wmf、.emf 文件以及 .jpeg 和 .gif 文件。根据是在设计时还是运行时，可采用不同途径把图片添加到窗体、图片框或图像控件中

本章主要介绍在 Visual Basic 程序设计中图形、图像的基本操作，包括绘制图形的基础、图形控件、常用的绘图方法，并通过多个例子介绍 Visual Basic 图形功能的实际应用，同时介绍了使用图形控件和图形方法来制作动画的方法。

习题 8

一、选择题

1. 下列属性和方法中，__________可重定义坐标系统。

A. DrawStyle 属性　　B. DrawWidth 属性

C. Scale 方法　　D. ScaleMode 属性

2. 对象的边框类型由属性__________设置。

A. DrawStyle 属性　　B. DrawWidth 属性

C. Boderstyle 方法　　D. ScaleMode 属性

3. 使用 Line 方法时，参数 B 与 F 可组合使用，下列组合中，__________是错误的。

A. BF　　B. F　　C. B　　D. 不使用 B 与 F

4. 只能用于显示字符信息的控件是__________。

A. 图像框　　B. 图片框　　C. 标签框　　D. 文本框

5. 能作为容器使用的对象是________。

A. 图片框　　B. 图像框　　C. 标签框　　D. 文本框

6. 使控件能自动按图形大小而改变的控件是________。

A. 图像框　　B. 图片框　　C. 文本框　　D. 框架

7. 下面选项中，不能将图像载入图片框和图像框的方法是________。

A. 在界面设计时，手工在图片框和图像框中绘制图形

B. 在界面设计时，通过 Picture 属性载入

C. 在界面设计时，利用剪贴板把图像粘贴上

D. 在程序运行期间，用 LoadPicture 函数把图形文件装入

8. 若要设置“形状”控件的边框颜色，使用的属性是________。

A. FillColor　　B. BackColor　　C. ForeColor　　D. BorderColor

9. Cls 可清除窗体或图片框中________的内容。

A. Picture 属性设置的背景图案　　B. 在界面设计时放置的控件

C. 程序运行时产生的图形和文字　　D. 以上都是

10. 用于在窗体、图片框或打印机的指定位置上绘制点的绘图方法是________。

A. Line　　B. Circle　　C. Pset　　D. Point

二、填空题

1. “直线”控件（Line）虽然没有 Left 和 Top 属性，但可使用其特殊的属性 x1、y1、x2、y2 来对窗体中的________的位置进行控制。

2. 当 Scale 方法不带参数时，则采用________坐标系。

3. Visual Basic 提供的绘图方法有：__【1】__清除所有图形和 Print 输出；__【2】__画圆、椭圆或圆弧；__【3】__画线、矩形或填充框；__【4】__返回指定点的颜色值；__【5】__设置各个像素的颜色。

4. 每个窗体和图片框都具有________属性，其值设置为 False 时，窗体中显示的任何由图形方法创建的图形若被另一个窗口暂时挡住，则会丢失，而设置为 True 后，被挡住的界面上的内容在遮挡物移走后可自动重画。

5. 为了在程序运行时把 d:\pic 文件夹下的图形文件 a. jpg 装入图片框 Picture1，应使用的语句为________。

6. “计时器”控件能有规律地以一定时间间隔触发________事件，并执行该事件过程中的程序代码。

7. 在运行时加载图片到窗体、图片框或图像控件，常使用________函数。

8. 使用 Line 方法画矩形，必须在指令中使用关键字________。

9. 设置“图片框”控件的__【1】__属性，可使图片框根据图片的大小而自动调整尺寸。设置“图像框”控件的__【2】__属性，图形自动放大或缩小，以适应图像框的大小。

10. 在浏览图片时，可通过三种方法来改变滚动条的值，分别是：单击滚动箭头、单击滚动条和________。

三、上机题

1. 用 Point 方法获取图片框中的图像信息，然后在窗体中用 PSet 方法将图像信息重绘出来。

2. 在窗体中添加 1 个“形状”控件（Shape）和 1 个“计时器”控件（Timer1），每隔 1 秒钟修改 Shape 控件的相关属性，使其填充模式和外观随机发生改变，如图 8－26 所示。

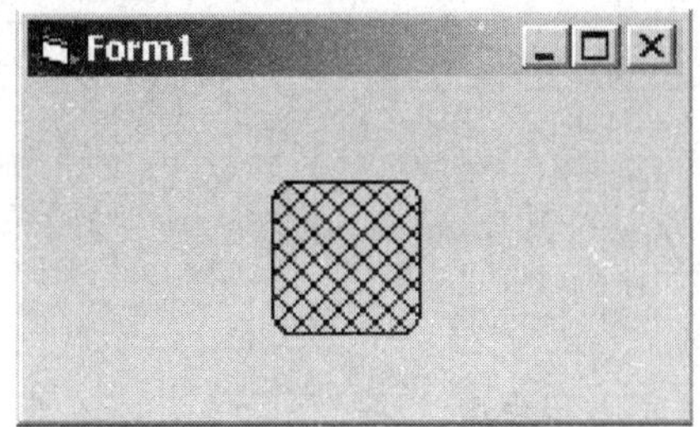

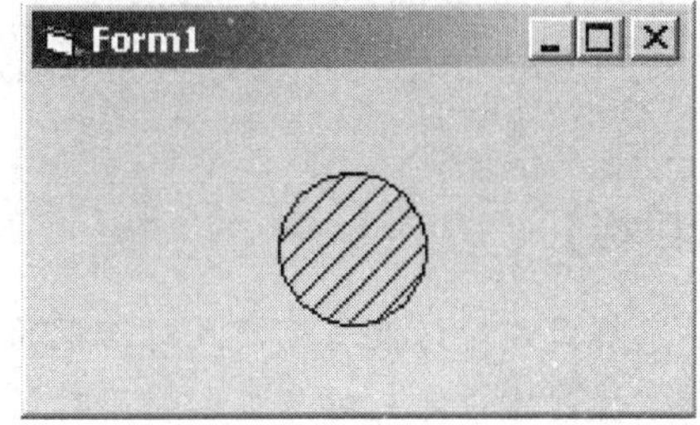

图 8－26　改变 Shape 控件

3. 设计如图 8－27 所示的动画程序。程序运行时，选中“下降”单选按钮，飞机向下移动，当移出图片框后，又从图片框上端向下移动；选中“前进”单选按钮，飞机向前移动，当移出图片框后，又从图片框左端向前移动；单击“停止”按钮，则飞机停止移动。

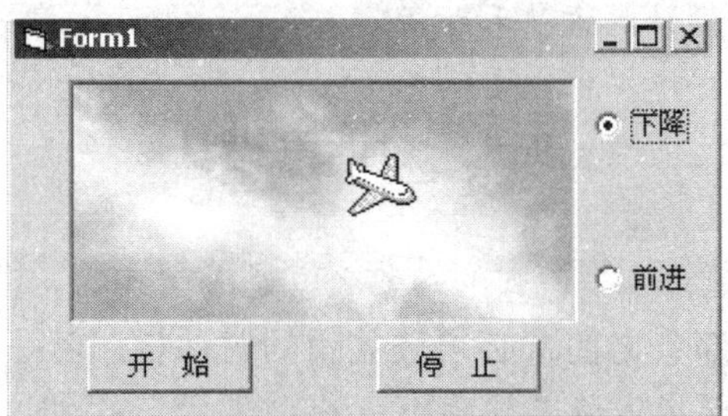

图 8－27　动画程序

4. 设计如图 8－28 所示的项目管理程序。单击“Add”按钮，将文本框中输入的非空内容添加到列表框中；单击“Filter”按钮，检查列表框并删除其中相同的数据项。

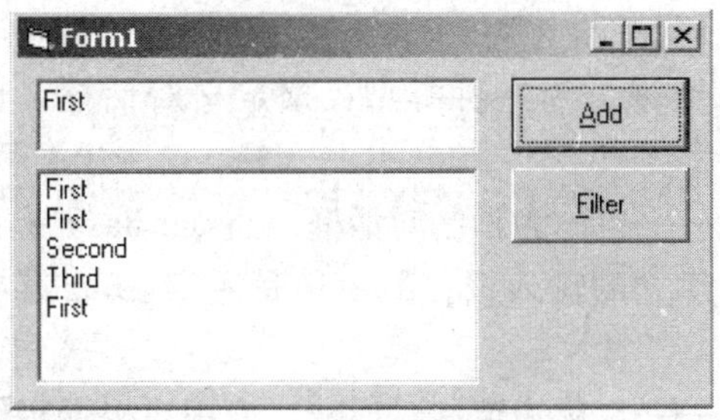

图 8－28　项目管理程序

9 界面设计

【学习目标】

1. 了解模式对话框与无模式对话框的异同。
2. 掌握创建自定义对话框和通用对话框的方法和步骤。
3. 掌握“文件”、“颜色”、“字体”、“打印”和“帮助”对话框的使用。
4. 熟悉 Visual Basic 的菜单类型及各类型的组成部分。
5. 熟练使用“菜单编辑器”创建菜单。
6. 掌握动态菜单和弹出式菜单的创建和使用。
7. 掌握工具栏设计的步骤和方法。
8. 熟悉多重窗体的建立和应用。
9. 熟悉多文档界面设计的方法和步骤。

9.1 对话框设计

Windows 中的对话框要么是模式的，要么就是无模式的。模式对话框是指在可以继续操作应用程序的其他部分之前，必须被关闭的对话框。若一个对话框在可以切换到其他窗体或对话框之前要求先单击“确定”或“取消”按钮，则它就是模式的。无模式对话框用于显示频繁使用的命令与信息。它允许在对话框与其他窗体之间转移焦点而不用关闭对话框。当对话框正在显示时，可以在当前应用程序的其他地方继续工作。

Visual Basic 中的对话框是一种特殊的窗体。与一般的窗体不同，对话框的边框通常是固定的。若要退出对话框，必须单击其中的某个按钮。对话框中一般无最大化按钮（Max Button）和最小化按钮（Min Button）。

Visual Basic 中的对话框分为三种类型：预定义对话框、自定义对话框和通用对话框。

（1）预定义对话框——也称为预制对话框。Visual Basic 提供了两种预定义对话框：一种是用 InputBox 函数建立的输入框；另一种是用 MsgBox 函数建立的信息框（或消息框）。

（2）自定义对话框——也称为定制对话框，由用户根据实际需要设计的窗体。

（3）通用对话框——是一种控件，利用它可以设计较为复杂的对话框。

9.1.1 自定义对话框

自定义对话框是指用户创建的含有控件的窗体。通过设置窗体和控件的属性值，可以自定义窗体的外观。自定义对话框可以是固定的或可移动的、模式或无模式的。它可以包含不同类型的控件，例如命令按钮、单选按钮、复选框和文本框等。这些控件可以为应用程序接收信息。对话框通常不包括菜单栏、窗口滚动条、最小化与最大化按钮、状态条、尺寸可变的边框。下面是创建自定义对话框需要关注的内容。

1. 给自定义对话框添加标题

可通过设置窗体的 Caption 属性值来为自定义对话框添加标题。若要设置无标题栏的自定义对话框，将窗体的 ControlBox、MinButton 和 MaxButton 属性设置为 False；设置 BorderStyle 为尺寸不可变的属性值（0、1 或 3）；设置 Caption 为空字符串。

2. 设置自定义对话框的属性

对于大多数对话框，用户无需对它进行移动、改变尺寸、最大化或最小化等操作。通过设置 BorderStyle、ControlBox、MaxButton 和 MinButton 属性，可以删除这些项目。例如，“关于”对话框可使用如表 9－1 所示的属性设置。

表 9－1　　格式说明符

属性	值	效果
BorderStyle	1	改变边框类型为固定的单边框，防止对话框在运行时被改变尺寸
ControlBox	False	删除控制菜单框
MaxButton	False	删除最大化按钮，防止对话框在运行时被最大化
MinButton	False	删除最小化按钮，防止对话框在运行时被最小化

若使 ControlBox ＝ False，则向用户提供退出该对话框的其他方法。实现的办法通常是在对话框中添加“确定”、“取消”或“退出”按钮。

3. 给自定义对话框设置命令按钮

模式对话框至少应包含有一个退出对话框的命令按钮。通常设置“确定”与“取消”两个命令按钮。“确定”按钮的 Default 属性设置为 True；“取消”按钮的 Cancel 属性设置为 True。

在自定义的信息提示对话框中，通常设置 Label 控件和“确定”按钮配合来提示出错消息。Label 控件的 Caption 属性值包含错误消息或命令提示。命令按钮通常被放置在对话框的底部或右边。

这类对话框应通过设置按钮的 Default、Cancel、TabIndex 以及 TabStop 等属性来设置对话框的默认按钮、取消按钮以及它们接收焦点的顺序。

4. 显示自定义对话框

在 Visual Basic 中，可用多种方法来显示、隐藏或卸载作为自定义对话框的窗体，如表 9－2 所示。例如，以下语句使用窗体的 Show 方法将对话框显示为模式的。

```
frmAbout.Show vbModal        'frmAbout 是自定义对话框名
```

表 9－2　　显示自定义对话框的方法

任务	说明
将窗体装入内存	用 Load 语句
显示无模式窗体	用 Show 方法
显示模式窗体	用 style ＝ vbModal 的 Show 方法
显示窗体	设置 Visible 属性为 True
隐藏窗体	设置 Visible 属性为 False，或使用 Hide 方法
卸载窗体	用 Unload 语句

9.1.2　通用对话框

Visual Basic 提供了一组基于 Windows 的通用对话框。用户可以利用对话框工具在窗体中创建几种标准的对话框，分别为“打开”对话框、“另存为”对话框、“颜色”对话框、“字体”对话框、“打印”对话框和“帮助”对话框。

通用对话框不是标准控件，而是一种 ActiveX 控件。为了使用通用对话框，需要把通用对话框控件加载到工具箱中。

通用对话框的设计步骤如下：

（1）选择“工程”菜单中的“部件”命令，打开“部件”对话框。

（2）选择“控件”选项卡，在控件列表框中，选择“Microsoft Common Dialog Control 6.0”，如图 9－1 所示。

（3）单击“确定”按钮，通用对话框被添加到“工具箱”中。

在设计状态时，可将“通用对话框”图标放置到窗体中。运行程序时，窗体中不显示通用对话框，只能在程序中用 Action 属性或与之相对应的 Show 方法调出所需的对话框。

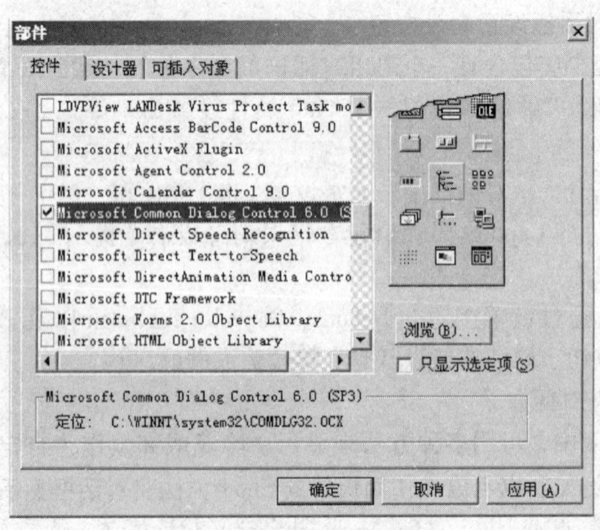

图 9－1　添加通用对话框部件

通用对话框的 Action 属性若取不同的值，将打开不同的对话框，表 9-3 列出了通用对话框控件的 Action 属性及对应的方法。

表 9-3　　　　　　　　　　**通用对话框的方法**

对话框类型	Action 属性值	Show 方法
打开文件	1	ShowOpen
保存文件	2	ShowSave
选择颜色	3	ShowColor
选择字体	4	ShowFont
打印	5	ShowPrinter
调用 Help 文件	6	ShowHelp

注意：通用对话框的 Action 属性不能在属性窗口内设置，只能在程序代码中赋值。

9.1.3　“文件”对话框

“文件”对话框分为“打开（Open）”文件对话框和“另存为（SaveAs）”文件对话框两种。在程序运行时，将通用对话框的 Action 属性设置为 1，显示“打开”文件对话框；若 Action 属性设置为 2，则显示“另存为”文件对话框。

无论是“打开”文件对话框，还是“另存为”文件对话框，它们只是提供一个选择文件的界面，不能实现打开文件、存储文件等操作。若要实现这些功能，则需通过编程来实现。

对于“文件”对话框，除了一些基本属性需要设置外，还要对下列属性进行设置：

① DefaultEXT 属性——设置对话框中默认文件类型，即扩展名。

② DialogTitle 属性——设置对话框的标题。

③ FileName 属性——设置或返回要打开或保存的文件的路径及文件名。

④ FileTitle 属性——指定“文件”对话框中所选择的文件名（不包括路径）。

⑤ Filter 属性——指定在对话框中显示的文件类型。

⑥ FilterIndex 属性——指定默认的过滤器，其设置值为一整数。

⑦ Flags 属性——为“文件”对话框设置选择开关，用来控制对话框的外观。F1ags 属性的取值如表 9-4 所示。

表 9-4　　　　　　　　**“文件”对话框的 Flags 属性取值**

符号常量	十六进制	十进制	含义
vbOFNAllowMultiselect	&H200&	512	允许用户选择多个文件（Shift 键与光标移动键或鼠标结合使用），所选择的多个文件作为字符串存放在 FileName 中，各文件名用空格隔开
vbOFNCreatePrompt	&H2000&	8192	询问用户是否要建立一个新文件。设置该标志后，将自动设置 4096 和 2048

表9-4(续)

符号常量	十六进制	十进制	含义
vbOFNExtensionDifferent	&H400&	1024	用户指定的文件扩展名与由 DefaultExt 属性所设置的扩展名不同。如果 DefaultExt 属性为空，则该标志无效
vbOFNFileMustExist	&H1000&	4096	禁止输入对话框中没有列出的文件名。设置该标志后，将自动设置 2048
vbOFNHideReadOnly	&H4&	4	取消“只读检查”复选框
vbOFNNoChangeDir	&H8&	8	保留当前目录
vbOFNNoReadOnlyReturn	&H8000&	32768	选择的文件不是只读文件，并且不在一个写保护的目录中
vbOFNNoValidate	&H100&	256	允许在文件中有无效字符
vbOFNOverwritePrompt	&H2&	2	如果用磁盘上已有的文件名保存文件，则显示一个信息框，询问用户是否覆盖现有文件
vbOFNPathMustExist	&H800&	2048	只允许输入有效的路径。如果输入了无效的路径，则发出警告
vbOFNReadOnly	&H1&	1	在对话框中显示“只读检查”（ReadOnly-Check）复选框
vbOFNShareAware	&H4000&	16384	对话框忽略网络共享冲突的情况
vbOFNShowHelp	&H10&	16	显示一个“Help”按钮

⑧ InitDir 属性——指定对话框中显示的起始目录。如果未设置 InitDir，显示当前目录。

⑨ MaxFileSize 属性——设定 FileName 属性的最大长度，以字节为单位，取值范围为 1～2048，默认值为 256。

⑩ CancelError 属性——被设置为 True 时，单击 Cancel（取消）按钮，关闭一个对话框时，显示出错信息。

【例 9-1】编写程序，运行结果如图 9-2 所示。在程序中，可以调用“打开”和“保存”对话框，并能获取用户打开或保存文件的路径及名称。

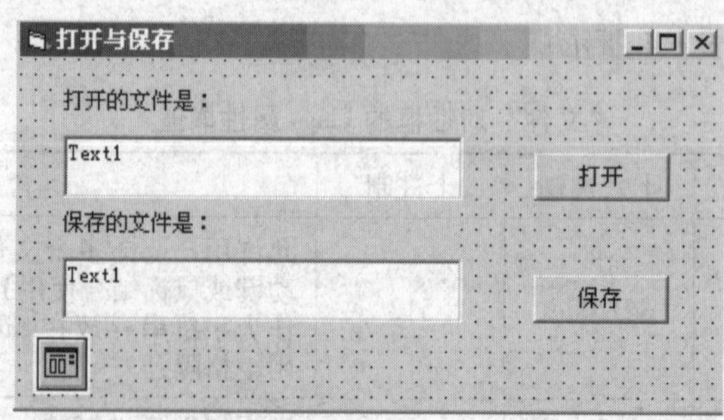

图 9-2 “打开与保存”对话框

操作步骤如下：

（1）新建一个窗体，在窗体中添加 2 个“命令按钮”控件（Command1、Command2），用作“打开”和“保存”按钮；添加 2 个“文本框”控件（Text1、Text2），用于显示打开和保存的文件名。在“工具箱”中双击“CommonDialog”按钮，添加通用对话框。

（2）在“属性”窗口，分别设置各对象的属性，如表 9－5 所示。

表 9－5　　通用对话框示例中的属性设置

对象	属性	属性值
Form1	Caption	打开与保存
Label1	Caption	打开的文件是
Label2	Caption	保存的文件是
CommonDialog1	Name	CommonDialog1
Command1	Name	cmdOpen
	Caption	打开
Command2	Name	cmdSave
	Caption	保存
Text1	Name	Textopen
Text2	Name	TextSave

（3）在“代码”窗口，为“打开”按钮的 Click 事件编写过程代码。

```
Private Sub Cmdopen_Click( )
  CommonDialog1. DialogTitle = "打开文件"
CommonDialog1. InitDir = "c：\ Windows"
  CommonDialog1. Filter = "图像文件|*. bmp| 所有文件|*. *"
CommonDialog1. FilterIndex = 1
CommonDialog1. Flags = 528
CommonDialog1. Action = 1
Textopen. Text = CommonDialog1. FileName
End Sub
```

（4）运行程序，单击“打开”按钮，出现“打开文件”对话框，如图 9－3 所示。

（5）从“打开文件”对话框中选择一个或多个文件，单击“确定”按钮，在文本框中显示所选择的文件名，如图 9－4 所示。

（6）在“代码”窗口，为“保存”按钮的 Click 事件编写过程代码。

```
Private Sub Cmdsave_Click( )
  CommonDialog1. DialogTitle = "保存文件"
CommonDialog1. InitDir = "c：\ Windows"
  CommonDialog1. Filter = "文本文件|*. txt"
CommonDialog1. Flags = 7
```

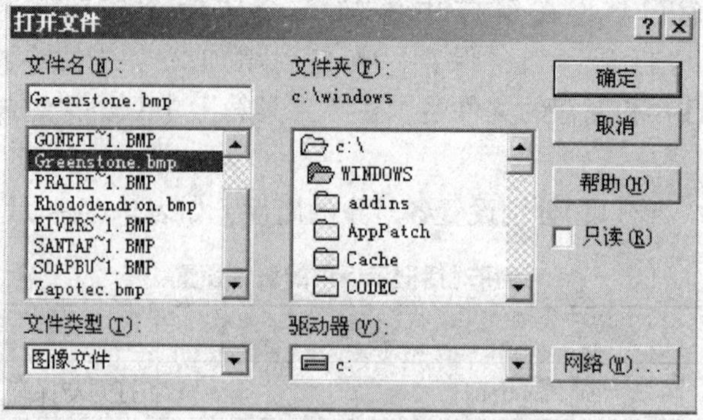

图 9-3 “打开文件”对话框

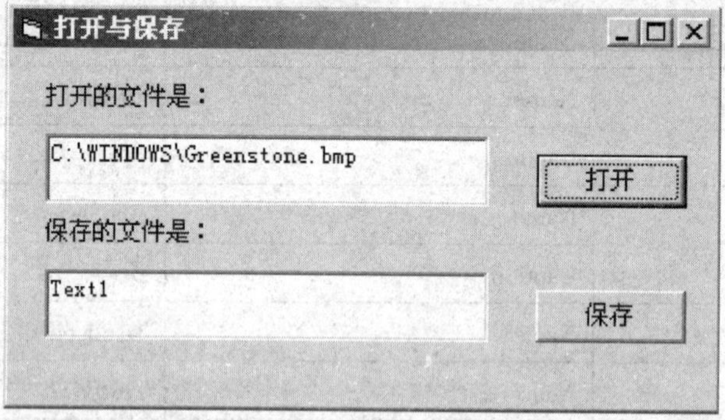

图 9-4 “打开与保存”对话框

```
CommonDialog1.Action = 2
Textsave.Text = CommonDialog1.FileName
End Sub
```

（7）运行程序，单击“保存”按钮，打开“保存文件”对话框，如图 9-5 所示。

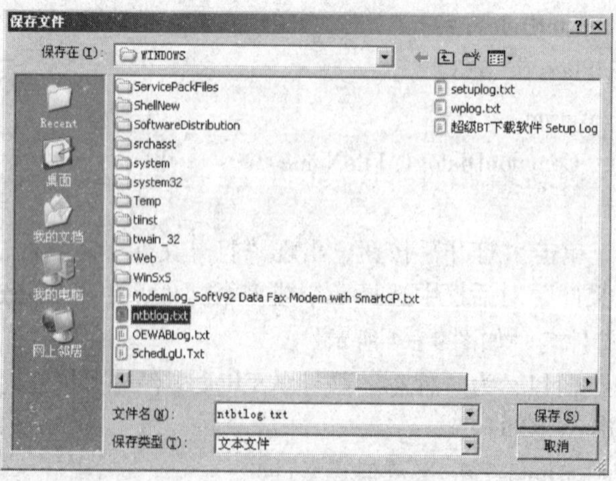

图 9-5 “保存文件”对话框

（8）在“保存文件”对话框中选择文件。在文本框中显示用户保存的文件名，单击“保存”按钮，打开“打开与保存”对话框，如图9-6所示。如果输入的文件名已存在，则出现如图9-7所示的提示消息框。

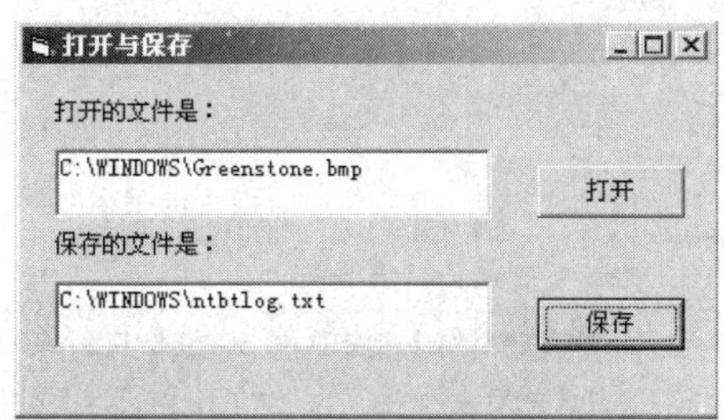

图9-6 “打开与保存”对话框

图9-7 “保存文件”消息框

9.1.4 “颜色”对话框

“颜色”对话框用于设置颜色。除了有与“文件”对话框相同的属性外，还有以下两个属性：

① Color 属性——返回“颜色”对话框中选定的颜色值。

② Flags 属性如表9-6所示。

表9-6 颜色对话框的 Flags 属性取值

符号常量	十六进制	十进制	作用（含义）
cdlCCRGBInit	&H1&	1	使得 Color 属性定义的颜色在首次显示对话框时随着显示出来
cdlCCFullOpen	&H2&	2	打开完整对话框，包括“用户自定义颜色”窗口
cdlCCPreventFullOpen	&H4&	4	禁止选择“规定自定义颜色”按钮
cdlCCShowHelp	&H8&	8	显示一个“Help”按钮

【例9-2】在例9-1中增加一个“颜色”命令按钮。

程序运行时，单击“颜色”按钮，打开“颜色”对话框，如图9-8所示。使用“颜色”对话框选中的颜色来设置文本框的前景色。单击“确定”按钮，出现“打开与保存”对话框，如图9-9所示。

程序如下：

```
Private Sub cmdcolor_Click()
CommonDialog1. Action = 3
Textopen. ForeColor = CommonDialog1. Color
Textsave. ForeColor = CommonDialog1. Color
End Sub
```

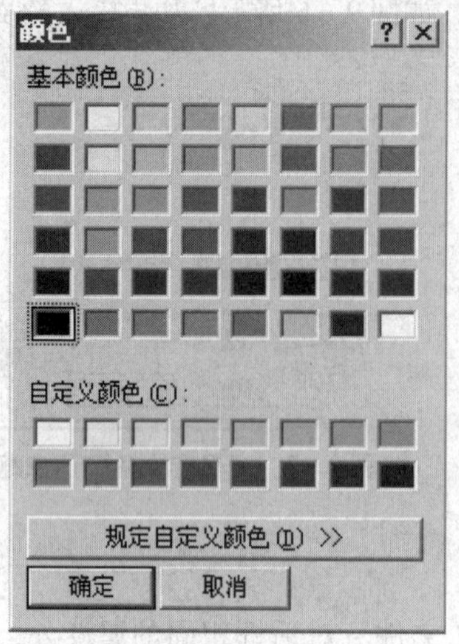

图9-8 "颜色"对话框

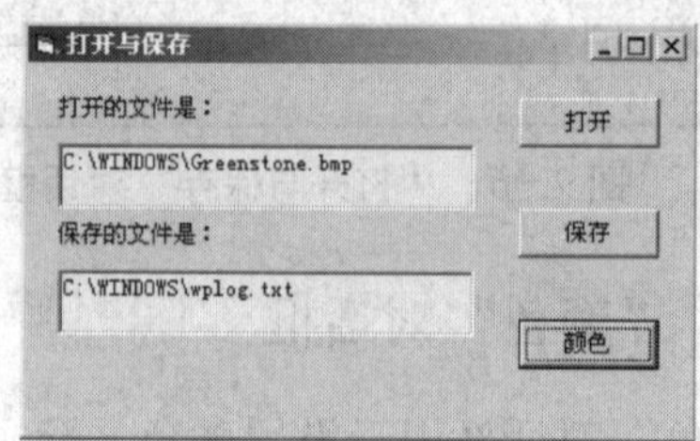

图9-9 "打开与保存"对话框

9.1.5 "字体"对话框

"字体"对话框用于设置并返回所用字体的名称、样式、大小、效果及颜色。"字体"对话框除了有与"文件"对话框相同的一些属性外，还有 Color、FontBold、FontItalic、FontName、FontSize、FontStrikeThru、FontUnderline 等属性。这些属性可以在对话框中选择，也可以通过程序代码赋值。

(1) Max 和 Min 属性——字体大小用点（一个点的高度是1/72英寸）表示。在设置 Max 和 Min 属性前，必须将 Flags 属性设置为 cdlCFLimitSize。

(2) Flags 属性——显示"字体"对话框之前，必须设置 Flags 属性，否则发生字体不存在的错误。Flags 属性的取值如表9-7所示。

表9-7 字体对话框的 Flags 属性取值

符号常量	十六进制	十进制	含义
cdlCFApply	&H200&	512	允许 Apply 按钮
cdlCFANSIOnly	&H400&	1024	不允许用 Windows 字符集的（无符号）字体
cdlCFBoth	&H3&	3	列出打印机和屏幕字体
cdlCFEffects	&H100&	256	允许中划线、下划线和颜色
cdlCFFixedPitchOnly	&H4000&	16384	只显示固定字符间距的字体
cdlCFForceFontExist	&H10000&	65536	试图选择不存在的字体或类型时，报错
cdlCFLimitSize	&H2000&	8192	只显示 Max 和 Min 属性指定范围内的字体
cdlCFNOSimulations	&H1000&	4096	不允许图形设备接口字体仿真
cdlCFNOVectorFonts	&H800&	2048	不允许使用矢量字体
cdlCFPrinterPonts	&H2&	2	只列出打印机字体

表9－7(续)

符号常量	十六进制	十进制	含义
cdlCFScalableonly	&H20000&	131072	只显示按比例缩放的字体
cdlCFScreenFonts	&H1&	1	只显示屏幕字体
cdlCFShowHelp	&H4&	4	显示一个 Help 按钮
cdlCFTTOnly	&H40000&	262144	只显示 TrueType 字体
cdlCFWYSIWYG	&H8000&	32768	只允许选择屏幕和打印机可用的字体

【例9－3】在例9－2中增加一个“字体”命令按钮。

程序运行时，单击“字体”按钮，打开“字体”对话框，如图9－10所示。在“字体”对话框中，选择“字体”，设置文本框的文本。单击“确定”按钮，出现“打开与保存”对话框，如图9－11所示。

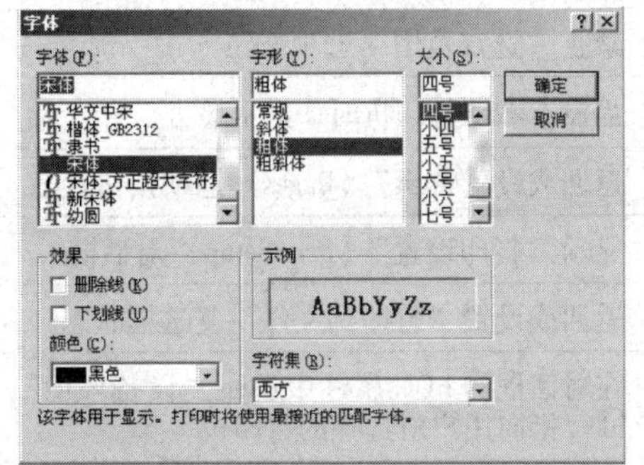

图9－10　“字体”对话框

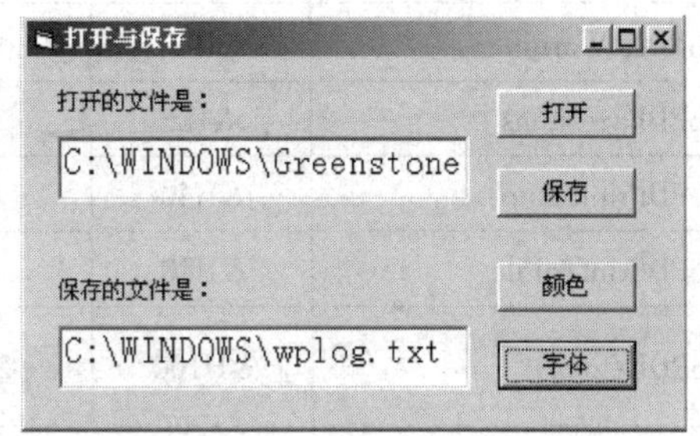

图9－11　“打开与保存”对话框

程序如下：

```
Private Sub Cmdfont_Click()
CommonDialog1. Flags = cdlCFBoth Or cdlCFEffects
CommonDialog1. ShowFont
Textopen. FontName = CommonDialog1. FontName
Textsave. FontName = CommonDialog1. FontName
Textopen. FontSize = CommonDialog1. FontSize
Textsave. FontSize = CommonDialog1. FontSize
End Sub
```

9.1.6　“打印”对话框

“打印”对话框是一个标准打印对话窗口界面。利用“打印”对话框，可以选择打印机，并可为打印处理指定相应的选项。“打印”对话框并不能处理打印工作，具体打印操作还应通过编程进行处理。

“打印”对话框的属性有如下几种需要设置：

① Copies 属性——指定要打印文档的拷贝数。若 Flags 为262144，Copies 总为1。

② FromPage 和 ToPage 属性——指定要打印文档的页范围。Flags 属性必须为2。

③ hDC 属性——分配给打印机的句柄，用来识别对象的设备环境，用于 API 调用。

④ Max 和 Min 属性——限制 FromPage 和 ToPage 的范围。

⑤ PrinterDefault 属性——该属性为布尔值，默认为 True。为 True 时，如果选择了不同的打印设置，Visual Basic 将对 Win. ini 文件作相应的修改。

⑥ Flags 属性如表 9－8 所示。

表 9－8　　　　"打印"对话框的 Flags 属性取值

符号常量	十六进制	十进制	含义
vbPDAllPages	&H0	0	返回或设置"所有页"选项按钮状态
vbPDCollate	&H10	16	返回或设置校验（Collate）复选框状态
vbPDDisablePrintToFile	&H80000	524288	禁止"打印到文件"复选框
vbPDHidePrintToFile	&H100000	1048576	隐藏"打印到文件"复选框
vbPDNoPageNums	&H8	8	禁止"页"选项按钮
vbPDNoSelectiOn	&H4	4	禁止"选定范围"选项按钮
vbPDNoWarnin ~	&H80	128	当没有默认打印机时，显示警告信息
vbPDPageNums	&H2	2	返回或设置"页"（Pages）选项按钮状态
vbPDPrintSetup	&H40	64	显示"打印设置"（PrintSetup）对话框
vbPDPrintToFile	&H20	32	返回或设置"打印到文件"复选框状态
vbPDRetumDC	&H100	256	在对话框的 hDC 属性中返回"设备环境"，hDC 指向用户所选择的打印机
vbPDRetumlC	&H200	512	在对话框的 hDC 属性中返回"信息上下文"，hDC 指向用户所选择的打印机
vbPDSelection	&H1	1	返回或设置"选定范围"（Selection）选项按钮状态
vbPDShowHelp	&H800	2048	显示一个 Help 按钮
vbPDUseDevModeCopies	&H40000	262144	如果打印机驱动程序不支持多份复制，则设置这个值将禁止复制编辑控制（即不能改变复制份数），只能打印 1 份

【例 9－4】在例 9－3 中增加一个"打印"命令按钮。

程序运行时，单击"打印"按钮，打开"打印"对话框，如图 9－12 所示。下面的过程中涉及系统对象 Printer，它代表打印机。

程序如下：

```
Private Sub CmdPrint_Click()
CommonDialog1. ShowPrinter
For i = 1 To CommonDialog1. Copies
Printer. Print Textopen. Text
Printer. Print Textsave. Text
Next
```

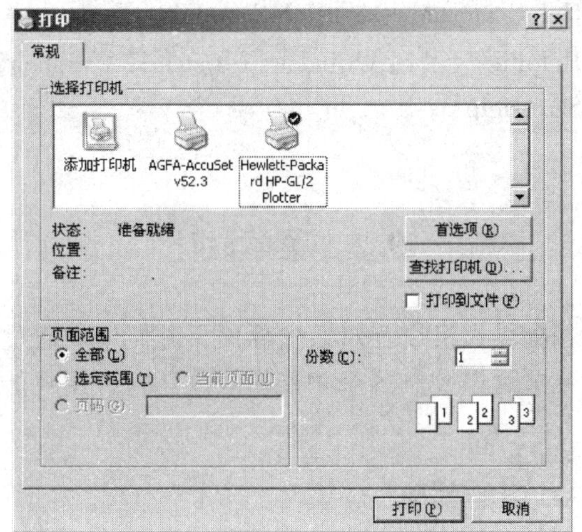

图 9-12 “打印”对话框

```
Printer. EndDoc
End Sub
```

9.1.7 “帮助”对话框

程序运行时，设置通用对话框的 Action 属性为 6，或使用通用对话框控件的 ShowHelp 方法，可以运行 Windows 的帮助引擎（WINHELP. EXE）。调用“帮助”对话框时，需要设置 HelpFile 和 HelpCommand 两个属性。其中，HelpFile 属性用于确定 Microsoft Windows Help 文件的路径和文件名，应用程序使用该文件显示 Help 或联机文档。如果为应用程序创建了一个 Windows Help 文件，并设置了应用程序的 HelpFile 属性，当按 F1 键，Visual Basic 自动调用 Help。

【例 9-5】在例 9-4 中增加一个“帮助”命令按钮。

程序运行时，单击“帮助”按钮，自动显示与 c:\windows\system32\winhelp. hlp 文件相对应的“帮助”窗口，如图 9-13 所示。

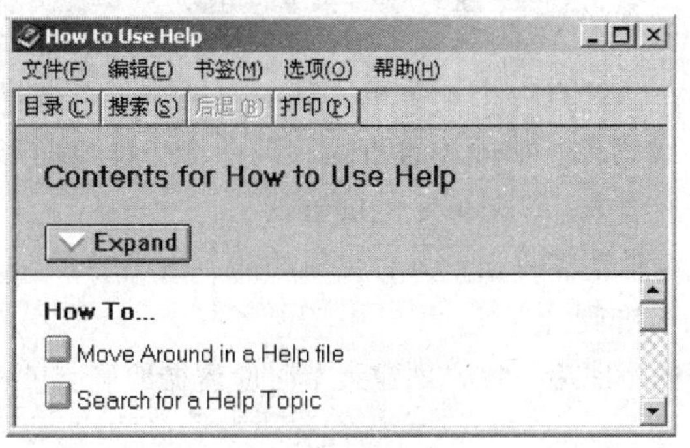

图 9-13 “帮助”对话框

程序如下：

```
Private Sub Cmdhelp_Click()
```

```
CommonDialog1.HelpCommand = cdlHelpForceFile
CommonDialog1.HelpFile = "c:\windows\system32\winhelp.hlp"
CommonDialog1.ShowHelp
End Sub
```

9.2 菜单设计

菜单的基本作用是提供人机交互对话的界面，方便用户通过菜单指令完成相应的应用程序功能。通过菜单可以控制各个功能模块的运行，用户能够更直观、更容易地访问各个功能模块。

9.2.1 Visual Basic 中的菜单

1. 菜单的组成

菜单的组成元素如图 9－14 所示。主菜单栏包含若干个主菜单名，每个菜单名下包括若干个菜单项和子菜单名。每个菜单项就是一个命令（对应一个应用程序），菜单项可以有访问键与快捷键，而菜单名只有访问键。子菜单名又包含若干个菜单项。菜单栏中包含各种操作命令。

Visual Basic 中的菜单按使用形式可分为“下拉式菜单”和“弹出式菜单”两种基本类型。下拉式菜单是一种典型的窗口式菜单。窗口是指用户屏幕上一个特定的矩形区域。它可以从屏幕上消失，也可以重新显示在屏幕上。各窗口之间也允许覆盖。下拉式菜单自上而下在用户屏幕上“下拉”出一个个窗口菜单，供用户选择或输入信息。

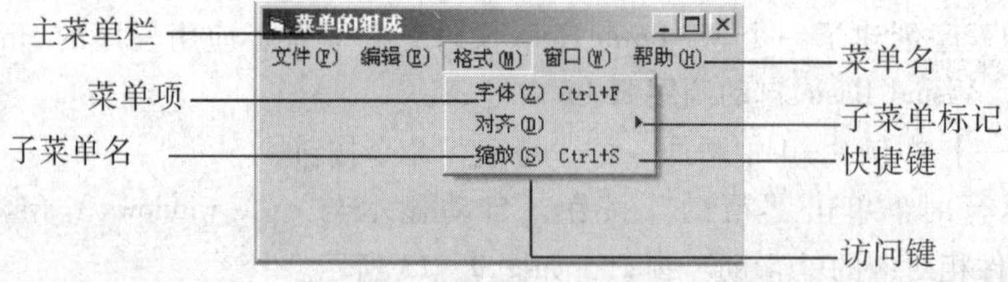

图 9－14 菜单的组成

在下拉式菜单中，一般有一个主菜单，其中包括若干个选择项。主菜单的每一项又可“下拉”出下一级菜单，如此逐级下拉，以一个个窗口的形式弹出在屏幕上，操作完毕，即可从屏幕上消失，恢复原来的屏幕状态。

下拉式菜单的优点是整体感强、具有导航功能、占用屏幕空间小。

2. 菜单标题与命名准则

为了与其他应用程序保持一致，创建菜单时应遵循所确立的命名准则。

（1）设置菜单标题

在菜单的创建中，若使用 Caption 属性为菜单项设置标题，应尽量遵循下列准则：

① 菜单中的菜单项目名称应当唯一，但不同菜单中相似动作的项目可以重名。

② 项目名称可以是单词、复合词或者多个词，项目名称尽量简短。

③ 每一个项目名称都应当有一个用键盘选取命令的、一个唯一的记忆访问字符。

④ 访问字符应当是菜单标题的第一个字母，除非别的字符更易记。

⑤ 两个菜单标题不能用同一个访问字符。

如果在执行菜单命令之前，还需要附加其他信息，则在其名称后面应当有一个省略号。例如，显示一个对话框的命令为（“另存为……”，“首选项……”）。

（2）命名菜单项

为使代码更具可读性和更易于维护，在菜单编辑器中设置 Name 属性时应遵循已确定的命名约定。大多数命名约定规则都建议用前缀来标识对象（即对菜单控件用 mnu），其后紧跟顶层菜单的名称（如 File）。对于子菜单，其后再紧跟该子菜单的标题（如 mnuFileOpen）。

9.2.2 “菜单编辑器”的使用

Visual Basic 中的菜单是通过“菜单编辑器”（菜单设计窗口）建立的。“菜单编辑器”如图 9－15 所示。

打开“菜单编辑器”有下列四种方法：

（1）选择“工具”菜单中的“菜单编辑器”命令。

（2）按组合键 Ctrl ＋ E。

（3）单击工具栏中的“菜单编辑器”按钮。

（4）在建立菜单的窗体中单击鼠标右键，在弹出的菜单中选择“菜单编辑器”命令。

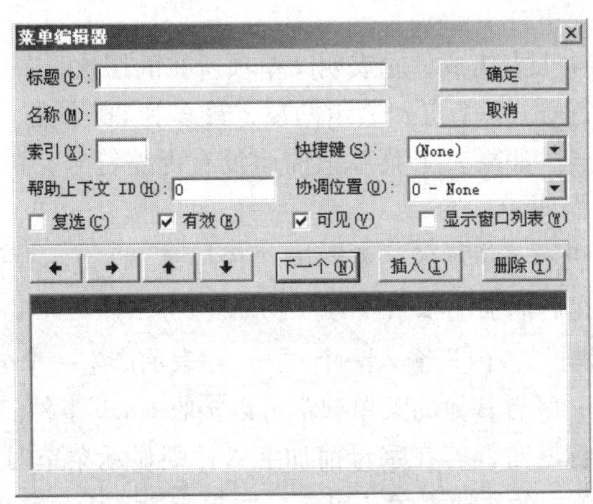

图 9－15　Visual Basic 的菜单编辑器

“菜单编辑器”分为数据区、编辑区和菜单项显示区。

1. 数据区

用于输入或修改菜单项和设置属性。数据区又分为若干栏目，包括：标题（如果在该栏中输入一个减号，在菜单中加入一条分隔线）、名称、索引、快捷键、帮助上下文、协调位置（确定菜单或菜单项是否出现或在什么位置出现，如表 9－9 所示）、复选、有效（设置菜单项的操作状态）、可见及显示窗口列表（用于多文档应用程序）。

表 9-9　　菜单项的协调位置

0 - None	菜单项不显示
1 - Left	菜单项靠左显示
2 - Middle	菜单项居中显示
3 - Right	菜单项靠右显示

2. 编辑区

编辑区共有 7 个按钮，用于对输入的菜单项进行简单的编辑。

（1）左、右箭头——用来产生或取消自动缩进符号。

（2）上、下箭头——用来在菜单项显示区中移动菜单项的位置。

（3）下一个——开始添加下一个新的菜单项。

（4）插入——用来插入新的菜单项。

（5）删除——删除当前（即条形光标所显示的项）菜单项。

3. 菜单项显示区

位于“菜单编辑器”窗口的最下方，输入的菜单项在此处显示出来，并通过内缩符号（....）表明菜单项的层次。条形光标所在的菜单项是“当前菜单项”。

进行菜单编辑时，注意以下几点：

（1）“菜单项”是一个总的名称，包括 4 个方面的内容：菜单名（菜单标题）、菜单命令、分隔线和子菜单。

（2）缩进符号由 4 个点组成，它表明菜单项所在的层次，一个内缩符号（4 个点）表示一层，两个内缩符号（8 个点）表示两层，最多为 20 个点，即 5 个内缩符号，它后面的菜单项为第 6 层。如果一个菜单项前面没有内缩符号，该菜单为菜单名，即菜单的第一层。

（3）只有菜单名没有菜单项的菜单称为“顶层菜单”（top - level menu），输入这样的菜单项时，通常在后面加上一个叹号（!）。

（4）如果在“标题”栏内只输入一个“-”，表示产生一个分隔线。

（5）除分隔线外，所有其他的菜单项都可以接收 Click 事件。

（6）输入菜单项标题时，若在字母前加上 &，则显示菜单时，在该字母下面加上一条下划线，设置菜单项的快捷方式。以后，在程序运行中，可以通过 Alt + “带下划线的字母”打开菜单或执行相应的菜单命令。

在 Visual Basic 中，可以通过以下几种方式对菜单进行控制：

①有效性控制——当菜单项的“Enabled”（有效）属性为 False，菜单项变成灰色，不可用；当“Enabled”属性为 True，则菜单项有效可用。

②菜单项标记——所谓菜单项标记，就是在菜单项前加上一个“√”。它有两个作用：一是明显地表示当前某个（或某些）命令的开关 On/Off 状态；二是表示当前选择的是哪个菜单项。菜单项标记通过菜单设计窗口中的“Checked”（复选）属性设置，当该属性为 True 时，相应的菜单项前有“√”标记；如果为 False，则相应的菜单项前没有“√”标记。

③键盘选择——用键盘选取菜单通常有两种方法，即快捷键和访问键（Access Key）。用快捷键可以直接执行菜单命令，不必一级一级地下拉菜单，速度较快，适合熟悉键盘的用户使用。而访问键就是菜单项中加了下划线的字母，只要同时按 Alt 键和加了下划线的字母键，就可以选择相应的菜单项。用访问键选择菜单项时，必须一级一级地选择。也就是说，只有在下拉显示下一级菜单后，才能用 Alt 键和菜单项中有下划线的字母键选择。快捷键和访问键都可在设计菜单时直接指定。

设计下拉式菜单的基本流程是：新建一个窗体，设计用户界面，然后通过菜单编辑器设计各菜单项，并利用代码编辑窗口，对相应的菜单项编写其事件过程，最后运行调试各项菜单命令。

【例 9－6】在窗体中设计一个“字体”菜单，包括“粗体”和“斜体”两个菜单项，使用户可通过菜单命令实现改变窗体中的标签字体的目的。

操作步骤如下：

（1）新建一个窗体（Form1），在窗体中添加 2 个“标签”控件（Label1、Label2）和 2 个“复选框”控件（Check1、Check2）。

（2）在“菜单编辑器”中设计“字体”下拉菜单，包括三个菜单项控件（mnuFont、mnuBold、mnuItalic），如图 9－16 所示。

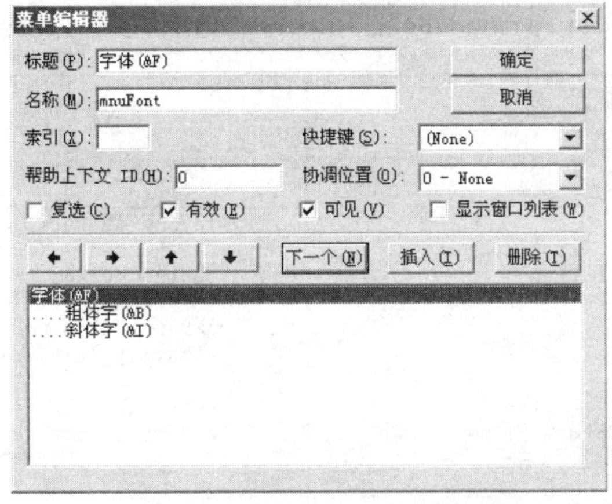

图 9－16　设计“字体”下拉菜单

（3）在“属性”窗口，分别设置各对象的属性，如表 9－10 所示。

表 9－10　　“字体”下拉菜单中的属性设置

对象	属性	属性值	说明
Form1	Name	frmCheck	窗体名称
Label1	Name	lblFrame	外框标签的名称
	Appearance	1－3D	外框标签的显示模式
	BackStyle	0－Transparent	外框标签的透明模式
	BorderStyle	1－Fixed Single	外框标签的边界模式
Label2	Name	lblResult	结果标签的名称

表9-10(续)

对象	属性	属性值	说明
Check1	Name	chkBold	Bold 复选框的名称
	Caption	粗体字	Bold 复选框的标题
Check2	Name	ChkItalic	Italic 复选框的名称
	Caption	斜体字	Italic 复选框的标题
mnuFont	Name	mnuFont	字体主菜单项的名称
	Caption	字体（&F）	字体主菜单项的标题
mnuBold	Name	mnuBold	粗体下拉菜单项的名称
	Caption	粗体字（&B）	粗体下拉菜单项的标题
mnuItalic	Name	mnuItalic	斜体下拉菜单项的名称
	Caption	斜体字（&I）	斜体下拉菜单项的标题

（4）在“代码”窗口，修改复选框 chkBold 和 chkItalic 的 Click 事件过程代码，使用户单击复选框时，改变相应菜单项的“复选”状态，使复选框和菜单项一致。然后增加下拉菜单项 mnuBold 和 mnuItalic 的 Click 事件过程代码，如图 9-17 所示。

```
Private Sub Form_Load()
'设置外框标签的标题为空字符串
lblFrame.Caption = ""
lblResult.Caption = "I love Visual Basic"
End Sub

Private Sub chkBold_Click()
If chkBold.Value = 1 Then
    '设置粗体菜单项的“复选”属性
    mnuBold.Checked = True
    lblResult.FontBold = True
Else
    mnuBold.Checked = False
    lblResult.FontBold = False
End If
End Sub

Private Sub mnuBold_Click()
mnuBold.Checked = Not mnuBold.Checked
If mnuBold.Checked Then
    '设置粗体复选框的Value属性
    chkBold.Value = 1
    lblResult.FontBold = True
Else
    chkBold.Value = 0
    lblResult.FontBold = False
End If
End Sub

Private Sub chkItalic_Click()
If chkItalic.Value = 1 Then
    '设置斜体菜单项的“复选”属性
    mnuItalic.Checked = True
    lblResult.FontItalic = True
Else
    mnuItalic.Checked = False
    lblResult.FontItalic = False
End If
End Sub

Private Sub mnuItalic_Click()
mnuItalic.Checked = Not mnuItalic.Checked
If mnuItalic.Checked Then
    '设置斜体复选框的Value属性
    chkItalic.Value = 1
    lblResult.FontItalic = True
Else
    chkItalic.Value = 0
    lblResult.FontItalic = False
```

图 9-17 “字体”下拉菜单的代码

（5）运行程序，“字体”下拉菜单的运行界面如图 9-18 所示。

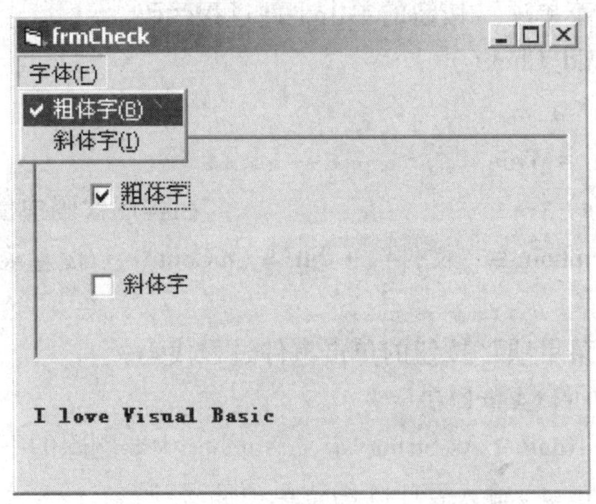

图 9-18 “字体”下拉菜单的运行界面

9.2.3 动态菜单设计

在应用程序的运行过程中，可以动态地增加或减少一些菜单项。这些可以动态增减的菜单项组合就是动态菜单。建立动态菜单必须使用菜单控件数组。

建立菜单控件数组的方法是：在“菜单编辑器”对话框，加入一个菜单项，将其索引（Index）项属性设置为 0。在运行时，通过菜单项控件数组名和索引值，使用 load 方法加入新的菜单项。运行时所创建的控件，可以使用 Hide 方法或设置菜单项控件的 Visible 属性为 False 来将其隐藏。如果要从内存中删除一个控件数组中的控件，可使用 Unload 方法删除菜单项。

【例 9-7】在如图 9-19 所示的文件菜单下实现菜单项的增减操作。单击“添加菜单项”按钮，在文件菜单下增加标题为“文件 1”的菜单项。再次单击“添加菜单项”按钮，在文件菜单下增加标题为“文件 2”的菜单项，以此类推。若单击“删除菜单项”按钮，删除与输入的菜单项编号相对应的菜单项。添加菜单项后的运行结果如图 9-20 所示。

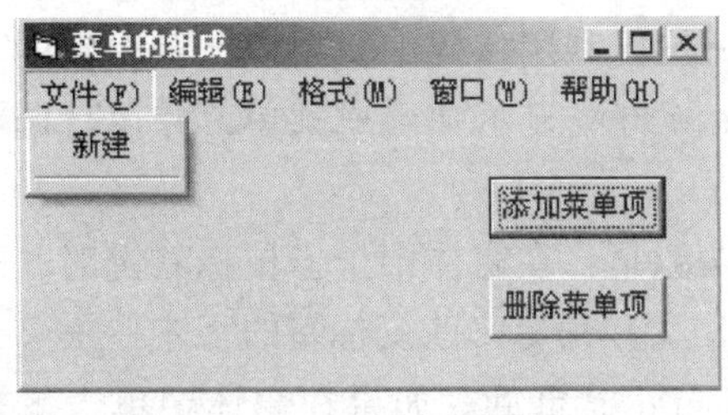

图 9-19 设计动态菜单

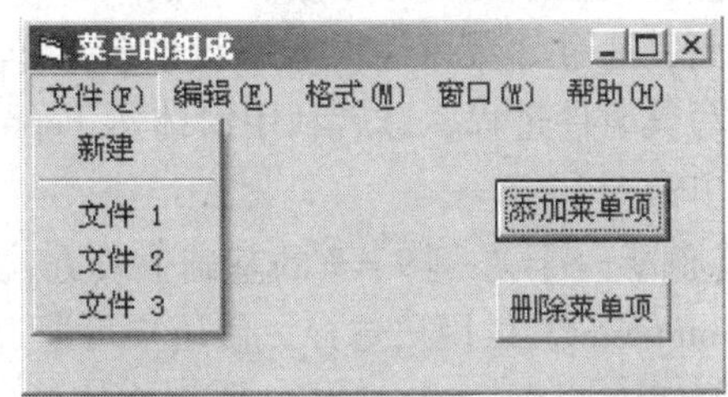

图 9-20 添加菜单项后的运行结果

操作步骤如下：

(1) 在“菜单编辑器”中建立如图 9-20 所示的菜单。在“新建”子菜单项的后面添加一个分隔线，将其命名为 mcfile(0)，建立菜单控件数组的第一个元素。程序代码如下：

```
Dim mCont As Integer                    '定义变量 mCont 为控件数组的下标
```

(2) 编写“添加菜单项”按钮的单击事件过程代码。

```
Private Sub CmdAdd_Click( )
mCont = mCont + 1                             '下标计数
mcfile(0). Visible = True
Load mcfile( mCont)                           '在程序代码中创建新的菜单项
mcfile( mCont). Caption = "文件" + Str $ ( mCont)    '设置菜单项的标题属性
End Sub
```

(3) 编写“删除菜单项”按钮的单击事件过程代码。

```
Private Sub CmdDelete_Click( )
Dim I As Integer, Number As String '定义 Number 为要删除的下标, I 为循环变量
Number = InputBox ("输入要删除的菜单项编号:")
If Number > mCont Or Number < 1 Then
MsgBox ("下标超出范围!")
Exit Sub
End If      '从欲删除的下标开始, 依次用后面的菜单项覆盖前面的菜单项
For I = Number To mCont - 1
mcfile(I). Caption = mcfile(I + 1). Caption    '删除最后一个菜单项
Next
Unload mcfile( mCont)
mCont = mCont - 1
End Sub
```

9.2.4 弹出式菜单设计

在一个对象上单击鼠标右键时显示出来的菜单称为弹出式菜单，又叫右键菜单或快捷菜单，它以更灵活的方式为用户提供较方便和快捷的操作。例如，在 Visual Basic 的工程对话框中单击鼠标右键，弹出如图 9 -21 所示的菜单，即弹出式菜单。

弹出式菜单的设计方法和下拉式菜单的设计方法类似。新建一个窗体，并设计用户界面，通过“菜单编辑器”设计各菜单项。然后利用代码编辑窗口，对相应的菜单项编写其事件过程，最后利用窗体的 PopupMenu 方法显示弹出式菜单，并运行调试各项菜单命令。

【例 9 -8】在例 9 -7 的基础上改进，其功能是：在窗体中单击鼠标右键时，弹出菜单 mnuFont，供用户选择，使用户可通过弹出菜单命令来改变标签的字体。

只需在例 9 -7 的基础上编写窗体的 MouseDown 事件。如果在窗体中单击鼠标右键，则 MouseDown 事件捕捉到 Button 的值为 2，然后利用窗体的 PopupMenu 方法显示弹出式菜单。

编写窗体的 MouseDown 事件过程代码如下：

```
Private Sub Form_MouseDown( Button As Integer, Shift As Integer, X As Single, Y As Single)
If Button = 2 Then
```

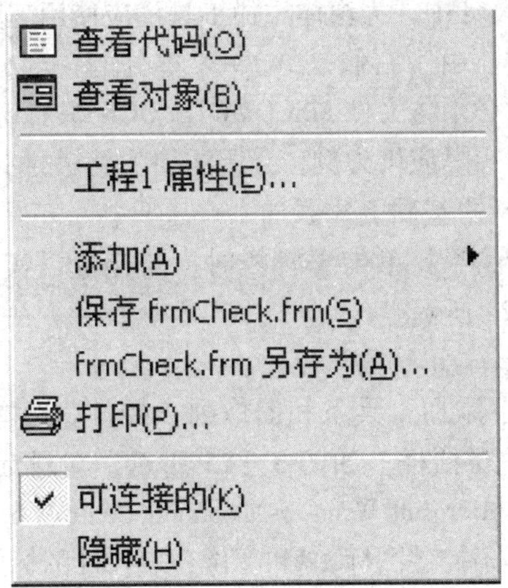

图 9－21　Visual Basic 工程窗口的右键菜单

```
PopupMenu mnuFont
End If
End Sub
```

程序运行时，在窗体的空白处单击鼠标右键，弹出菜单供用户选择，如图 9－22 所示。

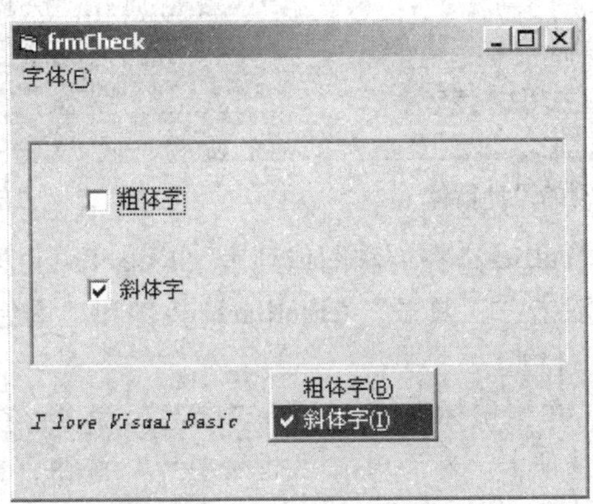

图 9－22　弹出菜单的运行界面

9.3　工具栏设计

工具栏在 Windows 应用程序中较为常见，由多个图形工具按钮组成，位于窗体的上方、主菜单的下方，主要为应用程序中常用命令提供快捷访问方式。根据图形按钮以及其上的提示，用户能够方便地操作。Visual Basic 的工具栏如图 9－23 所示。

图 9－23　Visual Basic 的工具栏

在 Visual Basic 程序设计中，为窗体添加工具栏应使用工具条（ToolBar）控件和图像列表（ImageList）控件。由于它们是 ActiveX 控件的一部分，而不是 Visual Basic 的内部控件，因此在使用时必须将文件 MSCOMCTL. OCX 添加到工程中。

下面以一个工具栏的实际应用为例，介绍添加工具栏的步骤。

【例 9 - 9】在例 9 - 8 的基础上，添加 1 个工具栏，工具栏含有 2 个工具栏按钮，分别表示“粗体”和“斜体”。单击工具栏时，同样可以实现改变标签字体的目的。最后的设计窗体如图 9 - 24 所示。

操作步骤如下：

（1）在“工具箱”中添加工具条和图像列表控件。选择“工程”菜单中的“部件”命令，打开“部件”对话框，如图 9 - 25 所示。在对话框中选择“控件”选项卡，在控件列表框中选“Microsoft Windows Common Controls 6. 0”。单击“确定”按钮，在“工具箱”中出现工具条控件图标和图像列表控件图标。

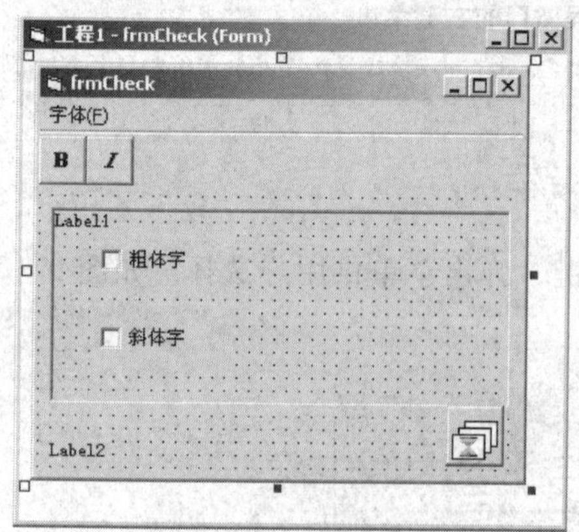

图 9 - 24　工具栏实例的设计窗体

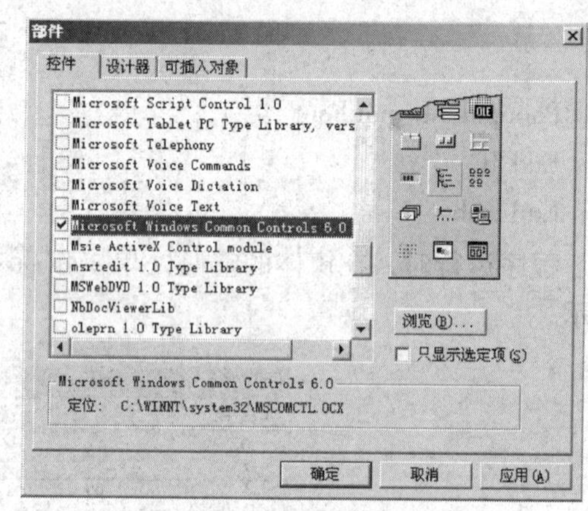

图 9 - 25　“部件”对话框

（2）创建工具条（ToolBar）控件和图像列表（ImageList）控件。

在“工具箱”中，双击“工具条”（ToolBar）控件和“图像列表”（ImageList）控件，将它们分别添加到窗体上。

在图像列表控件上，单击鼠标右键，选择“属性”命令，在打开的“属性页”对话框中，选择“图像”选项卡。然后单击“插入图片”按钮，在弹出的文件对话框中选择含有“粗体”、“斜体”等图标的图像文件，将图像添加到控件中。在图像列表 ImageList 控件中依次增加两个图片后，如图 9 - 26 所示。

“图像列表”控件就像是一个图像的集合，该集合中的每个图像都可以通过其索引或关键字被引用。“图像列表”控件不能独立使用，需要 ToolBar 等控件来显示图像。

（3）将 ToolBar 控件与 ImageList 控件相关联。

工具条（ToolBar）控件包含一个按钮对象的集合，可通过在工具条上添加按钮来创建工具栏。通常，工具栏上的按钮以图标显示。要使工具栏能显示这样的图像，必须将图像列表控件与工具条控件相关联，并且为工具条上的按钮指定图像列表控件中相应的图像来显示。在工具条控件上单击鼠标右键，选择“属性”命令，打开“属性页”对话框，如图 9 - 27 所示。在“通用”选项卡上的“图像列表”下拉框中选择需要关联的 ImageList 控件。然后切换到工具条控件属性页上的“按钮”选项卡，创建按

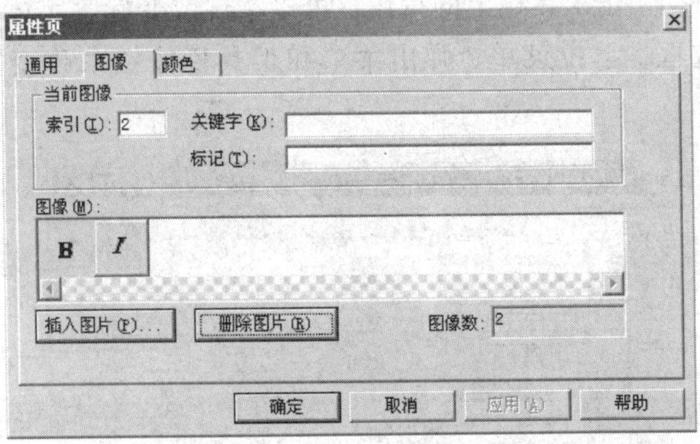

图 9－26　设置图像列表的图片

钮对象，如图 9－28 所示。在“按钮”选项卡上，依次单击“插入按钮”按钮，在工具栏中添加两个按钮。然后设置按钮样式属性均为“1－tbrCheck”（复选），分别设置两个按钮的工具提示文本属性为“粗体”和“斜体”，并分别设置它们的图像索引属性为 1 和 2。

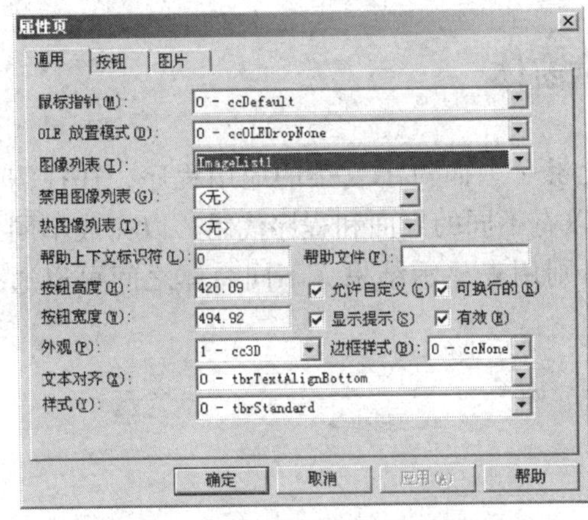

图 9－27　“属性页”对话框

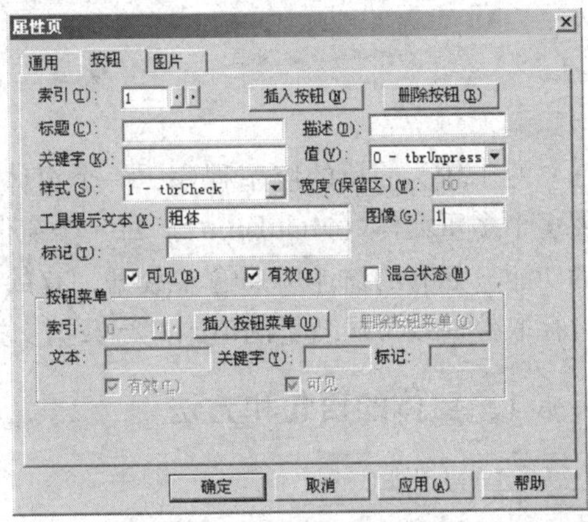

图 9－28　设置工具栏按钮的属性

（4）编写代码。工具栏的 ButtonClick 事件是在鼠标单击某个按钮时触发的。在事件过程中，可以通过按钮对象的索引属性来标识被单击的是哪个按钮。

```
Private Sub Toolbar1_ButtonClick(ByVal Button As MSComctlLib. Button)
  Select Case Button. Index
    Case 1                              '按下“粗体”按钮
      Chkbold. Value  =  1
      Lblresult. FontBold  =  True      '设置标签框的字体为粗体
    Case 2                              '按下“斜体”按钮
  Chkitalic. Value  =  1
      Lblresult. FontItalic  =  True    '设置标签框的字体为斜体
  End Select
End Sub
```

（5）运行程序，单击工具栏上的按钮，可以实现改变标签字体的功能。至此，本例中，可以用复选框、下拉菜单、弹出菜单和工具栏按钮来改变字体，如图 9－29 所示。

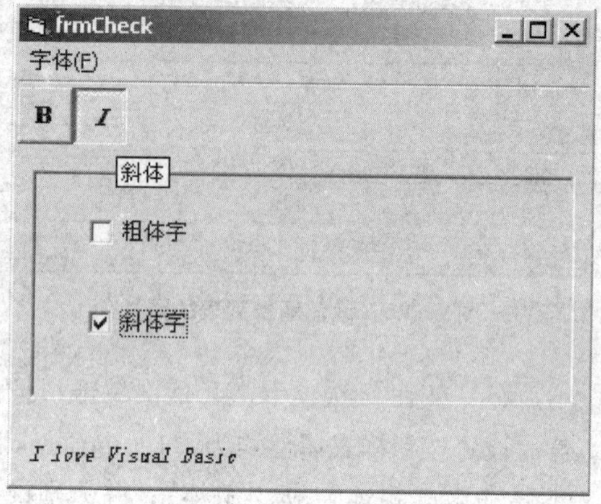

图 9－29　工具栏示例

9.4　多重窗体

对于较为简单的应用程序，一个窗体就足够了。而对于复杂的应用程序，往往需要多个多重窗体（MultiForm）。每一个窗体可以有不同的界面和程序代码，以完成不同的功能。如有的窗体用来输入数据，有的窗体则用来显示结果。不同窗体之间可以通过存取控件或全局变量的值来进行数据交换。

9.4.1　窗体的语句和方法

1. Load 语句

【格式】Load　窗体名称

【功能】将一个窗体装入内存。执行 Load 语句后，可以引用窗体中的控件及各种属性，但不显示窗体。

【说明】在首次用 Load 语句将窗体调入内存时，依次发生 Initialize 和 Load 事件。

2. Unload 语句

【格式】Unload　窗体名称

【功能】从内存中删除窗体。Unload 语句的功能与 Load 语句相反。

【说明】Unload 的一种常见用法是 Unload Me，其意义是卸载窗体自己。当用 Unload 语句将窗体从内存中卸载时，发生 Unload 事件。

3. Show 方法

【格式】[窗体名称.] Show [模式]

【功能】显示一个窗体。执行 Show 方法时，如果窗体不在内存中，则 Show 方法自动把窗体装入内存，并显示出来。

【说明】模式用来确定窗体的状态，有 0 和 1 两个值。若模式为 1，表示窗体是模式窗体，即用户必须在关闭该窗体后，才能对其他窗体进行操作；若模式为 0，表示窗体是非模式窗体，用户可以同时对其他窗体进行操作。

在用 Show 方法让窗体成为活动窗口时，发生窗体的 Activate 事件。

4. Hide 方法

【格式】[窗体名称.] Hide

【功能】隐藏窗体对象，但不能从内存中卸载。

【说明】隐藏窗体时，窗体从屏幕上被删除，并将其 Visible 属性设置为 False，此时用户无法访问隐藏窗体上的控件，但是对于运行中的 Visual Basic 应用程序，或对于通过 DDE 与该应用程序通讯的进程及对于 Timer 控件的事件，隐藏窗体的控件仍然是可用的。

窗体被隐藏时，用户只有等到被隐藏窗体的事件过程的全部代码执行完后，才能够与该应用程序交互使用。

调用 Hide 方法时，如果窗体还没有加载，Hide 方法将加载该窗体，但不显示它。

9.4.2 多重窗体的建立

建立多重窗体的操作步骤如下：

(1) 选择“工程”菜单中的“添加窗体”命令（或单击工具栏上的“添加窗体”按钮），打开“添加窗体”对话框。

(2) 选择“新建”选项卡，从列表框中选择一种新窗体的类型；或选择“现存”选项卡，将属于其他工程的窗体添加到当前过程中。

窗体添加完毕，Visual Basic 集成环境中的工程窗口显示出新的窗体。添加了多个窗体后的“工程”窗口如图 9-30 所示。

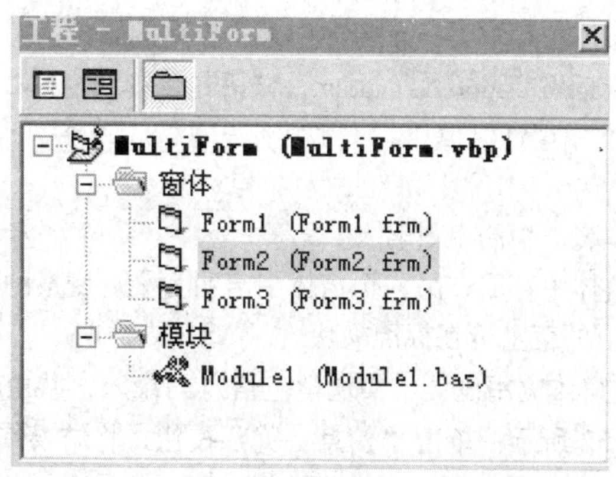

图 9-30 多重窗体应用程序的工程窗口

对于多重窗体应用程序，各个窗体之间是并列关系，需要指定程序运行时的启动窗体。其他窗体的装载与显示，则由启动窗体控制。

程序运行时，首先执行的对象默认为创建的第一个窗口 Form1，称为启动对象。若要指定其他窗体或 Main 子过程为启动对象，则选择“工程”菜单中的“工程属性”命令，打开“工程属性”对话框，如图 9-31 所示。在“启动对象”列表框中列出了当前工程的所有窗体，从中选择要作为启动窗体的窗体后，单击“确定”按钮。

启动多窗体应用程序时，只显示其启动窗体。若程序需要在各个窗体之间进行切换，则需要对其他窗体的显示使用相应的语句来执行。这些语句涉及窗体的“建立”、“装入”、“显示”、“隐藏”及“删除”等操作。

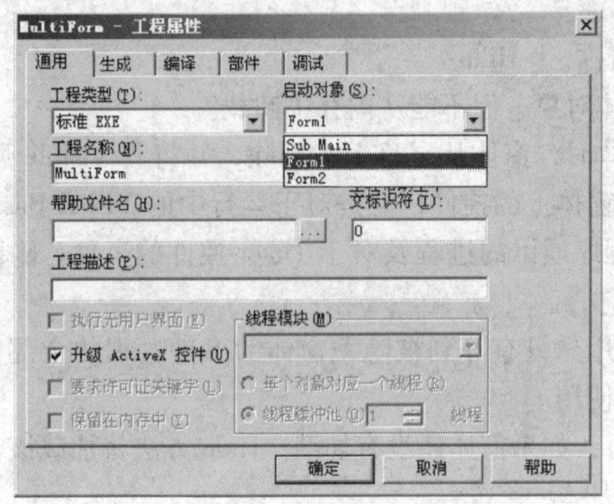

图9-31　在“工程属性”对话框中指定启动对象

9.4.3　多重窗体的应用

多重窗体与单一窗体的区别是：多重窗体需要在多个窗体之间进行切换操作和进行窗体之间的数据交换。不同窗体之间可通过存取控件或全局变量的值来进行数据交换。

1. 存取其他窗体中控件的属性

【格式】其他窗体名．控件名．属性

【功能】在当前窗体中存取另一个窗体中某个控件的属性。

例如，text1. text = form2. option1. caption，该语句将读取窗体2的单选项的标题，并为本窗体的文本框的文本属性赋值。

2. 存取全局变量

【格式】其他窗体名．全局变量名

【功能】在当前窗体中存取在另一个窗体中声明为全局变量的值。

要在多个窗体存取的变量可在标准模块（. BAS）内声明。

【例9-10】多重窗体应用设计。实现学生信息的录入，共由三个窗体构成。主界面窗体 form1 如图9-32所示；单击“信息一览”按钮，将结果信息以消息框的形式显示出来，如图9-33所示；单击“个人信息”按钮，显示“个人信息录入”窗体 form2，如图9-34所示；单击“本期成绩”按钮，显示“成绩录入”窗体 form3，如图9-35所示。

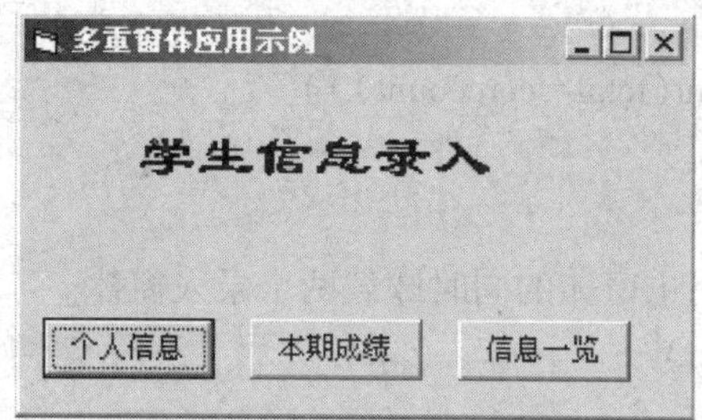

图 9－32　多重窗体应用的主窗体

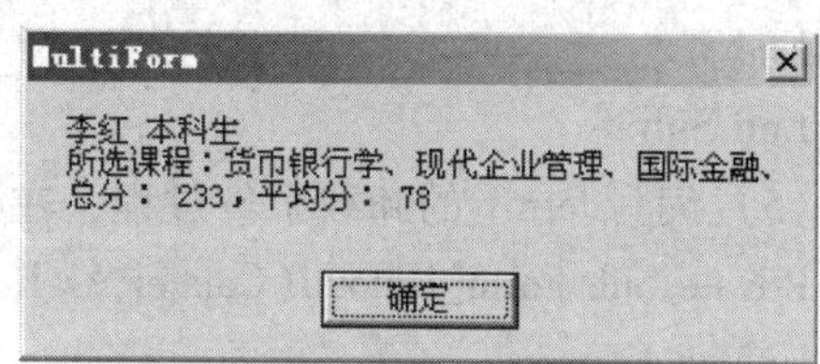

图 9－33　信息结果显示

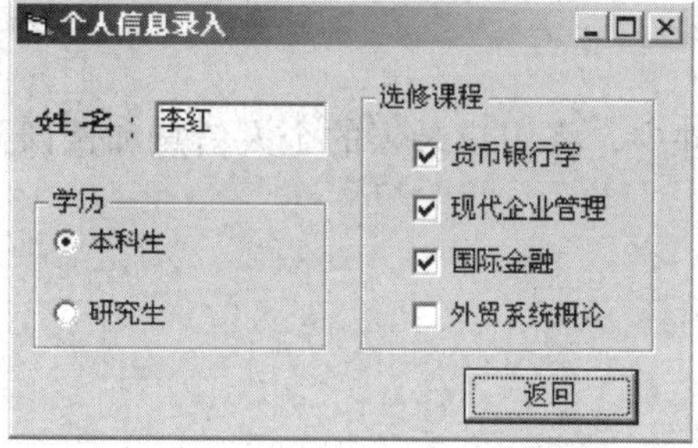

图 9－34　"个人信息录入"窗体

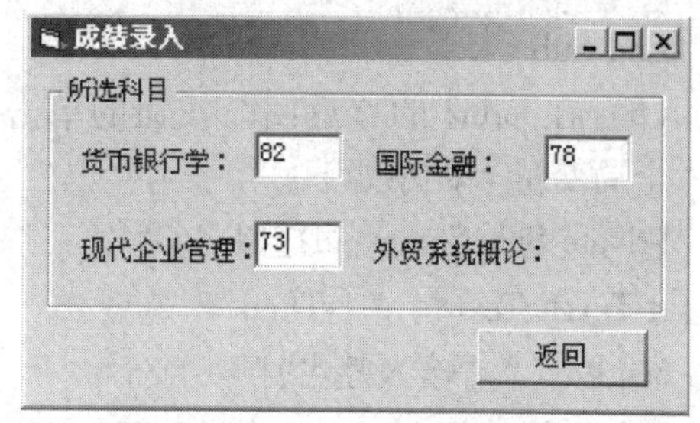

图 9－35　"成绩录入"窗体

操作步骤如下：

（1）选择"工程"菜单中的"添加窗体"命令，在程序中创建主界面窗体和两个录入窗体，并创建一个标准模块 Module1。

在 Module1 中声明的全局变量如下：

```
Public stuname, xueli, stutext As String   '定义存储学生姓名、学历、选修课程的变量
Public total, scorecount As Single   '定义存储学生总成绩及选修门数的变量
```

（2）编写 form1 的"个人信息"按钮的单击事件过程。

```
Private Sub Cmdinfo_Click()
stuname = "": xueli = "": stutext = "": total = 0: scorecount = 0   '清空全局变量
Form1. Hide                '隐藏主窗体
Form2. Show                '显示个人信息录入窗体
End Sub
```

（3）编写 form1 的"本期成绩"按钮的单击事件过程。

```
Private Sub CmdScore_Click()
Form1. Hide                '隐藏主窗体
Form3. Show                '显示成绩录入窗体
End Sub
```

（4）编写 form1 的"信息一览"按钮的单击事件过程，显示个人信息和总分成绩。

```
Private Sub Cmdview_Click()
If stuname = "" Or xueli = "" Or scorecount = 0 Then
MsgBox("请先录入个人信息和成绩!")
Else
MsgBox(stuname + " " + xueli + Chr(10) + "所选课程:" + stutext + Chr(10) + "
```

总分:
" + Str(total) + ", 平均分:" + Str(CInt(total/scorecount)))

```
End If
End Sub
```

(5) 编写 form1 的卸载事件过程，在关闭主窗体的同时卸载两个录入窗体。

```
Private Sub Form_Unload(Cancel As Integer)
Unload Form3
Unload Form2
Unload Me
End Sub
```

(6) 在 form2 的“返回”按钮的单击事件中，将用户录入的个人信息和选课信息存入全局变量。程序如下:

```
Private Sub Command1_Click()
If Text1. Text = "" Then
MsgBox("请输入姓名!")
Exit Sub
Else
stuname = Text1. Text
xueli = IIf(Option1. Value = True, "本科生", "研究生")
For i = 0 To 3
stutext = stutext + IIf(Check1(i). Value = 1, Check1(i). Caption + "、", "")
Next i
End If
Form2. Hide: Form1. Show  '隐藏自身，显示主界面窗体
End Sub
```

(7) 编写 form3 的“返回”按钮的单击事件过程。

```
Private Sub Command4_Click()
total = 0: scorecount = 0  '根据 form2 中选课情况，计算总成绩和选课门数
For i = 0 To 3
If Form2. Check1(i). Value = 1 Then
total = total + Val(Text1(i). Text)
scorecount = scorecount + 1
End If
Next i
For i = 0 To 3
Text1(i). Text = ""
Next i
Form3. Hide: Form1. Show  '隐藏自身，显示主界面窗体
End Sub
```

（8）在 form3 的 Activate 事件中根据 form2 中的选课情况，显示相应的选修课成绩输入框。程序如下：

```
Private Sub Form_Activate( )
For i = 0 To 3
Text1(i). Visible = IIf( Form2. Check1(i). Value = 1, True, False)
Next i
End Sub
```

9.5 多文档界面

多文档界面（Multiple Document Interface，MDI）是一种典型的 Windows 应用程序结构。多文档界面由一个父窗体（又称为 MDI 窗体）和一个或多个子窗体组成。MDI 窗体作为子窗体的容器，子窗体包含在父窗体内，用来显示各自的文档。所有子窗体都具有相同的功能，主窗体的位置移动会导致子窗体的位置发生相应变化。

在 Windows 中，文档分为单文档（SDI）和多文档（MDI）两种，比如“画图”、“记事本”、“写字板”等都是典型的单文档程序，它们最明显的特点是每次只能打开一个文件。新建文件时，当前编辑的文件就必须被替换掉。

多文档程序（如 Excel、Word、PowerPoint 等）允许用户同时打开两个以上的文件进行操作，如图 9－36 所示。

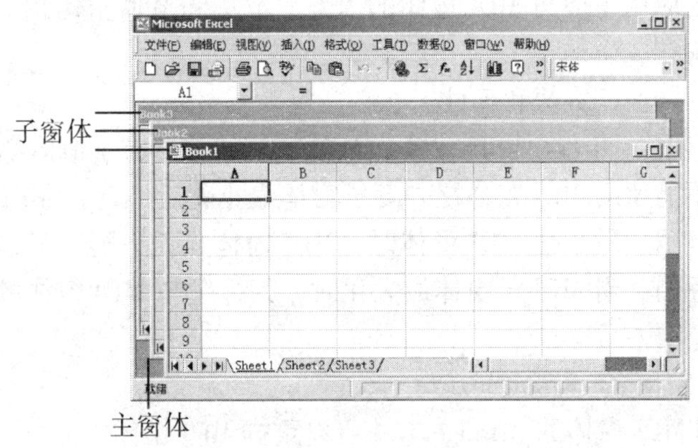

图 9－36　典型的 MDI 多文档程序 Excel

9.5.1　多文档界面的建立

建立多文档界面应用程序至少应有两个窗体：父窗体和一个子窗体。父窗体只能有一个，子窗体则可以有多个。建立多文档界面分为三步：首先创建和设计 MDI 父窗体，其次创建和设计 MDI 子窗体，最后加载 MDI 窗体和子窗体。

1. 建立 MDI 窗体

选择“工程”菜单中的“添加 MDI 窗体”命令，将生成窗体颜色较深的 MDI 窗体，该窗体的默认标题是 MDIForm。一个应用程序只能有一个 MDI 窗体。如果工程已有一个 MDI 窗体，“工程”菜单上的“添加 MDI 窗体”命令将不可用。

MDI 窗体具有 ScrollBars 属性，该属性用于设置一个窗体是否有水平滚动条或垂直滚动条。在运行时，该属性是只读的。当取值为 True 时，表示窗体有一个水平或垂直滚动条或两者都有；若取值为 False，则窗体没有滚动条。

2. 创建 MDI 子窗体

在创建 MDI 父窗体后，选择“工程”菜单中的“添加窗体”命令创建新窗体，然后将它的 MDIChild 属性设置为 True。于是，该窗体成为 MDI 父窗体的子窗体。也可通过将已存在的窗体的 MDIChild 属性设置为 True 来创建 MDI 子窗体。在设计阶段，子窗体独立于父窗体，与普通的 Visual Basic 窗体没有任何区别，可以在子窗体上增加控件、设置属性及编写代码等。通过查看 MDIChild 属性或者检查工程资源管理器，可以确定窗体是否为一个 MDI 子窗体。

3. 加载 MDI 窗体及子窗体

在 MDI 应用程序中，若将 MDI 窗体设置为启动窗体，则程序运行后只有 MDI 窗体被加载。MDI 窗体的子窗体并不会随着 MDI 窗体的加载而加载，若要加载子窗体则应使用子窗体的 Show 方法。若将 MDI 子窗体设置为启动窗体，其父窗体（MDI 窗体）会自动加载并显示。若将 MDI 窗体的 AutoShowChildren 属性设置为 True，可以使子窗体在装入时自动显示；若将 AutoShowChildren 属性设置为 False，则子窗体将处于隐藏状态，直到使用 Show 方法将它们显示出来。

9.5.2 多文档界面的应用

多文档界面的应用不但与 MDI 窗体的属性、方法和事件密切相关，而且其菜单的使用也有自身的特点。

1. MDI 窗体的属性、方法和事件

在运行时，一个 MDI 程序可具有多个 MDI 子窗体，所有子窗体都只能在 MDI 窗体内部进行调整，不能超出 MDI 窗体之外。子窗体最小化后出现在 MDI 窗体上，并不在桌面的任务栏上显示。最小化 MDI 窗体时，MDI 窗体在任务栏上显示为图标。每个子窗体都有自己的标题。当 MDI 子窗体最大化时，其标题与 MDI 窗体的标题合并，并显示在 MDI 窗体的标题栏上。

【格式】MDI 窗体名 . Arrange 方式

【功能】使用 MDI 窗体的 Arrange 方法可以重排 MDI 窗体中的窗口或图标。

【说明】“MDI 窗体”是需要重新排列的 MDI 窗体的名字，在该窗体内有子窗体或图标；“方式”是指定重排 MDI 窗体中子窗体或图标的方式，共有四种取值，如表 9 - 11 所示。

表 9 - 11　　下拉菜单示例中的属性设置

常数	值	说明
vbCascade	0	层叠所有非最小化 MDI 子窗体
vbTileHorizontal	1	水平平铺所有非最小化 MDI 子窗体
vbTileVertical	2	垂直平铺所有非最小化 MDI 子窗体
vbArrangeIcons	3	重排最小化 MDI 子窗体的图标

例如，MDIform1. Arrange 2 语句将垂直平铺 MDIform1 窗体中所有非最小化 MDI 子窗体。在 MDI 窗体上显示的子窗体不止一个时，可以通过 ActiveForm 属性得到或指定某一个子窗体为活动的窗体。例如：

MDIForm1. ActiveForm. Text1. Text = "hello"

该语句将为 MDIForm1 父窗体中的活动子窗体（指最后一个获得焦点的子窗体）中的 Text1 文本框赋值。同样，如果一个窗体中含有多个控件时，可以通过 ActiveControl 属性得到或指定某一个控件为得到焦点的控件。另外，在 MDI 程序中子窗体会随着父窗体的关闭而关闭。为了避免随着父窗体的关闭而使所有的子窗体也结束，并造成子窗体内容的丢失，Visual Basic 提供了 QueryUnload 事件。QueryUnload 事件在窗体卸载之前被调用，因此可以在事件过程中编写代码，使用户能够在窗体卸载前保存那些被修改的窗体。

下面是 QueryUnload 事件的实例：

```
Private Sub Form_QueryUnload(Cancel As Integer, UnloadMode As Integer)
  Dim Msg                          '声明变量
  If UnloadMode > 0 Then        '如果正在退出应用程序
    Msg = "你真想退出应用程序吗?"
    FileSaveProc                   '调用保存数据的过程 FileSaveProc
  Else                             '如果正在关闭窗体
    Msg = "你真想关闭窗体吗?"
  End If
  '如果用户单击 No 按钮，则停止 QueryUnload
  If MsgBox(Msg, vbQuestion + vbYesNo, Me. Caption) = vbNo Then Cancel = True
End Sub
```

2. MDI 应用程序中菜单的使用

在 MDI 应用程序中，菜单可以建立在父窗体上，也可以建立在子窗体上，也可以分别来建立。每个子窗体的菜单在 MDI 父窗体上显示，而不是在子窗体本身显示。当一个子窗体为活动窗（即有焦点）时，如果该子窗体有菜单，则该菜单将取代 MDI 窗体菜单条上的菜单。如果没有可见的子窗体，或者有焦点的子窗体没有菜单，则显示 MDI 父窗体的菜单。

下面通过一个实例来介绍如何建立多文档程序。

【例 9 - 11】建立一个多文档程序。

多文档程序至少包括两个窗体，即必须有一个主窗体——MDI 窗体，可以有一个或者多个子窗体，这些子窗体包含在 MDI 主窗体里面。在创建一个新的“标准 EXE”工程时，Visual Basic 自动添加一个子窗体 Form1，因此，还必须要添加一个 MDI 窗体。

（1）选择“工程”菜单中的“添加 MDI 窗体”命令，出现如图 9 - 37 所示的对话框。

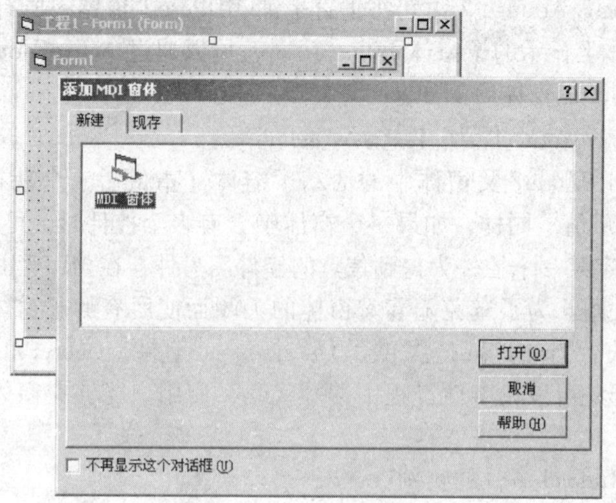

图 9-37　添加 MDI 窗体对话框

（2）选择 MDI 窗体。单击“打开”按钮，出现一个添加了默认窗体名称为 MDI-Form1 的主窗体，如图 9-38 所示。

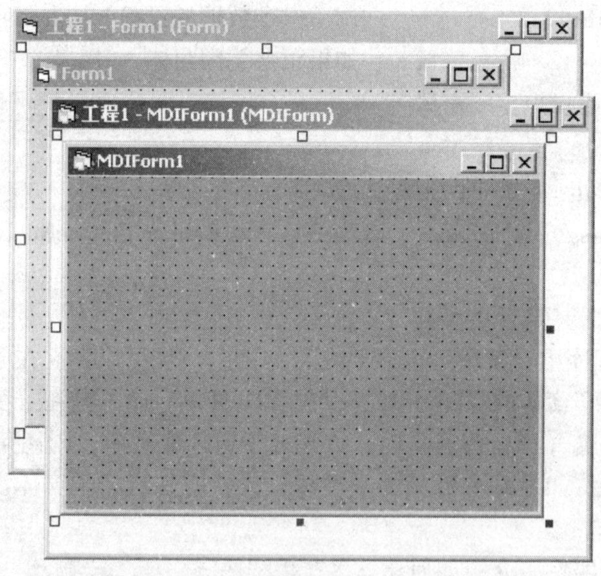

图 9-38　添加的 MDIForm1 主窗体

（3）选择“工程”菜单中的“添加窗体”命令，添加一个子窗体 Form2。然后分别设置 Form1 和 Form2 的 MDIChild 属性为 True，如图 9-39 所示。

（4）在 MDIFrom1 的 Load 事件中添加如下代码，按 F5 键即可运行。

```
Private Sub MDIForm_Load()
    Form1. Show
    Form2. Show
End Sub
```

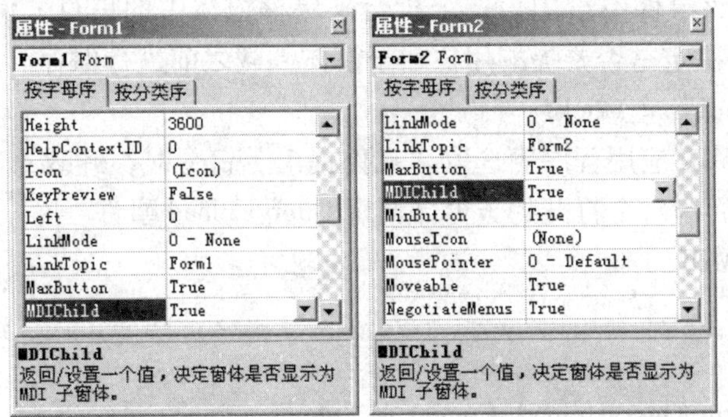

图 9-39　设置 Form1 和 Form2 的 MDIChild 属性

9.5.3　QueryUnload 事件

MDI 窗体和其他窗体在关闭之前都会触发 QueryUnload 事件，其格式为：

【格式】Private Sub Form_QueryUnload(cancel As Integer, unloadmode As Integer)

【格式】Private Sub MDIForm_QueryUnload(cancel As Integer, unloadmode As Integer)

【说明】可使用 QueryUnload 或 Unload 事件过程将 Cancel 属性设置为 True 来阻止关闭过程。QueryUnload 事件总是先于该窗体的 Unload 事件发生，并且 QueryUnload 事件是在任一个卸载之前在所有窗体中发生，而 Unload 则是在每个窗体卸载时发生。例如，当一个 MDIForm 对象关闭时，QueryUnload 事件先在 MDI 窗体发生，然后在所有 MDI 子窗体中发生。在程序设计中，可利用该事件维护子窗体的状态信息。其步骤如下：

（1）程序必须随时都能确定自上次保存以来子窗体中的数据是否有改变。

可通过在应用程序的每个子窗体中声明一个公用变量来实现此功能。例如，可以在子窗体的声明部分声明一个变量：

```
Public boolDirty As Boolean
```

Text1 中的文本每一次改变时，子窗体文本框的 Change 事件将 boolDirty 设置为 True

```
Private Sub Text1_Change()
    boolDirty = True
End Sub
```

反之，用户每次保存子窗体的内容时，文本框的 Change 事件将 boolDirty 设置为 False，以指示 Text1 的内容不再需要保存。例如：

```
Sub mnuFileSave_Click()
    '保存 Text1 的内容
    FileSave
    '设置状态变量
    boolDirty = False
End Sub
```

（2）用 QueryUnload 卸载 MDI 窗体。

当选择“文件”菜单中的“退出”命令试图卸载 MDI 窗体时，则触发 QueryUnload 事件。可以在该事件中给用户一个机会来保存窗体中的信息。例如，下述代码使用 boolDirty 标志来决定是否要提醒用户在子窗体卸载之前进行保存。

```
Private Sub mnuFExit_Click( )
    '当用户在 MDI 应用程序中选取“文件提出” 命令时，卸载
    ' MDI 窗体，为每个打开的子窗体调用 QueryUnload 事件
    Unload frmMDI
    End
End Sub
Private Sub Form_QueryUnload( Cancel As Integer, _
    UnloadMode As Integer)
    If boolDirty Then
        '调用例程来询问用户且必要时保存文件
        FileSave
    End If
End Sub
```

9.6 综合应用案例

9.6.1 设计“看图工具”程序

【例 9 - 12】模仿 Acdsee 中的图片浏览功能，设计如图 9 - 40 所示的“看图工具”应用程序。程序运行后，单击“载入图片”按钮，打开“文件”对话框，选取图片文件载入；单击“浏览全貌”按钮，用户可利用水平、垂直滚动条浏览图片全貌；单击“保存图片”按钮，打开“保存文件”对话框；单击“删除图片”按钮，清空显示图片；选中“自动调整”或“常规图像”单选按钮，则图像自动拉伸或按常规显示。

图 9 - 40 “看图工具”界面

操作步骤如下：

(1) 选择“文件”菜单中的“新建工程”命令，打开“新建工程”对话框。

(2) 在对话框中选择“标准 EXE”，单击“确定”按钮，出现窗体。

（3）设计窗体，如图9－41所示。在窗体中添加2个“图片框”控件（Picture1、Picture2）和4个“命令按钮”控件（Command1～Command4）；在Picture1上放置1个“图像框”控件（Image1）；在Picture2上放置2个“单选按钮”控件（Option1、Option2）；在Picture1上放置“水平滚动条”控件（HScroll1）和“垂直滚动条”控件（VScroll1），以便浏览图片全貌。

图9－41 “看图工具”窗体设计

（4）在“属性”窗口，设置各对象的属性，如表9－12所示。

表9－12 **各控件的属性设置**

对象	属性	属性值
Form1	Caption	“看图工具”
Picture1	Picture	
Picture2	Picture	
Image1	Picture	
	Stretch	True
Command1	Caption	“载入图片”
Command2	Caption	“浏览全貌”
Command3	Caption	“保存图片”
Command4	Caption	“删除图片”
HScroll11	Visible	False
VScroll11	Visible	False

（5）代码编写。

① 在代码窗口中定义窗体变量s，用于保存图片文件名，供窗体中的多个事件使用。

```
Dim s    '保存图片文件名
```

② 编写“载入图片”按钮的Click事件，其功能是将图片显示到图像框中。

```
Private Sub Command1_Click()
CommonDialog1. DialogTitle = "打开文件"
  CommonDialog1. InitDir = "c:\ Windows"
  CommonDialog1. Filter = "图像文件|*. bmp| 所有文件|*. *"
  CommonDialog1. FilterIndex = 1
  CommonDialog1. Flags = 528
  '显示"打开"对话框
  CommonDialog1. Action = 1
  s = CommonDialog1. FileName
  '载入图片
  Image1. Picture = LoadPicture(s)
End Sub
```

③ 编写"保存图片"按钮的 Click 事件，其功能是打开"保存文件"对话框，为未来进一步保存图片作准备。

```
Private Sub Command3_Click()
CommonDialog1. DialogTitle = "保存文件"
  CommonDialog1. InitDir = "c:\ Windows"
  CommonDialog1. Filter = "图像文件|*. bmp| 所有文件|*. *"
  CommonDialog1. Flags = 7
  '显示"另存为"对话框
  CommonDialog1. Action = 2
End Sub
```

④ 编写"删除图片"按钮的 Click 事件，其功能是清空图像框中的图片。

```
Private Sub Command4_Click()
Image1. Picture = LoadPicture()
End Sub
```

⑤ 编写"浏览全貌"按钮的 Click 事件，其功能是使用滚动条来配合图片框或图像框，从而提供对浏览图片的简便定位。

⑥ 编写"常规图像"单选按钮的 Click 事件。

```
Private Sub Option1_Click()
'根据选项值，确定常规或拉伸显示图片
Image1. Stretch = Not Option1. Value
Image1. Picture = LoadPicture(s)
End Sub
```

⑦ 编写"自动调整"单选按钮的 Click 事件。

```
Private Sub Option2_Click()
'根据选项值，确定常规或拉伸显示图片
Image1. Stretch = Option2. Value
```

```
Image1.Picture = LoadPicture(s)
End Sub
```

（6）选择“运行”菜单中的“启动”命令，运行“看图工具”应用程序。单击“载入图片”按钮，显示“打开文件”对话框，供用户选择图片文件，如图9-42所示；单击“保存图片”按钮，显示“保存文件”对话框，如图9-43所示。

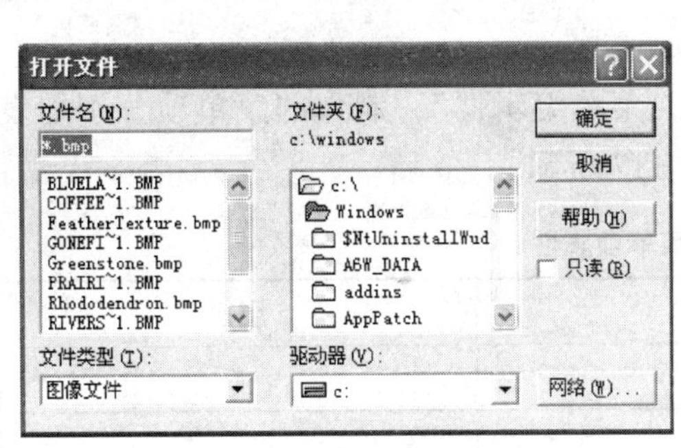

图9-42　“打开文件”对话框

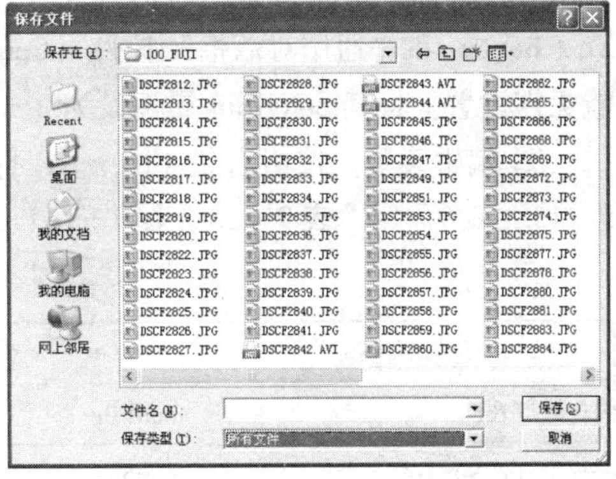

图9-43　“保存文件”对话框

（7）选择“文件”菜单中的“保存工程”命令，将工程文件命名为“看图工具”并保存在磁盘上。

9.6.2　设计“旋风记事本”程序

【例9-13】编写一个类似Windows记事本的SDI程序——“旋风记事本”，实现文件的“新建”、“打开”、“保存”、“复制”、“剪切”、“粘贴”、“搜索”、“字体设置”以及“打印”等多项功能，如图9-44所示。

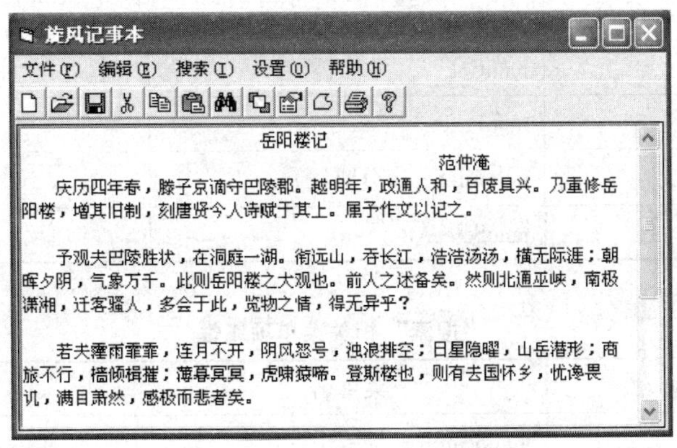

图9-44　旋风记事本

操作步骤如下：

（1）选择“文件”菜单中的“新建工程”命令，打开“新建工程”对话框。

（2）在对话框中选择“标准EXE”，单击“确定”按钮，出现窗体。

（3）在窗体设计器中，进行窗体设计。

① 在窗体中添加RichText控件和通用对话框控件。

RichTextBox 控件是一种超级文本框控件，使用简单而有效。它不仅允许输入和编辑文本，同时还提供许多标准 TextBox 控件所未具有的高级功能，突破了标准文本框64K 字符容量的限制。这里选用它作为文本编辑器。

选择“工程”菜单中的“部件”命令，打开“部件”对话框，选中 Microsoft RichText Box 6.0 和 Microsoft Common Dialog 6.0，然后单击“确定”按钮，控件工具箱中出现 RichText Box 控件和通用对话框控件。在窗体中添加“RichText Box”控件（RichText Box1）和“通用对话框”控件（Commn Dialog1），其中，RichText Box 的大小和位置无需设置。将其 ScrollBar 属性设为 2 - rtfVertical。

② 编辑菜单。按组合键 Ctrl + E，打开“菜单编辑器”，制作的菜单项分别如表9 - 13、表9 - 14、表9 - 15、表9 - 16、表9 - 17 所示。

表 9 - 13　“文件”相关菜单项属性

菜单项标题	菜单名	层次
文件（&F）	mnuFile	1
新建（&N）…	mnuNew	2
保存（（&S）…	mnuSave	2
-	mnuFileSep（分隔线）	2
退出	mnuExit	2

表 9 - 14　“编辑”相关菜单项属性

菜单项标题	菜单名	层次
编辑（&E）	mnuEdit	1
复制（&C）	mnuCopy	2
剪切（&T）	mnuCut	2
粘贴（&P）	mnuPaste	
-	mnuFileSep（分隔线）	2
全选（&）	mnuSelecAll	2

表 9 - 15　“搜索”相关菜单项属性

菜单项标题	菜单名	层次
搜索（&I）	mnuSearch	1
查找（&D）…	mnuFind	2
下一个（&X）…	mnuCut	2

表 9-16　　　　　　　　　“设置”相关菜单项属性

菜单项标题	菜单名	层次
设置（&O）	Mnuformat	1
字体（&M）…	Mnufont	2
打印（&P）…	Mnuprint	2

表 9-17　　　　　　　　　“帮助”相关菜单项属性

菜单项标题	菜单名	层次
帮助（&H）	mnuformat	1
使用说明（&Y）…	mnufont	2
关于（&A）…	mnuprint	2

③ 制作工具栏。选择“工程”菜单中的“部件”命令，打开“部件”对话框，选中 Microsoft Windows Common Control 6.0，单击“确定”按钮，在控件工具箱中出现“工具栏”控件和“图像列表”控件。在窗体中添加“工具栏”控件（Toolbar1）和“图像列表”控件（ImageList1）。

为“图像列表”控件添加图像：右键单击 ImageList1，选择“属性”命令，在弹出的“属性页”中选中“图像”选项页，单击“插入图片”则可装载图片。图片可在 C：\ Microsoft Visual Studio \ Common \ Graphics \ Bitmaps \ TlBr_W95 下查找。

在工具栏中添加工具按钮：右键 Toolbar1，选择“属性”命令，弹出“属性页”，接着选择“通用”选项，然后在“图像列表”下拉框中选择 ImageList1。继续单击“属性页”的“按钮”选项页，插入若干按钮。每一个按钮都必须注明关键字、装载图片。例如，要创建“新建”按钮，在“关键字”项注明“新建”，在“图像”项键入 ImageList1 中图片的相关 Index 值。

④ 将窗体的 Cpation 属性设置为“旋风记事本”。窗体名设置为 Form1。

（5）代码编写。

① 在代码窗体中定义窗体变量 FileType、FiType，用于声明文件类型；定义 sFind 用于保存查找字符串。

```
Dim FileType, FiType As String, sFind As String
```

② 在窗体的 Resize 事件中调整文本框的位置和大小。这样，当改变窗体的大小时，文本框自动调整大小。

```
Private Sub Form_Resize()
RichTextBox1.Top = Toolbar1.Height + 20: RichTextBox1.Left = 20
RichTextBox1.Height = ScaleHeight - Toolbar1.Height - 40
RichTextBox1.Width = ScaleWidth - 40
End Sub
```

③ 编写“文件”相关菜单项的 Click 事件。

```
'新建文件
```

```
Private Sub mnuNew_Click()
RichTextBox1. Text = ""        '清空文本框
FileName = "未命名"
Form1. Caption = FileName
End Sub
'打开文件
Private Sub mnuOpen_Click()
CommonDialog1. Filter = "文本文档（*. txt）|*. txt| RTF 文档（*. rtf）|*. rtf
| 所有文件（*. *）|*. *"
CommonDialog1. ShowOpen
RichTextBox1. Text = ""        '清空文本框
FileName = CommonDialog1. FileName
RichTextBox1. LoadFile FileName
Form1. Caption = "旋风记事本:" & FileName
End Sub
'保存文件
Private Sub mnuSave_Click()
CommonDialog1. Filter = "文本文档（*. txt）|*. txt| RTF 文档（*. rtf）|*. rtf
| 所有文件（*. *）|*. *"
CommonDialog1. ShowSave
FileType = CommonDialog1. FileTitle
FiType = LCase(Right(FileType, 3))
FileName = CommonDialog1. FileName
Select Case FiType
Case "txt": RichTextBox1. SaveFile FileName, rtfText
Case "rtf": RichTextBox1. SaveFile FileName, rtfRTF
Case "*. *": RichTextBox1. SaveFile FileName
End Select
Form1. Caption = "旋风记事本:" & FileName
End Sub
'退出
Private Sub mnuExit_Click()
End
End Sub
```

④ 编写“编辑”相关菜单项的 Click 事件。

```
'复制
Private Sub mnuCopy_Click()
Clipboard. Clear
Clipboard. SetText RichTextBox1. SelText
```

```
End Sub
剪切
Private Sub mnuCut_Click( )
Clipboard. Clear
Clipboard. SetText RichTextBox1. SelText
RichTextBox1. SelText = ""
End Sub
'粘贴
Private Sub mnuPaste_Click( )
RichTextBox1. SelText = Clipboard. GetText
End Sub
'全选
Private Sub mnuSelecAll_Click( )
RichTextBox1. SelStart = 0
RichTextBox1. SelLength = Len( RichTextBox1. Text)
RichTextBox1. SetFocus
End Sub
```

⑤ 编写“搜索”相关菜单项的 Click 事件。

```
'查找
Private Sub mnuFind_Click( )
sFind = InputBox( "请输入要查找的字、词:", "查找内容", sFind)
RichTextBox1. Find sFind
End Sub
'继续查找
Private Sub mnunext_Click( )
RichTextBox1. SelStart = RichTextBox1. SelStart + RichTextBox1. SelLength + 1
RichTextBox1. Find sFind, , Len( RichTextBox1)
End Sub
```

⑥ 编写“设置”相关菜单项的 Click 事件。

```
'打开“字体”对话框，根据用户选择设置文本框中的文字属性。
Private Sub mnufont_Click( )
CommonDialog1. Flags = cdlCFBoth Or cdlCFEffects
CommonDialog1. ShowFont
RichTextBox1. SelFontName = CommonDialog1. FontName
RichTextBox1. SelColor = CommonDialog1. Color
RichTextBox1. SelFontSize = CommonDialog1. FontSize
RichTextBox1. SelBold = CommonDialog1. FontBold
RichTextBox1. SelItalic = CommonDialog1. FontItalic
End Sub
```

'实现打印

Private Sub munprint_Click( )

Printer. Print RichTextBox1. Text

End Sub

⑦ 编写“帮助”相关菜单项的 Click 事件。

'显示帮助文件

Private Sub mnuUsage_Click( )

  CommonDialog1. HelpCommand = cdlHelpForceFile

  CommonDialog1. HelpFile = "c: \ windows \ system32 \ winhelp. hlp"

  CommonDialog1. ShowHelp

End Sub

'关于，显示版本信息

Private Sub mnuAbout_Click( )

MsgBox "旋风记事本 1. 0", vbOKOnly, "关于"

End Sub

⑧ 编写对话框中的鼠标右键单击事件，设置弹出式菜单。

'设置弹出式菜单

Private Sub RichTextBox1_MouseDown(Button As Integer, Shift As Integer, X As Single, Y As Single)

If Button = 2 Then

PopupMenu mnuEdit, vbPopupMenuLeftAlign

Else

Exit Sub

End If

End Sub

⑨ 编写工具条的按钮单击事件，执行相应菜单命令。

Private Sub ToolBar1_ButtonClick(ByVal Button As MSComctlLib. Button)

Select Case Button. Key   '按关键字选择

Case "新建": mnuNew_Click

Case "打开": mnuOpen_Click

Case "保存": mnuSave_Click

Case "剪切": mnuCut_Click

Case "粘贴": mnuPaste_Click

Case "复制": mnuCopy_Click

Case "全选": mnuSelecAll_Click

Case "查找": mnuFind_Click

Case "下一个": mnunext_Click

Case "字体": mnufont_Click

Case "打印": munprint_Click

```
Case "帮助": mnuUsage_Click
End Select
End Sub
```

(6) 选择“运行”菜单中的“启动”命令，运行和调试应用程序。

(7) 选择“文件”菜单中的“保存工程”命令，将工程文件命名为“旋风记事本”并保存在磁盘上。

9.6.3 设计“MDI 记事本”程序

【例 9-14】在前面的“旋风记事本”的基础上编写一个 MDI 程序——MDI 记事本，实现多文档的新建、打开、保存、复制、剪切、粘贴、搜索、字体设置、打印等多项功能，如图 9-45 所示。

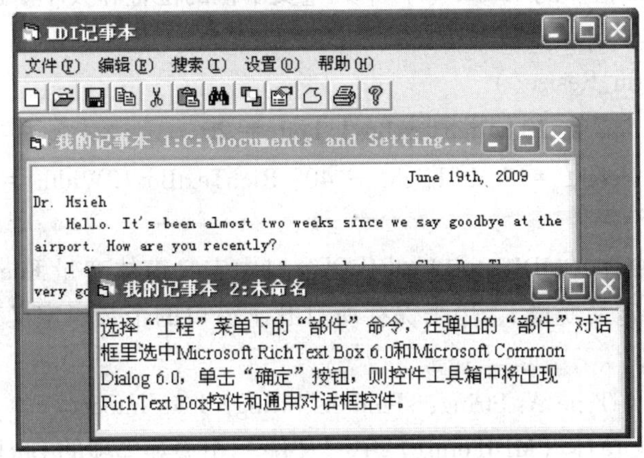

图 9-45　MDI 记事本

操作步骤如下：

(1) 选择“文件”菜单中的“新建工程”命令，打开“新建工程”对话框。

(2) 在对话框中选择“标准 EXE”，单击“确定”按钮，出现窗体。

(3) 在窗体设计器中，进行窗体设计。

① 添加 MDI 父、子窗体。选择“工程”菜单中的“添加 MDI 窗体”命令，出现颜色较深的 MDI 父窗体（MDIForm1）。

② 将窗体 Form1 更名为 MDIChild，设置其 MDIChild 属性为 True。

③ 在 MDI 父窗体（MDIForm1）中添加菜单项目、工具条控件、图片列表控件和通用对话框控件。

④ 在 MDIChild 窗体中添加 RichText 控件，并设置其 ScrollBar 属性设为 2-rtfVertical。

(4) 在“属性”窗口，设置各对象的属性。设置完毕，父窗体如图 9-46 所示，子窗体如图 9-47 所示。

图 9-46　父窗体

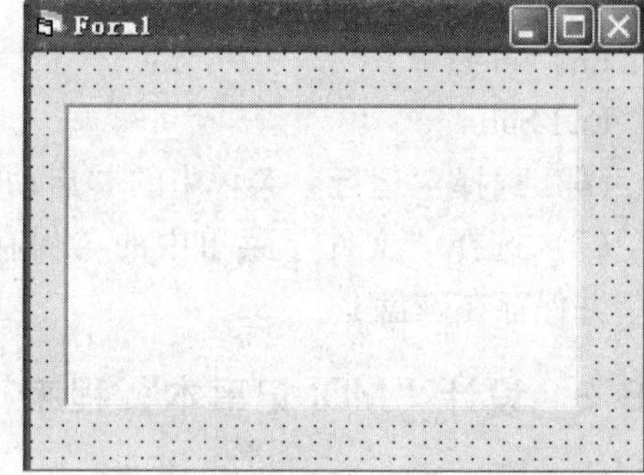

图 9-47　子窗体

(5) 代码编写。

① 在 MDIChild 窗体的 Resize 事件中调整文本框的位置和大小。这样，当改变子窗体的大小时，文本框自动调整大小。

```
Private Sub Form_Resize()
RichTextBox1. Top = 20: RichTextBox1. Left = 20
RichTextBox1. Height = ScaleHeight - 40: RichTextBox1. Width = ScaleWidth - 40
End Sub
```

② 在 MDI 父窗体（MDIForm1）的代码窗口中定义窗体变量 FileType、FiType，用来声明文件类型。定义变量 i，用来保存所打开子窗口的个数。定义变量 sFind 用来保存查询字符串。

```
Dim FileType, FiType As String, sFind As String, i As Integer
```

③ 编写 MDI 父窗体（MDIForm1）中“文件”相关菜单项的 Click 事件。

```
'新建文件
Private Sub mnuNew_Click()
Dim NewChild As New MDIChild      '创建一个新的子窗体
i = i + 1
MDIChild. RichTextBox1. Text = ""      '清空文本框
FileName = "未命名"
NewChild. Caption = "我的记事本" & Str(i) & ":" & FileName      '设置子窗体名
NewChild. Show  '显示子窗体
End Sub
'打开文件
Private Sub mnuOpen_Click()
Dim NewChild As New MDIChild      '创建一个新的子窗体
i = i + 1
CommonDialog1. Filter = "文本文档 (*. txt) |*. txt| RTF 文档 (*. rtf) |*. rtf| 所有文件 (*. *) |*. *"
CommonDialog1. ShowOpen
NewChild. RichTextBox1. Text = ""      '清空文本框
```

```
FileName = CommonDialog1. FileName
NewChild. RichTextBox1. LoadFile FileName      '载入文件
NewChild. Caption = "我的记事本" & Str(i) & ":" & FileName
NewChild. Show      '显示子窗体
End Sub
'保存文件
Private Sub mnuSave_Click()
    CommonDialog1. Filter = "文本文档（*.txt）|*.txt| RTF 文档（*.rtf）
|*.rtf| 所有文件（*.*）|*.*"
    CommonDialog1. ShowSave
    FileType = CommonDialog1. FileTitle
    FiType = LCase(Right(FileType, 3))
    FileName = CommonDialog1. FileName
    Select Case FiType
    Case "txt": MDIForm1. ActiveForm. RichTextBox1. SaveFile FileName, rtfText
    Case "rtf": MDIForm1. ActiveForm. RichTextBox1. SaveFile FileName, rtfRTF
    Case "*.*": MDIForm1. ActiveForm. RichTextBox1. SaveFile FileName, FileName
    End Select
End Sub
'退出
Private Sub mnuExit_Click()
End
End Sub
```

④ 编写“编辑”相关菜单项的 Click 事件。

```
'复制
Private Sub mnuCopy_Click()
Clipboard. Clear
Clipboard. SetText MDIForm1. ActiveForm. RichTextBox1. SelText
End Sub
'剪切
Private Sub mnuCut_Click()
Clipboard. Clear
Clipboard. SetText MDIForm1. ActiveForm. RichTextBox1. SelText
MDIForm1. ActiveForm. RichTextBox1. SelText = ""
End Sub
'粘贴
Private Sub mnuPaste_Click()
MDIForm1. ActiveForm. RichTextBox1. SelText = Clipboard. GetText
End Sub
```

'全选

```
Private Sub mnuselectall_Click( )
MDIForm1. ActiveForm. RichTextBox1. SelStart  = 0
MDIForm1. ActiveForm. RichTextBox1. SelLength  = _
Len( MDIForm1. ActiveForm. RichTextBox1. Text)
MDIForm1. ActiveForm. RichTextBox1. SetFocus
End Sub
```

⑤ 编写“搜索”相关菜单项的 Click 事件。

```
'查找
Private Sub mnuFind_Click( )
sFind  =  InputBox( "请输入要查找的字、词:", "查找内容", sFind)
RichTextBox1. Find sFind
End Sub
'继续查找
Private Sub mnunext_Click( )
RichTextBox1. SelStart  =  RichTextBox1. SelStart  +  RichTextBox1. SelLength  +  1
MDIForm1. ActiveForm. RichTextBox1. Find sFind, , Len( RichTextBox1)
End Sub
```

⑥ 编写“设置”相关菜单项的 Click 事件。

```
'打开“字体”对话框，根据用户选择设置文本框中的文字属性
Private Sub mnufont_Click( )
CommonDialog1. Flags  =  cdlCFBoth Or cdlCFEffects
CommonDialog1. ShowFont
MDIForm1. ActiveForm. RichTextBox1. SelFontName  =  CommonDialog1. FontName
MDIForm1. ActiveForm. RichTextBox1. SelColor  =  CommonDialog1. Color
MDIForm1. ActiveForm. RichTextBox1. SelFontSize  =  CommonDialog1. FontSize
MDIForm1. ActiveForm. RichTextBox1. SelBold  =  CommonDialog1. FontBold
MDIForm1. ActiveForm. RichTextBox1. SelItalic  =  CommonDialog1. FontItalic
End Sub
'实现打印
Private Sub munprint_Click( )
Printer. Print MDIForm1. ActiveForm. RichTextBox1. Text
End Sub
```

⑦ 编写“帮助”相关菜单项的 Click 事件。

其代码与前面的“帮助”相关菜单项的 Click 事件代码完全一致。

⑧ 编写工具条的按钮单击事件，执行相应菜单命令。

```
Private Sub ToolBar1_ButtonClick( ByVal Button As MSComctlLib. Button)
'该段代码与前面工具条的按钮单击事件完全一致
End Sub
```

（6）选择“运行”菜单中的“启动”命令，运行“看图工具”应用程序。单击“载入图片”按钮，显示“打开文件”对话框，供用户选择图片文件，如图 9－48 所示；单击“保存图片”按钮，显示“保存文件”对话框，如图 9－49 所示。

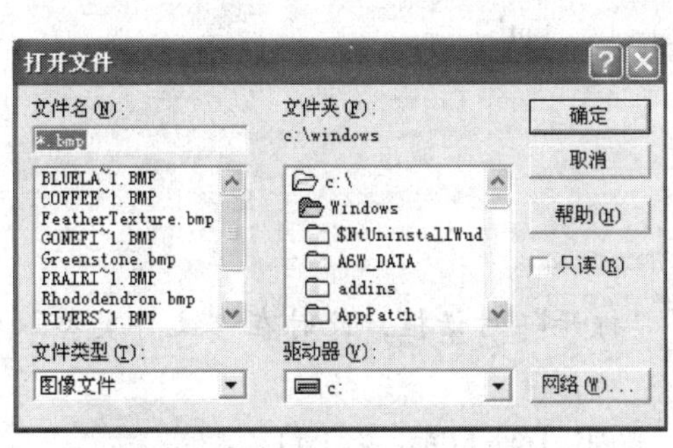

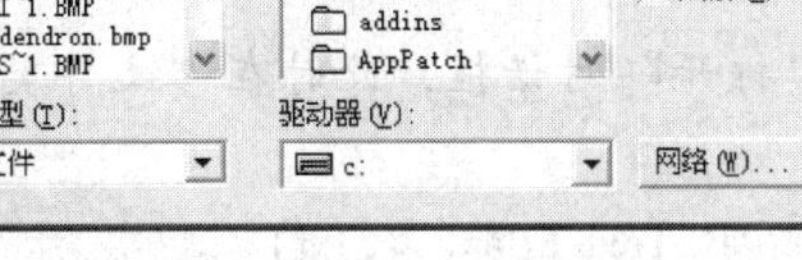

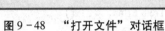

图 9－48　“打开文件”对话框　　　　图 9－49　“保存文件”对话框

（7）选择“文件”菜单中的“保存工程”命令，将工程文件命名为“看图工具”并保存在磁盘上。

【本章小结】

Visual Basic 的通用对话框 CommonDialog 控件提供了一组基于 Windows 的标准对话框界面，包括“打开”、“另存为”、“颜色”、“字体”、“打印”及“帮助”六种对话框，使用它们可简化界面设计的工作。

利用 Visual Basic 提供的“菜单编辑器”，可以非常方便地在应用程序的窗体上建立菜单栏。使用 PopuMenu 方法，可以快捷地生成弹出菜单。工具栏为用户提供了常用菜单命令的快速访问，进一步增强了应用程序菜单界面的可操作性。

多重窗体和多文档界面适用于较为复杂的应用程序。多重窗体是指一个应用程序中有多个并列的普通窗体，每个窗体可以有自定的界面和程序代码，完成不同的功能。多文档界面允许同时显示多个文档，每个文档都显示在自己的子窗体中。

习题 9

一、选择题

1. 在“打开”文件对话框中，如果单击“确定”按钮，退出对话框时，为得到用户所选择的文件的路径以及文件名，则应使用的属性是＿＿＿＿＿。

A. DefaultEXT　　B. DialogTitle　　C. FileName　　D. FileTitle

2. 若要显示“打印”对话框，以下正确的语句是＿＿＿＿＿。

Ⅰ. CommonDialog1. ShowPrinter　　Ⅱ. CommonDialog1. Action =6

Ⅲ. CommonDialog1. Action =5　　Ⅳ. CommonDialog1. ShowSetPrint

A. Ⅰ、Ⅱ和Ⅳ　　B. Ⅰ、Ⅲ和Ⅳ　　C. Ⅲ和Ⅳ　　D. Ⅰ和Ⅲ

3. 在窗体中添加 1 个“通用对话框”控件（CommonDialogl）和 1 个“命令按钮”

控件（Commandl），并编写如下事件过程：

```
Private Sub Commandl_Click( )
CommonDialogl. Flags = cdlOFNHideReadOnly
CommonDialogl. Filter = " All Files( *. * ) |*. * | Text Files" & _
"( *. txt) |*. txt | Batch Files ( *. bat) |*. bat"
CommonDialogl. FilterIndex = 2
CommonDialogl. ShowOpen
MsgBox CommonDialogl. FileName
End Sub
```

程序运行后，单击命令按钮，显示一个“打开”对话框，此时在“文件类型”框中显示的是__________。

A. All Files(*. *)　　B. Text Files(*. txt)

C. Batch Files(*. bat)　　D. 不确定

4. 用于显示弹出式菜单的方法名是__________。

A. ShowPopupMenu　　B. ShowMenu

C. ShowPopup　　D. PopupMenu

5. 把名为 menuColor 的菜单项设置为不可见的语句是__________。

A. menuColor. Checked = False　　B. menuColor. Enabled = False

C. menuColor. Visible = False　　D. menuColor. Popup = False

6. 用于动态地在菜单中增加菜单项的语句是__________。

A. LoadMenu　　B. Load　　C. UnloadMenu　　D. Unload

7. “菜单编辑器”窗口的编辑区中共有 7 个按钮，其中向下箭头表示__________。

A. 同“下一个”按钮作用相同　　B. 向下移动菜单项

C. 开始一个新的菜单项　　D. 以上都不正确

8. 若某菜单项名为 MenuItem，运行时为使其失效，应使用的语句是__________。

A. MenuItem. Enabled = False　　B. MenuItem. Enabled = True

C. MenuItem. Visible = True　　D. MenuItem. Visible = False

9. 以下叙述中，错误的是__________。

A. 在同一窗体的菜单项中，不允许出现标题相同的菜单项

B. 在菜单的标题栏中，“&”所引导的字母指明了访问该菜单项的访问键

C. 程序运行过程中，可以重新设置菜单的 Visible 属性

D. 弹出式菜单也在菜单编辑器中定义

10. 设在“菜单编辑器”中定义了一个菜单项，名为 menu1。为了在运行时隐藏该菜单项，应使用的语句是__________。

A. menu1. Enabled = True　　B. menu1. Enabled = False

C. menu1. Visible = True　　D. menu1. Visible = False

11. 如果一个工程含有多个窗体及标准模块，则以下叙述中错误的是__________。

A. 如果工程中含有 Sub Main 过程，则程序一定首先执行该过程

B. 不能把标准模块设置为启动模块

C. 用 Hide 方法只是隐藏一个窗体，不能从内存中清除该窗体

D. 任何时刻最多只有一个窗体是活动窗体

12. 多重窗体程序设计中，将窗体装入内存进行操作而不显示出来的语句为________。

A. Form1. show　　B. Form1. close

C. Load Form1　　D. Close Form1

13. 多重窗体程序设计中，为了使窗体 Form1 从屏幕上消失但仍在内存中，所使用的方法或语句为________。

A. Form1. Close　　B. Close Form1

C. Form1. Hide　　D. Unload Form1

14. 利用________关键字可以代替当前窗体。

A. I　　B. This　　C. Me　　D. Parent

15. 在 Visual Basic 工程中，可以作为“启动对象”的程序是________。

A. 任何窗体或标准模块　　B. 任何窗体或过程

C. Sub Main 过程或其他任何模块　　D. Sub Main 过程或任何窗体

16. 假定一个 Visual Basic 应用程序由一个窗体模块和一个标准模块构成。为了保存该应用程序，以下正确的操作是________。

A. 只保存窗体模块文件

B. 分别保存窗体模块、标准模块和工程文件

C. 只保存窗体模块和标准模块文件

D. 只保存工程文件

17. 以下叙述中，错误的是________。

A. 一个 Visual Basic 应用程序可以包含有多个标准模块文件

B. 一个 Visual Basic 工程可以含有多个窗体文件

C. 标准模块文件可以属于某个指定的窗体文件

D. 标准模块文件的扩展名是 . bas

二、填空题

1. Visual Basic 中的对话框分为三类，即：预定义对话框、自定义对话框和________。

2. 能得到“颜色”对话框中用户所选择的颜色的属性是________。

3. 在 Visual Basic 中，能够获得“字体”对话框中用户所选字体的名字、大小和颜色的属性分别是 __【1】__ 、 __【2】__ 和 __【3】__ 。

4. 设计一个窗体，在窗体中添加 1 个“命令按钮”控件（Command1）、1 个“通用对话框”控件（CommonDialog1）和 1 个“文本框”控件（Text1）。利用“颜色”对话框将文本框中的字体颜色设置成用户所选择的颜色。按要求将以下程序补充完整。

```
Private Sub Command1_Click( )
    CommonDialog1. Flags = cdlCCRGBInit
    CommonDialog1. Color = Text1. ForeColor
```

____

```
        Text1. ForeColor = CommonDialog1. Color
    End Sub
```

5. 如果要将某个菜单项设计为分隔线，则该菜单项的标题应设置为__________。

6. 通常将菜单分为两种：一种是下拉式菜单；另一种是__________菜单。

7. 菜单编辑器可分为三个部分，即：数据区、编辑区和__________。

8. 若要把一个普通的窗体变成 MDI 子窗体，需将窗体的__________属性设置为 True。

9. 用来显示弹出式菜单的方法是__________。

10. 若要把一个普通的窗体变成 MDI 子窗体，需将窗体的__________属性设置为 True。

11. 窗体的 Name 属性指定窗体的名称，用来标识一个窗体

12. 新建了一个工程，该工程包括两个窗体，其名称（Name 属性）分别为 Form1 和 Form2。启动窗体为 Form1，在 Form1 添加 1 个“命令按钮”控件（Command1），程序运行后，要求当单击该命令按钮时，Form1 窗体消失，显示窗体 Form2，请在横线处将程序补充完整。

```
    Private Sub Command1_Click( )
        Unload Form1
        Form2. __________
    End Sub
```

13. 在 Visual Basic 程序启动运行中设置一个封面窗口，显示一些有意义的信息，要求显示时间 5 秒。

```
    Sub dlys( ByVal n As Single)
        Dim t1 As Single, t2 As Single
        t1 = Timer
        Do
            t2 = Timer
            If t2 < t1 Then t2 = t2 + 86400
            If t2 - t1 > n Then Exit Do
    ___【1】___
        Loop
    End Sub
    Sub main( )
        Form2. Show
        dlys ___【2】___
    ___【3】___
    Form1. Show
    End Sub
```

三、上机题

1. 设置字体和颜色：利用通用对话框设置窗体上标签的字体和颜色。单击“字体”按钮，打开“字体设置”对话框，可进行字体设置；单击“颜色”按钮，打开“颜色设置”对话框，可进行颜色设置。程序初始运行界面和设置后的界面分别如图9-50和图9-51所示。

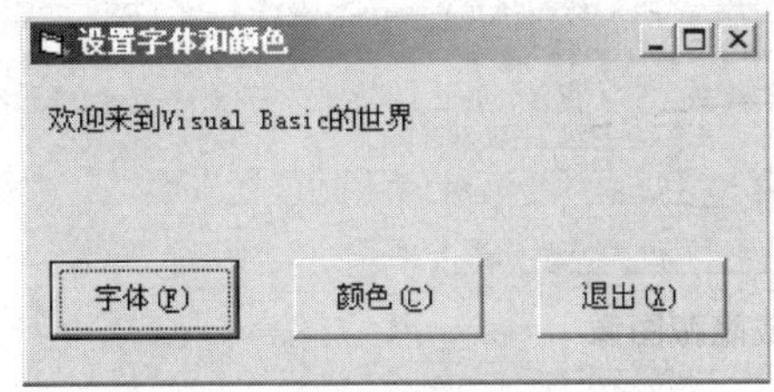

图9-50　字体和颜色实验的初始运行界面

图9-51　字体和颜色实验设置后的效果

2. 设置窗体背景图：单击“设置背景”按钮，弹出“打开文件”对话框，选择并打开位图文件，将其设置成窗体的背景图，如图9-52所示；单击“取消背景”按钮，则清除窗体的背景图，如图9-53所示。

图9-52　设置窗体背景

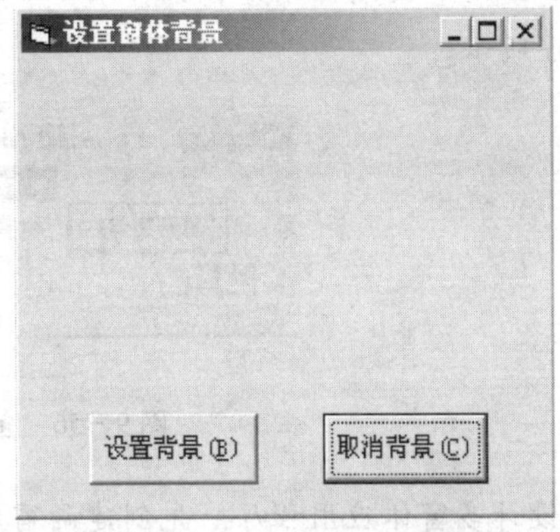

图9-53　清除窗体背景

3. 设计如图9-54的程序窗体。在窗体上创建一个菜单，主菜单项为“操作”，有两个子菜单项，其名字分别为AddItem和DeleteItem，标题分别为“添加”和“删除”。然后创建一个列表框L1和一个文本框Text1。程序运行后，执行“添加”命令，从键盘上输入要添加到列表框中的项目；执行“删除”命令，则从键盘上输入要删除的项目，将其从列表框中删除。

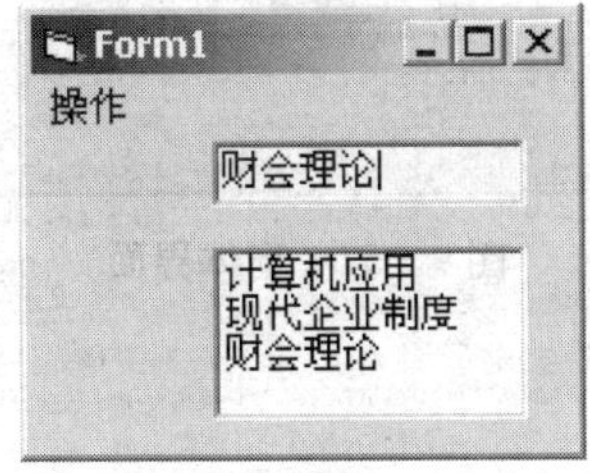

图9-54　“操作”菜单

4. 创建名为 Form1 的窗体，并在窗体上画一个黄色椭圆，名称为 Shape1，设置属性 BorderStyle 为 1。再建立一个下拉菜单，菜单标题为“操作”，名称为 Op。此菜单下含有两个菜单项，名称分别为 Display 和 Hide，标题分别为“显示”和“隐藏”。请编写适当的事件过程，使得在运行时，单击“隐藏”菜单项，椭圆消失；单击“显示”菜单项，则椭圆重新出现。程序运行时的界面如图 9－55 所示。

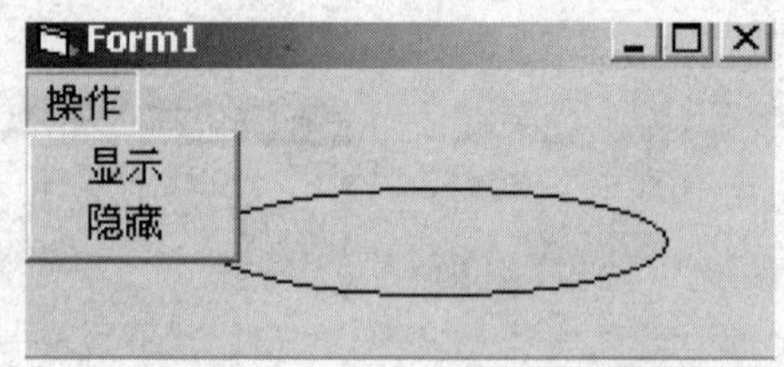

图 9－55　显示或隐藏图像

5. 设计多窗体应用程序。先创建两个窗体 Form1、Form2，在窗体 Form1 上建立 C1、C2 两个命令按钮，标题分别为“隐藏启动窗体”和“关闭窗体”；在窗体 Form2 上创建标题为“打开窗体 1”的按钮。将 Form2 设为启动窗体，单击 Form2 上的按钮，则显示 Form1 窗体；若单击 Form1 上的“隐藏启动窗体”按钮，则 Form2 消失；若单击 Form1 上的“关闭窗体”按钮，则 Form1、Form2 消失，程序退出。程序运行情况如图 9－56 所示。

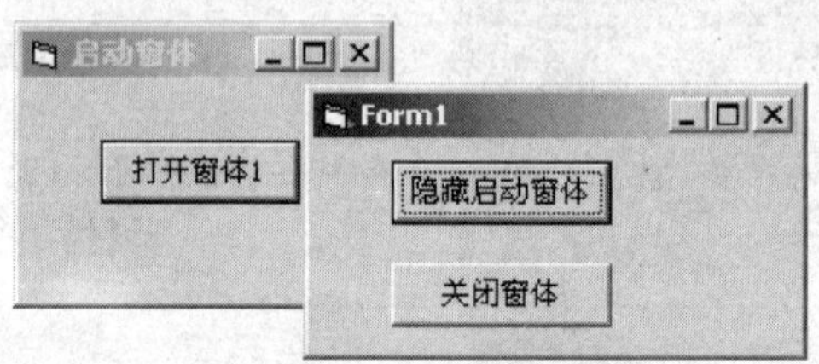

图 9－56　多窗体应用程序

6. 设计多窗体应用程序。先创建两窗体 Form1、Form2。在窗体 Form1 上建立命令按钮 C1，标题为“结束”。在窗体 Form2 上建立命令按钮 C2，标题为“开始”。将 Form2 设为启动窗体，单击 Form2 上的“开始”按钮，则以模式方式显示 Form1 窗体；若单击 Form1 上的“结束”按钮，则退出程序运行。程序运行如图 9－57 所示。

图 9－57　窗体界面

10 文件操作

【学习目标】

1. 熟悉三种文件系统控件的属性、方法与事件。
2. 掌握驱动器列表框、目录列表框和文件列表框的关联使用。
3. 了解文件的结构与分类。
4. 掌握顺序文件的处理方法。
5. 熟悉随机文件的处理方法。
6. 了解二进制文件的处理方法。
7. 熟悉与文件处理相关的语句、命令和函数。

10.1 文件系统控件

许多应用程序都要涉及并使用磁盘驱动器、目录和文件。为方便用户利用文件系统，Visual Basic 提供了三种控件：“驱动器列表框”控件（DriverListBox）、“目录列表框”控件（DirListBox）和“文件列表框”控件（FileListBox）。它们主要用于进行文件操作时，对磁盘、文件夹、文件进行显示和选择等操作。

10.1.1 驱动器列表框

驱动器列表框最常用的属性是 Drive 属性，用于设置或返回所选择的磁盘驱动器名。该属性只能在程序中使用代码设置，不能在“属性”窗口中进行设置。

【格式】驱动器列表框名称 . Drive [= 驱动器名]

【说明】“驱动器名”是指定的驱动器，如果省略，Drive 属性表示当前驱动器。如果所选择的驱动器在当前系统中不存在，则产生错误。

10.1.2 目录列表框

目录列表框显示当前驱动器上的目录结构，最常用的属性是 Path 属性，用于设置或返回当前磁盘驱动器的路径。该属性只能在程序中使用代码设置，不能在“属性”窗口中设置。

【格式】目录列表框 . Path [= "路径"]

10.1.3 文件列表框

文件列表框用来显示当前目录下的文件名称列表。常用的属性如下：

①Pattern 属性——用于设置在执行时需要显示的某一种或多种类型的文件，用分号将多个类型分开。例如，设置该属性为“*.doc”，仅表示后缀为 doc 的 MS Word 文档；又如设置该属性为“*.doc；vb*.ppt”，不仅表示后缀为 doc 的 MS Word 文档，还表示以 vb 开头且后缀为 ppt 的 MS PowerPoint 文档。

②FileName 属性——在文件列表框中设置或返回某一选定的文件名称，不包括路径。

10.1.4 驱动器列表框、目录列表框及文件列表框的同步操作

（1）“驱动器列表框”控件的常用事件

Change：当用户改变磁盘驱动器时，触发该事件。通常在 Change 事件里，改变目录列表的 Path 属性，即自动更新目录列表的显示。

（2）“目录列表框”控件的常用事件

Change：当用户改变文件夹时，触发该事件。通常在 Change 事件里，改变文件列表的 Path 属性时，自动更新文件列表的显示。

（3）“文件列表框”控件的常用事件

Click：当用户单击文件列表时，触发该事件。通常在 Click 事件里，返回文件的路径和文件名。

执行语句“File1. Path = Dir1. Path”，可使目录列表框 Dir1 和文件列表框 File1 产生同步；执行语句“Dir1. Path = Drive1. Drive”，可使驱动器列表框 Drive1 和目录列表框 Dir1 同步。

10.1.5 执行文件

文件列表框接收 DblClick 事件，利用这一点，可以执行文件列表框中的某个可执行文件，即：双击文件列表框中的某个可执行文件，即可执行该文件。对此，可以通过 Shell 函数来实现。例如：

```
Private Sub File1_DblClick( )
    x = Shell(File1. FileName, 1)
End Sub
```

过程中的 FileName 是文件列表框中被选择的可执行文件的名字，双击该文件名，即可执行此文件。

【例 10-1】文件控件的使用。

操作步骤如下：

（1）新建一个窗体，添加 1 个“标签”控件（Label1）、1 个“驱动器列表框”（Drive1）、1 个“目录列表框”（Dir1）和 1 个“文件列表框”（File1）。当用户选择某个文件时，在标签中显示其路径和文件名。设计的窗体如图 10-1 所示。

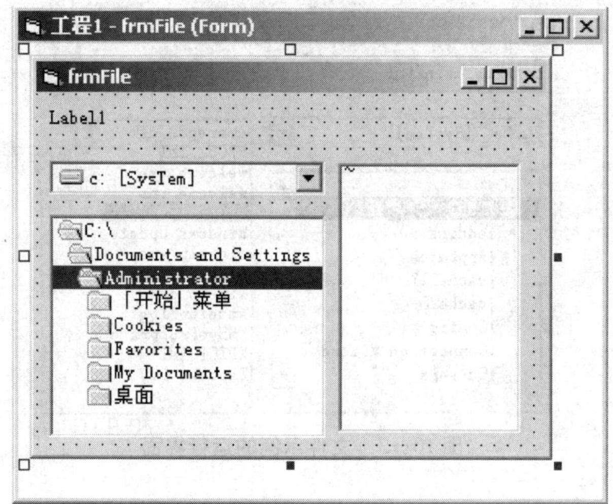

图 10－1　文件示例的设计窗体

（2）在“属性”窗口，分别设置各对象的属性，如表 10－1 所示。

表 10－1　　　　　　　　　文件控件示例中的属性设置

对象	属性	属性值	说明
Form1	Name	frmFile	窗体名称
Label1	Name	lblFile	文件名标签的名称
	AutoSize	True	文件名标签自动调整尺寸
Drive1	Name	Driver1	驱动器列表框的名称
Dir1	Name	Dir1	目录列表框的名称
File1	Name	File1	文件列表框的名称

（3）在“代码”窗口，编写驱动器列表框和目录列表框的 Change 事件过程代码以及文件列表框的 Click 事件过程代码，如图 10－2 所示。

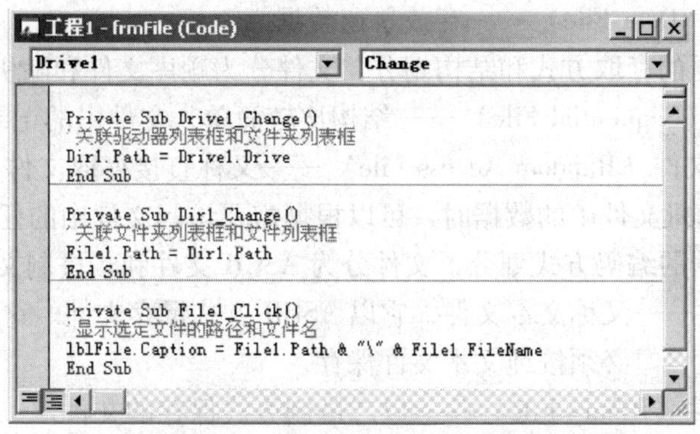

图 10－2　文件示例的代码窗体

（4）运行程序。选择文件时，在标签上显示文件的路径和文件名，如图 10－3 所示。

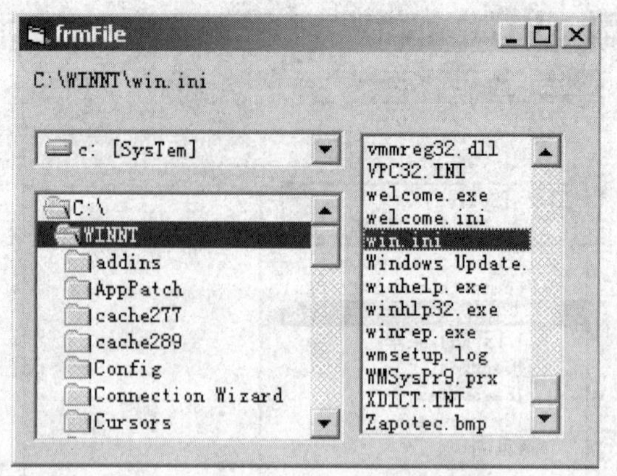

图 10－3　文件示例的运行界面

10.2　文件处理

文件是保存在外部存储设备上的相关数据的集合，通常存放在软盘、硬盘、光盘以及磁带等外部介质上。计算机操作系统是以文件作为单位来管理数据的，因此，文件必须用一个文件名来表示，这样，当要访问这些存放在外部介质上的文件时，首先通过文件名找到所指定的文件，然后从定位的文件中读写数据。

10.2.1　文件的结构与分类

1. 文件的结构

为了有效地存取数据，数据必须以某种特定的方式存放，这种特定的方式称为文件结构。文件由记录组成，记录由字段组成，字段由字符组成。

2. 文件的分类

（1）根据数据性质划分，文件分为程序文件和数据文件。

① 程序文件（Program File）——存放由计算机执行的程序，包括源文件和可执行文件。

② 数据文件（Data File）——存放普通数据。

（2）根据数据的存取方式和结构划分，文件分为顺序文件和随机文件。

① 顺序文件（Sequential File）——结构比较简单，文件中的记录连续地存放。

② 随机存取文件（Random Access File）——又称直接存取文件，简称随机文件或直接文件。访问随机文件中的数据时，可以根据需要访问文件中的任意一个记录。

（3）根据数据的编码方式划分，文件分为 ASCII 文件和二进制文件。

① ASCII 文件——又称文本文件，它以 ASCII 方式保存文件。这种文件可以用字处理软件建立和修改，但必须按纯文本文件保存。

② 二进制文件（Binary File）——以二进制方式保存的文件。

对上述文件的操作，通常是通过文件系统来实现的。Visual Basic 具备完善的文件管理功能，不仅可以对文件进行创建、保存、修改、复制、删除以及改名等操作，还可以按照顺序、随机和二进制三种访问方式对文件进行读（出）和写（入）操作。

10.2.2 顺序文件的使用

顺序文件即普通的文本文件，可以用记事本、写字板等文本编辑器来编辑，其结构比较简单，文件中的数据一个接一个地存放。读写顺序文件时，每次只能按照顺序读写一行，并且每行的长度也是不定的。顺序访问方式一般用于文本文件的处理，即数据是连续存放在文本文件中的。顺序访问方式不太适合于包含很多数字的数据，因为每个数字都被看成一个字符串，势必浪费存储空间。例如，作为一个整数，1024 在内存中占用两个字节，但是在顺序文件中存储，则要占用 4 个字节的空间。

存取顺序文件分三个步骤：打开顺序文件、读/写数据和关闭文件。

1. 打开顺序文件

【格式】Open 文件名 For 方式 As #文件号［Len = 记录长度］

【说明】在 For 关键字后可以使用以下三种方式：

① Input——将文件中的数据读入到计算机内存中。

② Output——将数据由内存写入磁盘文件中。如果文件存在，覆盖原文件；如果不存在，则新建文件。

③ Append——将数据写入到文件原有内容的尾部。

“文件号”是一个整型表达式，取值范围为 1 ~ 511。记录长度是一个整型表达式，其值（不超过 32 767）是缓冲字符数。

2. 关闭顺序文件

【格式】Close［#文件号］［，#文件号］…

【说明】Close 语句关闭已打开的文件，文件号为 Open 语句中使用的文件号。文件号可任选，当省略时，表示关闭所有文件。在程序结束时，所有打开的文件将自动关闭。

3. 顺序文件的读操作

（1）Input #语句

【格式】Input #文件号，变量表

【说明】“变量表”由一个或多个变量组成，文件中数据项的类型应与“Input #”语句中变量的类型匹配。用“Input #”语句将读出的数据赋给数值变量时，将忽略前导空格、回车或换行符，把遇到的第一个非空格、非回车和换行符作为数值的开始。一旦遇到空格、回车或换行符，则认为数值结束。“Input #”语句也可用于随机文件。

（2）Line Input #语句

【格式】Line Input #文件号，字符串变量

【功能】“Line Input #”语句从顺序文件中读取一个完整的行，并把它赋给一个字符串变量。“Line Input #”可以读取顺序文件中一行的全部字符，直至遇到回车符为止。

（3）Input( ) 函数

【格式】Input(n，#文件号)

【功能】Input 函数返回从指定文件中读出的 n 个字符的字符串。

【说明】Input 函数执行“二进制输入”，把一个文件作为非格式的字符串来读取。

4. 顺序文件的写操作

（1）Print #语句

【格式】Print #文件号，[[Spc(n) | Tab (n)] [表达式表] [; | ,]]

【功能】将数据写入文件中。

【说明】格式中的“表达式表”可以省略。和 Print 方法一样，“Print #”语句中各数据项之间可以用分号隔开，也可以用逗号隔开，分别对应紧凑格式和标准格式。

“Print #”语句的任务只是将数据送到缓冲区，数据由缓冲区写到磁盘文件的操作则是由文件系统来完成的。执行“Print #”语句后，并不立即把缓冲区中的内容写入磁盘，只有在满足下列条件之一时才写盘：

① 关闭文件（Close）。

② 缓冲区已满。

③ 缓冲区未满，但执行下一个“Print #”语句。

（2）Write #语句

【格式】Write #文件号，表达式表

【功能】将数据写入顺序文件中。

【说明】“Write #”语句与“Print #”语句的功能基本相同，二者的区别如下：

① 当用“Write #”语句向文件写入数据时，数据在磁盘上以紧凑格式存放，能自动地在数据项之间插入逗号，并给字符串加上双引号。一旦最后一项被写入，即插入新的一行。

② 用“Write #”语句写入的正数的前面没有空格。

【例 10 -2】打开 C 盘根目录下的 autoexec. bat 文件，以便读取：

```
Open "C:\ autoexec. bat" For Input As #1
```

【例 10 -3】在磁盘上创建一个学生通讯录文件，保存学生姓名和联系电话。

程序如下：

```
Open "C:\ contact. txt" For Output As #1
Dim stuName As String
Dim stuPhone As String
stuName = InputBox("请输入学生姓名:")
While stuName < > "NONE"
    stuPhone = InputBox("请输入联系电话:")
    Write #1, stuName, stuPhone
    stuName = InputBox("请输入学生姓名:")
Wend
Close #1
```

用户可以循环输入学生姓名和联系电话，当输入学生姓名为 NONE 时，程序结束。

10.2.3 随机文件的使用

随机文件又称直接存取文件，简称随机文件或直接文件。随机文件中的一行数据称为一条记录，访问随机文件数据时的读写顺序没有限制。根据需要，通过记录号就能访问文件中的任意一个记录，访问速度很快。随机文件中的每个记录无论其数据内容的长短，所占的存储空间都是相等的。尽管会有一定存储空间的浪费，随机访问一般仍然适用于固定长度记录结构的文件。

打开一个随机文件进行操作前，需要定义与文件中记录类型相对应的自定义数据类型。例如，可以为一个学生信息文件定义下面的自定义数据类型：

```
Type Student
Number As String * 8
Name As String * 40
Address As String * 100
Phone As String * 20
End Type
```

随机文件要求每个记录长度必须相等，所以将 Student 类型中的字段定义为固定长度。

1. 打开随机文件

【格式】Open 文件名 [For Random] [Access 存取类型] As #文件号 [Len = 记录长度]

【说明】For Random 表示以随机方式打开文件（可省略）。存取类型可以是 Read（只读）、Write（只写）或 Read Write（读写）。文件以随机访问模式打开后，可以同时进行读出和写入操作。在 Open 语句中要指明记录的长度，记录长度的默认值是 128 个字节。

2. 关闭随机文件

【格式】Close [#文件号] [，#文件号] …

【说明】该语句用于关闭已打开的文件，文件号为 Open 语句中使用的文件号。文件号可任选，当省略时，表示关闭所有文件。程序结束时，所有打开的文件自动关闭。

3. 随机文件的读操作

随机文件的读操作分为以下四步：

（1）定义数据类型——随机文件由固定长度的记录组成，每个记录含有若干个字段。记录中的各个字段可以放在一个记录类型中，记录类型用“Type…End Type”语句定义。

（2）打开随机文件——打开一个随机文件后，既可用于写操作，也可用于读操作。

（3）利用“Get #”语句（而非“Put #”语句），把由“文件号”所指定的磁盘文件中的数据读到“变量”中。其格式如下：

【格式】Get #文件号，[记录号]，变量名

【说明】从磁盘文件中将一条由记录号指定的记录内容读入记录变量中。记录号是一个大于 1 的整数，表示对第几条记录进行操作。如果忽略记录号，则表示读出当前记录后的那一条记录。

（4）利用 Close 语句关闭文件。

4. 随机文件的写操作

随机文件的写操作分为以下四步：

（1）定义数据类型——随机文件由固定长度的记录组成，每个记录含有若干个字

段。记录中的各个字段可以放在一个记录类型中，记录类型用“Type…End Type”语句定义。

（2）打开随机文件——打开一个随机文件后，既可用于写操作，也可用于读操作。

（3）利用“Put #”语句，将内存中的数据写入磁盘。“Put #”语句的格式为：

【格式】Put #文件号，[记录号]，变量名

【说明】将一个记录变量的内容写到所打开的磁盘文件中指定的记录位置处。记录号是一个大于1的整数，表示写入的是第几条记录。如果忽略记录号，则表示在当前记录后的位置插入一条记录。

（4）利用Close语句关闭文件。

5. 随机文件中记录的修改、增加与删除

（1）修改记录——重写待修改的记录。

（2）增加记录——在文件的末尾附加记录。

（3）删除记录——把下一个记录重写到要删除的记录的位置上，其后的所有记录依次前移。

10.2.4 二进制文件的使用

二进制文件不像文本文件那样以ASCII方式保存，而是以二进制方式保存。二进制文件存储的是二进制码，无具体的格式，不能用普通的字处理软件编辑，且占用空间较小。二进制访问方式与随机访问方式类似，读写语句也是Get和Put，区别在于二进制方式的访问单位是字节，而随机方式的访问单位是记录。

前面定义了Student类型，不管每个字段实际内容有多长，每个记录都要占用168个字节的磁盘空间，必定会浪费一些磁盘空间。如果利用二进制文件来处理学生信息，在自定义类型时不必说明各字段长度，字段所占磁盘空间的大小和该字段实际内容长度是一样的，避免了磁盘空间的浪费。

```
Type Student
Number As String
Name As String
Address As String
Phone As String
End Type
```

1. 打开二进制文件

【格式】Open 文件全名 For Binary [Access 存取类型] As 文件号

【说明】For Binary 表示打开一个按二进制编码方式的文件。存取类型可以是Read（只读）、Write（只写）或Read Write（读写）。二进制访问中的Open与随机存取的Open不同，它没有指定Len = 记录长度，因此，类型声明语句可以省略字符串长度参数。

2. 关闭二进制文件

【格式】Close [#文件号] [，#文件号] …

【说明】该语句用于关闭已打开的文件，文件号为Open语句中使用的文件号。文

件号可选，省略时，表示关闭所有文件。程序结束时，所有打开的文件自动关闭。

3. 二进制文件的读操作

【格式】Get #文件号，[位置]，变量名

【说明】从已打开的文件的某个位置开始，读取一定长度的数据。

4. 二进制文件的写操作

【格式】Put #文件号，[位置]，变量名

【说明】在已打开的二进制文件的每个位置写入字节。

【例 10－3】文件复制示例。

程序如下：

```
Dim char As Byte
Dim File, File2 as Integer
File1 = FreeFile
'打开源文件
Open "d:\ test1. dat" For Binary As # File1
File2 = FreeFile
'打开目标文件
Open "d:\ test2. dat" For Binary As # File2
Do While Not EOF(File1)
'从源文件读出一个字节
   Get #File1, , char
'将一个字节写入目标文件
   Put #File2, , char
Loop
Close #File1
Close #File2
```

10.3 用于文件操作的其他语句和函数

关于文件操作，还可使用一些常用语句和函数来操作文件。

10.3.1 常用语句

文件被打开后，自动生成一个文件指针（隐含的），文件的读或写就从指针所指的位置开始。用 Append 方式打开一个文件后，文件指针指向文件的末尾。用其他几种方式打开文件时，文件指针指向文件的开头。

1. Seek 语句

【格式】Seek #文件号，位置

【功能】用来移动文件指针位置。

【说明】“位置”是从文件开头到“位置”处为止的字节数，取值范围为 1 ~ $(2^{31}-1)$。

2. Lock 和 Unlock 语句

【格式】Lock #文件号 [,记录 | [开始] To 结束]

Unlock #文件号 [,记录 | [开始] To 结束]

【功能】用来控制其他进程对已打开的整个文件或文件的一部分的存取。

【说明】Lock 和 Unlock 语句总是成对出现。Lock 和 Unlock 语句中的参数的含义如下：

①记录——要锁定的记录号或字节号。

②开始——要锁定或解锁的第一个记录号或字节号。

③结束——要锁定或解锁的最后一个记录号或字节号。

当按顺序文件打开时，Lock 和 Unlock 语句锁定整个文件。若省略“开始”记录，从第一个记录开始锁定；若省略“开始”和“结束”记录，则锁定整个文件。

10.3.2 常用函数

1. Seek 函数

【格式】Seek(文件号)

【功能】返回文件指针的当前位置。

2. FreeFile 函数

【格式】FreeFile()

【功能】获得一个在程序中没有使用的文件号。

3. Loc 函数

【格式】Loc(文件号)

【功能】返回由“文件号”指定的文件的当前读写位置。

4. CurDir 函数

【格式】CurDir(盘符)

【功能】返回目前所在的文件夹。

【例 10-4】输出磁盘 C 当前所在的目录。

```
MyPath = CurDir("C")
PrintMyPath
```

5. Dir 函数

【格式】Dir[(filename [, attributes])]

【功能】返回字符串表达式（包含文件名和目录名）。

attributes 参数的取值及其含义如表 10-2 所示。

表 10-2 **文件函数中 attributes 的属性设置**

Vb 常数	值	含义
vbNormal	0	常规
vbReadOnly	1	只读
vbHidden	2	隐藏
vbSystem	4	系统文件

表10－2(续)

Vb 常数	值	含义
vbVolume	8	磁盘的卷标
vbDirectory	16	目录或者文件夹
vbArchive	32	文件自上一次备份后已经改变

【例 10－5】输出 C 盘根目录下其属性为系统文件且扩展名为 . sys 的文件名。

代码如下：

```
Dim strFile As String
strFile = Dir("C:\*.sys", vbSystem)
Print strFile
```

6. LOF 函数

【格式】LOF(文件号)

【功能】返回给文件分配的字节数（即文件的长度）。

【例 10－6】在窗体中添加 1 个“命令按钮”控件（Command1），编写如下代码：

```
Private Sub Command1_Click()
Open "d:\vb\test.txt" For Input As #1
Print LOF(1)
Close #1
End Sub
```

假设文件“d:\vb\test.txt”的内容为“I am a student.”，程序运行后，单击命令按钮，其输出结果为 15（文件的长度，包括所有的空格以及标点符号）。

7. FileLen 函数

【格式】FileLen(FileName)

【功能】返回指定文件的大小。

【例 10－7】测试指定文件的大小。

代码如下：

```
Dim numSize As Long
numSize = FileLen("C:\Config.sys")
```

8. FileAttr 函数

【格式】FileAttr(文件号，属性)

【功能】返回打开文件的有关信息。

9. GetAttr 函数

【格式】GetAttr(FileName)

【功能】返回指定文件的属性常数。

【例 10－8】返回指定文件的属性常数。

代码如下：

```
Dim fileA As Integer
fileA = GetAttr("C:\Autoexec.bat")
```

10. FileDateTime 函数

【格式】FileDateTime(FileName)

【功能】返回指定文件的最后修改日期或被创建的日期。

【例 10 -9】返回指定文件的最后修改日期。

代码如下:

```
Dim fileDT As Variant
fileDT = FileDateTime("C:\ Autoexec. bat")
```

11. EOF 函数

【格式】EOF(文件号)

【功能】用来测试文件的结束状态。

【例 10 -10】当文件到达末尾时,关闭该文件。

代码如下:

```
Open "Test. tmp" For Input As #1
Do
Input #1, MyStr
Loop Until EOF(1)
Close #1
```

【例 10 -11】在窗体中添加 1 个"命令按钮"控件(Command1),然后编写如下代码:

```
Private Type Record
   ID As Integer
   Name As String * 20
End Type
Private Sub Command1_Click()
   Dim MaxSize, NextChar, MyChar
   Open "d:\ vb \ tt. txt" For Input As #1
   MaxSize = LOF(1)
   For NextChar = MaxSize To 1 Step -1
    Seek #1, NextChar
    MyChar = Input(1, #1)
   Next NextChar
   Print EOF(1)
   Close #1
End Sub
```

假设文件"d:\ vb \ tt. txt"中的内容为"Hello eveybody!",程序运行后,单击命令按钮,其输出结果为 False。在 For 循环体中,最后利用 Seek 语句将文件指针指向第 1 个字符后。因此在 Print EOF(1) 语句中,EOF(1) 函数得到的值为 False,即文件指针当前不指向文件的结尾。注意:当文件"d:\ vb \ tt. txt"的内容为空,或者该文件只有一个字符时,EOF(1) 函数得到的值应为 True,也就是说,当前文件指针指向文件结尾。

10.4 综合应用案例

10.4.1 设计“读文件与写文件”程序

【例 10-12】在窗体中有 2 个命令按钮，即：“读文件”按钮和“计算和保存”按钮。要求程序运行后，单击“读文件”按钮，将文本文件 in. txt 中所有数字读入数组 num，并在文本框中显示出来，随后“读文件”按钮无效。单击“计算和保存”按钮，计算数组 num 中各元素的平方，并赋值到原对应元素并显示在文本框中，然后把数组的值全部写入到文本文件 out. txt 中，随后“计算和保存”按钮也变为无效。程序的运行效果如图 10-4 所示。

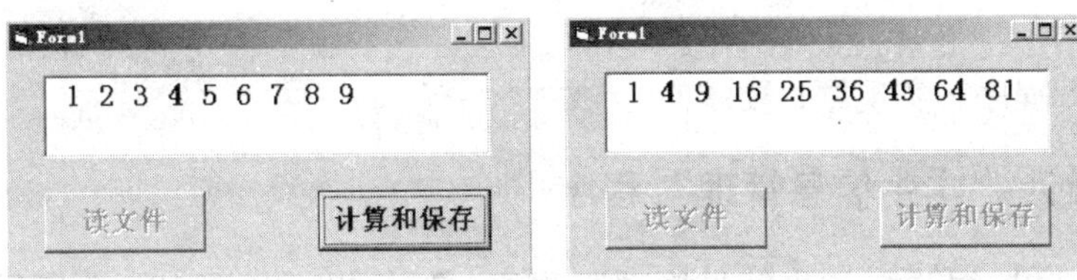

图 10-4 程序运行效果

操作步骤如下：

（1）新建一个窗体，在窗体中，添加 1 个“文本框”控件（Text1）和 2 个“命令按钮”控件（Command1、Command2），分别调整它们的大小和位置。

（2）在“属性”窗口，设置各对象的属性，如表 10-3 所示。

表 10-3 各对象的属性设置

对象	属性	属性值
Command1	Caption	读文件
Command2	Caption	计算和保存

（3）代码编写。

```
Dim num(1 To 9) As Integer
Private Sub Com1_Click( )
    Dim i As Integer
    Open "in. txt" For Input As 1
    For i = 1 To 9
        Input #1, num(i)
        Text1. Text = Text1. Text + Str(num(i))
    Next
    Close #1
    Com1. Enabled = False
End Sub
```

```
Private Sub Com2_Click( )
    Dim i As Integer
    Text1. Text  =  " "
    Open " out. txt" For Output As 1
    For i  =  1 To 9
        num( i)  =  num( i)  *  num( i)
        Print #1 , num( i)
        Text1. Text  =  Text1. Text  +  Str( num( i) )
    Next
    Close #1
    Com2. Enabled  =  False
End Sub
```

（4）运行程序，实现题目要求。

10. 4. 2　设计“学生信息管理”程序

【例 10 - 13】编写“学生信息管理”程序，运行界面如图 10 - 5 所示。“读取文件”按钮的功能是：将文件中存放的所有学生信息输出到图片框中。“显示记录”按钮的功能是：在窗体上显示指定的记录。“添加记录”按钮的功能是：将一个学生的信息作为一条记录添加到文件末尾。

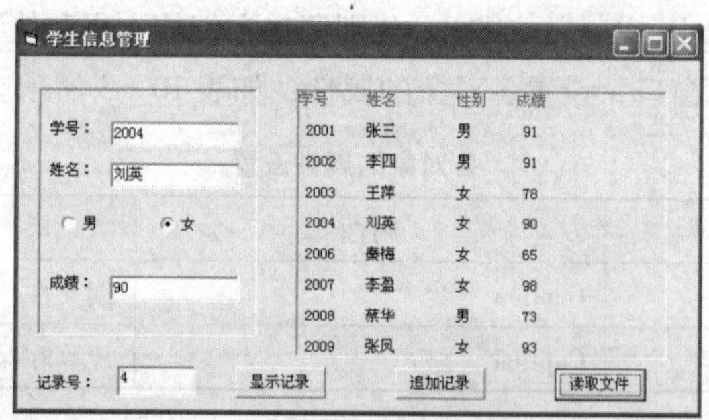

图 10 - 5　“学生信息管理”界面

操作步骤如下：

（1）新建一个窗体，在窗体中，添加 2 个“图片框”控件（Picture1、Picture2），其中 Picture1 用来作为控件边框，Picture2 用来输出文件信息；添加 4 个“文本框”控件（Text1 ~ Text4）、4 个“标签”控件（Label1 ~ Label4）、3 个“命令按钮”控件（Command1 ~ Command3）和 2 个“单选按钮”控件（Option1、Option2），分别调整它们的大小和位置。

（2）在“属性”窗口，设置各对象的属性，如表 10 - 4 所示。

表 10 - 4　　　　　　　　　　**各对象的属性设置**

对象	属性	属性值
Form1	Caption	“学生信息管理”
Label1	Caption	“学号:”
Label2	Caption	“姓名:”
Label3	Caption	“成绩:”
Label4	Caption	“记录号:”
Text1 ~ Text4	Text	“”
Command1	Caption	“追加记录”
Command2	Caption	“显示记录”
Command3	Caption	“读取文件”
Option1	Caption	“男”
Option2	Caption	“女”

（3）代码编写。

① 在窗体模块的通用段定义 Student 记录类型及变量。

```
Private Type studtype
    Id As Integer
    name As String * 8
    Sex As String * 2
    Score As Single
End Type
Dim Student As studtype
```

② 编写“追加记录”按钮的 Click 事件代码。

```
Private Sub Command1_Click( )
    Student. Id = Val(Text1. Text)
Student. name = Text2. Text
    Student. Sex = IIf(Option1. Value, "男", "女")
    Student. Score = Val(Text3. Text)
    Open "D:\ Student. dat" For Random As #1 Len = Len(Student)
    Put #1, LOF(1) / Len(Student) + 1, Student
    Close #1
End Sub
```

③编写“读取文件”按钮的 Click 事件代码。

```
Private Sub Command2_Click( )
Open "D:\ Student. dat" For Random As #1 Len = Len(Student)
Get #1, Val(Text4. Text), Student
```

```
Text1. Text = Student. Id: Text2. Text = Student. name
If Student. Sex = "男" Then
   Option1. Value = True
   Else
   Option2. Value = True
End If
Text3. Text = Student. Score
Close #1
End Sub
```

④编写“显示记录”按钮的 Click 事件代码。

```
Private Sub Command3_Click()
Picture2. Cls: Picture2. ForeColor = vbRed
Open "D:\ Student. dat" For Random As #1 Len = Len(Student)
Picture2. Print "学号"; Tab (10); "姓名"; Tab (22); "性别"; Tab (30); "成
绩"; vbLf
Picture2. ForeColor = vbBlack
Do Until EOF(1)
      Get #1, , Student
      If Student. Id < > 0 Then
      Picture2. Print Str(Student. Id); Tab(10); Student. name; Tab(22);
Student. Sex; Tab(30);
      Str(Student. Score); vbLf
      End If
Loop
Picture2. Print s
Close #1
End Sub
```

（4）选择“运行”菜单中的“启动”命令，运行并调试“学生信息管理”应用程序。

（5）选择“文件”菜单中的“保存工程”命令，将工程文件命名为“学生信息管理”并保存在磁盘上。

【本章小结】

本章主要介绍了文件的概念、文件的结构与分类、顺序文件的读写操作、随机文件的读写操作、随机文件中记录的添加与删除、文件系统控件与文件基本操作。

通过本章的学习，应正确理解文件的概念和文件的三种访问方式，要求掌握文件操作的函数和语句，并掌握驱动器列表框、目录列表框、文件列表框的关联使用。

习题10

一、选择题

1. 为了向 TEST. DAT 文件中添加数据，首先应打开该文件，以下打开文件 TEST. DAT 的语句中，正确的是__________。

A. Open "TEST. DAT" For Output As #1

B. Open "TEST. DAT" For Append As #1

C. Open TEST. DAT For Output As #1

D. Open TEST. DAT For Append As #1

2. 在窗体中添加1个"命令按钮"控件（Command1），然后编写如下代码：

```
Private Sub Command1_Click( )
        Open "d:\vb\tt.txt" For Input As #2
        Print LOF(1)
        Close #2
End Sub
```

设文件"d:\vb\tt.txt"的内容为"Hello eveybody!"，那么程序运行后，单击命令按钮，其输出结果为__________。

A. 14　　B. 15　　C. 17　　D. 不确定

3. 为了把一个已经打开的磁盘文件读入一个变量之中，所使用的语句的格式为__________。

A. Get #文件号，记录号，变量名

B. Get #文件号，变量名，记录号

C. Put #文件号，变量名，记录号

D. Put #文件号，记录号，变量名

4. 若利用 Open 语句打开了文件号为2的文件"tt. txt"，那么关闭该文件应该使用的语句是__________。

A. Close(#2)　　B. Close #2　　C. Close "tt. txt"　　D. 2. Close

5. 设有文件列表框 File1、驱动器列表框 Drive1 和目录列表框 Dir1，为了使三者同步，在下列语句中，不必要的语句是__________。

Ⅰ. File1. Path = Dir1. Path　　Ⅱ. File1. FileName = Dir1. FileName

Ⅲ. Dir1. Path = Drive1. Drive　　Ⅳ. Dir1. Path = Drive1. Path

A. Ⅰ和Ⅲ　　B. Ⅱ和Ⅳ　　C. Ⅰ、Ⅲ和Ⅳ　　D. 以上全部

6. 设有语句：

Open "C:\Test. Dat" For Output As #1

则以下错误的叙述是__________。

A. 该语句打开C盘根目录下一个已存在的文件 Test. Dat

B. 该语句在C盘根目录下建立一个名为 Test. Dat 的文件

C. 该语句建立的文件的文件号为1

D. 执行该语句后，就可以通过Print#语句向文件Test. Dat中写入信息

二、填空题

1. 根据不同的标准，文件可分为不同的类型。例如，根据数据性质，可分为程序文件和__【1】__文件；根据数据的存取方式和结构，可分为顺序文件和__【2】__文件；根据数据的编码方式，可分为ASCII文件和__【3】__文件。

2. 使用Open语句打开文件时，为了以二进制方式打开文件，在For关键字后的参数值应该是________。

3. 在Visual Basic中，顺序文件的读操作通过Line Input #、Input #语句或__【1】__函数实现。随机文件的读写操作分别通过Get和__【2】__语句实现。

4. 在窗体中添加1个驱动器列表框、1个目录列表框和1个文件列表框，其名称分别为Drive1、Dir1和File1，为了同步操作，必须触发驱动器列表框的Change事件和__【1】__事件，在这两个事件中执行的语句分别为Dir1. Path = Drive1. Drive和__【2】__。

5. Visual Basic中删除文件用__【1】__语句，拷贝文件用__【2】__语句，重命名文件或目录名用__【3】__语句。

6. 将文件d:\ vb \ copyme. txt复制到文件d:\ tt \ 目录下的语句是________。

7. 删除d:\ tt \ copyme. txt文件的语句是________。

8. 将d:\ tt \ renme. txt文件重命名为文件"hello. txt"的语句是________。

三、上机题

1. 在窗体上添加驱动器列表框、目录列表框、文件列表框和文本框。程序运行后，当改变驱动器列表时，目录列表框能自动显示更新后的驱动器根目录，文件列表框也能自动显示当前目录下的文件名。如果双击文件列表框，则在文本框中显示所选文件名，如图10-6所示。

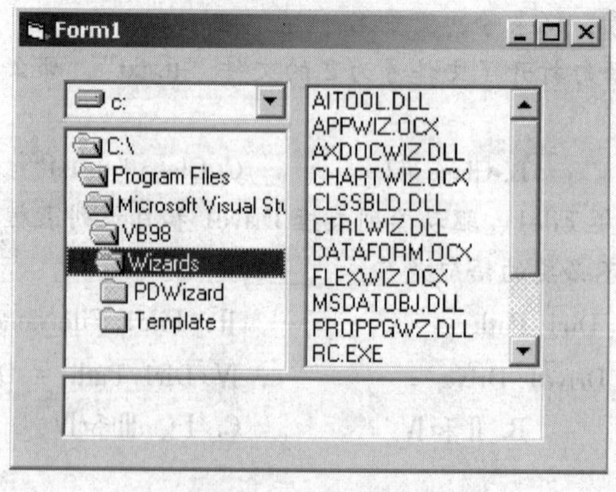

图10-6 文件系统控件

2. 利用菜单编辑器、文本框和通用对话框设计一个简单的"我的记事本"，如图10-7所示。提示：在"新建"菜单的Click事件中清除文本框的内容；在"打开"菜

单的 Click 事件中使用通用对话框的 ShowOpen 方法打开顺序文本文件，并用 Input 函数读出文本再显示到文本框中；在“另存为”菜单的 Click 事件中使用通用对话框的 ShowSave 方法，结合 Print 语句实现保存到其他文件中。

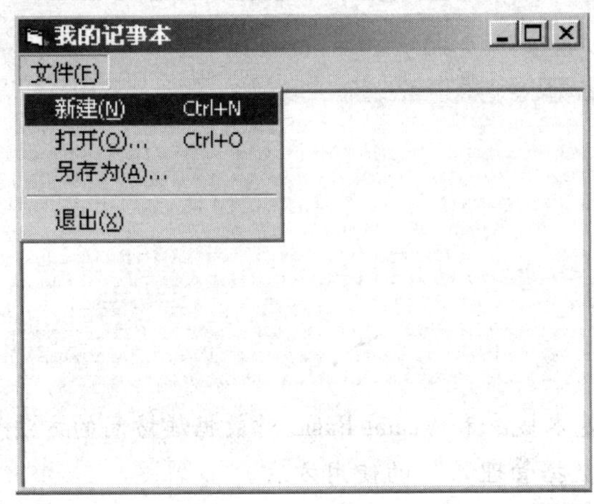

图 10－7　我的记事本

11 数据库应用开发

【学习目标】

1. 理解数据库的基本概念和 Visual Basic 对数据库访问的方法。
2. 熟悉“可视化数据管理器”的使用方法。
3. 了解 Visual Basic 提供的相关数据控件。
4. 理解并掌握 ADO 数据库控件的作用及使用方法。
5. 熟悉 SQL 语言并掌握 SELECT 语句的应用。
6. 初步掌握 Visual Basic + Access 的数据库应用方法。

11.1 数据库概述

为了适应大量数据的集中存储，并提供多个用户共享数据的功能，使数据与程序完全独立，最大限度地减少数据的冗余度，于是出现了数据库管理系统。

下面主要介绍数据库、数据库管理系统、数据库系统以及关系数据库等基本概念。

11.1.1 数据库基础

1. 数据库

数据库（Data Base，DB）就是按一定的组织形式存储在一起的相互关联的数据的集合，其中的数据具有特定的组织结构。所谓“组织结构”，是指数据库中的数据不是分散的、孤立的，而是按照某种数据模型组织起来的，不仅数据记录内的数据之间是彼此相关的，数据记录之间在结构上也是有机地联系在一起的。数据库具有数据的结构化、独立性、共享性、冗余量小、安全性、完整性和并发控制等基本特点。

2. 数据库管理系统

数据库管理系统（Data Base Management System，DBMS）是一种用于建立、使用和维护数据库的软件，负责对数据库进行统一的管理和控制。DBMS 为用户管理数据提供了一整套命令，利用这些命令可以实现对数据库的各种操作，如数据结构的定义，数据的输入、输出、编辑、删除、更新、统计和浏览等。

3. 数据库系统

数据库系统（Database System）是指引入数据库的计算机应用系统。数据库系统不仅包括数据库本身，即实际存储在计算机中的数据，还包括相应的硬件、软件及各类人员。数据库系统的软件包括：数据库管理系统（DBMS）、支持数据库管理系统的操作系统、数据库应用开发工具、为特定应用开发的数据库应用系统。其中，DBMS 是为数据库的建立、使用、维护、管理和控制而配置的专门软件，是数据库系统的核心。

数据库系统的人员包括：数据库系统管理员（DBA）、系统分析员和数据库设计人员、应用程序员、最终用户。他们分别扮演不同的角色，承担不同的任务。

数据库系统具有以下特点：

（1）数据库中的数据按一定的数据模型组织、描述和储存，具有较好的结构化。

（2）数据库中的数据面向整个系统，可为各种用户共享，具有较小的冗余度。

（3）数据库中的数据由 DBMS 统一管理和控制。

（4）数据库中的数据由 DBMS 保证具有较高的数据独立性，最大限度地减少应用程序的维护工作。

4. 数据库应用系统

数据库应用系统（Data Base Application System，DBAS）是在 DBMS 支持下根据实际问题开发出来的数据库应用软件。一个 DBAS 通常由数据库和应用程序两部分组成，它们都需要在 DBMS 支持下开发。

5. 关系数据库系统

关系数据模型是当前应用最广泛的数据模型，基于关系模型的数据库系统称为关系数据库系统。在关系模型中，无论是实体还是实体之间的联系均由单一的结构类型即关系（二维表）来表示，任何一个关系数据库都是由若干相互关联的二维表组成。

一个关系就是一个二维表，表的名称是关系名。例如，名称为“学生信息”的关系如表 11－1 所示。

表 11－1　　　　学生信息

学号	姓名	出生年月	入学年份	专业代码	住址
00001	张三	1986.02	2002.09	01	学生一舍 510
00002	吴维	1985.10	2002.09	01	学生一舍 511
……	……	……	……	……	……

二维表中的行称为元组，每行对应一个元组。例如，每个学生的基本信息就是一个元组。关系是一组元组的集合。

二维表的列称为属性（在某些数据库产品中也称为字段），表的每列都对应一个唯一的属性名，各属性不能重名。关系包含的属性个数称为关系的目或度。例如，学号、姓名、出生年月等就是属性名。

11.1.2　Visual Basic 数据库访问

Visual Basic 支持多种类型流行格式的数据库，如 Access、FoxPro 等，还可以访问文本文件格式的数据库和 Excel 电子表格，以及符合 ODBC 标准的客户/服务器数据库，如 Microsoft SQL Server、Oracle 等。

Visual Basic 使用 Microsoft Jet 数据库引擎进行数据的存储、更新、检索等操作。

Visual Basic 提供了多种与 Jet 数据库引擎接口的对象和控件。常用的有 Data 控件、DAO 对象（Data Access Object）以及 ADO 数据控件

DAO 对象为管理一个关系型数据库系统提供所需全部操作的属性和方法。Data 控件将常用的 DAO 功能封装在其中，利用该控件不需要编程，即可实现访问数据库的功能。实际上，Data 控件是 DAO 对象的一个应用，二者通常结合在一起使用。而 ADO 数据控件可直接使用 Visual Basic 内置的数据库引擎 Microsoft Jet，用最少的代码创建数据库应用程序。

11.2　可视化数据管理器

Visual Basic 提供了一个功能强大的数据库管理工具——可视化的数据管理器，利用该管理器可以创建数据库及数据表、维护数据库结构、修改数据、建立数据查询、动态构造 SQL 查询语句、设计数据窗体等操作。

在 Visual Basic 主菜单“外接程序”中选择“可视化数据管理器”，进入 VisData 界面，如图 11 -1 所示。

图 11 -1　可视化数据管理界面

11.2.1　建立数据库及表

1. 创建数据库

在“可视化数据管理器”中，选择“文件”菜单中的“新建”命令，在弹出的数据库类型中选择需要创建的数据库的类型。在此，选择 Microsoft Access（Version 7.0 MDB）。在打开的对话框中，输入需要创建的数据库文件名及其保存路径，进入数据库界面，文件名定义为 Stu. mdb，如图 11 -2 所示。

2. 创建数据表

在数据库界面的“数据库窗口”空白处，单击鼠标右键，在弹出的快捷菜单中选择“新建表”命令，打开“表结构”对话框，如图 11 -3 所示。

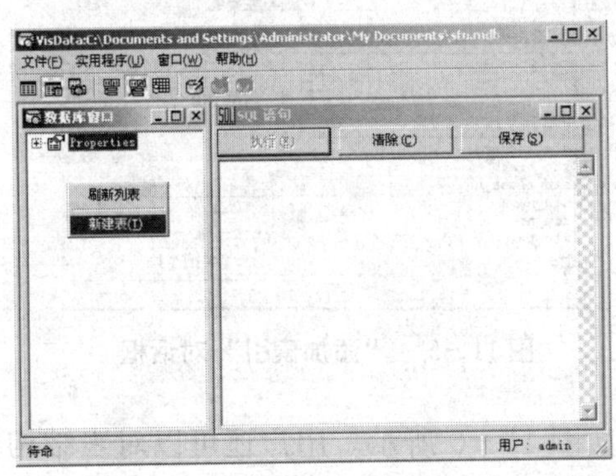

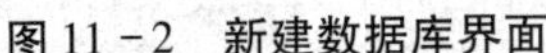

图 11-2　新建数据库界面

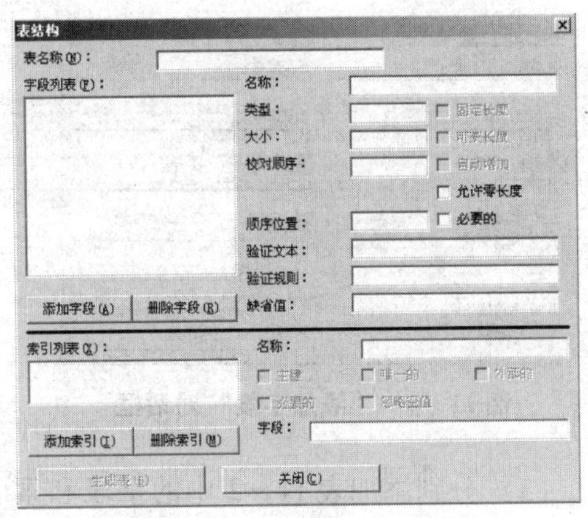

图 11-3　“表结构”对话框

【例 11-1】使用“可视化数据管理器”建立“学生信息表”（Stu），表结构如表 11-2 所示。

表 11-2　　学生信息基本情况

字段名称	数据类型	字段大小	说明
stu_no	Text	8	学生学号，主关键字，唯一索引
stu_name	Text	20	学生姓名
stu_class_no	Text	4	所在班级编号，对应班级表 class
stu_sex	Boolean		性别，男 True，女 False
stu_birth	Date/Time		出生日期
stu_address	Text	20	宿舍地址

操作步骤如下：

（1）在“表结构”对话框中，单击“添加字段”按钮，打开“添加字段”对话框，如图 11-4 所示。分别输入新字段的名称、类型、大小等信息，单击“确定”按钮，进行保存。单击“关闭”按钮，返回到“表结构”对话框。

（2）单击“表结构”对话框中的“添加索引”按钮，打开“添加索引”对话框，如图 11-5 所示。输入新索引的名称、索引字段、是否为“主要的”、是否为“唯一的”索引等信息后，单击“确定”按钮，进行保存。单击“关闭”按钮，返回到“表结构”对话框。

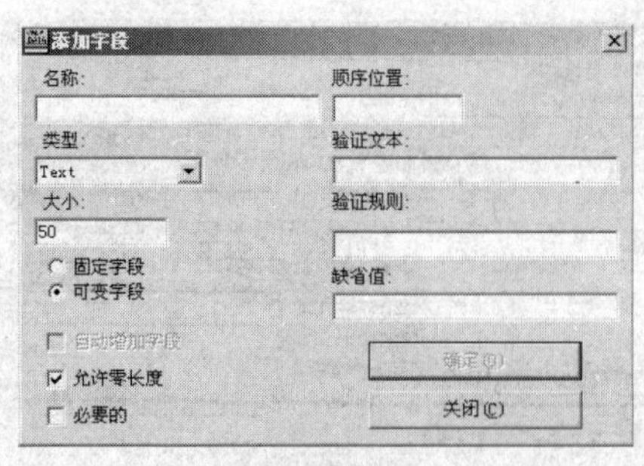

图 11-4 “添加字段”对话框

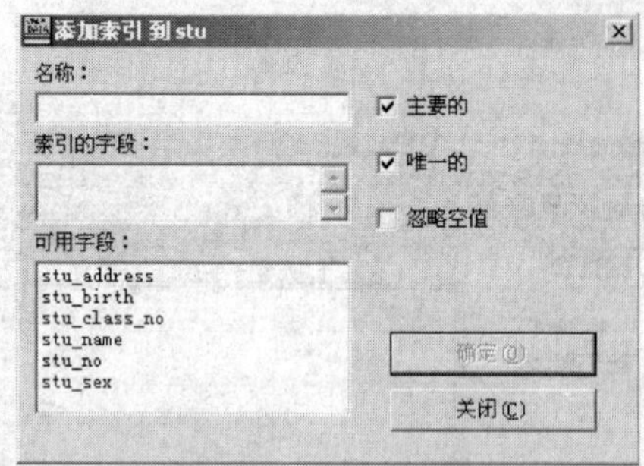

图 11-5 “添加索引”对话框

（3）分别添加表 11-2 中的字段和索引，如图 11-6 所示。用户还可以对表结构进行维护，如修改字段名称、删除字段及删除索引等。

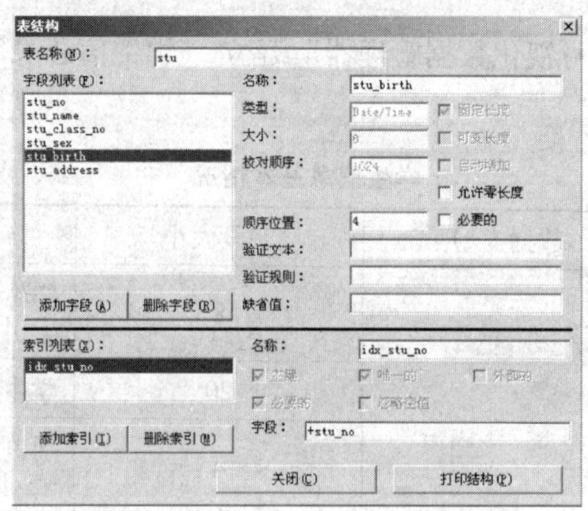

图 11-6 “学生信息表”结构

11.2.2 建立数据查询

1. 输入数据

创建表结构后，在“数据管理器”中可以看到所创建的表名。在该表名上单击鼠标右键，选择“打开”命令，打开“数据库内容”对话框，如图 11-7 所示。

单击“添加”按钮，打开如图 11-8 所示的对话框，增加新的数据；单击“编辑”按钮，对已有数据进行修改。

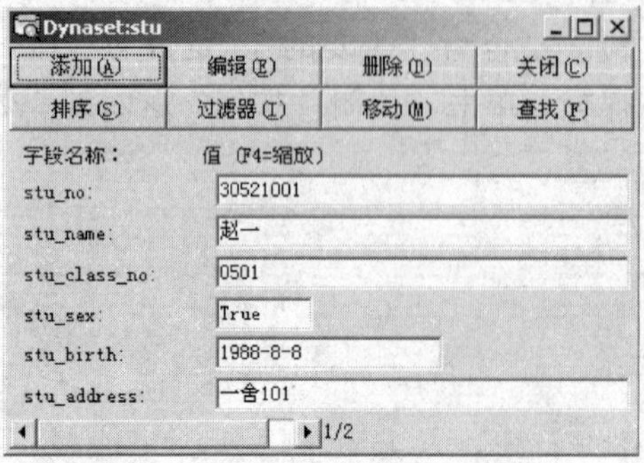

图 11-7 “数据库内容”对话框

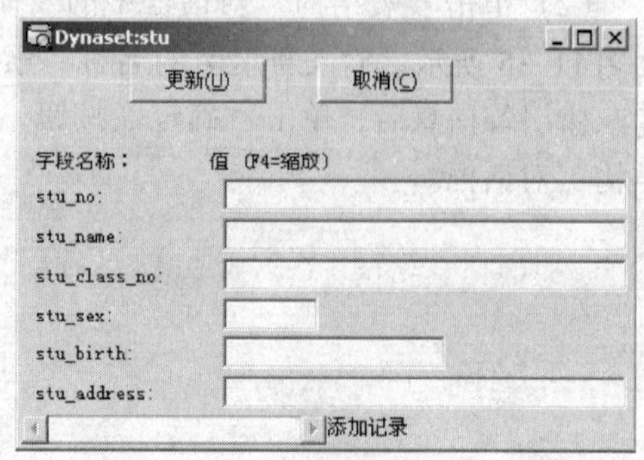

图 11-8 “数据编辑”对话框

2. 建立数据查询

输入数据后，利用 VisData“实用程序”中的“查询生成器”建立数据查询。

【例 11 -2】使用“查询生成器”建立数据查询，显示学号为 30521001 的学生姓名、生日、地址等信息。

操作步骤如下：

（1）选择要查询的表“stu”，如图 11 -9 所示。

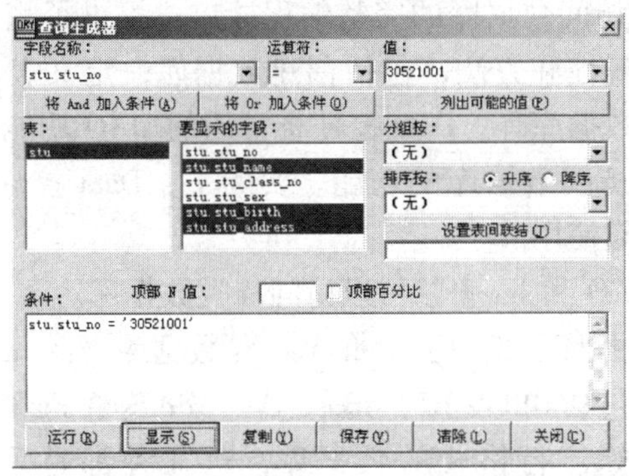

图 11 -9 “查询生成器”对话框

（2）选择“要显示的字段”。按照要求，选中姓名、生日、地址字段。

（3）输入查询条件。在“查询生成器”对话框的最上方选择输入查询条件，即学号等于 30521001，单击“将 And 加入条件”按钮。也可以在对话框下方的“条件”中直接输入查询条件。

（4）查看查询结果。单击“运行”按钮，显示查询结果，如图 11 -10 所示。

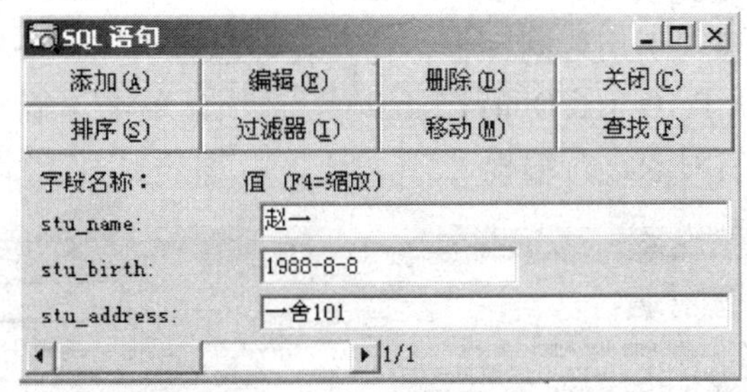

图 11 -10 查询结果

（5）其他操作。单击“显示”按钮，可查看到 SQL 查询语句，还可以复制、保存、清除查询。

11.3 数据控件

在 Visual Basic 提供的数据库访问方法中，Data 数据控件和 ADO 数据控件具有图形控件的优势，易于使用，其编程效率很高。

11.3.1 数据控件概述

Visual Basic 提供了基于 Microsoft Jet 数据库引擎的数据访问功能。利用 Jet 引擎，可以进行数据的存储、更新、检索等操作。在 Visual Basic 中提供了两种与 Jet 数据库引擎接口的方法，一种是 Data 控件，另一种是 DAO 对象。

DAO 是数据库编程的重要方法之一，其全称是数据访问对象（Data Access Object）。DAO 对象提供了访问数据库的完整编程接口，提供了完成管理一个关系型数据库系统所需全部操作的属性和方法，包括创建数据库，定义表、字段和索引，建立表间的关系，定位和查询数据库等。Data 控件将常用的 DAO 功能封装其中，利用该控件不需要编程，即可实现访问数据库的功能。实际上，Data 控件是 DAO 对象的一个应用，二者通常结合在一起使用。

Visual Basic 通过 DAO 和 Jet 引擎可以访问三类数据库。

（1）Visual Basic 数据库，即 Microsoft Access 数据库（*.mdb）。

（2）外部数据库，包括 dBase III、dBase IV、Microsoft FoxPro 2.0 和 2.5 以及 Paradox 3.x 和 Paradox 4.0 等流行格式的数据库，这几种都是采用索引顺序访问方法（ISAM）的数据库。另外，还可以访问文本文件格式的数据库和 Microsoft Excel 或 Lotus1-2-3 电子表格。

（3）ODBC 数据库，包括符合 ODBC 标准的客户/服务器数据库，如 Microsoft SQL Server、Oracle 等。

编程人员只要熟悉 DAO 对象的使用，即使对具体的数据库系统没有深入的了解，仍然可以对该数据库进行访问和控制。

DAO 使用之前必须先引用，如图 11-11 所示。选择 Visual Basic“工程”菜单中的“引用”命令，打开“引用”对话框，在列表中选择“Microsoft DAO 3.51 Object Library”或者“Microsoft DAO 3.6 Object Library”选项，单击“确定”按钮，即可使用 DAO 对象库提供的所有对象进行编程了。

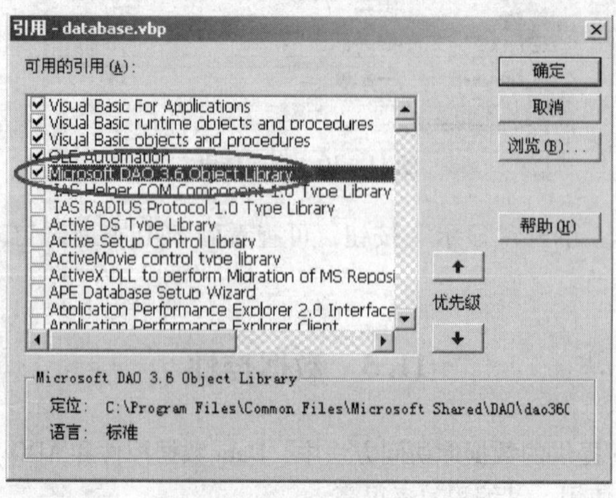

图 11-11 引用 DAO

在 Visual Basic“工具箱”中，单击“Data 控件”图标，在窗体中添加 Data 控件，如图 11 －12 所示。通过设置该数据控件相关的属性值，将该控件与数据库以及其中的表关联起来。

数据控件提供数据库和用户之间的连接。它本身并不能显示数据，必须通过窗体中的数据绑定控件来显示数据库中的数据。单击图 11 －12 中的箭头移动数据库记录指针时，窗体中所有绑定的控件自动显示当前记录的内容。如果修改绑定控件中的数据，则自动更改数据库中的内容。在 Visual Basic 中，可以绑定数据的控件有文本框、标签、复选框、组合框、列表框、图像框和图片等。

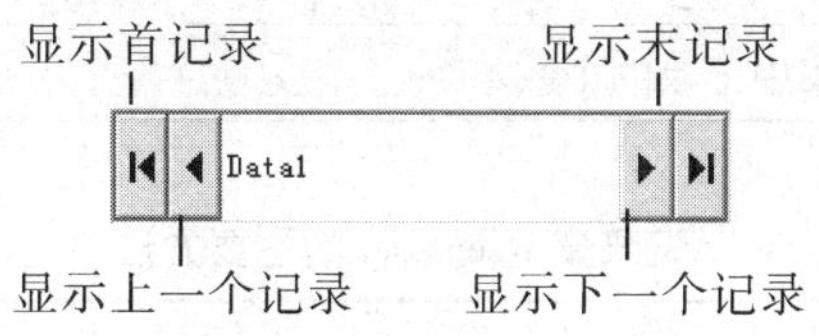

图 11 －12　数据控件

绑定控件时，一般要设置以下两个属性：

（1）DataSource——指定要绑定的数据控件对象名字。

（2）DataField——指定要绑定的表的字段名。

11.3.2　数据控件的属性、方法和事件

1. 数据控件的属性

数据控件的主要属性如下：

（1）Align——指定 Data 控件的停靠方式，默认值为"0 – None"。如果改变其默认值，例如设置为"2 – Align Bottom"，将 Data 控件停靠在所在窗体的底部。当窗体大小改变时，该控件的长度也会随之变化，但仍然位于窗体的底部。

（2）Caption——设置 Data 控件的标题。常用作显示数据库记录指针的位置、数据库中的记录个数等信息。

（3）Connect——指定所要连接数据库的类型。其格式如下：

【格式】 <Data 对象名称>. Connect = 数据库类型

例如：

Data1. Connect = " Access"

（4）DatabaseName——设置所要连接数据库的文件名，包括路径名。

例如：

Data1. DatabaseName = " c：\ database \ student. mdb"

（5）Exclusive——设置连接的数据库是否为独占方式，默认值为 False，以共享方式打开数据库。

（6）Readonly——设置是否可以修改所连接数据库中的数据，默认值为 False。

（7）Recordset——该属性其实是一个由数据控件创建的记录集对象，通过该对象可以进行数据记录的添加、删除、编辑、更新、记录指针的移动、查找以及定位符合指定条件的记录等操作。

记录集对象的主要属性和方法分别如表 11 －3 和表 11 －4 所示。

表 11-3 记录集 Recordset 的主要属性

属性	属性说明
AbsolutePosition	记录集当前指针的位置，只读，从 0 开始
Filter	记录集中数据的过滤条件
Index	记录集的索引
Name	记录集的名称
Nomatch	是否有符合查找条件的数据，布尔型
RecordCount	记录集中记录的个数

表 11-4 记录集 Recordset 的主要方法

方法	方法说明
AddNew	在记录集中添加一条新的记录
Delete	删除当前记录
FindFirst	从记录集的开始部分查找符合条件的第一条记录 如：Data1. Recordset. FindFirst "Stu_No ='30521003'"
FindLast	从记录集的尾部向前查找符合条件的第一条记录
FindPrevious	从当前记录开始查找符合条件的上一条记录
FindNext	从当前记录开始查找符合条件的下一条记录
Move	Move n，将记录指针向前或向后移动 n 条记录
MoveFirst	将记录指针移动到第一条记录
MoveLast	将记录指针移动到最后一条记录
MovePrevious	将记录指针移动到上一条记录
MoveNext	将记录指针移动到下一条记录
Seek	打开表的索引，然后查找符合条件的第一条记录 如：Data1. Recordset. Index = "Stu_No"，Data1. Recordset. Seek "=","30521003"
Update	将改动的数据写入数据库中

（8）RecordsetType——指定记录集的类型。0-Table：表示数据库中的表；1-Dynaset：表示动态记录集；2-SnapShot：表示静态的数据库快照类型。

（9）RecordSource——指定访问的数据源，可以是数据库中的表名、SQL 语句或者 MS Access Query 的名字。

使用数据控件，必须设置 DatabaseName 和 RecordSource 属性。

2. 数据控件的事件

（1）Reposition——改变当前记录的指针时，触发该事件。通常在该事件中读取 Data 控件的 AbsolutePosition 属性，显示当前记录的位置。

（2）Validate——在一条不同的记录成为当前记录之前，或使用 Update 方法之前

（用 UpdateRecord 方法保存数据时除外），以及在 Delete、Unload 或 Close 操作之前会发生该事件。它用来检查被数据控件绑定的控件中的数据是否发生变化。

3. 数据控件的方法

（1）Refresh——刷新、重建或重新显示与数据控件相关的记录。用于数据源发生变化的情况。

（2）UpdateControls——将数据从数据库中重新读取到所绑定的控件中，相当于取消绑定控件中的修改。常用于取消当前修改的按钮 Click 事件中。

（3）UpdateRecord——将绑定控件中的数据写入数据库中。常用于保存数据按钮的 Click 事件中。

4. 数据控件实例

【例 11 -3】利用数据控件和文本框来实现数据库的连接、数据的绑定和显示。

按表 11 -5 所示的学生信息表，在 C 盘根目录新建名为 Student. mdb 的 Access 数据库，在该数据库中新建表 Stu，并将学生信息存入表中。表的结构如表 11 -6 所示。然后在 Visual Basic 中新建 1 个窗体，添加 1 个 Data 控件和 8 个文本框控件，设置文本框和数据控件的相关属性，将表中的数据和文本框进行绑定。再添加 ImageList 控件和 Toolbar 控件，分别建立增加、删除、查找、保存、取消和退出的工具栏按钮，实现数据记录的增加、删除，根据指定学号查找记录，保存已修改的数据等。最后添加菜单，实现上述工具栏按钮的功能。

表 11 -5　　学生信息表

学号	姓名	性别	班级	生日	宿舍	电话	QQ 号码
30521001	赵一	男	管理 200501	1988 -8 -8	一舍 101	86680011	12345678
30521002	钱二	男	管理 200501	1988 -1 -8	一舍 118	86681122	87654321
30521003	孙三	女	管理 200502	1989 -6 -6	二舍 211	86680990	11111111
30521004	李四	男	信息 200501	1988 -9 -9	一舍 123	86681234	22222222
30521005	周五	女	信息 200501	1988 -2 -2	二舍 101	86685678	12348765

表 11 -6　　学生信息表结构

字段名	数据类型	长度	含义	备注
Stu_No	文本	8	学号	主键，唯一索引 Idx_Stu_No
Stu_Name	文本	8	姓名	
Stu_Sex	文本	2	性别	
Stu_Class	文本	10	班级	
Stu_Birth	日期/时间	8	生日	
Stu_Address	文本	40	宿舍	
Stu_Telephone	文本	20	电话	
Stu_QQ	文本	12	QQ 号码	

（1）建立数据库。创建数据库有两种方式：一是利用 Microsoft Access 建立数据库，如图 11－13 所示，建立表 Stu；二是选择 Visual Basic 主菜单“外接程序”中的“可视化数据管理器”命令（VisData）建立数据库。

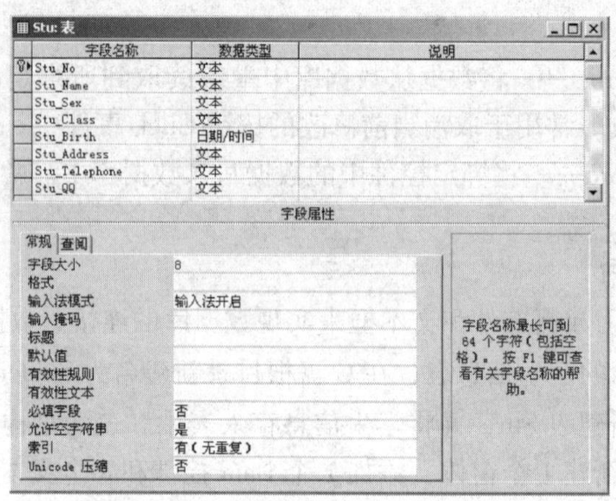

图 11－13　在 Access 中设计表结构

进入 VisData，打开“文件”菜单，选择“新建”命令，选择“Microsoft Access \ Version 7.0 MDB”选项，输入新数据的名字 Student. mdb。在空白处单击鼠标右键，选择“新建表”（如图 11－14 所示）命令，建立表 Stu，如图 11－15 所示。

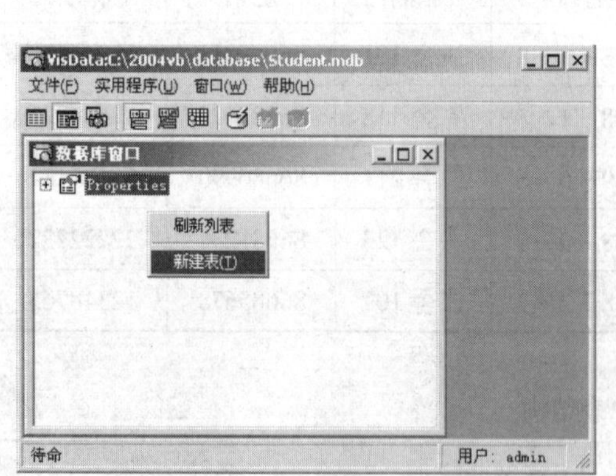

图 11－14　在 VisData 中创建表

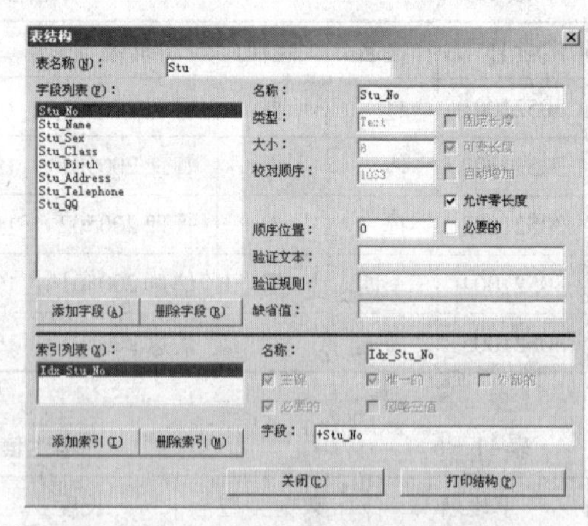

图 11－15　在 VisData 中设计表结构

（2）界面设计。新建 1 个窗体，在窗体中添加 1 个 Data 控件，1 个 ImageList 控件、1 个 Toolbar 控件、1 个菜单、8 个标签和 8 个文本框。分别设置各对象的属性，如表 11－7 所示。

表 11－7　　数据库应用中的属性设置

对象	属性	属性值	说明
窗体	Name	frmDatabase	窗体名称
	Caption	学生信息管理	窗体标题

表11-7(续)

对象	属性	属性值	说明
数据控件	Name	Data1	数据控件的名称
	Align	2	数据控件停靠位置——窗体底部
	DatabaseName	c:\ student. mdb	数据控件要连接的数据库名
	RecordSource	Stu	数据控件要访问的表名
标签 1	Caption	学号:	学号标签的标题
标签 2	Caption	姓名:	姓名标签的标题
标签 3	Caption	性别:	性别标签的标题
标签 4	Caption	班级:	班级标签的标题
标签 5	Caption	生日:	生日标签的标题
标签 6	Caption	宿舍号码:	宿舍号码标签的标题
标签 7	Caption	电话:	电话标签的标题
标签 8	Caption	QQ 号码:	QQ 号码标签的标题
文本框 1~8	DataSource	Data1	文本框 1~8 的数据源
文本框 1	DataField	Stu_No	文本框 1 绑定的字段名
文本框 2	DataField	Stu_Name	文本框 2 绑定的字段名
文本框 3	DataField	Stu_Sex	文本框 3 绑定的字段名
文本框 4	DataField	Stu_Class	文本框 4 绑定的字段名
文本框 5	DataField	Stu_Birth	文本框 5 绑定的字段名
文本框 6	DataField	Stu_Address	文本框 6 绑定的字段名
文本框 7	DataField	Stu_Telephone	文本框 7 绑定的字段名
文本框 8	DataField	Stu_QQ	文本框 8 绑定的字段名

菜单的设计如图 11-16 所示。在 ImageList 控件中插入一些图片，如图 11-17 所示。

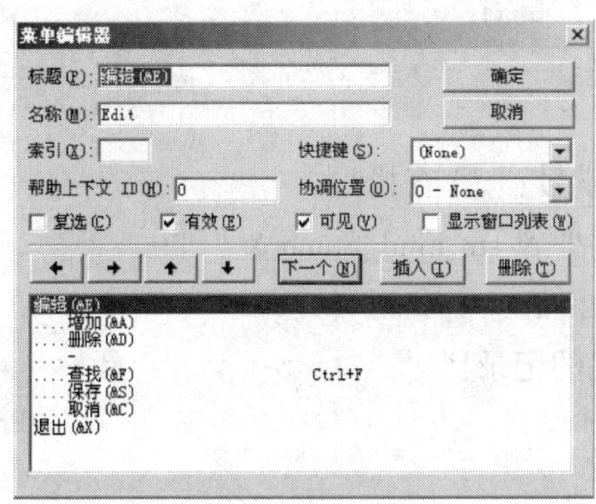

图 11-16 数据库应用的菜单设计

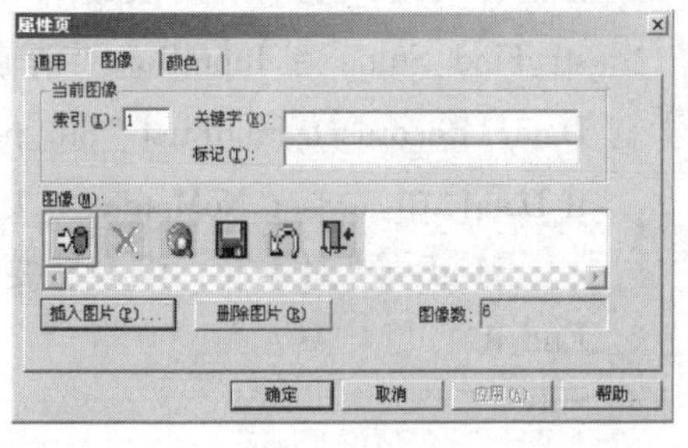

图 11-17 数据库应用的 ImageList 属性

工具栏的设计如图 11 - 18 所示。设计窗体如图 11 - 19 所示。

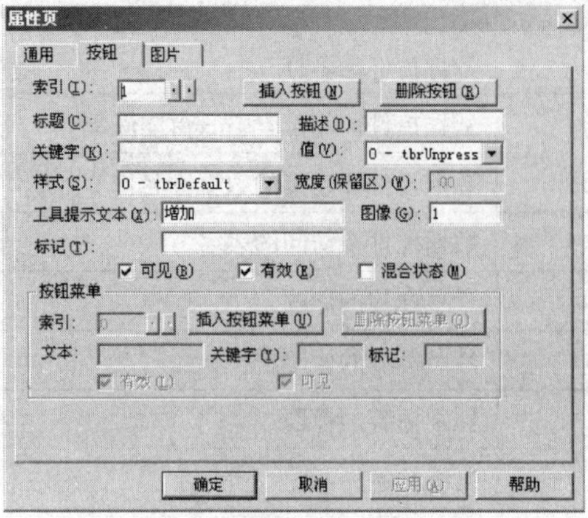

图 11 - 18　数据库应用的工具栏属性

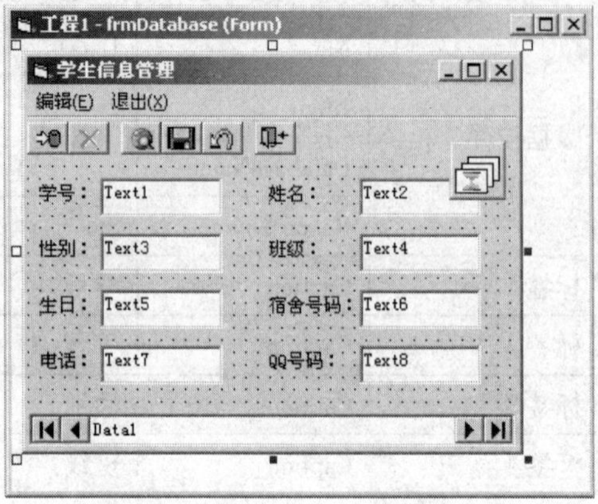

图 11 - 19　数据库应用的设计窗体

（3）编写代码。由于菜单和工具栏按钮都要进行数据的增加、删除、查找等操作，因此首先编写以下过程，实现数据记录的增加、删除、查找、保存、取消、编辑等，然后在菜单项和工具栏的相应事件过程代码中调用这些过程。删除记录时，必须先确认；查找记录时，先输入要查找的学号。

程序如下：

```
Private Sub Add_Data()
'增加记录
    Data1.Recordset.AddNew
End Sub
Private Sub Delete_Data()
'删除当前记录
    If MsgBox("是否删除当前记录?", vbYesNo, "确认") = vbYes Then
        Data1.Recordset.Delete
        Data1.Recordset.MovePrevious
    End If
End Sub
Private Sub Find_Data()
'查找指定学号的记录
    Dim str_Find_Stuno As String
    str_Find_Stuno = InputBox("请输入学号:", "查找")
    Data1.Recordset.FindFirst "Stu_no = '" & str_Find_Stuno & "'"
    If Data1.Recordset.NoMatch = True Then
        MsgBox "对不起，没有您要查找的记录!"
    End If
End Sub
Private Sub Save_Data()
```

```
'保存数据
    Data1. UpdateRecord
End Sub
Private Sub Cancel_Data( )
'取消编辑数据
    Data1. UpdateControls
End Sub
```

为了将当前记录指针的位置信息显示给用户，在数据控件的 Reposition 事件代码中编写如下代码，使通过读取记录集 Data1. Recordset 的 AbsolutePosition 和 RecordCount 属性以得到当前记录所在位置和数据库中的记录总数，并显示在控件的 Caption 属性中。

程序如下：

```
Private Sub Data1_Reposition( )
'显示当前记录所在位置
    Data1. Caption = 1 + Data1. Recordset. AbsolutePosition & _
                " of " & Data1. Recordset. RecordCount
End Sub
```

以下是各菜单项的 Click 事件过程代码。

```
Private Sub Add_Click( )
'"增加"菜单命令
    Add_Data
End Sub
Private Sub Delete_Click( )
'"删除"菜单命令
    Delete_Data
End Sub
Private Sub Find_Click( )
'"查找"菜单命令
    Find_Data
End Sub
Private Sub Save_Click( )
'"保存"菜单命令
    Save_Data
End Sub
Private Sub Cancel_Click( )
'"取消"菜单命令
    Cancel_Data
End Sub
Private Sub Exit_Click( )
'"退出"菜单命令
```

```
        End
    End Sub
```

最后是工具栏按钮的 ButtonClick 事件代码。通过工具栏按钮的 ToolTipText 属性，能够确定用户单击的是哪一个按钮，然后执行相应的代码。

程序如下：

```
Private Sub Toolbar1_ButtonClick(ByVal Button As MSComctlLib.Button)
'工具栏按钮单击
    Select Case Button.ToolTipText
        Case "增加":
            Add_Data
        Case "删除":
            Delete_Data
        Case "查找":
            Find_Data
        Case "保存":
            Save_Data
        Case "取消":
            Cancel_Data
        Case "退出":
            End
    End Select
End Sub
```

（4）运行程序，显示结果如图 11－20 所示。

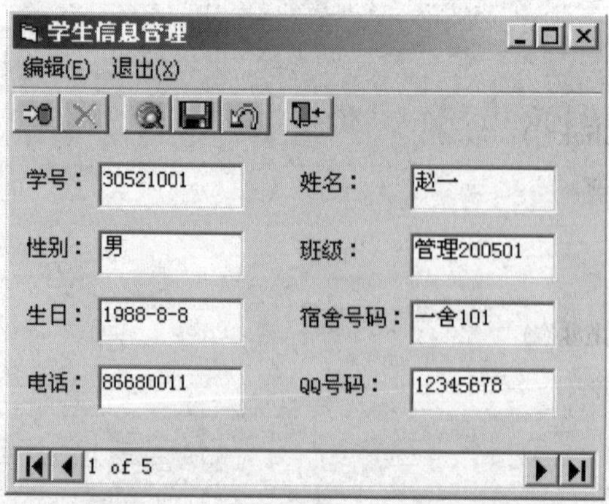

图 11－20　数据库应用的运行界面

本例不仅实现了数据库的简单应用，还结合了菜单、文本框、工具栏等控件的应用，可以作为小型信息管理系统的雏形。

11.3.3 ADO 数据控件

1. ADO 基本概念

ADO（ActiveX Data Objects）是一种访问数据的方法，通过 OLE DB 提供者对数据库服务器中的数据进行访问和操作，具有易于使用、高速度、低内存支出和占用磁盘空间较少等优点。ADO 支持用于建立基于客户端/服务器的 C/S 和基于 Web 的 B/S 应用程序。

ADO 同时具有远程数据服务（RDS）功能，通过 RDS 可以在一次往返过程中实现将数据从服务器移动到客户端应用程序或 Web 页，在客户端对数据进行处理，然后将更新结果返回服务器的操作。RDS 以前的版本是 Microsoft Remote Data Service 1.5，现在，RDS 已经与 ADO 编程模型合并，以便简化客户端数据的远程操作。

通过 ADO 数据控件可以与数据库建立连接，利用 Visual Basic 的文本框、列表框、组合框等标准控件，以及第三方的数据绑定控件，都可以将数据绑定到这些控件上进行访问和其他操作。

2. 使用 ADO 数据控件

下面通过一个实例介绍如何使用 ADO 数据控件。

【例 11－4】使用学生信息数据库，利用 ADO 数据控件和 DataGrid 控件来实现与一个数据库（stu. mdb）的连接及数据的绑定，并在 DataGrid 控件中显示 Stu 表。

操作步骤如下：

（1）添加部件。在工具箱空白处单击鼠标右键，选择“部件”命令（或选择“工程”菜单中的“部件”命令），打开“部件”对话框，选中“Microsoft ADO Data Control 6.0（OLEDB）”和“Microsoft DataGrid Control 6.0（OLEDB）”复选框，单击“确定”按钮。

（2）添加控件。在窗体中，添加 Adodc 控件和 DataGrid 控件，并调整其大小，设置 Adodc 的 Caption 属性为“学生信息表”，如图 11－21 所示。

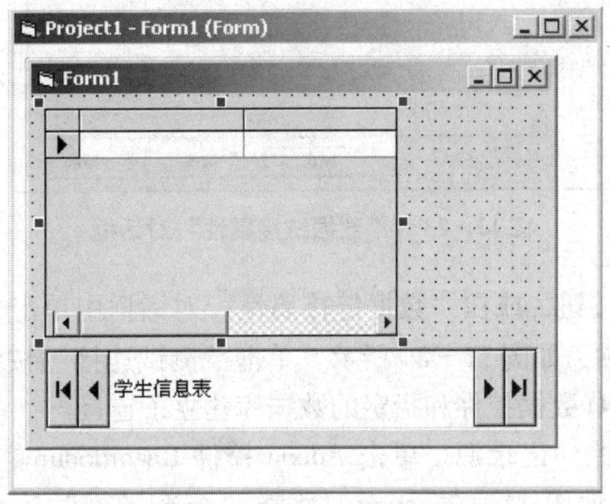

图 11－21　ADO 数据控件的设计窗体

（3）设置 Adodc 控件连接字符串。单击 Adodc 控件 ConnectionString 属性的符号“...”，出现 Adodc 属性页，如图 11－22 所示。

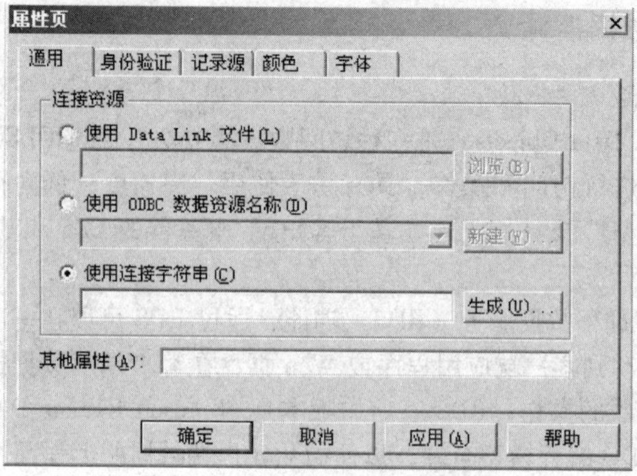

属性页
通用 | 身份验证 | 记录源 | 颜色 | 字体
连接资源
使用 Data Link 文件(L)
浏览(B)...
使用 ODBC 数据资源名称(D)
新建(W)...
使用连接字符串(C)
生成(U)...
其他属性(A):
确定 取消 应用(A) 帮助

图 11－22 Adodc 对象的属性页

选中“使用连接字符串”单选按钮，单击“生成”按钮，打开“数据链接属性”对话框。在“提供者”选择卡中选中“Microsoft Jet 4.0 OLE DB Provider”，如图 11－23 所示。

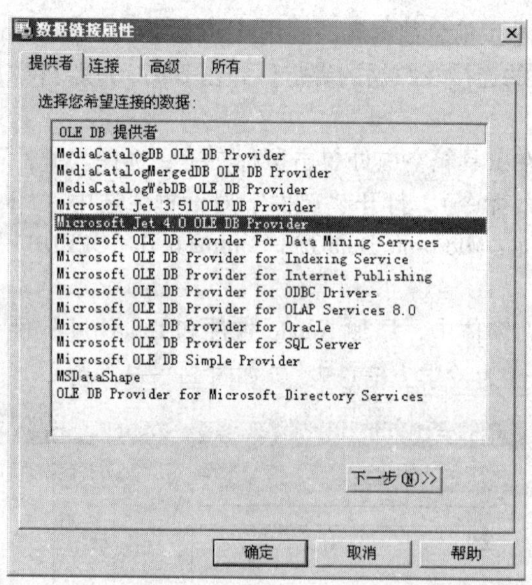

图 11－23 “数据链接属性”对话框

单击“下一步”按钮，或在“数据链接属性”对话框中单击“连接”选项卡，选择或者输入数据库名称，如图 11－24 所示。单击“测试连接”按钮，出现测试连接成功提示，表示利用 ADO 数据控件和指定的数据库建立了连接。

（4）设置 Adodc 控件记录源。单击 Adodc 控件 RecordSource 属性的符号“...”，弹出记录源属性页，如图 11－25 所示。选择“命令类型”为数据表“2－adCmdTable”，并在“表或存储过程名称”下拉列表框中选择学生信息表“stu”。单击“确定”按钮，返回窗体的设计视图，Adodc 控件设置完毕。

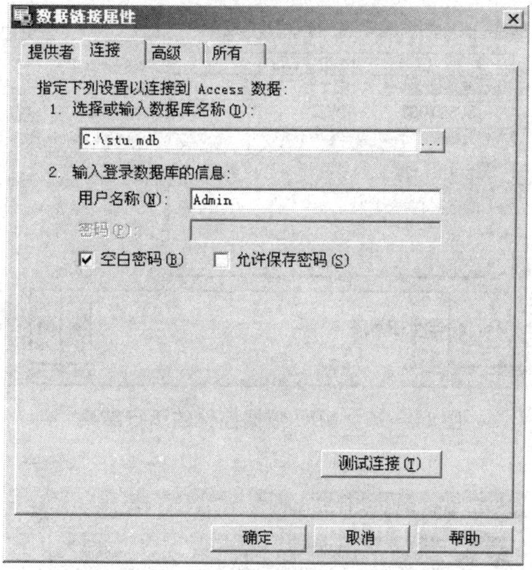

图 11-24 “数据链接属性”对话框

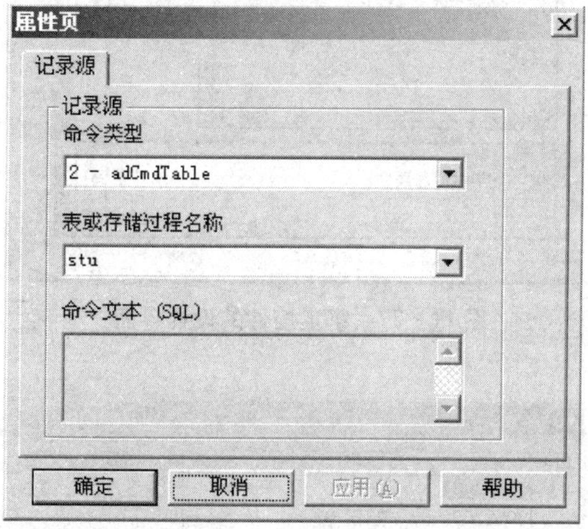

图 11-25 “属性页”对话框

（5）设置 DataGrid 控件数据源。将 DataGrid 和 Adodc 进行绑定。单击 DataGrid 控件的 DataSource 属性，在下拉列表框中选择 ADO 数据对象 Adodc1。

（6）按 F5 键，ADO 数据控件的运行结果如图 11-26 所示。

DataGrid 控件除了可以绑定数据之外，还可以与文本框、组合框、列表框进行绑定，也可以与第三方的数据控件进行绑定。

（7）添加其他绑定控件。再添加 1 个标签，其 Caption 属性为“绑定姓名”；添加 1 个文本框和 1 个 DataList 控件，如图 11-27 所示。设置文本框的 DataSource 属性为“Adodc1”，设置其 DataField 属性为将要显示的字段名称，如“Stu_Name”。设置 DataList 的 RowSource 属性为“Adodc1”，设置其 ListField 属性为将要显示的字段名称，如“Stu_Name”。

（8）按 F5 键，运行结果如图 11-28 所示。

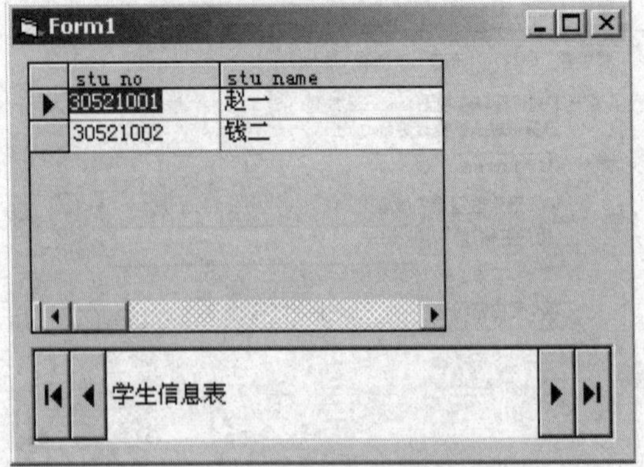

图 11－26　ADO 数据控件的运行结果

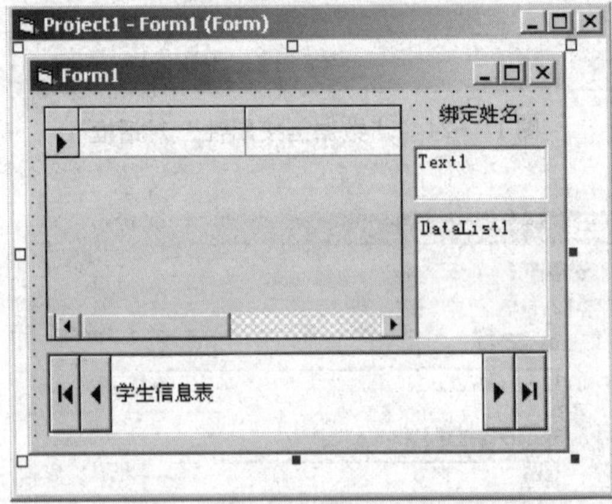

图 11－27　绑定控件的设计界面

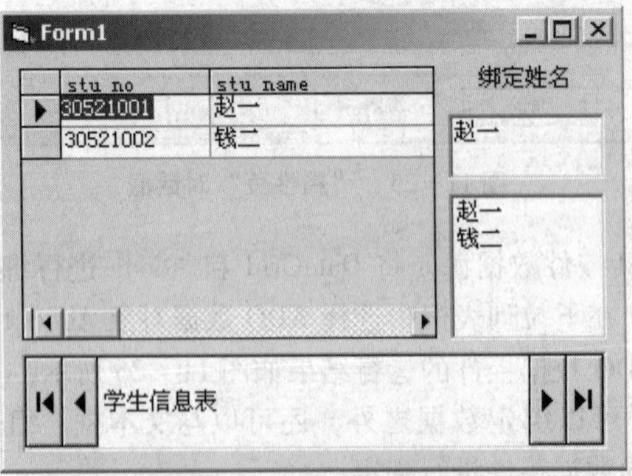

图 11－28　绑定控件的运行结果

3. 使用数据窗体向导

Visual Basic 提供了实用简便的数据窗体向导。

（1）选择“工程”菜单中的“添加窗体”命令，打开“添加窗体”对话框，如图 11－29 所示。

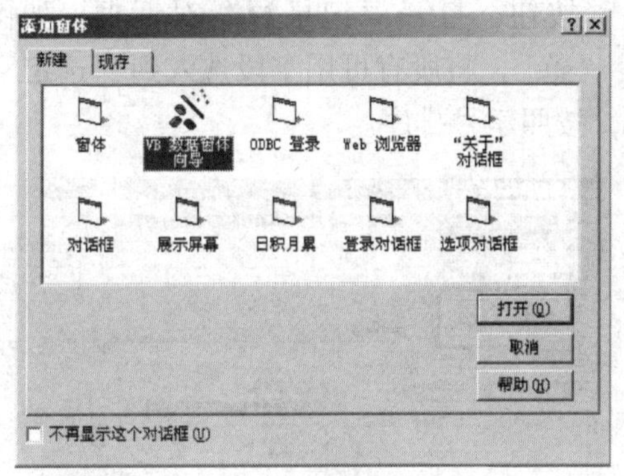

图 11－29　“添加窗体”对话框

（2）选择“VB 数据窗体向导”，单击“打开”按钮，打开“数据窗体向导”的“介绍”对话框，单击“下一步”按钮，打开“数据库类型”对话框，如图 11－30 所示。

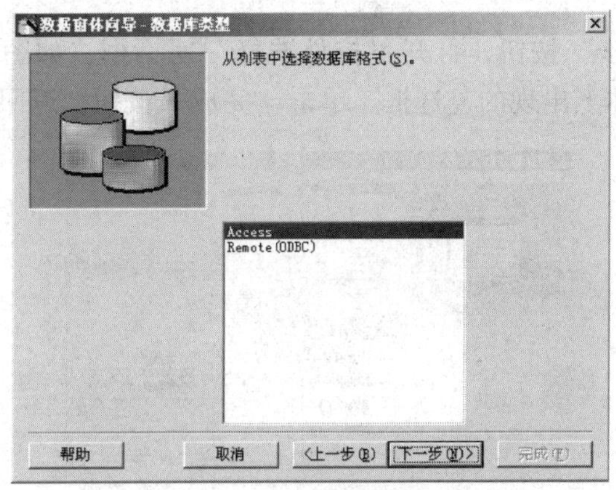

图 11－30　选择数据库类型对话框

（3）选择“Access”，单击“下一步”按钮，浏览选择或输入数据库的名称。

（4）单击“下一步”按钮，进入“Form 窗体布局”对话框，如图 11－31 所示。输入窗体名称 frmData，选择“窗体布局”为“网格（数据表）”。

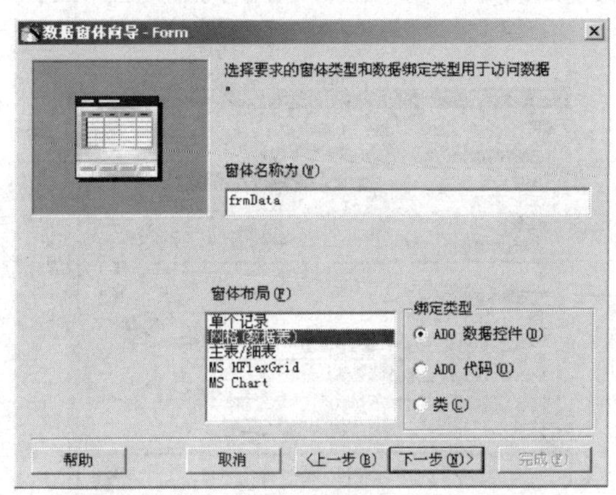

图 11－31　“Form 窗体布局”对话框

（5）单击“下一步”按钮，打开“记录源”对话框，如图 11 - 32 所示。选择“记录源”为学生信息表“stu”，将所有可用字段选入到“选定字段”中，并将“列排序按”选择为“stu_no”，按照学号排序。

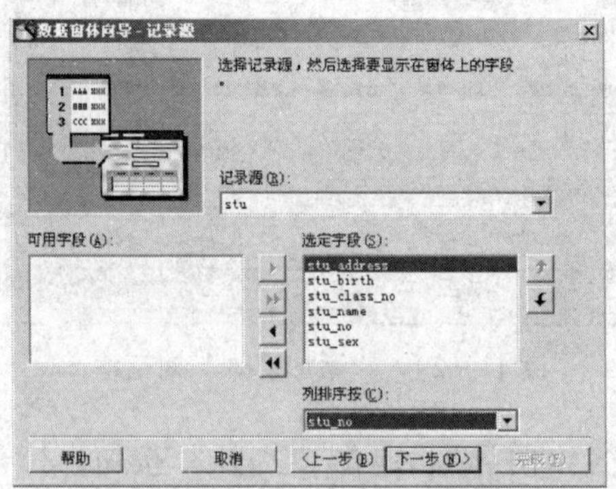

图 11 - 32　“记录源”对话框

（6）单击“下一步”按钮，打开“控件选择”对话框，如图 11 - 33 所示。用户可以根据需要选择窗体上出现的复选框。单击“完成”按钮，返回到设计界面。

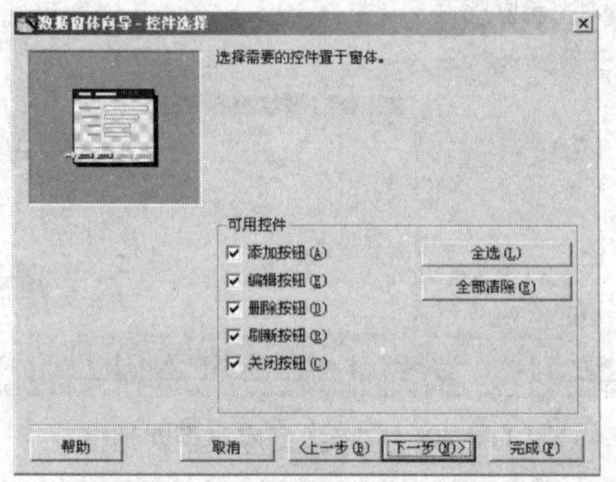

图 11 - 33　“控件选择”对话框

（7）将工程中原来的 Form1 移除，选择“工程”菜单中的“工程属性”命令，打开“工程属性”对话框，如图 11 - 34 所示，将由向导建立的窗体 frmData 设置为工程的启动对象。

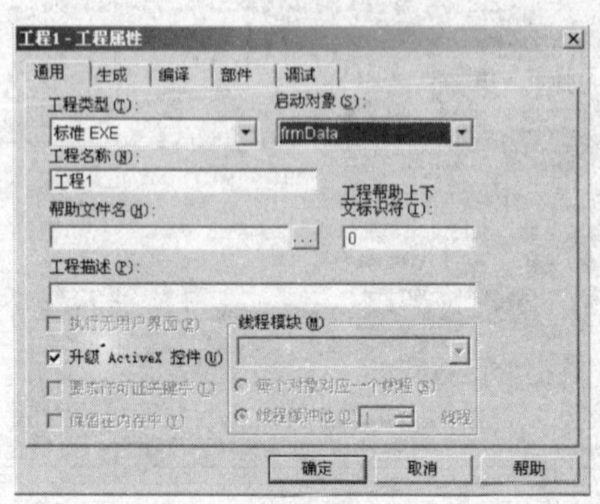

图 11 - 34　设置启动对象

（8）按 F5 键，运行结果如图 11－35 所示。

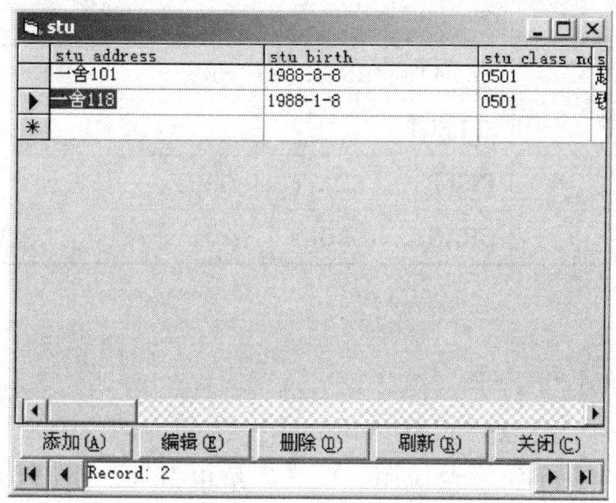

图 11－35　网格（数据表）的运行结果

在“Form 窗体布局”对话框中，还可以设置窗体布局为“单个记录”、“主表/细表”及“MS HFlexGrid”等。

11.4　SQL 语言

SQL（Structured Query Language，结构化查询语言）是一种通用的标准查询语言，不仅具有查询数据库的功能，而且还可以对数据库完成选取、增删、更新与跳转等各种操作。SQL 语言功能强大，简单易学，使用方便，已经成为数据库操作的基础。

11.4.1　SQL 语言的特点及组成

SQL 语言不仅具有查询数据库的功能，而且还可以对数据库完成选取、增删、更新与跳转等各种操作。

1. SQL 语言的特点

SQL 语言具有以下的主要特点：

（1）综合统一

SQL 语言集数据定义语言（DDL）、数据操纵语言（DML）、数据控制语言（DCL）功能于一体，语言风格统一，可以独立完成数据库生命周期中的全部活动。

（2）高度非过程化

用 SQL 语言进行数据操作，用户只需提出“做什么”，而不必指明“怎么做”，存取路径的选择以及 SQL 语句的操作过程均由系统自动完成。

（3）面向集合的操作方式

SQL 语言采用集合操作方式，不仅查找结果可以是元组的集合，而且一次插入、删除、更新操作的对象也可以是元组的集合。

（4）语言简洁，易学易用

SQL 语言十分简洁，完成数据定义、查询、操纵、控制的核心功能只用了 9 个命令，如表 11－8 所示。而且 SQL 语言语法简单，接近英语口语，容易学习和使用。

表 11－8　　SQL 语言的命令

SQL 功能	命令
数据定义	CREATE、DROP、ALTER
数据查询	SELECT
数据操纵	INSERT、UPDATE、DELETE
数据控制	GRANT、REVOKE

注意以下几点：

① SQL 不区分大小写字母。

② 每一条 SQL 命令要以“;”（半角分号）结束。

③ 在标准 SQL 中，字符常量应用“'”（半角单引号）引起。在 Access 中，则用半角双引号引起。

2. SQL 语言的组成

SQL 语言由命令（函数）、子句、运算符、聚合函数及通配符等组成。

（1）命令——SQL 语言中的数据定义语言可用来建立新的数据库、数据表、字段及索引等。SQL 语言中的数据操作语言，可用来建立查询表、排序、筛选数据、修改、增删等动作。数据定义语言命令常用的有选择、添加、删除和修改 4 种，如表 11－9所示。

表 11－9　　SQL 数据定义语言的命令

命令	中文含义	说明
SELECT	选择	用于找出符合条件的记录
INSERT	插入	用于增加一条记录或合并两个数据表
UPDATE	更新	用于更正符合条件的记录
DELETE	删除	用于删除符合条件的记录

（2）子句——用于设置命令要操作的对象（即参数），如表 11－10 所示。

表 11－10　　SQL 语言中的子句

子句	中文含义	说明
FROM	数据表	用于指置数据表
WHERE	条件	用于设置条件
GROUP BY	分组（合并）	用于设定分组
ORDER BY	排序	用于设置输出的顺序及字段

（3）运算符——子句参数中的运算符使子句构成不同的语法格式，运算符又分关系运算符与逻辑运算符，分别如表 11－11 和表 11－12 所示。

表 11－11　　SQL 语言的关系运算符

比较运算符	中文含义	说明
<		小于
< =		小于等于
> =		大于等于
>		大于
=		等于
< >		不等于
BETWEEN…AND	在……之间	用于设定范围
LIKE	如同	用于通配设定
IN	在……之内	用于集合设定

表 11－12　　SQL 语言的逻辑运算符

逻辑运算符	中文含义	说明
AND	并且	逻辑且
OR	或者	逻辑非
NOT	取反	逻辑非或逻辑反

（4）聚合函数——常运用在命令的参数中，如表 11－13 所示。

表 11－13　　SQL 语言的聚合函数

聚合函数	中文含义	说明
AVG	平均	用于求指定条件的平均
COUNT	数量	用于求指定的数量
SUM	和	用于求指定条件的和
MAX	最大值	用于求指定条件的最大值
MIN	最小值	用于求指定条件的最小值

（5）通配符——常运用在命令的参数中，如表 11－14 所示。

表 11－14　　SQL 语言的通配符

通配符	中文含义	说明
%		任何长度的字符串（包括 0）
_		下划线表示任何一个字符
[ ]		中括号表示某个范围内的一个字符

11.4.2 使用 SQL 查询数据库

查询语句是 SQL 的核心语句。SQL 提供了强大而灵活的数据查询功能。查询语句的一般格式如下：

【格式】SELECT [DISTINCT] <目标列表达式列表>

FROM <表名或视图名列表>

[WHERE <条件表达式>]

[GROUP BY <列名列表> [HAVING 内部函数表达式]]

[ORDER BY <列名 [ASC | DESC] > [, ...]]

【功能】根据 WHERE 子句的条件表达式，从 FROM 子句指定的基本表或视图中找出满足条件的元组，再按 SELECT 子句中的目标列表达式选出元组中的属性值形成结果表。

【说明】< >表示必选项；[ ] 表示任选项；| 表示必选其中之一；省略号“...”表示重复前面的项。

如果有 GROUP BY 子句，结果将按指定列（或列组）的值进行分组，值相等的元组为一个组，每个组产生结果表中的一条记录。

如果 GROUP BY 子句带 HAVING 短语，则只输出满足指定条件的组。

如果有 ORDER BY 子句，则结果表最终按指定列（或列组）的值升序或降序排序。查询中如果需要排序，则 ORDER BY 子句必须出现在整个 SELECT 语句的最后。

下面所用关系的关系模式如下：

（1）银行个人储户基本信息表 CUSTOMER（身份证编号 ID_CODE，姓名 NAME，性别 SEX，出生日期 BIRTHDATE，职业 OCCUPATION，信用等级 CREDIT_RATING）。

（2）个人储户账户基本信息表 ACCOUNT（身份证编号 ID_CODE，姓名 NAME，账号 ACCOUNT_NUMBER，密码 PASSWORD，开户日期 OPEN_DATE，余额 BALANCE，账户状态 STATE）。

（3）个人储户存取款明细表 DEPOSIT_ DRAW（流水号 JOURNAL_NUMBER，账号 ACCOUNT_NUMBER，发生日期 OPERATION_DATE，存取类型 STYLE，金额 MONEY）。

SQL 查询分为单表查询、连接查询、嵌套查询和集合查询。

1. 单表查询

单表查询指目标列均来自同一个基本表或视图。

（1）查询表的列

查询指定的列就是对表（关系）做投影运算。

① 查询指定的列

通过在 SELECT 后指定具体的属性名可以只查看相应的属性列的值。

【例 11 -5】显示账户表 ACCOUNT 中所有账户的账号及其账户余额。

SELECT ACCOUNT_NUMBER, BALANCE FROM ACCOUNT

SELECT 后各个列的先后顺序可以与其在表中的顺序不一致，用户可以根据需要定义各目标列的显示顺序。

② 查询指定的列，并取消重复元组

如果要取消查询结果中的重复元组，可以在 SELECT 后、查询列前加入一个 DISTINCT 关键词。

【例 11 -6】显示账户表 ACCOUNT 中所有存款人的身份证号和姓名。

由于一个人可以开设多个账户，因此，应该使用 DISTINCT 子句排除重复的元组。

SELECT DISTINCT ID_CODE, NAME FROM ACCOUNT

③ 查询全部列

如果需要查看表中所有的列，可以将所有列的列名在 SELECT 后列出，但如果属性列比较多，显然比较麻烦，因此，SQL 规定可以使用“*”代替所有列。

【例 11 -7】显示账户表 ACCOUNT 中所有账户的信息。

SELECT * FROM ACCOUNT

④ 查询结果中引入常量

在 SELECT 中可以引入常量，用于表示一个常量列，或某一属性列与常量计算以后的值列。最常使用的常量有两种：数值常量，例如：10，100.2。字符常量，用单引号扩起来的任意合法字符序列，例如：'姓名:'，'总计:'。

【例 11 -8】显示账户表 ACCOUNT 中所有账户的账号和余额与 1000 的差额，并显示提示。

SELECT ACCOUNT_NUMBER, '差额:', BALANCE -1000 FROM ACCOUNT

⑤ 为查询结果的列指定别名

如果 SELECT 子句中不是简单的属性名，而是一个表达式，为了在显示结果时能明确表示列的含义，可以为该表达式所在的列指定一个别名，别名和该表达式之间用空格隔开。

例如，例 11 -6 可以改写为：

SELECT ACCOUNT_NUMBER，BALANCE -1000 '差额' FROM ACCOUNT

（2）查询满足条件的行

查询满足条件的行就是对表（关系）进行选择运算。通过在 WHERE 子句中给定查询条件，可以找出满足条件的元组。查询条件中常用的运算符如表 11 -15 所示。

表 11 -15　　WHERE 条件常用运算符

含义	运算符
比较	>，> =，<，< =，=，! =（或< >）
是否在指定的范围	BETWEEN 值 1 AND 值 2
字符是否匹配	LIKE '匹配串'
是否为空值	IS NULL
是否为某一集合的元素	IN
否定	NOT
逻辑运算	AND，OR

否定运算符 NOT 一般加在子条件的开头，例如：NOT BALANCE <800 表示余额不

小于 800。

匹配串可以是一个完整的字符串，也可以含有通配符“%”和“_ ”（下划线）。

%(百分号)：代表任意长度(长度可以为 0)的字符串。例如，'01%'表示以'01 '开头的任意字符串；'%01%'表示包含'01 '的任意字符串；'%01 '表示以'01 '结尾的任意字符串。

_ （下划线）：代表任意单个字符。例如，'0_ '表示以'0 '开头的任意 2 位字符串。

① 查询满足简单比较条件的元组

【例 11 -9】在账户表 ACCOUNT 中查找账号为“610557899”的户主及其账户余额。

```
SELECT NAME, BALANCE FROM ACCOUNT ;
WHERE ACCOUNT_NUMBER = '610557899 '
```

【例 11 -10】在账户表 ACCOUNT 中查找余额不小于 10 000 的户主及其账户余额。

```
SELECT NAME, BALANCE FROM ACCOUNT WHERE NOT BALANCE <10000
```

② 查询指定属性值为空的元组

【例 11 -11】在客户基本信息表 CUSTOMER 中查找信用等级 CREDIT_RATEING 为空的客户的信息。

```
SELECT * FROM CUSTOMER WHERE CREDIT_RATEING IS NULL
```

③ 查询属性值在某一范围内的元组

【例 11 -12】在账户表 ACCOUNT 中查找账户余额在 10 万 ~20 万元之间的账户信息。

```
SELECT * FROM ACCOUNT ;
WHERE BALANCE BETWEEN 100000 AND 200000
```

④ 查询属性值在某一集合内的元组

要比较的属性值和集合的元素应该类型匹配。

【例 11 -13】在客户基本信息表 CUSTOMER 中查找职业 OCUPATION 为“教师”或“医生”的客户的信息。

```
SELECT * FROM CUSTOMER ;
WHERE OCCUPATION IN('教师', '医生')
```

也可以用逻辑运算符和关系运算符构成复杂条件，表示为：

```
SELECT * FROM CUSTOMER ;
WHERE OCCUPATION = '教师' OR OCUPATION = '医生'
```

⑤ 查询满足字符匹配条件的元组

LIKE <匹配串> 只能用于对字符型属性的比较，一般都要使用通配符“%”或“_ ”。

【例 11 -14】在客户基本信息表 CUSTOMER 中查找身份证号码第 2、3 位为“01”的所有客户的基本信息。

```
SELECT * FROM CUSTOMER;
WHERE ID_CODE LIKE '_01%'
```

【例 11 -15】在客户基本信息表 CUSTOMER 中查找身份证号码以“510102”开头

的所有客户的基本信息。

```
SELECT * FROM CUSTOMER ;
WHERE ID_CODE LIKE '510102%'
```

(3) 使用聚合函数的查询

为增强检索功能，在 SELECT 子句中可以使用多种函数，其中，聚合函数是最常使用的一类函数。在聚合函数中也可以在指定列名前加 DISTINCT 短语，表示在计算时取消指定列中的重复值。

【例 11－16】统计总存款余额。

```
SELECT '存款余额', SUM(BALANCE) FROM ACCOUNT
```

【例 11－17】统计身份证号码以“510102”开头的所有存款人的总存款额及人数。

```
SELECT SUM(BALANCE), COUNT(DISTINCT ID_CODE) FROM ACCOUNT ;
WHERE ID_CODE LIKE '510102%'
```

由于存在一个存款人开设多个账户的情况，再考虑到不排除存款人有同名现象，因此，应以身份证号 ID_CODE 作为存款人的唯一标识，并且使用 DISTINCT 子句取消重复的存款人。

【例 11－18】统计存款余额大于 10 000 的账户的平均余额。

```
SELECT AVG(BALANCE) FROM ACCOUNT WHERE BALANCE >10000
```

(4) 对查询结果进行分组

在某些情况下，所需要的不是表中的某些行和列，而是需要对表中的行按某种标准分成若干组，对每一组根据需要进行某种汇总操作，最终得到一个分组汇总表。例如，在学生成绩表（学号，班级，学生总评成绩）中求每个班的平均成绩，则需要将所有学生先按班级分成若干组，每组得到一个平均值。在 SQL 中，这种操作通过用带 GROUP BY 子句的查询语句来实现。

【例 11－19】在账户表 ACCOUNT 中统计每个存款人的存款余额。

```
SELECT ID_CODE, NAME, SUM(BALANCE) FROM ACCOUNT ;
GROUP BY ID_CODE, NAME
```

注意：有 GROUP BY 子句的查询命令的 SELECT 子句中只能出现三种对象：分组标志（即 GROUP BY 后的属性名列表）、聚合函数和常量。上例中，如果 GROUP BY 后没有 NAME，则在 SELECT 后也不能出现 NAME。

(5) 对查询结果排序

可以用 ORDER BY 子句指定结果关系中元组的显示顺序，显示顺序有两种：ASC（升序，系统默认）和 DESC（降序）。

数值和日期型数据的升序就是根据属性值按从小到大的顺序显示；字符数据的升序就是从左向右根据各字符值的 ASCII 码按从小到大的顺序显示，例如：“ABC”小于“ACB”，“BC”大于“ABC”；汉字数据的升序从左向右根据汉字拼音首字符的 ASCII 码按从小到大的顺序显示，例如“数据库”小于“数学”。

ORDER BY 子句必须作为整个查询语句的最后子句。

【例 11－20】在账户表 ACCOUNT 中按余额从大到小的顺序显示各账户信息。

```
SELECT * FROM ACCOUNT ORDER BY BALANCE DESC
```

【例 11 -21】在客户表 CUSTOMER 中按出生日期从小到大的顺序显示各储户信息。

SELECT ＊ FROM CUSTMOER ORDER BY BIRTHDATE

2. 连接查询

若一个查询同时涉及两个或两个以上的表，则称之为连接查询。一个有意义的连接查询必然包含 WHERE 子句，并且条件表达式中必然包含连接的两个表（或多表）中相应列的比较运算，格式如下：

【格式】［ <表名 1 >. ］ <列名 1 > <比较运算符 >［ <表名 2 >. ］ <列名 2 >

其中，列名 1、列名 2 的类型必须是可比的，但不必是相同的。如果某列名在多个表中是唯一的，则可以省略其前面的“表名 .”。如果比较运算符为“ = ”，则称为等值连接，否则为非等值连接。

【例 11 -22】列出所有职业为“教师”的存款人姓名、身份证号、账号、余额。

本题是在账户表 ACCOUNT 种选择一部分元组，但选择的条件不能直接表达，需要借助客户信息表 CUSTOMER，在 CUSTOMER 中限定要查找的存款人，按身份证号将两表作等值连接。

SELECT ACCOUNT. NAME，ACCOUNT. ID _ CODE，ACCOUNT _ NUMBER，BALANCE ;

FROM ACCOUNT，CUSTOMER ;

WHERE CUSTOMER. OCUPATION = '教师' AND CUSTOMER. ID_ CODE = ACCOUNT. ID_CODE

【例 11 -23】查找“6102887”账号所进行的存取款明细，显示对应的姓名、时间、存取类型、金额。

根据要求显示的属性列可以推出该操作涉及账户表 ACCOUNT（其中包含存款人的姓名）和存取款明细表 DEPOSIT_DRAW，两个表之间以账号进行等值连接。具体 SQL 语句如下：

```
SELECT ACCOUNT. NAME，DEPOSIT_DRAW. OPERATION_DATE，;
  DEPOSIT_DRAW. STYLE，DEPOSIT_DRAW. MONEY ;
FROM ACCOUNT，DEPOSIT_DRAW ;
WHERE DEPOSIT_DRAW. ACCOUNT_NUMBER ='61028877' AND;
  DEPOSIT_DRAW. ACCOUNT_NUMBER = ACCOUNT. ACCOUNT_NUMBER
```

【例 11 -24】列出所有职业为“教师”的存款人的存取款明细信息。

存取款明细信息包含在表 DEPOSIT_DRAW 中，职业属性包含在表 CUSTOMER 中，而表 DEPOSIT_DRAW 和 CUSTOMER 无相同或可比的属性，需要借助于 ACCOUNT 表的存款账号将某一个存款人的基本信息和存取款明细信息连接起来。具体 SQL 语句如下：

```
SELECT DEPOSIT_DRAW . * ;
FROM DEPOSIT_DRAW，CUSTOMER，ACCOUNT ;
WHERE CUSTOMER. OCUPATION ='教师' AND ;
  CUSTOMER. ID_CODE = ACCOUNT. ID_CODE AND ;
  ACCOUNT. ACCOUNT_NUMBER = DEPOSIT_DRAW. ACCOUNT_NUMBER
```

进行连接的两个表（或多个表）也可以是同一个表，这种连接为自连接，在具体使用时需要为自连接的两个表指定两个相应的别名，以示区别。

3. 嵌套查询

在 SQL 语言中，一个 SELECT－FROM－WHERE 语句称为一个查询块。将一个查询块嵌套在一个查询语句的 FROM、WHERE 子句或 HAVING 短语的条件中的查询称为嵌套查询，嵌套的查询块称为子查询，子查询中不能使用 ORDER BY 子句。外层的查询语句称为父查询。嵌套查询中，最常用的是在 WHERE 子句中嵌套查询块构成查询条件。

SQL 语言允许多层嵌套查询。即一个子查询中还可以嵌套其他子查询。

嵌套查询有两种类型：不相关子查询（在执行时由里向外处理。即每个子查询在其上一级查询处理之前处理，子查询的结果用于建立其父查询的查找条件）和相关子查询（内层子查询的处理需要使用外层查询的某个值）。

在 WHERE 子句中嵌套子查询有以下三种方式：

（1）IN（子查询）：谓词 IN 用于判断某个属性列值是否在子查询的结果中。

（2）ANY 或 ALL（子查询）：ANY 表示子查询结果中存在某个值，ALL 表示子查询结果中的所有值，ANY 和 ALL 必须与关系运算符（例如：<、=、<=、>=、!=等）配合使用。当子查询的结果可以确定只有一个值时，可以省略 ANY 或 ALL。

（3）EXISTS（子查询）：带有 EXISTS 谓词的子查询不返回任何实际数据，只产生逻辑真值或逻辑假值。

【例 11－25】显示身份证号为“561002198209117260”的客户的所有存取款明细信息。

存取款明细信息存放在表 DEPOSIT_DRAW 中，身份证号存在于 CUSTOMER 和 ACCOUNT 表中，但只有 ACCOUNT 表可以通过账号同 DEPOSIT_DRAW 表进行联系。

具体 SQL 语句如下：

```
SELECT * FROM  DEPOSIT_DRAW ;
WHERE ACCOUNT_NUMBER IN ;
  (SELECT ACCOUNT_NUMBER FROM ACCOUNT ;
    WHERE ID_CODE ='561002198209117260')
```

或：

```
SELECT * FROM DEPOSIT_DRAW ;
WHERE EXISTS (SELECT * FROM ACCOUNT;
    WHERE ID_CODE ='561002198209117260' AND ;
    ACCOUNT_NUMBER = DEPOSIT_DRAW. ACCOUNT_NUMBER)
```

【例 11－26】显示账户余额小于平均账户余额的账户信息。

```
SELECT * FROM ACCOUNT ;
WHERE BALANCE < (SELECT AVG(BALANCE) FROM ACCOUNT)
```

4. 集合查询

每一个 SELECT 语句都能获得一个或一组元组。若要把多个 SELECT 语句的结果合并为一个结果，可用集合操作来完成。集合操作主要包括并操作 UNION、交操作 INTERSECT 和差操作 MINUS。

使用 UNION 将多个查询结果合并起来，形成一个完整的查询结果时，系统会自动去掉重复的元组。需要注意的是，参加集合操作的各表的属性数必须相同，对应位置的属性的类型也必须相同。

【例 11 –27】统计从未发生过支取业务的账户。

```
SELECT ACCOUNT_NUMBER FROM ACCOUNT ;
MINUS ;
SELECT DISTINCT ACCOUNT_NUMBER FROM DEPOSIT_DRAW ;
WHERE STYLE ='1'
```

【例 11 –28】统计余额小于 100 或余额大于 50 万的账户的账号及其实际余额。

```
SELECT '余额小于 100：', ACCOUNT_NUMBER, BALANCE FROM ACCOUNT;
WHERE   BALANCE <100 ;
UNION ;
SELECT '余额大于 50 万:', ACCOUNT_NUMBER, BALANCE FROM ACCOUNT ;
WHERE BALANCE >500000
```

11.4.3 在应用程序中使用 SQL 语句

在设置 Adodc 控件的 RecordSource 属性时，可以在如图 11 –36 所示的记录源属性页中选择“命令类型”为数据表“8 – adCmdUnknown”，即可在命令文本中直接输入 SQL 语句作为 Adodc 控件的记录源。运行结果如图 11 –37 所示。

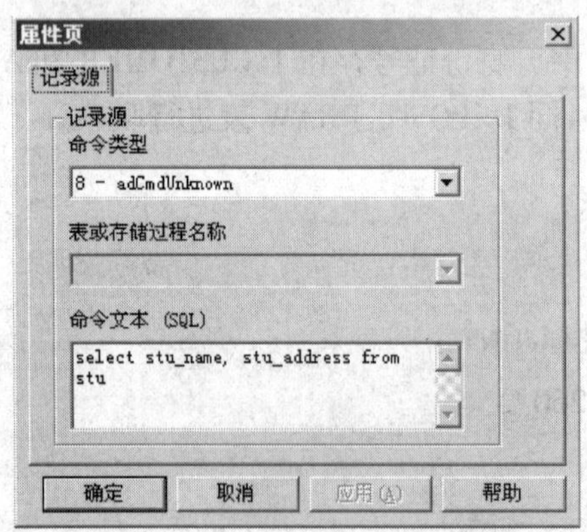

图 11 –36 设置记录源为 SQL 语句

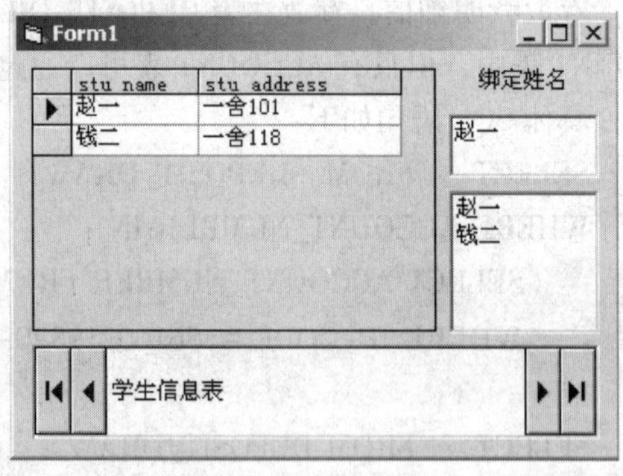

图 11 –37 运行结果 1

在可视化数据管理器的“SQL 语句”窗口如图 11 –38 所示中，直接输入 SQL 语句，单击“执行”按钮，结果如图 11 –39 所示。

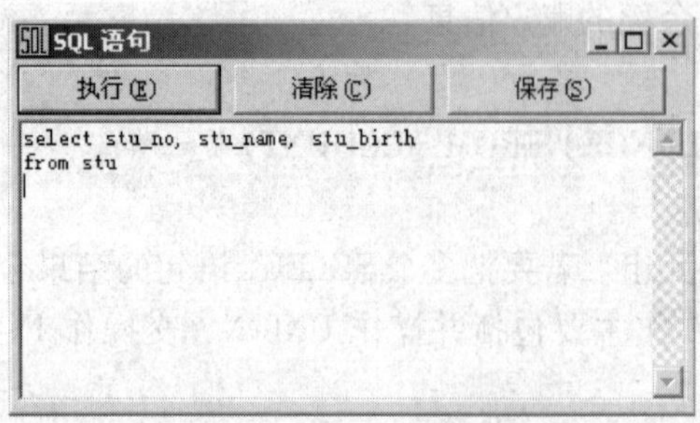

图 11 –38 可视化数据管理器中使用 SQL 语句

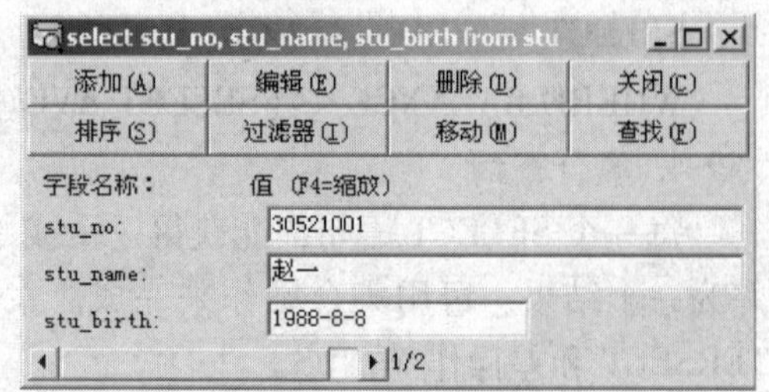

图 11 –39 运行结果 2

11.5 Visual Basic + Access 开发案例

【例 11-29】编写“通讯录管理”程序，实现对个人通讯录的管理，其界面如图 11-40 所示。要求该程序提供：增加记录、查询记录、删除记录、修改记录、显示所有记录、导出通讯录及退出等功能。

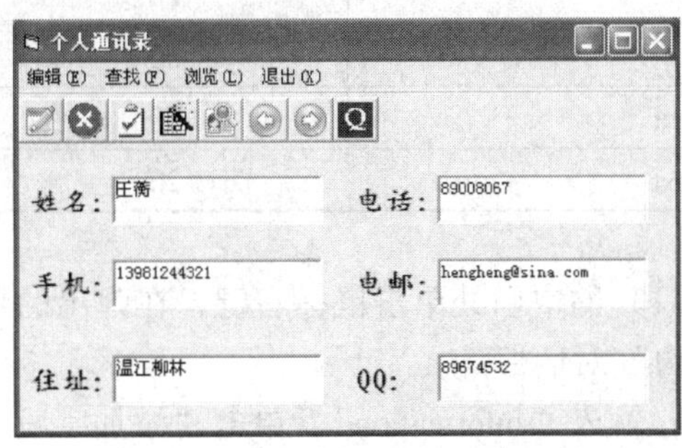

图 11-40 个人通讯录应用

实现方法的分析如下：

（1）使用可视化数据管理器和 Access 建立个人通讯录数据库存，储通信信息。

（2）使用 Visual Basic 设计应用程序访问数据库。

（3）在应用设计中使用 ADO 等数据控件建立到 Access 数据库的连接，并操纵数据。

主要实现步骤如下：

1. 数据库设计

将使用“可视化数据管理器”建立个人通讯录应用的 Access 数据库，该数据库用来存放通讯录的信息。

（1）在 Visual Basic 集成开发环境中，选择“外接程序”菜单中的“可视化数据管理器”命令，打开“可视化数据管理器”窗口。

（2）在“可视化数据管理器”中，选择“文件”菜单中的“新建”命令，在数据库类型列表中选择“Microsoft Access”中的“Version 7.0 MDB”选项。在打开的对话框中，输入要创建的数据库文件名称及其保存路径，进入如图 11-41 所示的新建数据库界面。这里输入的数据库文件名是“address. mdb”。

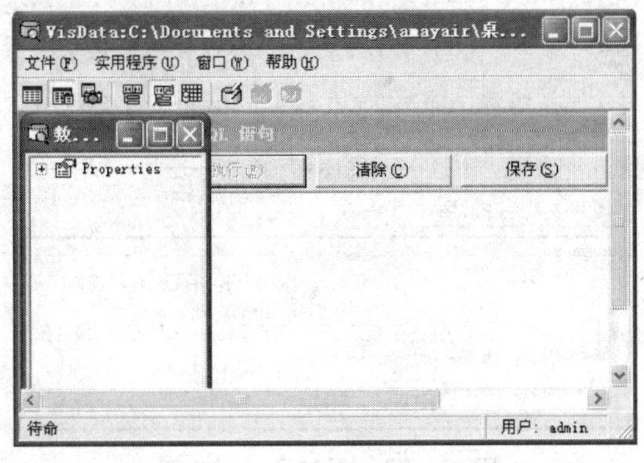

图 11-41 新建数据库界面

（3）创建数据库表，表名为 information，结构如表 11 - 16 所示。

表 11 - 16　　数据库表

字段名称	数据类型	字段大小	说明
Name	text	20	姓名
telno	text	20	固定电话号码
mobile	text	20	移动电话号码
mail	text	50	电子邮件
add	text	50	住址
qq	text	20	QQ 号码

（4）在“数据库窗口”的空白处单击鼠标右键，在弹出的快捷菜单中选择“新建表”命令，打开“表结构”对话框。

（5）在“表名称”栏输入“information”，单击“添加字段”按钮，打开“添加字段”对话框，如图 11 - 42 所示。

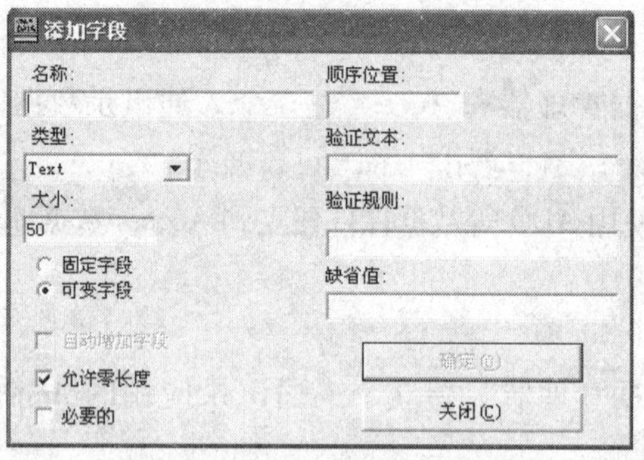

图 11 - 42　“添加字段”对话框

输入字段的名称、类型及大小等，单击“确定”按钮。重复添加字段，直到所有字段输入完毕，如图 11 - 43 所示。单击“生成表”按钮，回到数据库窗口。

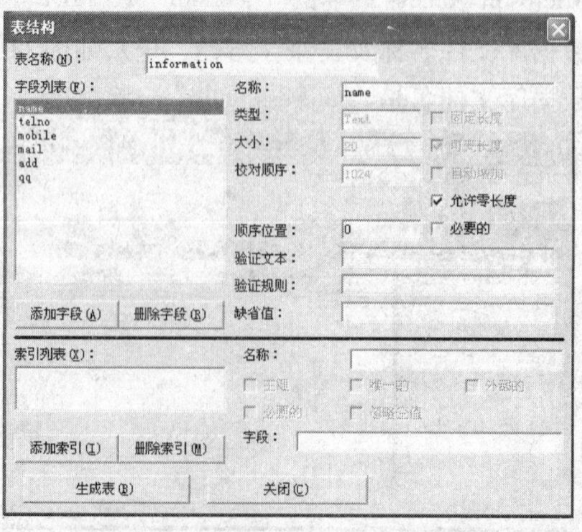

图 11 - 43　添加了字段的表

（6）输入记录。单击数据管理器工具栏中的“表类型记录集”按钮和 Data 控件按钮。双击数据库表，打开添加记录窗口，如图 11 - 44 所示。

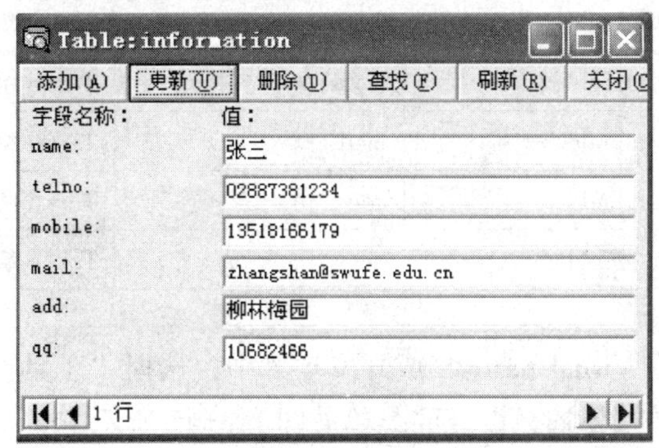

图 11 - 44　添加记录窗口

（7）输入记录后，单击“更新”按钮。接着单击“是”按钮，将记录添加到表中。单击“添加”按钮，输入下一个记录。

2. 界面设计

在 Visual Basic 集成环境下，使用“数据控件”和“数据绑定”控件存取先前建立的“address. mdb”数据库中的 information 表，建立个人通讯录管理程序。

（1）设计个人通讯录窗体。新建 1 个窗体，在窗体中添加 1 个 Data 控件、1 个 ImageList 控件、1 个 Toolbar 控件、1 个菜单、6 个标签和 6 个文本框。分别设置这些对象的属性，如表 11 - 17 所示。

表 11 - 17　个人通讯录程序中的属性设置

对象	属性	属性值	说明
Form1	Name	mydataForm	窗体名称
	Caption	个人通讯录	窗体标题
Data1	Name	Data1	数据控件名
	DatabaseName	address. mdb	数据库名
	RecordSource	information	数据库表
	Visible	false	不可见
Label1	Caption	姓名：	姓名标签
Label2	Caption	电话：	电话标签
Label3	Caption	手机：	手机标签
Label4	Caption	电邮：	电邮标签
Label5	Caption	住址：	住址标签
Label6	Caption	QQ：	QQ 标签
Text1 ~ Text6	DataSource	Data1	Text 1 - 6 数据源
Text1	DataField	Name	Text 1 绑定的字段名

表11-17(续)

对象	属性	属性值	说明
Text2	DataField	telno	Text 2 绑定的字段名
Text3	DataField	mobile	Text 3 绑定的字段名
Text4	DataField	mail	Text 4 绑定的字段名
Text5	DataField	add	Text 5 绑定的字段名
Text6	DataField	qq	Text 6 绑定的字段名

（2）设计菜单。在 Visual Basic 集成开发环境中，选择“工具”菜单中的“菜单编辑器”命令，打开菜单编辑器，设计的菜单如图 11-45 所示。

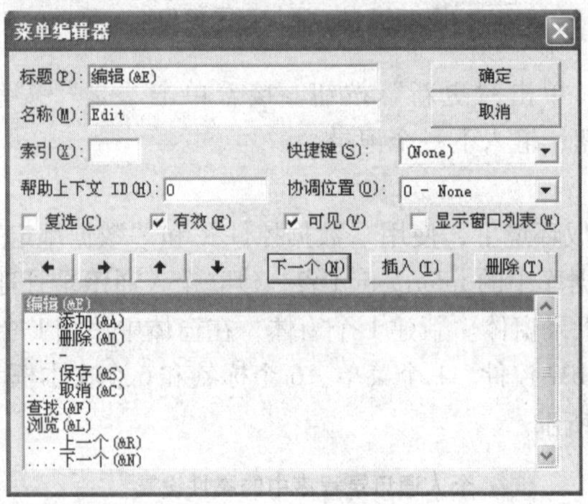

图 11-45　菜单设计

（3）设计工具栏。右键单击 ImageList 控件，在弹出的菜单中选择“属性”命令，打开 ImageList 控件的属性设置页。在 ImageList 控件的属性页中插入一些图片，如图 11-46 所示。这些图片将成为工具栏中按钮的图标。

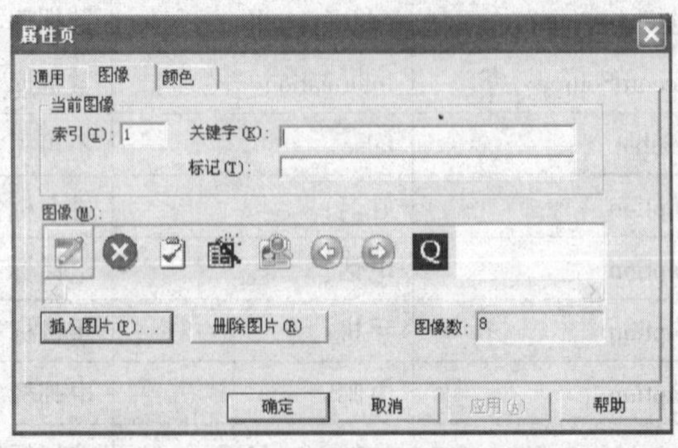

图 11-46　ImageList 控件的属性

（4）右键单击 Toolbar 控件，在弹出的菜单中选择“属性”命令，打开 Toolbar 控件属性设置页。在 Toolbar 控件属性页中插入按钮，为各按钮选择相应的图片，如图 11-47 所示。

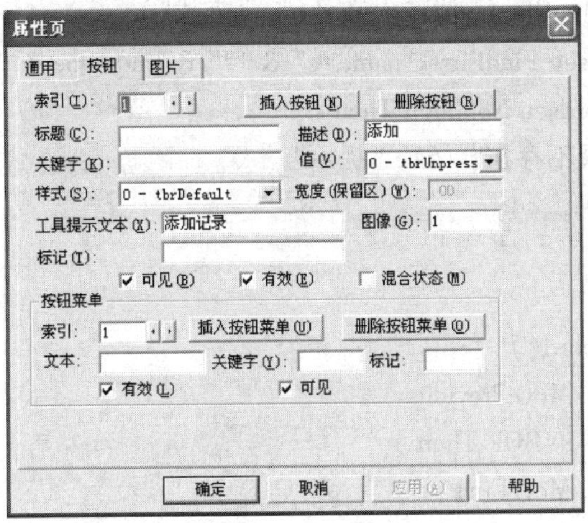

图 11 - 47　Toolbar 控件的属性

3. 编写代码

（1）编写 7 个子程序过程，分别实现数据记录的添加、删除、保存、取消、查找、浏览前一个记录、浏览后一个记录等。

```
'添加记录
Private Sub AddRecord( )
    Data1. Recordset. AddNew
End Sub
'删除当前记录
Private Sub DeleteRecord( )
    If MsgBox("真的要删除当前记录吗?", vbYesNo,"警告") = vbYes Then
        Data1. Recordset. Delete
        Data1. Recordset. MovePrevious
        Data1. Refresh
    End If
End Sub
'保存记录
Private Sub SaveRecord( )
  Data1. UpdateRecord
End Sub
'取消编辑
Private Sub CancelRecord( )
  Data1. UpdateControls
End Sub
'根据用户输入的姓名查找记录
Private Sub FindRecord( )
    Dim findname As String
```

```
    findname = InputBox("请输入姓名:", "查找")
    Data1.Recordset.FindFirst "name = " & "'" & findname & "'"
    If Data1.Recordset.NoMatch Then
    MsgBox "记录不存在", 64, "提示"
    End If
End Sub
'查找前一条记录
Private Sub PrevRecord()
   Data1.Recordset.MovePrevious
   If Data1.Recordset.BOF Then
   Data1.Recordset.MoveFirst
   End If
End Sub
'查找后一条记录
Private Sub NextRecord()
   Data1.Recordset.MoveNext
   If Data1.Recordset.EOF Then
   Data1.Recordset.MoveLast
   End If
End Sub
```

（2）编写各菜单项的单击事件过程代码。当单击菜单命令时，调用响应的子程序过程，实现规定功能。

```
'单击"添加"菜单命令
Private Sub Add_Click(Index As Integer)
AddRecord    '调用添加过程
End Sub
'单击"取消"菜单命令
Private Sub cancel_Click(Index As Integer)
CancelRecord  '调用取消编辑过程
End Sub
'单击"删除"菜单命令
Private Sub Delete_Click(Index As Integer)
DeleteRecord  '调用删除记录过程
End Sub
'单击"退出"菜单命令
Private Sub exit_Click(Index As Integer)
End     '程序退出
End Sub
'单击"查找"菜单命令
```

```
Private Sub find_Click(Index As Integer)
FindRecord  '调用查找记录过程
End Sub
'单击"下一个"菜单命令
Private Sub next_Click(Index As Integer)
NextRecord  '调用查找前一条记录过程
End Sub
'单击"上一个"菜单命令
Private Sub prev_Click(Index As Integer)
PrevRecord  '调用查找后一条记录过程
End Sub
'单击"保存"菜单命令
Private Sub Save_Click(Index As Integer)
Saverecord  '调用保存记录过程
End Sub
```

（3）编写工具栏按钮的 ButtonClick 事件过程代码。当单击工具栏按钮时，可根据该按钮的索引判定用户单击哪个按钮，从而调用相应子程序过程，实现相应的功能。

```
'单击工具栏按钮
Private Sub Toolbar1_ButtonClick(ByVal Button As MSComctlLib. Button)
    Select Case Button. Index
      Case 1
        AddRecord  '调用添加过程
      Case 2
        DeleteRecord  '调用删除记录过程
      Case 3
        Saverecord    '调用保存记录过程
      Case 4
        CancelRecord  '调用取消编辑过程
      Case 5
        FindRecord  '调用查找记录过程
      Case 6
        PrevRecord  '调用查找前一条记录过程
      Case 7
        NextRecord  '调用查找后一条记录过程
      Case 8
        End
    End Select
End Sub
```

（4）运行该程序。单击菜单命令或工具条按钮，执行相应的通讯信息的管理。

【本章小结】

为了适应大量数据的集中存储，提供多个用户共享数据的功能，使数据与程序完全独立，最大限度地减少数据的冗余度，出现了数据库管理系统。

本章介绍了数据库、数据库管理系统、数据库系统、数据模型概念以及关系数据库等基本概念，介绍了 Visual Basic 对数据库访问的方法以及 Data 控件和 ADO 控件的使用，了解如何使用“可视化数据管理器”创建 MS Access 数据库和表，如何将数据库中的数据与文本框等控件进行绑定，特别是记录集 Recordset 的使用，通过对记录集数据的增加、删除、查找、指针移动等，来实现对数据库数据的操作。

同时介绍了 SQL 语言。学习时，注意了解 SQL 语言的特点及组成，掌握 SELECT 语句的使用，在应用程序中正确使用 SQL 语句。

习题 11

一、选择题

1. 数据库是在计算机系统中按照一定的数据模型组织、存储和应用的__________。

A. 模型的集合　　B. 数据的集合
C. 应用的集合　　D. 存储的集合

2. 下列叙述中，能全面描述数据库技术主要特点的是__________。

A. 数据的结构化、数据的冗余度小
B. 数据的冗余度小、较高的数据独立性
C. 数据的结构化、数据的冗余度小、较高的数据独立性
D. 数据的结构化、数据的冗余度小、较高的数据独立性、程序的模块化

3. 关系数据库用__________表示实体之间的联系。

A. 树结构　　B. 二维表　　C. 网结构　　D. 图结构

4. 由计算机、操作系统、DBMS、数据库、应用程序及用户等组成的是__________。

A. 文件系统　　B. 数据库系统
C. 软件系统　　D. 数据库管理系统

5. DBAS 指的是__________。

A. 数据库管理系统　　B. 数据库系统
C. 数据库应用系统　　D. 数据库服务系统

6. 数据库 DB、数据库系统 DBS、数据库管理系统 DBMS 三者之间的关系是__________。

A. DBS 包括 DB 和 DBMS　　B. DBMS 包括 DB 和 DBS
C. DB 包括 DBS 和 DBMS　　D. DBS 就是 DB，也就是 DBMS

7. 利用 Find 方法在记录集 Recordset 中查找符合条件的记录，如果没有找到，则记录集的__________属性值为 True。

A. Exclusive　　B. Readonly　　C. NoFound　　D. NoMatch

8. 利用“可视化数据管理器”，可以创建__________。

A. 数据库　　B. 表　　C. 数据查询　　D. 都可以

9. 设置__________属性，指定要绑定的数据控件对象名称。

A. RecordSource　　B. RowSource

C. DataSource　　D. Data

10. 下列中__________不是数据库窗体向导的窗体布局。

A. 单个记录　　B. 网格　　C. 树形表　　D. 主表/细表

11. 在 SQL 语言的 SELECT 语句中，实现投影操作的是__________子句。

A. SELECT　　B. FROM　　C. WHERE　　D. GROUP BY

12. 在 SQL 的查询语句中，下列__________函数用于求某列所有值的总和。

A. COUNT（列名）　　B. SUM（列名）

C. COUNT（DISTINCT 列名）　　D. SUM（DISTINCT 列名）

13. 下列中__________不是标准 SQL 语言中的逻辑运算符。

A. XOR　　B. OR　　C. AND　　D. NOT

14. 如果需要在 SQL 语句中对结果进行排序，需要使用__________字句。

A. GROUP BY　　B. WHERE　　C. ORDER BY　　D. FROM

二、填空题

1. 在关系运算中，查找满足一定条件的元组的运算称之为__________。

2. 关系数据库用__________来表示实体之间的联系。

3. 数据库系统主要包括计算机硬件、操作系统、数据库（DB）、__________和建立在该数据库之上的相关软件、数据库管理员及用户等组成部分。

4. 在二维表中，每一行称为一个__________，用于表示一组数据项。

5. SQL 语言最主要的功能是__________。

6. Visual Basic 提供了两种与 Jet 数据库引擎接口的方法，即：数据访问对象和__________。

7. 要将文本框绑定到 Data 控件上，需要设置属性 DataSource 和__________。

8. Recordset 记录集的__________属性指的是当前记录的位置。

9. 数据控件最常用的事件是__________和 Validate。

10. 数据控件最常用的方法有 Refresh、UpdateControls 和__________。

11. 使用数据控件 Data 需要设置两个属性，其中__【1】__属性用来设置所要连接数据库的文件名，__【2】__属性用来设置记录源，如表名、SQL 语句或者查询。

12. 使用 ADO 数据控件 Adodc 需要设置两个属性，其中，__【1】__属性用来设置数据连接，__【2】__属性用来设置记录源，如表名、SQL 语句或者存储过程名称。

三、上机题

1. 学生成绩管理：编制程序，首先建立 MS Access 数据库文件 c:\ Stu. mdb，在数据库中建立如表 11－18 所示的学生成绩表 score。新建一个窗体，利用文本框和数据控件将表中的数据显示在窗体上，计算出总分并显示，将其写入数据库中。

表 11－18　　学生成绩表 score

学号	姓名	数学	英语	计算机	总分
30521001	赵一	89.5	88	90	
30521002	钱二	95	90	88.5	
30521003	孙三	100	98	99.5	
30521004	李四	78	80	77	
30521005	周五	98	96	99	

附录　各章习题参考答案

● 第1章

一、选择题

1. B　2. D　3. D　4. C　5. B
6. C　7. D　8. A　9. A　10. C
11. C　12. B

二、填空题

1. 中断模式　2. 事件
3. Vbp　4. 视图
5. 浮动　6. 当前工程名称
7. 类模块　8. 事件过程
9. ActiveX 控件　10. TextBox

● 第2章

一、选择题

1. C　2. A　3. A　4. B　5. B
6. D　7. B

二、填空题

1. True　2. "afgh"
3. -56　4. 4
5. b = Mid(a, 8, 5)　6. 5 * y + log(a) * log(b)
7. 4567　4567

● 第3章

一、选择题

1. A　　2. A　　3. C　　4. D　　5. B
6. B　　7. A　　8. C　　9. A

二、填空题

1. 打印机　　2. 活动窗体
3. 输入　　4. 字符串
5. Val　　6. InputBox
7. 12.35%　　8. 30
9. 奇数

● 第4章

一、选择题

1. B　　2. D　　3. C　　4. C　　5. D
6. B　　7. A　　8. D

二、填空题

1. If a <= b Then x = 1：Print x Else y = 2：Print y
2. Warn
3. Mid(a $, 5 - m, m)
4. 8　7　6
5. 33535

● 第5章

一、选择题

1. A　　2. D　　3. A　　4. A　　5. C
6. C　　7. A　　8. B　　9. A　　10. D
11. C　　12. D　　13. A　　14. A　　15. B
16. A　　17. C　　18. A　　19. D　　20. C
21. B　　22. C　　23. B　　24. D　　25. D

二、填空题

1. 【1】name　　【2】index
2. Variant
3. 【1】6　　【2】5
4. 120
5. 数组
6. 【1】Each i In a　　【2】j > = 2　　【3】j = j + 1
7. 【1】Max = x(i, j)　　【2】Max　　【3】Val
8. 4
9. 【1】sum = 1　　【2】a(i, i)
10. 94
11. 【1】p = p + 1　　【2】w(i - 1)
12. 【1】5　　【2】1　2
13. 【1】sum + a　　【2】a　　【3】sum/n
14. 【1】Max　　【2】Max = arr1(i)

● 第6章

一、选择题

1. A　2. D　3. D　4. C　5. B
6. D　7. C　8. D　9. B

二、填空题

1. 25　7
2. x = x + y
3. 1 / (i * i)
4. 200
5. 2　4　6
6. 3　5　7

● 第7章

一、选择题

1. B　2. B　3. B　4. B　5. B
6. A　7. D　8. B　9. B　10. D
11. C　12. A　13. C

二、填空题

1. Timer1. Interval = 0 或 Timer. Enabled = False
2. Combo1. list(1)
3. SetFocus
4. Top
5. 【1】Keyascii　　【2】END

● 第8章

一、选择题

1. C	2. C	3. B	4. C	5. A
6. B	7. A	8. D	9. C	10. C

二、填空题

1. "直线"控件
2. 默认
3. 【1】Cls　　【2】Circle　　【3】Line　　【4】Point　　【5】Pset
4. AutoRedraw
5. picture1. picture = LoadPicture("d:\ pic \ a. jpg")
6. timer
7. LoadPicture
8. B
9. 【1】AutoSize　　【2】Stretch
10. 直接拖动滚动条

● 第9章

一、选择题

1. A	2. D	3. B	4. D	5. C
6. B	7. B	8. A	9. A	10. D
11. A	12. C	13. C	14. C	15. D
16. B	17. C			

二、填空题

1. 通用对话框
2. Color

3. 【1】FontName　　【2】FontSize　　【3】Color
4. CommonDialog1. ShowColor
5. -
6. 弹出式
7. 菜单项显示区
8. MdiChild
9. PopupMenu
10. MDIchild
11. Show
12. 【1】DoEvents　　【2】5　　【3】Unload Form2

● 第10章

一、选择题

1. B　　2. C　　3. A　　4. B　　5. B
6. B

二、填空题

1. 【1】数据　　【2】随机存取　　【3】二进制
2. Binary
3. 【1】Input　　【2】Put
4. 【1】目录列表框的 Change　　【2】File1. Path = Dir1. Path
5. 【1】Kill　　【2】FileCopy　　【3】Name
6. FileCopy "d:\vb\copyme. txt", "d:\tt\copyme. txt"
7. Kill "d:\tt\copyme. txt"
8. Name "d:\tt\renme. txt" As " d:\tt\hello. txt"

● 第11章

一、选择题

1. B　　2. C　　3. B　　4. B　　5. C
6. A　　7. D　　8. D　　9. C　　10. C
11. A　　12. B　　13. A　　14. C

二、填空题

1. 选择
2. 二维表

3. 数据库管理系统（DBMS）
4. 记录
5. 数据查询
6. 数据控件
7. DataField
8. AbsolutePosition
9. Reposition
10. UpdateRecord
11. 【1】DatabaseName　　　　【2】RecordSource
12. 【1】ConnectionString　　　　【2】RecordSource

参考文献

1. 匡松，蒋义军．Visual Basic 大学应用教程［M］．北京：高等教育出版社，2010.

2. 匡松，吕峻闽．Visual Basic 程序设计及应用［M］．北京：清华大学出版社，2008.

3. 龚沛曾，等．Visual Basic 程序设计教程［M］．3 版．北京：高等教育出版社，2007.

4. 刘炳文．Visual Basic 程序设计教程题解与上机指导［M］．北京：清华大学出版社，2006.

5. 陆汉权，等．Visual Basic 程序设计教程［M］．杭州：浙江大学出版社，2006.

6. 李雁翎，周东岱，等．Visual Basic 程序设计教程［M］．北京：人民邮电出版社，2007.

图书在版编目(CIP)数据

Visual Basic 程序设计及系统开发教程/匡松,甘嵘静,李自力,李玉斗主编. —2 版. —成都:西南财经大学出版社,2015.1

ISBN 978-7-5504-1659-8

Ⅰ.①V… Ⅱ.①匡…②甘…③李…④李… Ⅲ.①BASIC 语言—程序设计—教材 Ⅳ.①TP312

中国版本图书馆 CIP 数据核字(2014)第 262978 号

Visual Basic 程序设计及系统开发教程(第二版)

主　编:匡　松　甘嵘静　李自力　李玉斗

副主编:缪春池　薛　飞　蒋义军　喻　敏

责任编辑:邓克虎

封面设计:何东琳设计工作室

责任印制:封俊川

出版发行	西南财经大学出版社(四川省成都市光华村街 55 号)
网　　址	http://www.bookcj.com
电子邮件	bookcj@foxmail.com
邮政编码	610074
电　　话	028-87353785　87352368
照　　排	四川胜翔数码印务设计有限公司
印　　刷	郫县犀浦印刷厂
成品尺寸	185mm×260mm
印　　张	25.5
字　　数	585 千字
版　　次	2015 年 1 月第 2 版
印　　次	2015 年 1 月第 1 次印刷
印　　数	1—3000 册
书　　号	ISBN 978-7-5504-1659-8
定　　价	49.80 元